신편 디지털공학

하 영 선 저

普 文 堂

신편 디지털공학

재판 인쇄 2008년 1월 10일
재판 발행 2008년 1월 15일

지은이 | 하영선
발행인 | 김병계
발행처 | 도서출판 보문당
등록 | 1990년 6월 15일(제1-1066호)
주소 | 서울시 마포구 신수동 448-6 우)121-110
전화 | 704-7025/704-0635
팩스 | 704-2324
홈페이지 | www.bomoondang.co.kr
전자우편 | bmdpub@empal.com

값 18,000원

ISBN 978-89-8413-056-2

머 리 말

디지털 공학은 과학의 발전과 더불어 오늘날 획기적인 발전을 이루었으며 종합 디지털 시스템의 응용은 정보화 사회의 주축이 되었다. 이러한 산업환경의 변화로 인하여 대학이나 산업체 및 연구소에서 디지털 논리를 이용한 모든 기술이 중요한 위치를 차지하게 되었다.

이 책은 디지털공학에 관한 전반적인 소개와 디지털공학을 효과적으로 사용하는데 필요한 기술을 습득할 수 있도록 이론과 실습을 적절히 조화시켜 산업사회에서 필요한 기술을 개발하는 것을 목표로 하고 있다.

독자 여러분의 이해를 돕고 목표의 달성을 위하여 다음과 같은 내용을 강조하여 저술하였다.

1. 논리 회로를 해석하기 위해 진리표 및 다이어그램을 이용하였다.
2. TTL소자의 전기적 특성 및 외부 인터페이스, 레벨 논리 등을 기술하였다.
3. MSI, LSI 칩을 중심으로 플립플롭, 타이머, 레지스터, 카운터 등이 소개되었다.
4. 논리칩 펄스 이론 등이 소개되었으며 2보수 연산이 강조되었다.
5. 디스플레이에 필요한 멀티플랙서의 논리와 타이밍을 포함한 디스플레이 회로에 관하여 자세히 기술하였다.
6. 단일 또는 이중변환 기술을 포함한 A/D, D/A변환기가 논의되었다.
7. 디지털 회로의 기본 원리에 관한 응용예제가 기술되었고, 실용적인 실습과제가 전반적으로 다루어졌다.

이 책을 보기 전에 필요한 지식은 반도체 다이오드와 트랜지스터에 관한 이해가 필요하다. 이 책의 분량이나 수준은 디지털공학에 관한 초보과정에 적당하다.

끝으로 이 책을 출판하는데 디지털공학과 산업실용성에서의 풍부한 경험을 이 책에 반영할 수 있도록 도와주신 여러분께 진심으로 감사드린다.

이 책은 대림대학이 2001년도 교육인적자원부의 주문식 교육 재정 지원사업의 지원을 받아 제작된 교재입니다.

차 례

제 1 장 서 론

1-1 실험의 기초 지식

1) 저항기의 컬러코드

(1) 반도체 및 전자 기기에 이용되는 전자 부품은 대부분 소형 경량의 것으로, 그 용량값이나 그 특성을 부품의 표면에 표시하기 어려움으로 그림 1-1과 같이 색에 의한 컬러 코드, 또는 숫자와 문자 등으로 약속된 형명을 표기한다.

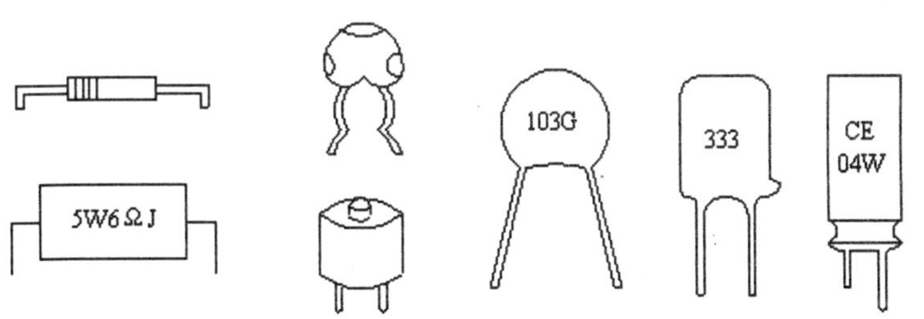

그림 1-1 컬러 코드와 형명

(2) 저항기의 컬러 코드는 보통 저항인 경우 네 개의 색대로 표시되며 색대의 값은 Table 1-1과 같다.

(3) 컬러 코드를 읽는 순서는 색대들의 표시가 부품 몸체 중심에서 어느 한쪽으로 치우치지 않을 때는 넓은 색대, 또는 금색이나 은색의 색대가 마지막 색대에 해당된다.

(4) 컬러 코드를 읽는 방법은 Table 1-1의 비교란과 같이 제1색대와 제 2색대는 2자리의 유효숫자, 제3색대는 승수로 저항값이 되고 제4색대는 허용오차를 표시한다.

Table 1-1 보통 저항 컬러 코드표

색	제1색대	제2색대	제3색대	제4색대
흑 색	0	0	10^0	–
갈 색	1	1	10^1	±1(%)
적 색	2	2	10^2	±2(%)
등 색	3	3	10^3	±3(%)
황 색	4	4	10^4	±4(%)
녹 색	5	5	10^5	±0.5(%)
청 색	6	6	10^7	–
자 색	7	7	–	–
회 색	8	8	–	–
백 색	9	9	–	–
금 색	–	–	10^{-1}	±5(%)
은 색	–	–	10^{-2}	±10(%)
무착색	–	–	–	±20(%)
비 교	저항값			저항값 허용오차
	2자리의 유효숫자		승수	

(5) 색대의 수가 세 개인 경우는 제4색대가 무착색으로, 허용오차는 20(%)를 표시한다.

(6) 정밀 저항인 경우에는 제5색대로 구성되고 제1색대에서 제3색대까지는 3자리 유효숫자를 나타내고, 제4색대는 승수, 제5색대는 허용차를 표시한다.

2) 콘덴서의 형명표시법

CF	M	102(1000 PF)	K	→	2H(500 WV)
↓	↓	↓	↓		↓
전해 콘덴서	전기특성	정전용량	허용오차		정격전압500[V]

(1) 처음의 두 문자는 콘덴서의 종류를 나타낸다.

(2) 두 번째 문자는 전기 특성을 나타낸다.

(3) 세 번째 숫자는 정전 용량을 표시하는 것으로 처음 두 숫자는 정수이고, 마지막 숫자는 10의 배수를 나타낸다. 단위는 [PF]
소수점을 나타낼 때는 R을 사용해 2R5 = 2.5[PF]이다.

(4) 네 번째 문자는 허용오차를 나타내며 다음과 같다.
또한, 10PF 이상의 콘덴서에서는 %, 10PF 이하의 콘덴서에서는 PF로 표시한다.

ex) J=±5%

문 자	B	C	D	F	G	J	K	M	N	V	X	Z	P
허용 오차 (%)	±0.1	±0.25	±0.5	±1	±25	±5	±10	±20	±30	+20 -10	+40 -10	+80 -20	+100 -0
허용 오차 (PF)	±0.1	±0.25	±0.5	±1	±2	10 PF 이하의 콘덴서							

(5) 정격전압은 숫자와 알파벳의 2자로 표시한다. 예를 들면 2H의 2는 10의 지수를 나타내며, 10^2H의 뜻으로 다음 표에서 500[V]임을 알 수 있다.

	A	B	C	D	E	F	G	H	J	K
0	1	1.25	1.6	2.0	2.5	3.15	4.0	5.0	6.3	8.0
1	10	12.5	16	20	25	31.5	40	50	63	80
2	100	125	160	200	250	315	400	500	630	800
3	1,000	1,250	1,600	2,000	2,500	3,150	4,000	5,000	6,300	8,000

또, 세라믹 콘덴서에 있어서는 정격전압은 흔히 생략한다.

ex) 222K 2H : 22×10^2[PF] ±10% 정격전압 500[V]

1-2 TTL IC

TTL 논리 계열에 있어서 한 출력(出力)단자에 한 개 이상의 다른 package의 입력 단자가 직접 상호 접속 될 수 있다.

디지털 논리 IC의 구동 능력을 **출력 분기수**(fan out), 추가 가능한 입력수를 **입력 분기수**(fan in)라 한다. 보통 중 전력 TTL게이트에 필요한 전압과 전류의 조건은 한 단위 부하의 입력 분기수로서 규준화된다.

보통의 TTL 게이트는 10개의 단위 부하를 구동할 수가 있으므로 10의 출력 분기수를 갖는다. 표준 TTL 입력은 1의 입력 분기수를 갖고 모든 새로운 TTL 부품들도 단위 입력 분기수를 갖도록 설계하고 있다. 보다 많은 출력 분기수를 갖는 논리블록을 일반적으로 buffer라고 부르는데 보통 30의 출력 분기수를 갖는다.

다른 형의 논리 블록으로 디코더-드라이버 또는 드라이버라고 하는 것이 있는데 그 출력은 7 segment표시장치와 같은 외부의 어떤 소자를 구동할 수 있는 전류나 전압들로 전환된다. 그러므로 TTL을 구동하지 않는 이런 출력에 대해서는 출력 분기수는 무의미하다.

만약 게이트의 출력 분기수를 초과하여 사용하게 되면 잡음 여유도가 손상되고 전압, 전류의 진폭이 너무 작아서 부하를 잘 동작시킬 수 없다. 그러나, 다행히도 10개 이상의 입력을 한 TTL 출력에 연결하게 되는 경우는 극히 드물다.

일반적으로 TTL 게이트에는, 2개의 안정된 출력 상태가 있다. 출력(出力)전압이 낮은 상태는 수십분의 1V 정도의 낮은 상태이고, 정논리 '0'라고 한다. 출력(出力)전압이 높은 상태를 보통 정논리 '1'이라 한다.

이 상태는 TTL이 서로 연결될 때 에미터 전압에 역방향으로 전압을 가할 수 있도록 유지만 하면 되며 누설 전류만을 공급하게 된다. 출력 전압이 높은 상태는 2.4V 이상이고 보통 3.3V 정도이다.

TTL 출력(出力)정논리 '0'는 GND상태로 상당량의 전류를 흡입할 수가 있다. 만약 출력(出力)전압으로 전원 전압과 같은 전압을 원한다면 2.2kΩ pull up저항을 추가한 회로, 그림 2-1을 사용하면 된다.

이것은 TTL만의 회로에 대해선 필요치 않으나 다른 논리 계열과 접속할 필요가 있거나 외부회로에 완전한 전원 전압과 같은 출력을 필요로 할 때 사용된다.

TTL의 중요한 또 다른 특성은 출력단에 있다. 출력 '0' 상태에서 트랜지스터의 totem-pole 짝중의 아래의 것이 도통하고, 출력 '1' 상태에서 위의 것이 도통한다. '0'

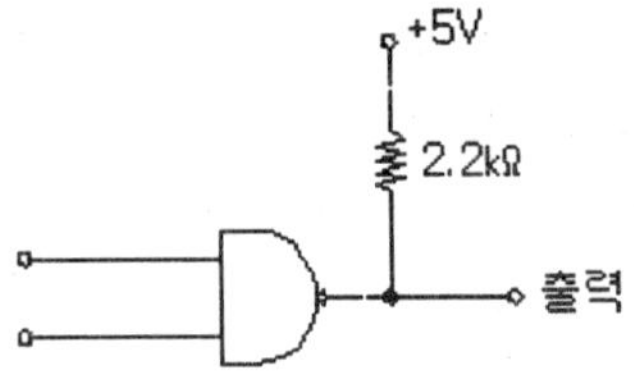

그림 2-1 pull-up 저항을 TTL게이트 출력에 연결하여 전원 전압까지의 출력 전압변화를 얻을 수 있다.

에서 '1'로, '1'에서 '0'로 출력상태를 바꿀 때 순간적으로 두 트랜지스터가 모두 도통상태로 된다.

이때의 순간전류는 평상시의 소비 전류의 10배 정도나 된다. 이것은 출력단의 스위칭 특성은 개선되지만 동시에 큰 전류 스파이크가 전원선에 나타난다. 이런 스파이크는 수백 mA 이상으로 보통 10μsec 정도 지속된다. 그러므로, bypass 콘덴서가 가까운 곳에 없으면 전류 스파이크는 다른 IC의 동작을 방해한다. 이것은 TTL의 어쩔 수 없는 특징이다.

전원에 대해 이야기할 때, bypass 법칙에 대해 약간의 설명이 필요할 것이다. 전류 스파이크와 그로 인한 고속 스위칭 특징으로 말미암아 설계 및 배선 모양과 크기에까지 세심한 주의를 기울이지 않으면 보통의 만능 기판 결선에서 잘못 동작할 가능성이 많다.

TTL의 출력 진폭은 큰 전류를 유입할 수 있는 수 십 분의 1V 정도의 '0' 상태로부터 입력을 양의 전압으로 유지하면서 누설 전류만을 공급하는 전원 전압의 절반 이상되는 전압까지이다.

TTL 입력 진폭 또한 2가지의 상태로 낮은 전압 상태에서는 1.6mA 정도의 전류를 유출시켜야 하며, 에미터 전압은 어떻게 하든 0.8V 이하로 유지해야 된다. 높은 전압 상태에 대해서는 입력을 2.4V 이상의 양의 전압으로 유지하면서 매우 적은 누설전류만을 공급하면 된다.

특히 연결되어 있지 않은 TTL입력은 그 자신이 정논리 '1' 상태를 유지하나 잡음과 ringing에 매우 민감하다.

따라서 사용되지 않는 입력 단자는 +5V나 논리적으로 동일한 입력 단자끼리 묶는 것이 좋다(1kΩ의 저항을 통해서 +5V에 묶는 것은 별로 잇점이 없으며 오히려 문제를 일

으킬 가능성이 크다).

실제에 있어서 TTL 입력 단자를 사용하지 않을 때 bread board 회로에서는 floating 될 수 있지만 최종 회로에서는 모든 입력 단자는 적당히 연결되어 있어야 한다.

몇몇의 TTL 출력(出力)구조는 totem-pole형과 다른 것이 있는데 그 하나가 open collector 방식이고, 둘째가 tri-state논리 방식이다.

모든 TTL 게이트에는 입력보호 다이오드가 있는데 실제적인 7400회로는 그림 2-2와 같다.

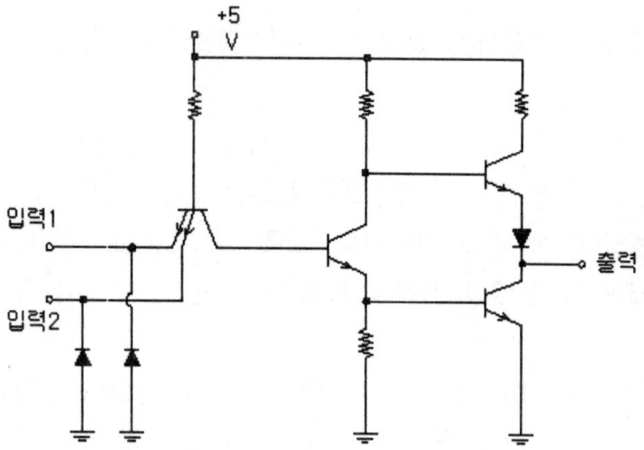

그림 2-2 입력에 보호 다이오드가 있는 게이트

대부분의 TTL 게이트에는 그림에서와 같이 입력축에 clamping 다이오드가 있는데 이것은 고주파 ringing을 방지키 위한 것이며 특히 리드가 길거나 날카로운 입력이 인가될 때 그러하다.

이것은 고주파에 있어서 잡음 감응도를 상당히 개선한다. 또 입력이 저 임피던스 신호원에 의해 0.6V 이하로 내려갈 경우 다이오드와 IC의 나머지 부분도 파괴된다.

이것은 interface회로에 있어서 문제가 된다. 입력이 0V 이하로 내려가도록 허용해서는 안되며 그럴 필요가 있을 경우라도 외부 직렬 저항을 사용하여 역방향 전류를 10㎃ 이내로 제한해야 한다.

1) 유용한 TTL의 종류

속도와 전력 소비를 고려한 TTL에는 몇 가지 계열이 있고 특수 용도에 사용하기 위한 것도 있다. 여태까지 이야기한 TTL은 표준 TTL로 알려진 것이지만 다른 계열로는 저전력 TTL, 고전력 TTL, Schottky TTL과 저전력 Schottky TTL 등이 있다.

Table 2-1 TTL계열의 특성

계 열	전파 지연	게이트당 소비전력	최대 동작 주파수
Regular TTL	10 nanoseconds	10 milliwatts	35 megahertz
High-Power TTL	6 nanoseconds	22 milliwatts	50 megahertz
Low-Power TTL	33 nanoseconds	1 milliwatts	3 megahertz
Schottky TTL	3 nanoseconds	19 milliwatts	125 megahertz
Low-Power Schottky TTL	10 nanoseconds	2 milliwatts	45 megahertz

Table 2-2 TTL 부계열의 번호

계 열	-55℃to + 125℃	0℃to + 70℃
Regular	5400	7400
High-Power	54H00	74H00
Low-Power	54L00	74L00
Schottky	54S00	74S00
Low-PowerSchottky	54LS00	74LS00

Table 2-1은 각 TTL계열의 대표적인 특성을 비교한 것이고 Table 2-2는 사용 용도별로 각 계열의 번호를 나타낸다. 또, Table 2-3은 TTL계열의 속도와 소비전력을 비교한 것이다.

Table 2-3 TTL 부계열의 비교

계 열	속 도	소비 전력
Regular	×1	×1
High-Power	×2	×2
Low-Power	×1/10	×1/10
Schottky	×3.5	×2
Low-powerSchottky	×1	×1/5

1.1 표준 TTL

표준 TTL은 보통 가장 널리 사용되고 값싼 TTL이다. 표준 전파 지연 시간은 10n sec 정도로 이것은 게이트 입력에서의 논리 변화가 출력(出力)의 논리변화로 나타날 때까지 걸리는 시간이다. 소비전력은 게이트당 약 10㎽ 정도이며 counting 플립플롭은 35㎒ 정도의 높은 주파수에서도 동작한다.

Motorola MC 4011과 MC 4018, Signetics 8280과 8288 카운터와 같은 부품들은 원래는 7400 series가 아니었으나 지금은 7400식의 이름을 가지고 있으며 표준 TTL이나 다름이 없다. 이들은 입력 분기수와 출력 전압(出力 電壓) 진폭에서 약간 다르지만 보통의 7400 series와 혼합하여 사용할 수 있으며 출력(出力) 분기수도 10개인 표준 TTL 이다.

1.2 저전력 TTL

저전력 TTL은 소비 전력을 줄이기 위하여 속도를 희생한 것으로 부품번호에 L자로 표시된다. 예를 들어 74L00은 저전력의 7400표준 TTL NAND게이트에 해당된다. 저전력 TTL은 간단한 게이트에 대해서는 1/10의 소비 전력에 1/4의 속도를 갖지만 보통은 1/10의 소비전력과 속도를 갖는다.

플립플롭과 카운터는 3㎒ 정도의 최대 동작 주파수를 갖는다. 저전력 계열내에서의 출력 분기수는 10이지만 1개의 표준 TTL게이트만을 구동 할 수 있다. 54L00과 74L00 시리즈 TTL은 소비전력이 적지만 RCA 4000 시리즈 CMOS와 Motorola MC 14000 시리즈 등 CMOS 논리계열의 출현으로 이들의 사용이 줄어들고 있다.

1.3 고전력 TTL

고전력 TTL은 부품번호에 H자로 표시되며 74H00는 7400에 해당되는 기능을 갖는다. 보통 2배의 속도를 가지며 카운터는 50㎒까지 잘 동작한다. 입력 분기수는 보통 표준 TTL의 1.3배 정도이다.

TTL게이트로는 7개의 고전력 TTL만을 구동할 수가 있다. 그러나, 고전력 TTL의 장점은 고속도 D/A(digital to analog converter)에 있어서 잡음이 적다는 것이다.

1.4 SCHOTTKY TTL

Schottky TTL은 종전의 것에 비해 속도대 소비전력의 trade-off를 개선한 것이다. 이것은 기본 TTL 게이트내의 대부분의 트랜지스터에 Schottky 다이오드(0.3V 정도의 순방향전압강하를 갖고 속도가 매우 빠른 다이오드)가 베이스-콜렉터접합 다이오드와 같은 방향으로 붙어있어 트랜지스터가 포화되는 것을 방지하여 축적 시간을 제거한다.

부품 번호에는 S자가 추가되어 74S00과 같은 형태로 된다. 125㎒에서 동작할 수 있는 플립플롭에서 3n sec의 전파 지연이 생긴다. 고속도가 필요한 곳에 Schottky TTL을 사용하는 것이 좋은데 이에 대하여 MECL과 같이 속도가 훨씬 빠른 ECL(emitter-coupled logic계열)이 있으나 사용하기가 어렵다.

Schottky TTL과 같은 고속도, 비포화논리 계열을 사용할 때에 이들의 동작을 측정하기 위해서는 성능이 좋은 측정장치가 필요하게 된다. 최소한 60㎒ triggered 오실로스코우프가 있어야 하나 120㎒ 정도의 것이 바람직하다. 또 Schottky TTL은 고속 특성으로 인해 표준 TTL의 경우보다 측정장치 디커플링문제에 신경을 써야 한다. 그렇지만 고속도가 꼭 필요한 경우 즉, 10㎒～120㎒ 범위에서 동작시킬 때 이것을 사용하는 것이 가장 간단하다.

1.5 저전력 SCHOTTKY TTL

최근에는 TTL의 변형으로 74LS00과 같은 부품들이 나오고 있다.

저전력 Schottky TTL은 보통의 TTL보다 약간 더 빠르지만 소비 전력은 1/5 정도밖에 되지 않는다. 축적시간을 줄이기 위해 Schottky 다이오드를 사용했고 전력소비를 줄이기 위해 회로의 임피던스레벨을 오려 속도가 약간 감소한다. 거의 모든 용도에 이것이 가장 좋으나 보통의 TTL 보다 최근의 것으로 약간 복잡하므로 LS 시리즈는 값이 더 비싸고 표준 5400/7400시리즈만큼 다양하지 못하다.

설계시에 TTL의 모든 변형들을 선택할 수 있지만 표준 TTL이 값이 싸고 일반적으로 가장 널리 사용되고 있으며 또 가장 무난하다. 74S는 74H를 대체하는 경향이 있고 74L은 CMOS의 출현으로 도전을 받고 있다.

속도가 빠른 부계열 논리 블록을 사용할 때 고급 오슬로스코프와 양호한 회로 설계가 필요하다. 매우 낮은 소비 전력이 요구되는 경우 낮은 주파수 종작에 한하여 CMOS를 택하는 것이 좋겠다.

2) 전원과 스파이크 디커플링

TTL을 사용할 때는 좋은 전원이 필요하다. 전원회로를 설계할 때는 다음 3가지 중요한 점을 고려해야 된다.

즉, 전압 안정성, 저 임피던스 전원 분배 장치에 대한 대책, totem-pole 출력이 변할 때마다 발생하는 전류 스파크를 효과적으로 decoupling하는 것 등이다.

TTL에는 1개의 +5V전원이 필요하며 특히 그 시스템에 여러 개의 IC가 있는 경우 250㎷ 이내로 전압을 안정화할 필요가 있다.

간단한 게이트 회로는 전지나 잘 안정화되지 않는 전원을 사용할 수도 있지만 복잡한 회로에는 반드시 안정화된 전원회로가 필요하다. 전지와 회로사이에 전원 안정화 회로를 넣게 되면 TTL도 전지로 동작시킬 수가 있다. 또, 전원의 입력 전압은 안정화회로의 전압강화를 고려하면, 7.5V~12V 정도가 필요하다.

TTL의 대부분의 최대 전원 전압 상한선은 7V이며 어떤 TTL은 출력(出力) line이 15, 30V, 또는 60V까지도 견디는 것이 있다. 그러나, 이것도 전원 전압을 공급하는 핀은 정확하게 5V를 유지해야 한다.

3) 전류 소비량의 예측

필요한 전류량을 계산하는 정확한 방법은 그 시스템에 사용된 모든 부품의 데이터를 검사하여 모두 합하는 것이다. 일반적으로 입력이 '0'일 때와 '1'일 때는 소비 전력이 다르며 그 회로가 주로 어느 한 상태에 있는 경우에는 이런 점을 고려해야 된다.

TTL에 필요한 전력은 보통 주파수에 무관하지만 매우 고속도로 동작하는 경우에는 더 많은 전력을 소비하게 된다.

예를 들어, 시계의 AM/PM을 위해 하루에 2번 상태가 변하는 TTL MSI카운터는 100

㎑에서 동작하는 경우와 동작전류가 거의 같다.

일반적으로 데이터에는 2가지 전력의 값이 주어지는 데 전원회로가 25~50%의 여분의 용량을 가지고 있으면 최대값을 사용해도 좋다.

소비 전력을 계산하는 빠른 방법은 평균치를 사용하는 방법인데 Table 1-5는 표준 TTL의 평균 전류를 나타낸 것이다.

이를테면 카운터 3개, shift register 2개, dual 플립플롭이 1개, 게이트 2개, 1개의 hexinverter와 6개의 pull up 저항을 사용한 시스템의 경우 350㎃의 전류가 필요하다. 여기에는 450~500㎃을 공급할 수 있는 전원이 필요하다.

공급 전력을 예측하는 또 다른 방법은 package당 소비 전력을 이용하는 것이다. 아주 간단한 TTL 회로는 package당 75㎽, 중간 정도로 복잡한 회로는 약 125㎽ 정도, 매우 복잡한 회로는 250㎽ 정도가 필요하다. ㎽로 표시된 전체 전력을 5로 나누면 전류를 ㎃을 구할 수 있다.

최악 조건에서의 동작과 회로 확장의 가능성을 고려할 때 충분한 전원 장치가 필요하다는 것을 다시 한번 강조한다.

Table 2-4 표준 TTL의 평균전류

Each simple gate package	8 ㎃
Each hex inverter	12 ㎃
Each more complex gate	18 ㎃
Each dual flip-flop	25 ㎃
Each MSI block	60 ㎃
Each 2.2K pull-up resistor	3 ㎃

Final values should be multiplied by at least 50% and preferably should be doubled.

4) 스파이크 방지용 CAPACITOR(despiking capacitor)

TTL 은 전원과 접지 사이의 잡음에 민감하고 totem-pole의 출력이 변할 때 많은 잡음을 발생하며 전원 공급선으로부터 많은 전류를 흡수한다. 따라서 폭이 좁은 스파이크는 전원 공급 장치를 통하여 다른 부분에 영향을 미치지 않아야 하며 line에 ringing을 일으켜서 안된다.

출력(出力)이 변하는 동안 순간적으로 에너지를 공급해 주기 위해 부분적으로 capacitor를 사용한다. 이것을 despiking capacitor라 하는데, 0.1～0.01㎌ 범위의 조그만 disc capacitor로 10V 이상의 내압과 가능한 짧은 리드선의 것이 바람직하다. 다른 형의 capacitor는 lead선과 자기 공진을 일으켜서 일부 주파수에서는 유도성으로 된다.

capacitor를 사용하는 간단한 법칙이 있으나 가능하면 필요 이상으로 더 사용하는 것이 좋다.

4개의 게이트 package마다 한 개의 리드 선이 짧은 0.1～0.01㎌ 정도의 disc capacitor를 사용하라.

2개의 MSI package 마다 한 개의 리드선이 짧은 0.1～0.01㎌ 정도의 disc capacitor를 사용하라.

가장 가까운 bypass capacitor에서 3인치 이상 떨어져 있는 package에 대해서는 리드선이 짧은 0.1～0.01㎌ 정도의 disc capacitor를 사용하라.

+5V line이 회로 기판을 떠날 때 10㎌ 6V의 tantalum 전해 콘덴서를 사용하라. 적절한 곳에 충분한 despiking capacitor를 넣은 것은 TTL의 오동작을 방지하기 위해 절대적으로 필요하다.

전원의 1㎌ 용량의 capacitor는 0.05㎌ 20개와 같은 것이 아니고 그 시스템 전체에 적절하게 분포시켜야 한다는 것에 유의하라.

그것은 첫째로 각 capacitor가 parallel이 아니고 상호접속한 리드선의 inductance와 전송시간에 의해 분리되어 있는 것이며 둘째로 한 개의 큰 capacitor는 주어 진 리드선의 길이에 따라 매우 낮은 공진 주파수를 갖기 때문이다. 따라서 큰 캐패시터는 동작 주파수 영역에서 유도성 reactance를 갖는 수가 있다. Schottky나 고속 TTL 부계열을 사용할 때에는 제조회사의 application note를 참조하여 보다 좋은 방법을 강구해야 한다.

접지판의 구조와 입력을 적절히 연결하는 것은 고속 계열을 사용할 때, 특히 큰 시스템이나 timing이나 중첩(overlap)이 문제가 되는 곳에서 필요하다. 그들은 속도가 빠르기 때문에 잡음에 더 민감하다.

5) INTERFACE

TTL로부터 신호를 받거나 TTL로 신호를 주는 것을 interface라 하는데 TTL과 TTL, TTL과 다른 logic, TTL과 외부세계의 3가지 형태가 있다.

5.1 TTL과 TTL의 INTERFACE

대부분의 TTL 회로는 출력 분기수의 조건이 지켜지는한 직접연결이 가능하다는 것을 이미 알았다. TTL 계열들과의 interface를 할 때는 항상 출력 분기수에 주의해야 한다.

이를테면 대부분의 저전력 TTL 게이트는 2개의 표준 TTL만을 구동 할 수 있다. 표준 TTL로는 6~7개의 고전력 TTL 이나 Schottky TTL을 구동할 수가 있다. 이런 관계를 Table 2-6에 보였다.

Table 2-6 TTL 부계열의 출력 분기수 법칙

Regular · · · · · · · · · · · · ·	Will drive 10 reqular TTL inputs
	Will drive 40 low-power TTL inputs
	Will drive 6 high-power TTL inputs
	Will drive 6 schottky TTL inputs
	Will drive 20 low-power Schottky TTL inputs
Low-Power · · · · · · · · · · ·	Will drive 2 reqular TTL inputs
	Will drive 10 low-power TTL inputs
	Will drive 1 high-power TTL inputs
	Will drive 1 schottky TTL inputs
	Will drive 5 low-power Schottky TTL inputs
High-Power · · · · · · · · · · ·	Will drive 12 reqular TTL inputs
	Will drive 40 low-power TTL inputs
	Will drive 10 high-power TTL inputs
	Will drive 10 schottky TTL inputs
	Will drive 40 low-power Schottky TTL inputs
Schottky · · · · · · · · · · · ·	Will drive 12 reqular TTL inputs
	Will drive 40 low-power TTL inputs
	Will drive 10 high-power TTL inputs
	Will drive 10 schottky TTL inputs
	Will drive 40 low-power Schottky TTL inputs
Low-power · · · · · · · · · · ·	Will drive 5 reqular TTL inputs
	Will drive 20 low-power TTL inputs
	Will drive 4 high-power TTL inputs
	Will drive 4 schottky TTL inputs
	Will drive 10 low-power Schottky TTL inputs

일반적으로 출력 분기수가 큰 buffer circuit를 제외하고 모든 TTL은 10개의 출력 분기수를 갖는다. 종전의 TTL을 제외한 최근의 대부분의 TTL은 같은 계열내에서 1개의 입력 분기수를 갖도록 설계된다.

일반적으로 74100시리즈 표준 TTL은 Motorola 400 시리즈 MTTL이나 Signetics 8200시리즈 TTL과 서로 혼용할 수 있지만 항상 각각의 데이터 sheet를 확인하여야 한다. 때때로 다른 형의 totem-pole 출력 회로를 사용함으로써 출력 전압이 약간 차이나는 경우도 있다.

이것은 TTL과 TTL사이의 interface에는 영향을 주지 않지만 논리 계열간의 interface에는 차질을 가져올 수도 있다. 예를 들어 몇몇의 8000시리즈 TTL은 pull up 저항을 사용하지 않고도 MOS와 직접 interface가 가능하지만 7400시리즈는 보통 pull up 저항을 필요로 한다.

Table 2-7은 여러 계열에 대하여 입력을 '0' 상태로 하는데 필요한 출력(出力)'0' 상태의 전류를 비교한 것이다.

만약 더 복잡하게 서로 혼용될 때는 구동하는 입력 전류를 모두 합하여 그 합이 구동능력보다 작게 한다. 넓은 온도 범위에서 사용되거나 많은 입력을 구동하는 경우 정확을 기하기 위하여 '1' 상태의 출력 전류도 고려해야 한다.

Table 2-3의 값들을 이용하면 대부분의 회로 문제의 계산을 줄일 수 있다.

Table 2-7 소요 입력 전류와 출력 전류의 비교

TTL Subfamily	출력 전류	소요입력 전류
표 준	18 mA	1.6 mA
저전력	3.6 mA	0.18 mA
고전력	20 mA	2.0 mA
Schottky	20 mA	2.0 mA
저전력	8 mA	0.4 mA

5.2 TTL과 다른 논리와의 INTERFACE

논리 계열 사이의 interface는 보통 쉽게 되지만 몇 개의 문제점이 있다. 계열사이의 전원 공급선과 전선은 적절한 논리 상태를 가질 수 있도록 연결해야 된다. 그 논리 계열의 출력 전압과 전류 진폭이 보장해야되고 다른 논리의 최소한의 '1'과 '0'의 조건을 지켜야 한다. interface에 필요한 보다 상세한 내용은 제조회사의 데이터를 참고하여야 한다.

RTL-RTL과 TTL 또는 RTL은 직접 연결될 수 있다.

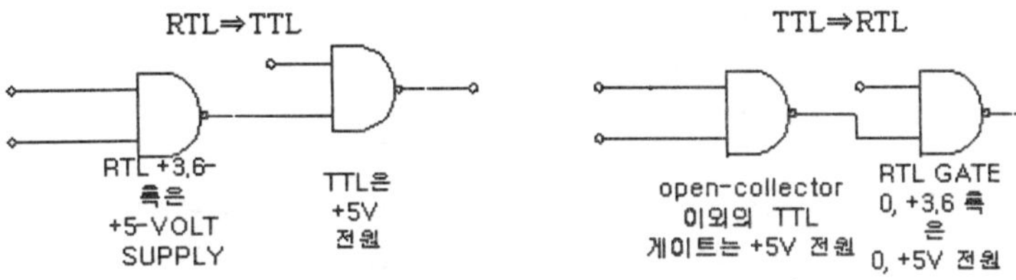

그림 2-3 RTL-to-TTL 및 TTL-to-RTL interface

2시스템의 접지는 공통이고, RTL은 RTL의 3.6V 전원이나 TTL의 5V 전원으로써 구동될 수 있다. TTL를 구동하는 RTL로는 RTL부하로 구동할 수 없다.

DTL-DTL과 TTL 또는 TTL과 DTL은 바로 연결될 수 있다(그림 2-4). 출력 분기수에 대해서는 데이터 sheet를 참조하라.

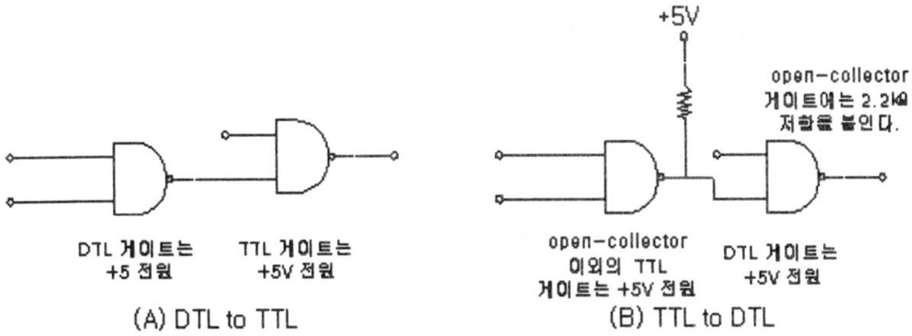

그림 2-4 DTL-TTL interface 회로

MOS-silicon게이트 MOS나 n-channel low-threshold MOS는 때로 TTL를 잘 구동할 수 있도록 하기 위해 출력측에 pull down 저항을 붙인다(그림 2-5).

TTL이 MOS를 구동할 때에는 보통 pull up저항이 필요하다. TTL의 MOS에 대한 출력 분기수는 매우 크지만 TTL에 대한 MOS의 출력 분기수는 보통 1이고 MOS와 TTL을 동시에 구동할 수 없다.

예전의 high threshold P MOS계열에는 open collector출력이 필요하고 양의 전원전

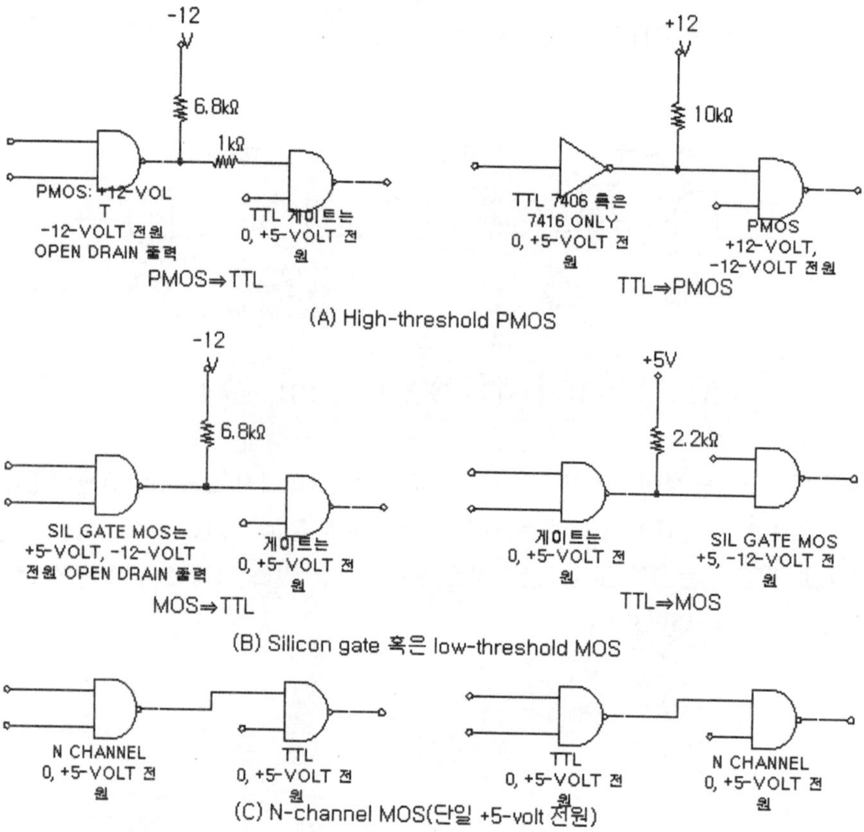

그림 2-5 일반적인 MOS to TTL interface

압이 +12V이면 TTL driver에는 pull up 저항은 붙인다. 예전의 MOS는 +12V, -12V의 전원으로 동작하나 최근의 silicon 게이트 MOS는 +5V, -12V로써 동작하며 +5V 전원은 TTL의 +5V와 공통이어야 한다.

가장 최근의 것은 N channel MOS로 하나의 +5V 전원으로 동작하며 TTL과 직접 연결이 가능하다.

CMOS-CMOS(그림2-6)는 직접 저전력 TTL을 구동할 수 있다. 또 그림 2-6에 보인 바와 같이 두 개의 입력 단자를 묶어서 사용하면 1개의 표준 TTL을 구동할 수 있으며 CD4049나 CD4050과 같은 buffer를 사용하면 여러 개의 TTL를 구동할 수도 있다. 잡음 불감도는 pull up 저항을 쓰면 개선되지만 TTL로 MOS를 직접 구동할 수도 있다.

TTL의 '1' 상태는 최소한 전원 전압의 반이상 되어야 하나, 양의 MOS전원 전압보다

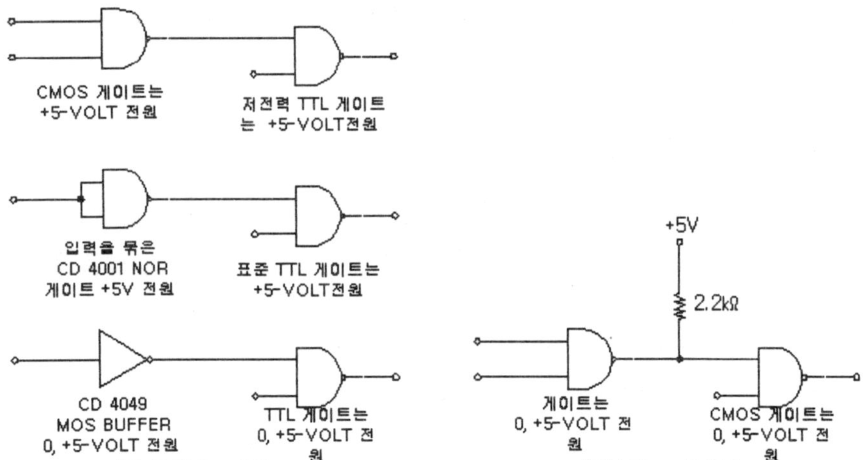

(A) CMOS to TTL (B) TTL to CMOS

그림 2-6 TTL-CMOS interface

는 적어야 한다. MECL과 ECL(ECL에미터 결합(emitter coupled logic)계열(그림2-7))은 독특한 논리 진폭을 가지며 간단히 interface가 되지 않는다.

대신, interface를 쉽고 빠르게 할 수 있는 상품화된 IC 논리 변화기가 있다.

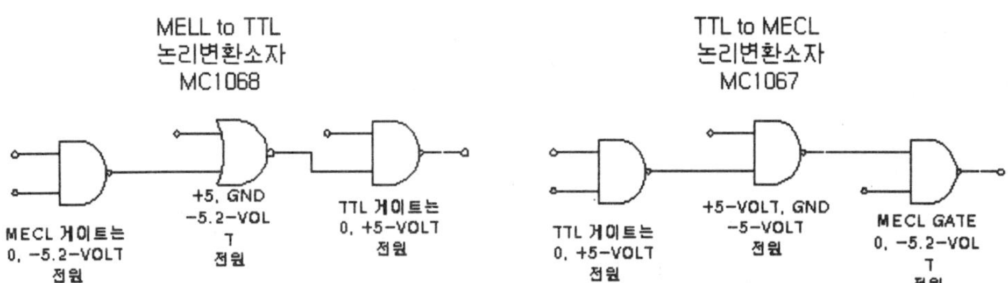

(A) MECL to TTL (B) TTL to MECL

그림 2-7 TTL emitter-coupled logic interface

interface하고자 하는 계열이 전원 전압과 전압 진폭에서 차이가 많은 경우나 완전히 다른 전원장치를 사용하는 경우 보다 더 독특한 기능을 갖는 interface 시스템을 사용할 수 있다.

한 가지 가능한 예가 optical coupler를 사용하여 signal과 GND 분리시키는 것이다. 다른 예로는 interface을 위해서 IC line driver와 receiver를 사용하는 것이다. 여러 계열의 IC를 혼용할 경우 각각의 데이터 sheet를 참조하여라.

5.3 TTL과 외부와의 INTERFACE

어느 의미에 있어서는 이 책 전체가 외부의 입력을 받아서 외부로 출력을 내놓을 때까지 TTL를 사용하는 방법을 설명하고 있다. 우리는 앞으로 더 자세한 내용을 배우겠지만 interface의 기본적인 개념은 다음과 같은 것이다.

0.8V 이하인 TTL의 '0'상태 입력을 유지하기 위하여 입력단으로 부터 1.6㎃ 이상의 전류를 흡수할 수 있어야 한다. 또한 '1'상태는 최소한 2.4V 이상은 되어야 하고 누설 전류를 공급할 수 있어야 한다. 입력 진폭은 보통 양의 전원 전압을 넘거나 0 이하로 내려가면 안된다.

'0'상태에서 '1'상태로, '1'상태에서 '0'상태로의 변화는 매우 빨라야 하며 원하는 입력 상태의 변화에 대하여 한번만의 '1'에서 '0' 또는 '0'에서 '1'로 변화가 요구된다.

이것은 push button과 같이 기계적인 접점에서 bounce나 잡음이 없도록 해야한다는 것을 의미한다. 그리고 낮은 주파수와 analog 신호는 상승시간을 개선할 수 있도록 파형을 정형할 필요가 있다.

TTL은 직접 LED(light emitting diode)를 구동할 수 있는데 적당한 전류 저항을 직렬로 넣어야 한다.

그림 2-8에서 같이 조그만 트랜지스터로 구동할 수 있다. TTL에 있어서 출력(出力) '0'상태에서 더 많은 전류를 구동할 수 있다. TTL에서 analog로의 변환은 간단하게

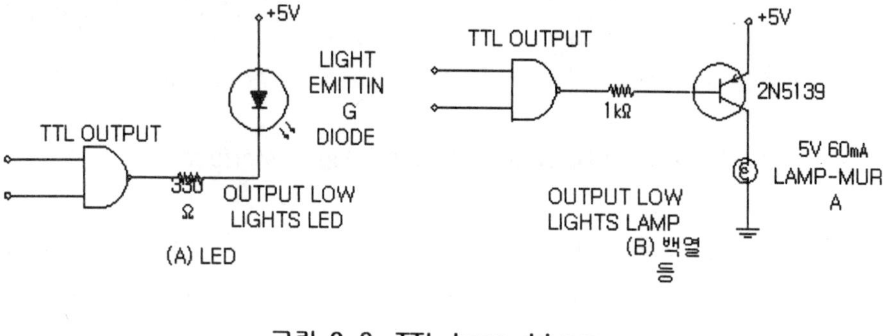

그림 2-8 TTL lamp drivers

1k, 2k, 4k, 8k 저항들을 op-amp에 붙여서 하거나 Motorola MC 1406과 MC 1408과 같은 TTL과 접속될 수 있는 D/A IC를 사용할 수도 있다.

일반적으로 interface 시스템은 모든 TTL 입력에 대해 bounce없이 빠르게 입력 '1'상태(높은 전압/낮은 전류)와 입력 '0'상태(낮은 전압/높은 전류)를 보장해야 하며, 거기에다 TTL 출력단의 전류와 전압은 한계를 벗어나면 안된다.

6) 불량 IC

때때로 불량 IC를 구입하게 되는 경우도 있다. TTL IC는 출력을 단락하거나 전압의 극성을 잠깐동안 바꾸거나 전압을 약간 높게 거는 것을 포함하여 용도를 잘못 사용할 경우에도 잘 견디어 낸다.

회로나 PC board의 설계 잘못, 출력의 단락, 전원을 연결하지 않았거나 납땜 불량, open collector에서 pull up저항을 연결하지 않는 등의 회로의 문제가 발생할 때 IC가 나쁘다고 생각하는 경향이 많다.

회로에 문제가 발생할 경우 불량 IC에 의해 일어나는 경우는 매우 드물다. IC를 바꾸기 이전에 모든 가능성을 조사하여야 한다.

이책에서 배우야 할 가장 어려운 법칙은 "먼저 자신의 잘못으로 생각하고 나중에 IC의 잘못으로 생각하라"는 것이다. 이 법칙을 따를 때 시간과 돈을 절약하게 될 것이다.

또, 나쁜 IC를 발견했을 때는 다른 회로에 사용되지 못하도록 부셔버려야 한다.

7) 패키지 형식(Package Style)

실제로 대부분 디지털 집적회로 소자는 DIP(dual in-line package)라고 부르는 핀이 양쪽으로 배열된 패키지에 들어 있다. 이 패키지는 그림 2-9와 같이 양쪽에 지네다리 모양을 한 단자 핀이 나와 있다.

패키지의 종류에 따라 8, 14, 16, 18, 24, 28 및 40핀으로 된 것이 있다.

예를 들면 14핀 패키지는 한 쪽에 핀이 7개가 나와 있으며 칩의 좌측상단 코너에서부터 시계 반대 방향으로 1번에서 14번까지 번호가 새겨져 있다. DIP는 한쪽 코너에 점이나 한쪽 끝에 잘려진 반원모양이 있거나 아니면 둘다 있는 것도 있다.

결론적으로 한쪽 끝이 다른 쪽과는 다소 차이점이 있다. 점이나 반원모양이 있는 쪽을 톱(top)이라고 부르며, 톱의 왼쪽이 1번 핀이며 이와 같이 1번 핀을 찾아내는 것은 다른 핀 번호를 찾아낼 수 있기 때문에 매우 중요하다.

만일 핀 접속을 잘못하여 뒤바뀌어진 상태에서 전원접속을 하거나 다른 신호를 공급하면 패키지가 파괴된다. 패키지마다 윗면에 일반적으로 두 개의 번호가 있다. 하나는 소자의 형 번호이고 다른 하나는 제조일자를 말한다.

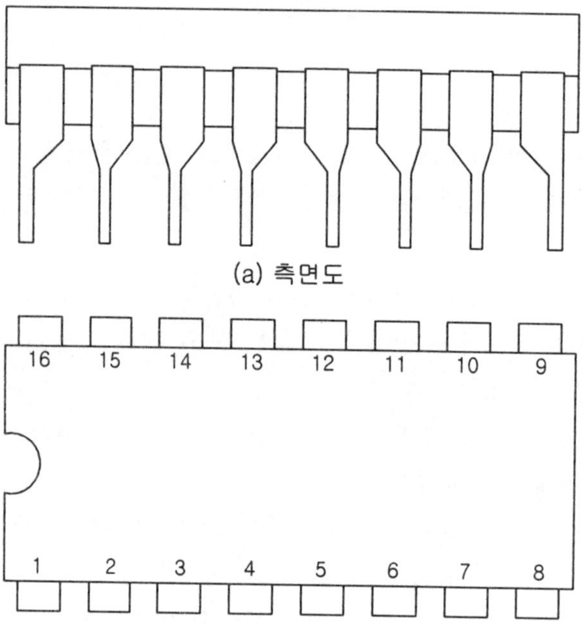

(a) 측면도

(b) 윗면도

그림 2-9 DIP 패키지

표준 TTL소자는 일반적으로 74×××의 형식으로 일련번호를 갖고 있고 또 제조회사를 나타내는 영문자 앞에 두 자를 갖고 있는데 예를 들면 똑같은 TTL소자라도 7492, SN7492가 아니면 SN7492로 표시되어 있다. 그 외 다른 TTL 패밀리를 나타내는 영문자가 있는데, 예를 들면 저전력 쇼트키 7492 TTL 버전(Version) 74LS92, SN74LS92 또는 DM74LS92 등으로 표시된다.

또 기본형 번호 뒤에 접미어 N자가 붙은 것은 패키지 케이스가 플라스틱이라는 것을 의미한다.

TTL소자의 74시리즈는 일반적으로 민간용이다. 군수용으로 설계된 높은 신뢰성 버전(Version)은 폭 넓은 온도에서도 작동될 수 있는 것으로 앞에 74라는 숫자 대신 54자가 붙는다.

예를 들면 5492는 7492 패키지 대치용으로 높은 신뢰성을 갖고 있고 동일한 핀 번호를 갖는다.

CMOS소자는 4000, 340000이 아니면 74C시리즈 코드 중 어느 하나를 사용해서 형 번호가 매겨진다. 4000시리즈는 접두어로 CD나 MM과 같은 제조회사를 나타내는 문자가 붙는다.

소자 번호의 의미를 알고 또 제조일자와 혼돈하지 않는 것이 매우 중요하고 제조일자는 년과 주를 나타내 주는 4자리 숫자로 표시된다.

예를 들면 그림 1-11에서와 같이 디지털 IC소자는 다음과 같이 표기한다.

SN7432N
7419

이 소자는 플라스틱 패키지로 소자번호는 7432를 말해 주고 있으면 7419의 74는 1974년도에 제작되었다는 뜻이고, 19는 19번째 주에 제조되었다는 것을 의미한다.

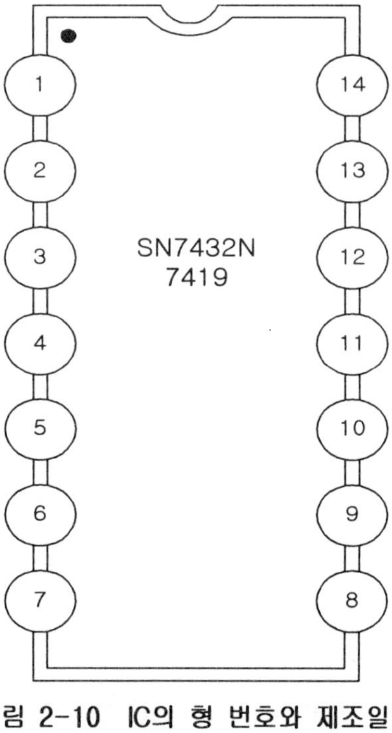

그림 2-10 IC의 형 번호와 제조일자

8) IC 사용상의 유의할 점

TTL과 CMOS 사용상 유의해서 다루어야 할 점은

첫째, 모든 입력은 반드시 어딘가 접속되어야 한다. TTL소자에서는 어떤 한 입력을 접속시키지 않고 개방시킨다면 논리 1상태와 꼭 같다. CMOS소자의 경우에 사용되지 않는 게이트 입력은 접지를 시키지 않으면 플러스 전원전압에 접속되어야 한다.

만일 개방상태로 두면 소비전력을 증가시켜 결국에는 파괴되기도 한다.

둘째로, CMOS소자에 내장되어 있는 트랜지스터의 입력 임피던스가 매우 높아서 정전기에 민감하므로 되도록이면 접지를 시키는 등 취급에 유의를 해야 한다. 그렇게 유의를 하지 않으려면 도전성 플라스틱 용기나 금속용기에 보관해 두어야 한다.

끝으로, CMOS소자는 전원을 연결하지 않은 상태에서 입력신호를 가해서는 안된다. 반대로 입력에 풀업(pull-up) 저항이 접속되어 있지 않다면 전원이 공급될 때 입력을 끊어서는 안된다.

제 2 장 디지털 논리 회로

2-1 진수변환

1) 2진수(binary numbers)

10진수 7392는 7 천 더하기 3 백 더하기 9 십 더하기 2와 같다. 천의 자리, 백의 자리 등은 계수의 위치에 의해 나타난 10의 거듭제곱이다. 즉, 7392는 다음과 같이 쓸 수 있다.

$$7392 = 7 \times 10^3 + 3 \times 10^2 + 9 \times 10^1 + 2 \times 10^0$$

그러나 편의상, 10의 거듭제곱은 없애고 그들의 위치로부터 계수만을 쓴다. 일반적으로 소수점을 가진 수는 다음과 같이 계수의 나열로 표시된다.

$$a_5a_4a_3a_2a_1a_0 \cdot a_{-1}a_{-2}a_{-3}$$

계수 a_j는 10개의 수치(0,1,2,……,9) 중의 하나를 나타내고, 첨자 j는 위치의 값을 나타낸다. 계수에 곱해지는 10의 거듭은 다음과 같다.

$$10^5a_5 + 10^4a_4 + 10^3a_3 + 10^2a_2 + 10^1a_1 + 10^0a_0 + 10^{-1}a_{-1} + 10^{-2}a_{-2} + 10^{-3}a_{-3}$$

10진수 체계는 10개의 숫자를 사용하고, 계수가 10의 거듭제곱으로 곱해지기 때문에 밑수(또는 지수 ; base, radix)가 10이라고 말한다. 2진수(進係數) 전혀 다른 수적계(數的係)이다. 2진수 체계의 계수는 0 과 1 두 값만을 가지며, 각 계수 a_j에 2^j가 곱해진다. 예를 들면, 2진수 1010.11은 다음과 같이 계수와 2의 거듭제곱의 곱셈에 의해서 십진수로는 26.75가 된다.

$$1 \times 2^4 + 1 \times 2^3 + 0 \times 2^2 + 1 \times 2^1 + 0 \times 2^0 + 1 \times 2^{-1} + 1 \times 2^{-2} = 26.75$$

밑수 5인 수의 계수는 오직 0, 1, 2, 3, 4만을 사용하는 점에 주의해야 한다. 밑수가 10보다 클 경우에는 계수를 나타내는 데에 알파벳의 문자가 사용된다. 예를 들면 계산기에서 많이 쓰이는 16진수(밑수16)에서 처음 10개의 숫자는 10진 체계의 숫자를 그대로 사용하고 10, 11, 12, 13, 14, 15를 위해서는 각각 A, B, C, D, E, F가 대신 사용된다.

다음은 16진수의 예이다.

$$(B65F)_{16} = 11 \times 16^3 + 6 \times 16^2 + 5 \times 16 + 15 = (46687)_{10}$$

10진, 2진, 8진, 16진수 체계의 처음 16까지의 수가 Table 1-1에 기록되어 있다.

밑수 r의 수의 산술 연산은 10진수에 관한 법칙을 따른다. 여기서 r개의 수만 쓰도록 허용됨을 주의해야 한다. 2진수의 가산, 곱셈의 예가 다음에 주어진다.

```
피가수:   101101        감가수:  101101       피승수:  1011
가  수:  +100111        감  수: -100111       승  수:  ×101
합   :  1010100         차   :  000110                  1011
                                                       0000
                                                      1011
                                               답:    110111
```

두 2진수의 합은 숫자가 0이거나 1이 된다는 것을 제외하고는 10진수와 똑같은 법칙에 의해 계산된다. 주어진 자리에서 얻은 자리올림수(carry)는 바로 윗자리에서 사용되며 감산은 약간 복잡하다. 주어진 자릿수에서의 빌림(borrow)은 피감수 숫자는 항상 1이나 0이기 때문에 부분곱의 결과는 피승수와 같거나 0이다.

Table 1-1 10진수와 비교

10진수 (밑수 10)	2진수 (밑수 2)	8진수 (밑수 8)	16진수 (밑수 16)
00	0000	00	0
01	0001	01	1
02	0010	02	2
03	0011	03	3
04	0100	04	4
05	0101	05	5
06	0110	06	6
07	0111	07	7
08	1000	10	8
09	1001	11	9
10	1010	12	A
11	1011	13	B
12	1100	14	C
13	1101	15	D
14	1110	16	E
15	1111	17	F

2) 진수변환(number base conversions)

2진수는 1의 값을 가진 계수들의 2의 거듭제곱의 합에 의해 10진수로 변환할 수 있다. 예를 들면,

$$(1010.011)_2 = 2^3 + 2^1 + 2^{-2} + 2^{-3} = (10.375)_{10}$$

비슷한 방법으로 밑수 r인 수도 10진수로 변환될 수 있다. 다음 예는 8진수를 10진수로 바꾸는 것이다.

$$(630.4)_8 = 6 \times 8^2 + 3 \times 8 + 4 \times 8^{-1} = (408.5)_{10}$$

10진수에서 2진수나 다른 밑수 r인 수로의 변환은 수를 정수 부분과 소수 부분으로 분리해서 각각 따로 변환을 행하는 것이 좀더 편리하다. 정수의 10진수에서 2진수로의

변환은 다음 예에서 잘 설명되고 있다.

[예제 2-1] 10진수 41을 2진수로 변환하라.

먼저 41을 2로 나누어서 몫 20과 나머지 1을 얻는다. 이 몫을 다시 2로 나누어 새로운 몫과 나머지를 얻는다. 이 과정은 몫이 0이 될 때까지 계속된다. 원하는 2진수의 계수는 다음과 같이 나머지로부터 얻어진다.

정수 몫		나머지	계수
$\frac{41}{2}=20$	+	1	$a_0=1$
$\frac{20}{2}=10$	+	0	$a_1=0$
$\frac{10}{2}=5$	+	0	$a_2=0$
$\frac{5}{2}=2$	+	1	$a_3=1$
$\frac{2}{2}=1$	+	0	$a_4=0$
$\frac{1}{2}=0$	+	1	$a_5=1$

답: $(41)_{10}=(a_5a_4a_3a_2a_1a_0)_2=(101001)_2$

계산 과정을 다음과 같이 좀더 편리하게 처리해도 된다.

정수	나머지
41	
20	1
10	0
5	0
2	1
1	0
0	1

↑ 101001 = 답

10진 정수를 다른 밑수 r의 수로 변환하는 것은 2대신에 r로 나눈다는 것을 제외하고는 위의 예와 비슷하다.

[예제 2-2] 10진수 153을 8진수로 변환하라.

요구하는 밑수는 8이다. 먼저 153을 8로 나누어 몫 19와 나머지 1을 얻는다. 다시 19를 8로 나누어 다음 몫 2와 나머지 3을 얻는다. 마지막으로 2를 8로 나누어 몫 0과 나머지 2를 얻는다. 이 과정을 다음과 같이 편리하게 처리할 수 있다.

153	
19	1
2	3
0	2

$= (231)_8$

10진 소수의 변환(變換)도 정수와 같이 비슷한 방법으로 한다. 그러나, 나눗셈 대신에 곱셈을 사용하며 나머지 대신에 누적되는 정수를 사용한다. 이 방법은 다음 예에서 설명된다.

[예제 2-3] (0.6875)10을 2진수로 변환하라.

먼저 0.6875에 2를 곱해서 새로운 정수와 소수를 얻는다. 이 새로운 소수에 다시 2를 곱해서 또다시 새로운 정수와 소수를 얻는다. 이 과정은 소수가 0이 되거나 충분한 정밀도가 얻어질 때까지 계속된다. 2진수의 계수는 다음과 같이 정수에서 얻는다.

	정수		소수	계수
$0.6875\times2=$	1	+	0.3750	$a_{-1}=1$
$0.3750\times2=$	0	+	0.7500	$a_{-2}=0$
$0.7500\times2=$	1	+	0.5000	$a_{-3}=1$
$0.5000\times2=$	1	+	0.0000	$a_{-4}=1$

답: $(0.6875)_{10}=(0.a_{-1}a_{-2}a_{-3}a_{-4})_2=(0.1011)_2$

10진 소수를 밑수 r의 수로 변환할 때는 2 대신 r을 곱한다. 그리고 계수는 0에서 r-1의 범위를 갖는 정수에서 얻는다.

[예제 2-4] (0.513)10을 8진수로 변환하라.

$$0.513 \times 8 = 4.104$$

$$0.104 \times 8 = 0.832$$

$$0.832 \times 8 = 6.656$$

$$0.656 \times 8 = 5.248$$

$$0.248 \times 8 = 1.984$$

$$0.984 \times 8 = 7.872$$

여섯 번째 자리까지의 답을 얻으면 다음과 같다.

$$(0.513)_{10} = (0.406517\cdots)_8$$

정수와 소수를 가진 10진수의 변환을 정수와 소수를 각각 따로 변환시켜서 두 답을 결합시킨다. 예제 2-1과 2-3에서 다음 결과를 얻는다.

$$(41.6875)_{10} = (101001.1011)_2$$

예제 2-2와 2-4에서 다음을 얻는다.

$$(153.513)_{10} = (231.406517)_8$$

3) 8진수와 16진수

2진, 8진, 16진수 사이의 변환은 계수형 컴퓨터에서는 아주 중요한 역할을 한다. 23=8이고 24=16이기 때문에 각 8진 숫자는 3개의 2진 숫자에 대응되고, 16진 숫자는 4개의 2진 숫자에 대응된다. 2진에서 8진으로의 변환은 2진 소숫점을 중심으로 왼쪽과

오른쪽으로 각각 세 숫자씩 묶음에 대응된 8진 숫자를 할당한다. 다음 예는 그 과정을 나타낸 것이다.

$$(\underbrace{10}_{2}\ \underbrace{110}_{6}\ \underbrace{001}_{1}\ \underbrace{101}_{5}\ \underbrace{011}_{3}\ \cdot\ \underbrace{111}_{7}\ \underbrace{100}_{4}\ \underbrace{000}_{0}\ \underbrace{110}_{6})_2 = (26153.7406)_8$$

2진에서 16진으로의 변환은 2진수가 4개의 숫자로 묶인다는 것을 제외하고는 위와 비슷하다.

$$(\underbrace{10}_{2}\ \underbrace{1100}_{C}\ \underbrace{0110}_{6}\ \underbrace{1011}_{B}\ \cdot\ \underbrace{1111}_{F}\ \underbrace{0010}_{2})_2 = (2C6B.F2)_{16}$$

2진 숫자의 각 묶음에 대한 대응된 16진(또는 8진) 숫자는 Table 2-1에 있는 값들을 공부한 후에는 쉽게 기억할 수 있을 것이다.

8진 또는 16진에서 2진으로의 변환은 위의 절차와 반대이다. 각 8진 숫자는 그와 동등한 세 2진 숫자로 변환되고 16진 숫자는 4개의 2진 숫자로 변환된다. 다음은 그 예이다.

$$(673.124)_8 = (\underbrace{110}_{6}\ \underbrace{111}_{7}\ \underbrace{011}_{3}\ \cdot\ \underbrace{001}_{1}\ \underbrace{010}_{2}\ \underbrace{100}_{4})_2$$

$$(306.D)_{16} = (\underbrace{0011}_{3}\ \underbrace{0000}_{0}\ \underbrace{0110}_{6}\ \cdot\ \underbrace{1101}_{D})_2$$

2진수는 같은 값의 10진수보다 3배 또는 4배나 되는 숫자가 필요하기 때문에 다루기가 어렵다. 예를 들면 2진수 111111111111은 10진수로 4095이다. 그러나, 계수형 컴퓨터는 2진수를 쓰고 있으며 때때로 사용자는 2진수에 의해서 기계와 직접 대화하는 것이 필요할 때가 있다.

컴퓨터에서는 2진 체계를 사용하지만 숫자의 갯수를 줄이기 위해서 인간은 2진 체계와 8진 또는 16진 체계 사이의 관계를 이용한다.

이 방법에 의해 인간은 8진 또는 16진수 관점에서 생각하며 기계와의 직접대화가 필요할 때에는 변환을 수행한다. 예로서, 2진수 111111111111이 8진수로는 7777(숫자 4개), 16진수로는 FFF(숫자 3개)로 표현된다. 계산기의 2진수에 관하여 사람들 간에 통신할 때는 8진이나 16진 표기가 더 바람직하다.

그 이유는 값의 2진수를 나타내는 데에 $\frac{1}{3}$ 또는 $\frac{1}{4}$의 숫자밖에 들지 않기 때문이다. 사람들이 콘솔의 스위치나 표시등(表示燈), 기계어(機械語, machine language)로 쓰여진 프로그램을 써서 기계어와 대화할 때에는 이용자들이 주의깊게 8진이나 16진으로부터 2진으로 변환하든지 그 역으로 변환하거나 한다.

4) 보수(補數 complements)

계수형 컴퓨터에서 보수(補數, complements)는 감산 작용을 간단히 하고, 논리적 처리를 쉽게 하기 위해서 사용된다. 밑수 r인 수에 대한 보수에는 (1) r의 보수와 (2) (r-1)의 보수 두 가지가 있다. 즉, 2진수에 대해서는 2의 보수(2's complement)와 1의 보수로 (1's complement)이며 10진수에 대해서는 10의 보수와 9의 보수가 그것이다.

4.1 r의 보수(補數)

정수 부분이 n 자릿수로 되어 있고 밑수가 r인 양수(陽數) N의 r의 보수는 다음과 같이 정의된다.

$$N\text{의 보수(補數)} = \begin{cases} r^n - N, & N \neq 0 \\ 0, & N = 0 \end{cases}$$

다음은 정의에 대한 이해를 돕기 위한 예이다.

(52520)10의 10의 보수 : 10_5-52520 = 47480
이 수에 있는 숫자의 개수 n은 5이다.
$(0.3267)_{10}$의 10의 보수 : 1-0.3267 = 0.6733

정수 부분이 없기 때문에 $10^n = 10^0 = 1$이다.
$(25.639)_{10}$의 10의 보수 : $10^2-25.639 = 74.361$

$(101100)_2$의 2의 보수 :
$(2^6)_2-(101100)_2 = (1000000-101100)_2 = 010100$

정의(定義)와 예(例)에서 10진수의 보수는, 하위의 모든 0은 변화시키지 않고 하위의 처음 0이 아닌 숫자를 10에서 빼고, 나머지 상위의 모든 숫자를 9에서 빼서 만들어질 수 있다는 것이 명백하다. 2의 보수도 하위의 모든 0은 그대로 두고 처음으로 0이 아닌 숫자도 그대로 두고 나머지 상위의 모든 숫자는 1을 0으로, 0은 1로 만들어서 형성할 수 있다.

임의의 밑수 r ($r>1$, $r\neq1$)에 대해서도 r 의 보수가 있을 수 있으며 위와 같은 정의에서 구할 수 있다.

그러나, 여기서 $r=10$(10진수)과 $r=2$(2진수)만을 예를 든 이유는 이 2가지 진법이 우리들에게 제일 관계가 깊기 때문이다. 특히 계산기에서는 2진법의 2의 보수가 주로 쓰인다.

4.2 (r-1)의 보수(補數)

정수(整數) 부분이 n 자리이고 소수(小數) 부분이 m 자리인 양수(陽數) N을 생각하자. N의 (r-1)의 보수는 다음과 같이 정의된다. N의 (r-1)의 보수 = $r^n-r^{-m}-N$. 다음은 (r-1)의 보수의 예들이다.

$(52520)_{10}$의 9의 보수 : $(10^5-1-52520) = 9999-52520 = 47479$
소수 부분이 없으므로 $10^{-m} = 10^0 = 1$이다.

$(0.3267)_{10}$의 9의 보수 : $(1-10^{-4}-0.3267) = 0.9999-0.3267 = 0.6732$
정수 부분이 없으므로 $10^n = 100 = 1$

$(25.639)_{10}$의 9의 보수 : $(10^2-10^{-3}-25.639) = 99.999-25.639 = 74.360$

$(101100)_2$의 1의 보수 : $(2^6-1)-(101100) = (111111-101100)_2 = 010011$

$(0.0110)_2$의 1의 보수 : $(1-2^{-4})_2-(0.0110)_2$ = $(0.1111-0.0110)_2$ = 0.1001

예(例)에서 볼 수 있듯이 10진수의 9의 보수는 모든 숫자를 9에서 빼기만 하면 되고, 2진수의 1의 보수는 1을 0으로, 0을 1로 바꾸기만 하면 쉽게 형성된다. (r-1)의 보수는 아주 쉽게 얻어지기 때문에, r의 보수가 필요할 때 (r-1)의 보수를 사용하는 것이 편하다.

정수(定數)와 예(例)에서 얻어진 결과를 비교해 보면, r의 보수는 (r-1)의 보수의 최하위 숫자에 r^{-m}을 더해서 얻을 수 있다. 예(例)를 들면, 10110100의 2의 보수인 01001100은 1의 보수인 01001011에 1을 더해서 얻어진다. 보수의 보수를 취하면 원래 값이 나온다.

4.3 r의 보수(補數)에 의한 감산(減算)

감산방법(減算方法)에서 우리는 피감수가 대응된 감수(減數)보다 작을 때는 윗자리에서 1을 빌려오는 개념을 사용한다. 이 방법이 사람들에게는, 연필로 계산할 때는 가장 쉬운 방법처럼 보이나, 계수형 시스템에서는 이 방법이 보수를 취해서 더하는 아래의 방법보다 덜 효율적이다.

> 밑수 r인 두 양수의 뺄셈 (M-N)은 다음 순서를 따른다.
>
> 1. 피감수(被減數, minuend) M에 감수(subtrahend) N의 r의 보수를 더한다.
>
> 2. 위에서 얻은 결과를 끝자리(end carry)에 관해 조사한다.
>
> (a) 끝자리 올림수가 있으면 그것을 무시한다.
>
> (b) 끝자리 올림수가 생기지 않았으면 1에서 얻은 결과를 r의 보수로 취하고 앞에 -부호를 붙인다.

[예제 2-5] 10의 보수를 사용해서 72532-3250을 계산하라.

```
M=72532
N=03250                                   72532
N의 10의 보수=96750                      + 96750
              끝자리 올림수 ──► 1 /        69282
답 : 69282
```

[예제 2-6] $(3250-72532)_{10}$을 계산하라.

```
M=03250
N=72532                                   03250
N의 10의 보수=27468                      + 27468
                 올림수 없음 ____/         30718
답 : -69282 = -(30718의 10의 보수)
```

[예제 2-7] 주어진 수에 대해 2의 보수를 사용해서 M-N을 계산하라.

```
(a)     M=1010100
        N=1000100                         1010100
        N의 2의 보수=0111100             + 0111100
              끝자리 올림수 ──► 1 /        0010000
        답 : 10000
(b)     M=1000100
        N=1010100                         1000100
        N의 2의 보수=0101100             + 0101100
                 올림수 없음 ____/         1110000
        답 : -10000=-(1110000의 2의 보수)
```

감산증명 : M에다 N의 r의 보수를 더하면 $(M+r^n-N)$이 된다. n자릿수를 가진 정수 부분에 대해서 r^n은(n+1) 자리에 1을 갖는 것과 같다(끝자리 올림수라 부른다). M과 N모두 양수로 가정했기 때문에 다음과 같이 된다.

(a) $(M+r^n-N)>r^n$ if $M>N$

(b) $(M+r^n-N)<r^n \quad \text{if} \quad M<N$

(a)의 답은 양수이므로 끝자리 올림수 r^n을 무시함에 의해 바로 M-N을 얻는다.
(b)에서 답은 -(N-m)에 해당하는 음수이다. 이때에는 끝자리 올림수가 없다.
답은 다음과 같이 두 번째 보수를 취해서 - 부호를 붙여서 얻는다.

$$-[r^n-(M+r^n-N)]=-(N-M)$$

4.4 (r-1)의 보수(補數)에 의한 감산(減算)

(r-1)의 보수에 의한 감산은, 윤회식 자리올림수(end-around carry)를 제외하고는 r의 보수를 사용한 감산의 순서와 같다.

> 밑수가 r인 두 양수의 감산(M-N)은 다음 방법으로 계산된다.
>
> 1. 피감산(被減算) M에 N의 (r-1)의 보수를 더한다.
> 2. 위의 결과를 끝자리 올림수에 관해 조사한다.
>   (a) 끝자리 올림수가 있으면 최하위 숫자에 1을 더한다.
>   (b) 끝자리 올림수가 없을 경우에 1의 결과를 (r-1)의 보수로 취하고 앞에 - 부호를 붙인다.

위의 증명은 r의 보수의 경우와 비슷하기 때문에 연습 문제로 남겨 둔다.

[예제 2-8] 9의 보수를 사용해서 예제 2-5와 2-6의 문제를 계산하라.

(a) M=72532

N=03250

N의 9의 보수=96749

```
       72532
     + 96749
     -------
   1 / 69281
   |       +
   +-----> 1
     -------
       69282
```

답 : 69282

(b) M=03250

N=72532

N의 9의 보수=27467

```
      03250
  +   27467
올림수없음 ／ 30717
```

답 : -69282=-(30717의 9의 보수)

[예제 2-9] 1의 보수를 사용해서 예제 2-7의 문제를 풀어라.

(a) M=1010100

N=1000100

N의 1의 보수=0111011

```
      1010100
  +   0111011
  1 ／ 0001111
```

답 : -10000=-(1101111의 1의 보수)

4.5 1의 보수(補數)와 2의 보수(補數)의 비교(比較)

1의 보수는, 1은 0으로, 0은 1로 바꾸기만 하면 만들어지기 때문에 계수형 시스템에서는 이런 역할을 하는 회로(回路)를 쉽게 만들 수 있다는 장점을 갖추고 있다.

그러나 2의 보수는 다음의 두 가지 방법으로 만들 수 있다. (1) 1의 보수의 최하위 숫자에 1을 더하거나, (2) 하단 부위의 모든 0은 그대로 두고 역시 첫 번째 1도 그대로 두고 나머지 숫자는 0을 1로, 1은 0으로 바꾼다.

보수에 의한 두 수의 뺄셈에서, 2의 보수는 오직 한 번만의 연산 작용이 필요하지만, 1의 보수는 윤회식 자리올림 수가 발생할 경우에는 두 번의 연산 작용이 필요하다. 또한 1의 보수는 산술 과정에서 모두 0 숫자로 이루어진 0(零)과 모두 1 숫자로 이루어진 0, 2개의 0이 나타나는 단점을 갖고 있다. 이 사실을 설명하기 위해서, 같은 2진수의 뺄셈 1100-1100=0을 생각해 보자.

1의 보수 사용:

```
  1100
+ 0011
+ 1111
```

보수를 취해서 -0000을 얻음.

2의 보수 사용:

$$\begin{array}{r} 1100 \\ +\underline{\ 0100} \\ +\ 0000 \end{array}$$

2의 보수(補數)는 0에 대해 1개의 값을 가지고 있는 반면에 1의 보수는 0에 대해 2개의 값을 가지고 있기 때문에 더욱 복잡하게 만든다. 계수형 컴퓨터에서, 보수는 산술계산에 매우 유용하다. 그러나 1의 보수는 1을 0으로 바꾸는 것과 0을 1로 바꾸는 것이 논리적인 역연산(逆演算, inversion operation)과 같기 때문에 논리적(論理的) 처리(處理)에서 매우 유용하다. 2의 보수는 산술적 응용에 관련된 것에만 사용된다. 결론적으로 보수형의 언급 없이 보수(補數, complement)라는 단어가 비산술적 응용에 쓰일 때는 1의 보수로 가정한다.

5) 2진(進) 코드(binary codes)

전자 계수형 시스템은 2개의 구별되는 값을 갖는 신호와 두 안정 상태를 갖는 회로소자들을 사용한다. 2진 신호, 2진 회로 소자, 2진 숫자 사이에는 직접적인 유사성이 있다.

예(例)를 들면, n 자릿수의 2진수는 각각 0 또는 1에 대응된 출력을 내는 n개의 2진 회로 소자에 의해 표시할 수 있다. 계수 시스템은 2진수뿐만 아니라 다른 많은 정보의 이산 원소를 표시하며, 또한 처리하기도 한다. 정보의 많은 양의 집단에서 개별적인 정보의 이산 원소는 2진 코드로 나타낼 수 있다. 예를 들어, 적색(赤色, red)은 스펙트럼의 한 개별적인 색깔이며, 문자 A는 알파벳의 한 개별적인 문자이다.

정의(定義)에 의해서, 비트(bit)는 2진 숫자(binary digit)의 약자이다. 이것이 2진 코드에서 사용될 때, 비트는 0이나 1을 나타내는 2진량(進量)으로 생각하는 것이 좋다. 2진 코드에서 2^n개의 이산 원소의 집단을 나타내기 위해서는 최소한 n개의 비트가 필요하다.

예를 들면, 4개의 개별 원소를 두 비트 코드로 표시할 수 있는데 각 원소에는 두 비트의 조합인 00, 01, 10, 11 중의 하나를 할당한다. 8개 원소의 표시는 3비트가 필요하며 각 원소에는 000, 001, 011, 100, 101, 110, 111중의 하나가 할당된다. 이들 예는 n비트 코드의 개별적 비트 조합은 0에서 원소의 개수가 2의 거듭제곱의 배수가 아닐 때는 모든 비트 조합이 다 할당되지 않는다. 10개의 10진 숫자 0, 1, 2,······,9가 그 예이다.

이들 숫자를 표시하는 데에 3비트는 모자라기 때문에 적어도 4비트가 필요하다. 4비트로는 16개의 조합을 얻을 수 있기 때문에 10개만 할당하고 6개는 쓰지 않는다.

2^n개의 별개의 코드를 나타내는 데 필요한 최소한의 비트 수는 n이지만 최대수는 존재하지 않는다. 예를 들면, 10개의 10진 숫자는 각 숫자에 9개의 0과 1개의 1로 된 비트 조합을 할당하는 10개의 비트로 표시할 수 있다. 이 특별한 2진 코드에서, 숫자 6은 비트 조합 0001000000을 할당할 수 있다.

Table 1-2 10진 숫자에 관한 2진 코드

10진 숫자	(BCD) 8421	3증(增)	$84\bar{2}\bar{1}$	2421	(이중 5) 5043210
0	0000	0011	0000	0000	0100001
1	0001	0100	0111	0001	0100010
2	0010	0101	0110	0010	0100100
3	0011	0110	0101	0011	0101000
4	0100	0111	0100	0100	0110000
5	0101	1000	1011	1011	1000001
6	0110	1001	1010	1100	1000010
7	0111	1010	1001	1101	1000100
8	1000	1011	1000	1110	1001000
9	1001	1100	1111	1111	1010000

5.1 10진(進) 코드

10진 숫자에 대한 2진 코드는 적어도 4비트가 적어도 4비트가 필요하다. 4개 혹은 그 이상의 비트들을 써서 10가지의 각기 다른 조합으로 배치함으로써 많은 여러 가지 코드를 만들 수 있다. 몇 가지 구성 방법이 Table 1-2에 주어져 있다.

2진 코드화 10진수(binary-coded decimal, BCD)는 대응된 2진수 그대로 바로 할당한 것이다. 비트의 위치에 따라 가중치를 할당할 수도 있다. BCD코드에서 가중치는 8, 4, 2, 1이다.

예를 들면, 0110은 0×8+1×4+1×2+0×1=6이기 때문에 10진 숫자 6을 나타내는 것으로 가중치에 의해서 해석될 수 있다. 8, 4, -2, -1코드와 같이 음수가중(陰數加重, negative weight)을 할당할 수도 있다.

이 경우의 비트 조합 0110은 0×8+1×4+1×(-2)+0×(-1)=2를 얻기 때문에 10진 숫자 2로 해석된다. 다른 두 값 지정 코드(또는 가중 코드, weighted code)가 Table 1-2에 나타나 있다. 2421과 5043210이 그것이다.

3증(增) 코드(excess-3 code)는 일부 옛날 컴퓨터에서 쓰이던 코드이다. 이 코드는 각 키트에 가중치를 할당하지 않고, 10진 숫자에 대응된 BCD에 3을 더해서 얻어진다.

계수형 컴퓨터에서 수는 2진수나 2진 코드화한 10진수로 표현된다. 데이터를 표시할 때, 이용자는 10진수 형태로 데이터를 주기를 좋아한다. 입력 10진수는 10진 코드에 의해서 컴퓨터 내부에 저장된다.

각 10진 숫자는 적어도 4개의 2진 저장 원소를 필요로 한다. 10진수는 컴퓨터 내부에서 산술연산(算術演算)이 2진수로 표현된 수를 가지고 행해질 때 2진수로 변환된다. 모든 수가 코드화된 10진수를 2진수로 변환하지 않고 그대로 연산할 수도 있다.

예를 들면, 10진수 395가 2진수로 변환되면 110001011로 9개의 2진 숫자로 구성되며, BCD 코드로 표시될 때는 한 10진 숫자당 4개의 2진 숫자로 총 12개의 2진 숫자로 001110010101이 된다.

10진수의 2진수로의 변환(conversion)과 10진수의 2진 코드화(binary coding)의 차이를 이해하는 것은 매우 중요하다. 두 경우 모두 마지막 결과는 비트들의 연속이다. 변환에서 얻어진 비트들은 사용된 코드의 법칙에 따라 배열된 1과 0들의 조합이다.

그러므로, 계수 시스템에서 1과 0들의 연속이 때로는 2진수를 나타낼 수도 있고, 어떤 때는 주어진 2진 코드에 의해 명시되는 정보의 개별적인 양을 나타내기도 한다.

예를 들면, 10진수가 0에서 9사이에 있는 한, BCD 코드는 2진 변환이나 코드화에 모두 사용될 수 있다.

그러나, 10진수가 9보다 클 경우에는 변환과 코드화는 완전히 달라진다. 다른 예를 하나 더 들어서 이 개념의 중요성을 강조하겠다. 10진수 13의 2진 변환은 1101이고, 10진수 13의 BCD 코드에 의한 코드화는 00010011이다.

Table 1-2에 있는 다섯 2진 코드에서 BCD 코드가 사용하기에 가장 자연스럽게 보이며 또 실제로 가장 자주 만나게 된다. 다른 4비트 코드들은 BCD에 없는 한 가지 특징을 갖고 있다. 3증 코드, 2,4,2,1코드, 8, 4,-2,-1코드는 모두 자기 보수성 코드(self-complementary code)이다. 다시 말해서, 10진수의 9의 보수가 0은 1로, 1은 0으로 바꿈에 의해서 쉽게 얻어진다.

이 성질은 산술연산(算術演算)이 10진수로 수행되어, 감산(減算)이 9의 보수를 취함에 의해 계산될 때 유용하게 쓰인다.

Table 1-2에 있는 이중5(biquinary) 코드는 오류 검출 능력을 가진 7비트 코드의 예(例)이다. 이 코드의 각 숫자는 5개의 0과 2개의 1로 구성되어 있다. 한 장소에 여러 개의 비트가 값이 바뀔지도 모르는 것이다.

수신측의 회로는 1의 개수가 2개 이상(또는 이하) 존재하는 것을 탐지할 수 있다. 또, 수신한 비트의 조합이 허용할 수 있는 조합과 일치하지 않으면 오류가 검출된다.

5.2 오류 검출 코드(error detection code)

2진 정보는 전선이나 전파 같은 통신 매개체를 통해서 전달될 수 있다. 통신 매개체에서 외부 잡음(noise)이 생기면 이 때문에 0을 1로, 또는 그 반대로 비트를 바꾸어 놓는다.

오류 검출 코드는 전송 동안에 생길지도 모르는 이런 오류를 검출하는 데 쓰인다. 검출된 오류는 그것이 수정되지는 않으나 오류가 존재합을 나타낸다. 오류가 가끔 가다 드물게 한 번씩 일어나고 전송된 전체 정보에 그리 중대한 영향을 끼치지 않으면, 수신측은 그 정부를 그대로 받아 들이거나 특정 오류 메시지를 보낸다. 수신된 정보의 뜻이 왜곡될 정도로 오류가 자주 발생하면, 전송 시스템의 오동작(誤動作) 여부를 조사해야 된다.

패리티(parity)비트는 메시지 내의 1의 총 수를 홀수로 만들거나 짝수로 만드는, 메시지 내에 포함된 1개의 특수 비트이다. 4비트의 메시지와 패리티 비트 P가 Table 1-3에 있다. (a)에서 P는 1의 개수가 홀수가 되도록 (모든 5비트에서) 선택되며, (b)에서는 모든 1의 개수가 짝수가 되도록 선택된다.

한 장소에서 다른 곳으로 정보를 전송하는 동안에 패리티 비트는 다음과 같이 처리된다. 송신 마지막 단계에서, 메시지(이 경우에는 처음 4비트)는 패리티 비트를 발생시키기 위해서 패리티 발생 회로(回路)에 가해진다.

그리고 패리티 비트를 포함한 메시지가 도착점으로 전송된다. 수식측에서, 입력 비트(여기서는 5비트)는 적절한 패리티가 적용되었는지를 검사하기 위하여 패리티 조사 회로에 가해진다. 조사된 패리티가 채택된 패리티와 대응되지 않으면 오류가 검출된다.

Table 1-3 패리티 비트

(a)메시지	P(홀수)	(b)메시지	P(짝수)
0000	1	0000	0
0001	0	0001	1
0010	0	0010	1
0011	1	0011	0
0100	0	0100	1
0101	1	0101	0
0110	1	0110	0
0111	0	0111	1
1000	0	1000	1
1001	1	1001	0
1010	1	1010	0
1011	0	1011	1
1100	1	1100	0
1101	0	1101	1
1110	0	1110	1
1111	1	1111	0

2-2 기본논리게이트

1) AND 게이트

여러 개의 입력을 가진 AND 게이트도 있으나 가장 간단한 AND 게이트는 2개의 입력을 가진 AND 게이트로서 그 논리기호는 그림 2-1과 같고 논리식은 식 (2-1)과 같다.

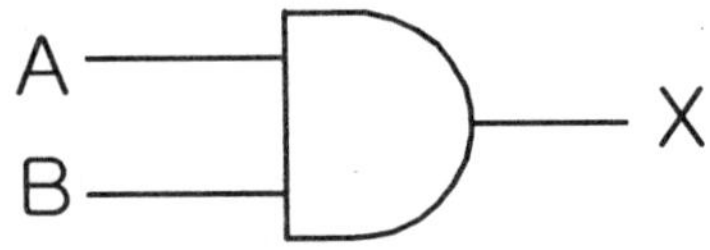

그림 2-1 AND 게이트 기호

$$X = A \cdot B \tag{2-1}$$

한편 식(2-1)을 만족시키는 진리표는 Table 2-1과 같다.

Table 2-1 AND 게이트 진리표

A	B	X
0	0	0
0	1	0
1	0	0
1	1	1

Table 2-1의 AND 게이트 진리표에서와 같이 입력 A, B 모두가 1일 때만 출력이 1이 된다. 즉 입력 중 어느 하나만이라도 0이 되면 그 출력은 0이 되는 동작 특성을 갖고 있다.

1.1 기계적 접점을 이용한 AND 게이트

논리 함수는 전기 또는 유공압회로 등에서도 적용될 수 있다.
그림 2-1-1을 스위치와 전지 및 전구를 이용하여 구성한 AND 게이트이다.

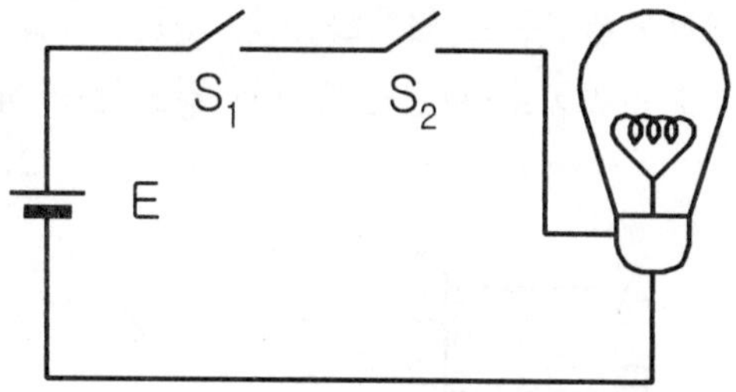

그림 2-1-1

S_1과 S_2가 동시에 닫혔을 때 전구가 점등된다.

Table 2-1-1

S_1	S_2	전 구
개 방	개 방	소 등
개 방	단 락	소 등
단 락	개 방	소 등
단 락	단 락	점 등

2) OR 게이트

가장 간단한 2개의 입력을 가진 OR 게이트는 그림 2-2와 같은 논리기호(Logic Symbol)로 표시되며, 그 논리식은 식 (2-2)와 같다.

$$X = A + B \tag{2-2}$$

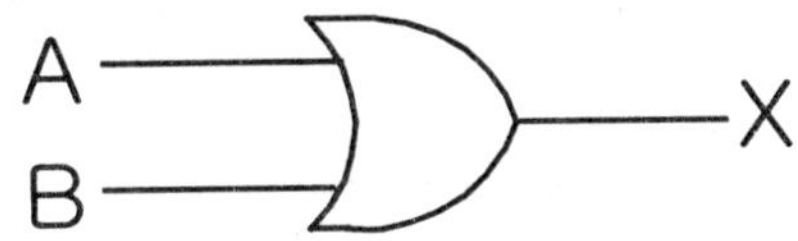

그림 2-2 OR 게이트 기호

한편 식 (2-2)를 만족하는 진리표는 Table 2-2와 같다.

Table 2-2 OR 게이트 진리표

A	B	X
0	0	0
0	1	1
1	0	1
1	1	1

Table 2-2의 OR 게이트 진리표에서와 같이 입력 A, B 모두가 0일 때만 출력이 0이 된다. 즉 입력 중 어느 하나라도 1이 되면 출력은 1이 되는 동작 특성을 갖고 있다.

2.1 기계적 접점을 이용한 OR 게이트

그림 2-2-1은 스위치와 전지 및 전구를 이용하여 구성한 OR 게이트이다.

S_1과 S_2 둘 중에 하나라도 닫혀 있으면, 전구에서 불빛이 발생한다. 유압회로의 경우, 도선은 파이프, 스위치는 밸브, 전지는 물 펌프, 전구는 어느 한 밸브가 열려있을 때, 물이 도착하는 탱크로 대치할 수 있다.

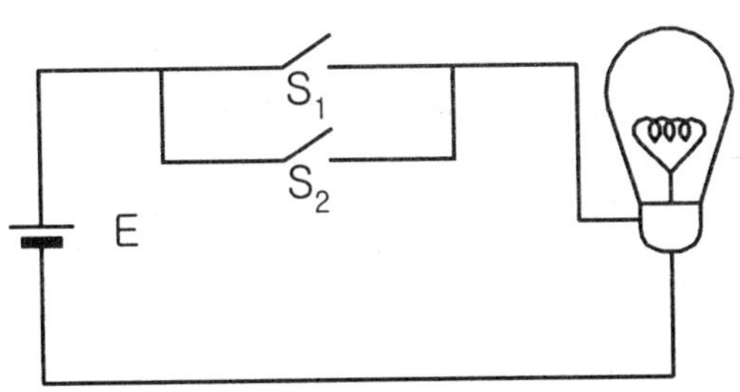

그림 2-2-1

Table 2-2-1의 연산표는 논리함수 OR과 같은 기능을 수행한다.

Table 2-2-1

S_1	S_2	전 구
개 방	개 방	소 등
개 방	단 락	점 등
단 락	개 방	점 등
단 락	단 락	점 등

3) NOT회로(Inverter)

NOT회로는 인버터라고도 하며, 그림 2-3과 같은 논리기호로 표시되고 그 논리식은 식 (2-3)과 같다.

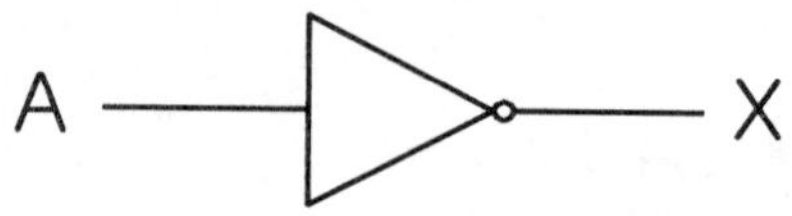

그림 2-3 NOT회로 기호

$$X = \overline{A} \tag{2-3}$$

한편 식 (2-3)을 만족하는 진리표는 Table 2-3과 같다.

Table 2-3 NOT회로 진리표

A	X
0	1
1	0

Table 2-3의 NOT회로 진리표에서와 같이 출력은 입력상태와 반대인 입력이 0이면 1이고, 1이면 0으로 동작한다.

3.1 기계적 접점을 이용한 NOT회로

그림 2-3-1은 스위치와 전지 및 전구를 이용하여 구성한 NOT회로이다.

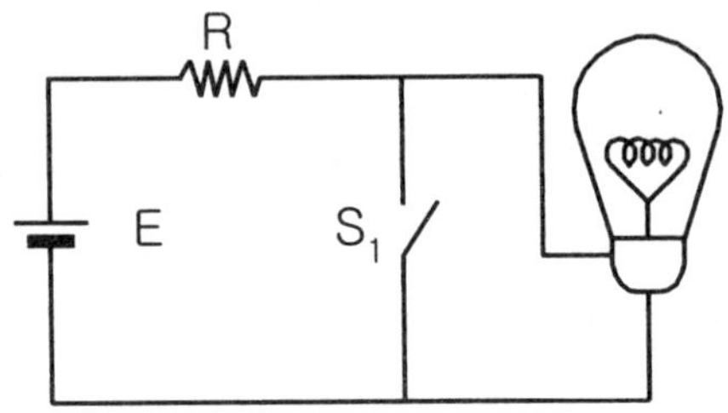

그림 2-3-1

S_1이 닫혀 있으면 전지는 R을 통해 흐른다. 이때 전구는 점등되지 않으며 S_1이 off되면 전구는 점등한다.

Table 2-3-1

S_1	전 구
개 방	점 등
단 락	소 등

본 교재에서 사용되는 IC의 대부분은 그림 2-4와 같은 dual-in-line형의 것을 사용한다.

pin 번호 1번을 표시하기 위하여 점(dot)이 있는 것도 있고 한쪽이 파인 것도 있다.

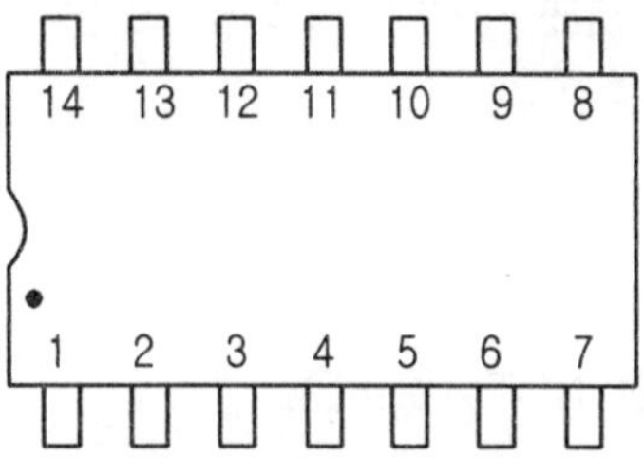

(a) 7404 pin 번호

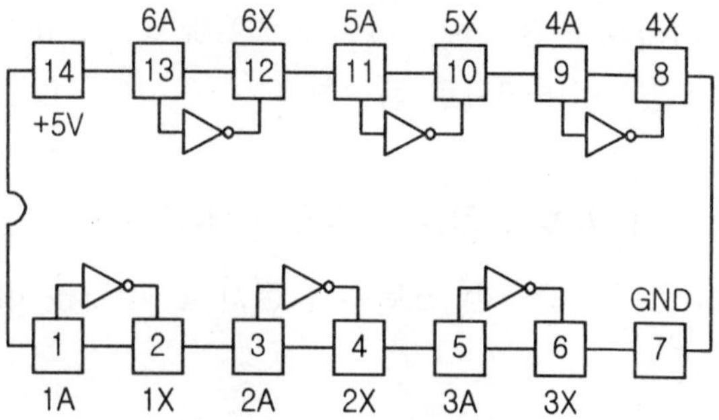

(b) 7404 IC pin 접속도

그림 2-4 Dual-in-line 7404 Invert IC

4) 전자회로를 이용한 논리함수

4.1 다이오드를 사용한 논리회로

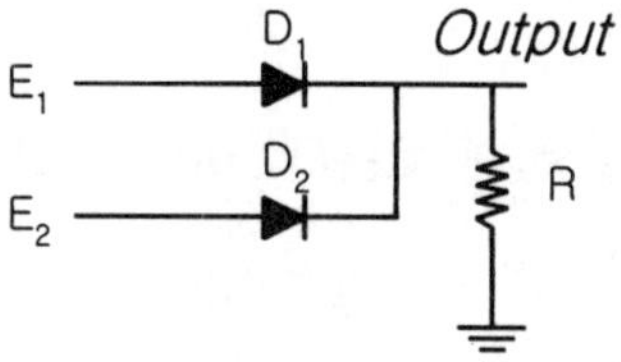

그림 2-5

OR 게이트는, 그림 2-5와 같이, 전자부품을 이용하여 구성할 수 있다.

다이오드에서의 전압강하를 무시하자. 그러면, 그림 2-5는 0V와 5V를 인가하여, Table 2-4와 같이 반응한다.

Table 2-4

E_1	E_2	출 력
0V	0V	0V
0V	5V	5V
5V	0V	5V
5V	5V	5V

두 입력이 모두 0V이면, 출력 전류가 발생하지 않는다. 따라서, 출력 단자는 저항 R을 통해 접지 되므로, 0V를 출력하게 된다.

두 입력 중에 하나라도 5V가 되면, 입력과 접지 사이에 전류가 발생한다. 다이오드에 순방향 바이어스가 인가되어, 5V를 출력하게 된다.

논리 1은 5V, 논리 0은 0V임을 주의하라. Table 2-4는 OR 게이트의 진리표가 된다.

유사한 방식으로, AND 게이트를 구성할 수 있다.

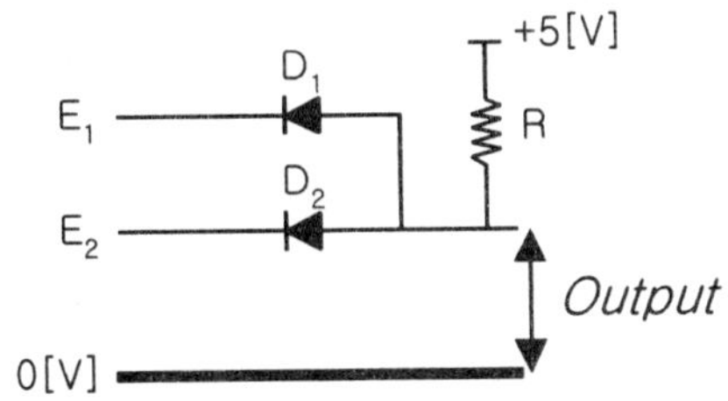

그림 2-6

E_1과 E_2 두 단자 모두 5V 입력을 가지면, 두 다이오드에는 역방향 바이어스가 인가된다. 따라서, 5V를 출력하게 된다. 그러나, E_1이 0V이면, D_1에는 순방향 바이어스가 인가된다. 따라서, 출력은 E_1에 연결되어, 0V 전압을 가지게 된다. 이러한 방식으로, 그림 2-6은 Table 2-5를 진리표로 가지게 된다.

Table 2-5

E_1	E_2	출 력
0V	0V	0V
0V	5V	0V
5V	0V	0V
5V	5V	5V

이는 AND 게이트의 진리표와 같다.

4.2 트랜지스터를 이용한 논리회로

트랜지스터는, 베이스에 인가된 전압을 이용하여, 이미터와 컬렉터 단자 사이에 흐르는 전류를 제어할 수 있다. 즉, 작은 스위치로 사용될 수 있다.

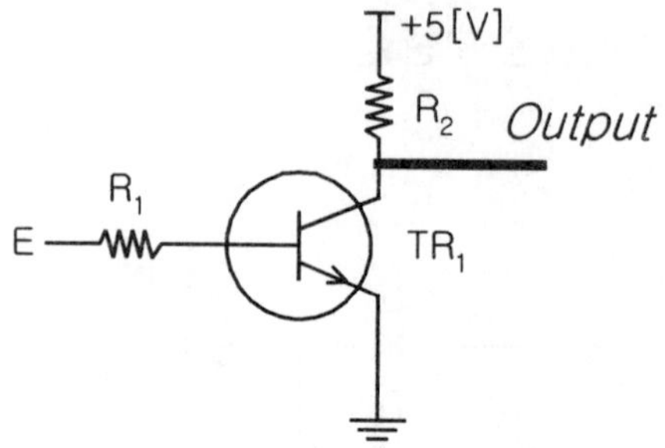

그림 2-7

입력 E가 0V이면 베이스 전류는 발생되지 않는다. 그러므로, 이미터에도 역시 전류가 흐르지 않는다. 따라서, 5V를 출력하게 된다.

반면에, 입력이 5V이면, 베이스 전류가 발생된다. 그리고, 이 베이스 전류는 컬렉터와 이미터 단자 사이에 전류를 발생시킨다. R_1이 적절히 선택하면,

트랜지스터는 포화상태에서 동작할 수 있으며, 컬렉터와 이미터 사이의 전압강하는 0V가 된다. 따라서, 0V가 출력된다.

Table 2-6

입 력	출 력
0V	5V
5V	0V

즉, 그림 2-7은 Inverter(NOT 회로)이다. 그림 2-7과 다이오드 회로를 연결하면, NAND와 NOR 게이트를 만들 수 있다(그림 2-8과 2-9).

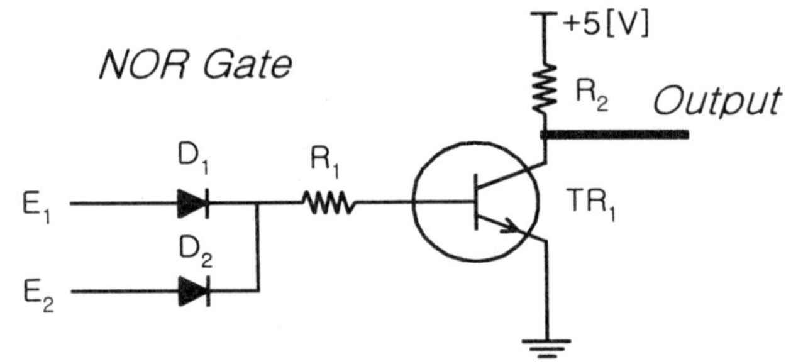

NOR Gate
+5[V]
R_2
Output
D_1
R_1
E_1
TR_1
D_2
E_2

그림 2-8

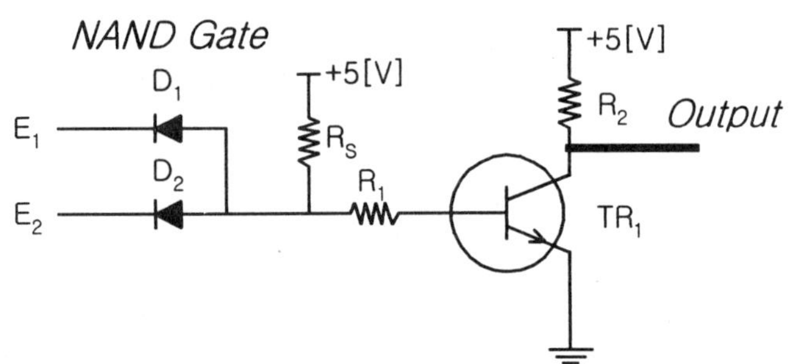

NAND Gate
+5[V]
D_1
+5[V]
R_2
Output
E_1
R_S
D_2
R_1
E_2
TR_1

그림 2-9

문제 1. AND 게이트

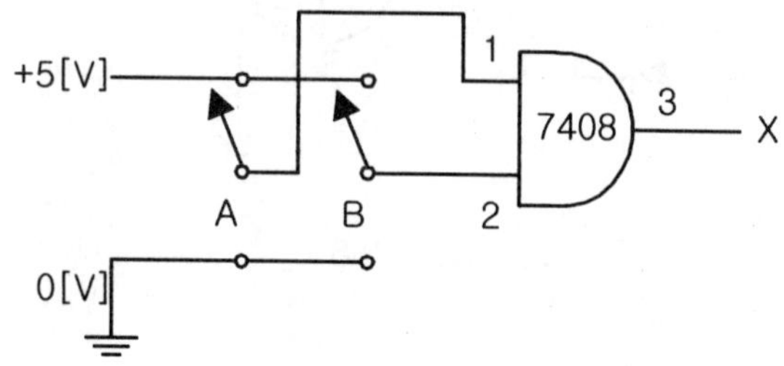

그림 2-10

그림 2-10에 있는 Dip 스위치를 이용하여 입력 A, B를 그림2-10과 같이 접속할 때 출력 X를 구하여라.

표 2-1

A	B	X
0	0	
0	1	
1	0	
1	1	

문제 2. OR 게이트

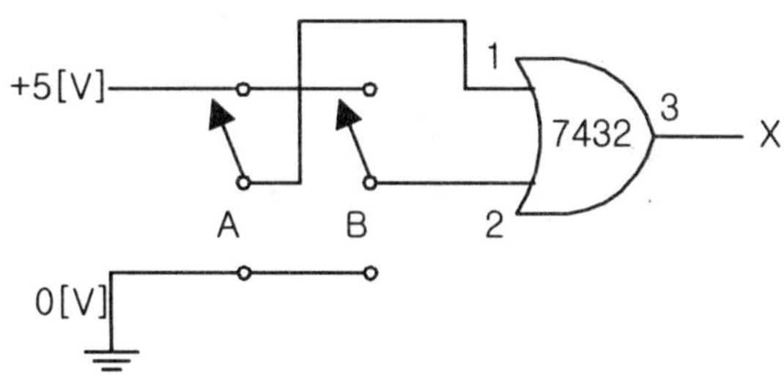

그림 2-11

그림 2-11에 있는 Dip SW을 이용하여 입력 A, B를 그림 2-11과 같이 접속할 때 출력 X를 구하여라.

표 2-2

A	B	X
0	0	
0	1	
1	0	
1	1	

문제 3. NOT회로

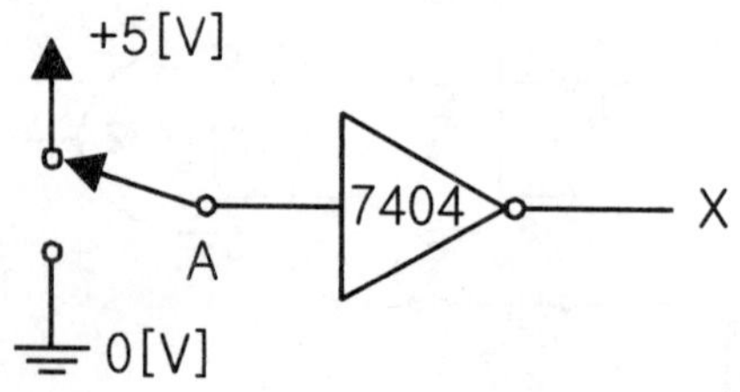

그림 2-12

그림 2-12에 있는 Dip SW을 이용하여 입력 A를 그림 2-12와 같이 접속할 때 출력 X를 구하여라.

표 2-3

A	X
0	
1	

문제 4. AND-OR-NOT 게이트 결합

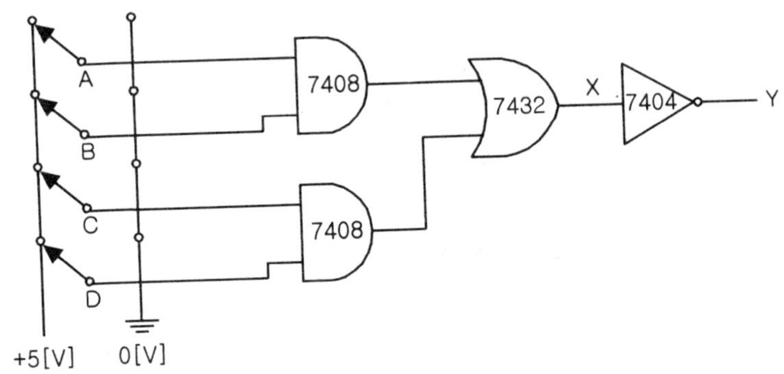

그림 2-13

그림 2-13에 있는 Dip SW을 이용하여 입력 A, B, C, D를 그림 2-13과 같이 접속할 때 출력 X와 Y를 구하여라.

표 2-4

A	B	C	D	X	Y
0	0	0	0		
1	0	0	0		
1	0	1	0		
1	1	1	0		
1	1	1	1		

2-3 NAND와 NOR 게이트

1) NAND 게이트

NAND 게이트는 NOT-AND의 준말로 AND와 반대되는 동작 특성을 갖고 있다.

한편 NAND 게이트는 기본 게이트를 구성할 수 있어 표준 게이트라고도 하며, 그림 3-1과 같은 논리기호를 갖고 있으며, 논리식은 식 (3-1)과 같다.

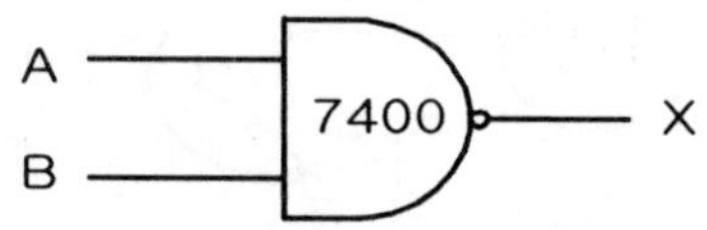

그림 3-1 NAND 게이트 기호

$$X = \overline{A \cdot B} \tag{3-1}$$

식 (3-1)을 만족하는 진리표는 Table 3-1과 같다.

Table 3-1

A	B	X
0	0	1
0	1	1
1	0	1
1	1	0

그림 3-2와 같이 NAND 게이트로부터 AND, OR, NOT 기능을 구현할 수 있으므로 NAND 게이트를 표준 게이트라고 부른다.

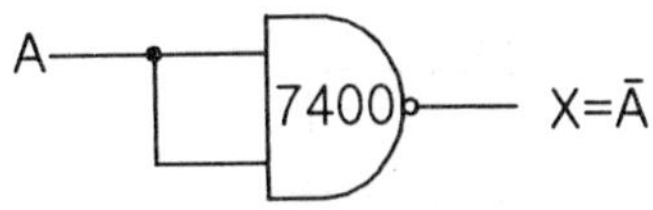

(a) NOT 게이트 구현

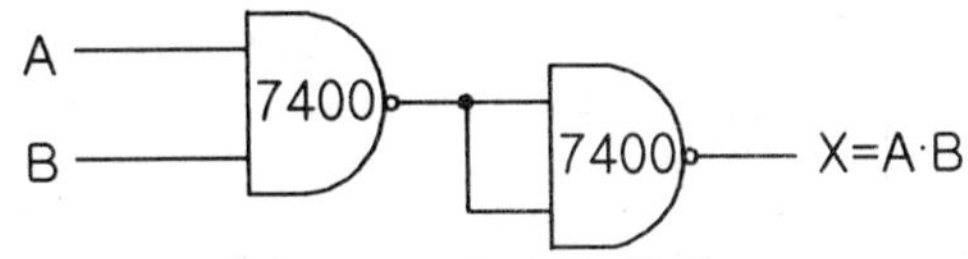

(b) AND 게이트 구현

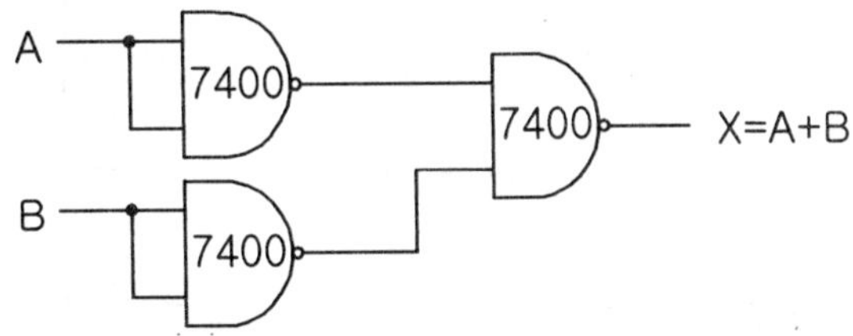

(c) OR 게이트 구현

그림 3-2 NAND 게이트의 응용

2) NOR 게이트

NOR 게이트는 NOT-OR의 준말로 OR와 반대되는 동작특성을 갖고 있다.

한편 NOR 게이트도 기본 게이트를 구성할 수 있어 표준 게이트라고도 하며, 그림 3-3과 같은 논리기호를 갖고 있으며, 논리식은 식 (3-2)와 같다.

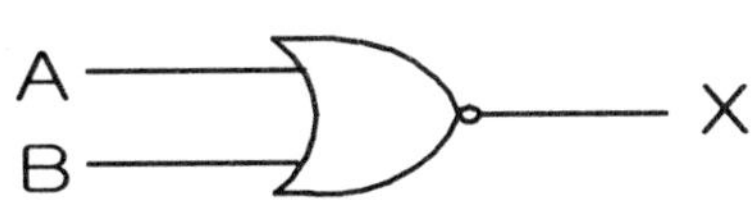

그림 3-3 NOR 게이트 기호

$$X = \overline{A + B} \qquad (3\text{-}2)$$

식 (3-2)를 만족하는 진리표는 Table 3-2와 같다.

Table 3-2

A	B	X
0	0	1
0	1	0
1	0	0
1	1	0

그림 3-4와 같이 NOR 게이트로부터 AND, OR, NOT 기능을 구현할 수 있으므로 NOR 게이트를 표준 게이트라고 부른다.

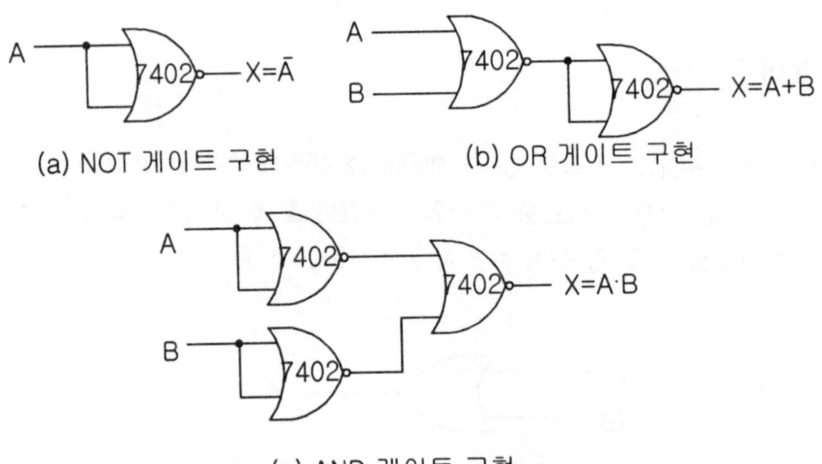

그림 3-4 NOR 게이트의 응용

3) 결선형 AND(wired AND)

전부는 아니지만 일부의 NAND와 NOR 게이트는 특정한 논리기능을 할 수 있게 두 게이트의 출력 사이를 결선한다. 이러한 형식의 논리를 결선형 논리(wired Logic)라 한다.

이 결선은 제조회사의 규격에 알맞은 논리 게이트를 사용해야만 하는데 결선형 AND의 경우는 SN7403과 같은 개방 컬렉터(open collector) TTL NAND 게이트로 두 출력을 결선하면 각 신호의 AND결선과 같은 효과를 나타낸다.

두 NAND 게이트를 갖고 동작하는 결선형 AND논리는 그림 3-5와 같다. 이 AND 게이트는 종래의 게이트와 구별하기 위하여 게이트의 중심을 관통하는 선을 갖도록 그려져 있다.

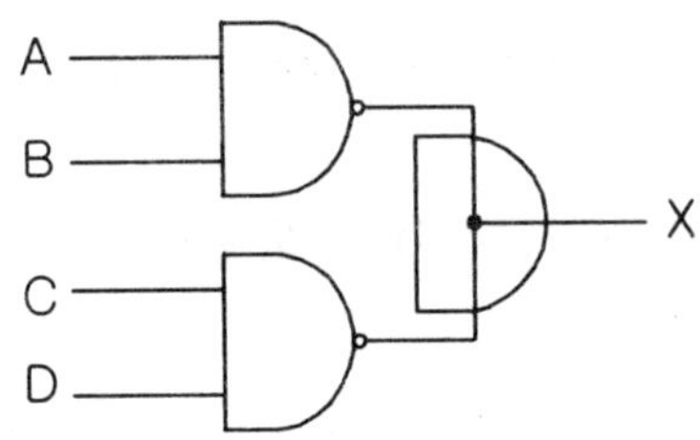

그림 3-5 결선형 AND

결선형 AND 게이트는 실질적인 게이트가 아니며 단지 표시된 결선형 접속으로 부터 얻어지는 함수를 가리키는 기호에 불과하다. 그림 3-5 결선형 AND의 논리식은 식 (3-3)과 같다.

$$X = \overline{AB} \cdot \overline{CD} = \overline{AB + CD} \qquad (3\text{-}3)$$

드-모르간의 정리에서 $\overline{AB} \cdot \overline{CD} = \overline{AB + CD}$가 성립되므로 이 결선형 AND논리를 AND-OR-Invert 함수라고 한다.

4) 결선형 OR(wired OR)

결선형 OR의 경우는 ECL 게이트의 NOR출력을 한데 묶어서 결선하면 각 신호의 OR 결선과 같은 효과를 나타낸다. 두 NOR 게이트를 갖고 동작하는 결선형 OR논리는 그림 3-6과 같다.

이 OR 게이트는 종래의 게이트와 구별하기 위하여 게이트의 중심을 관통하는 선을 갖도록 그려져 있다. 결선형 AND와 같이 실질적인 게이트가 아니라 결선형 접속으로부터 얻어지는 함수를 가리키는 기호에 불과하다.

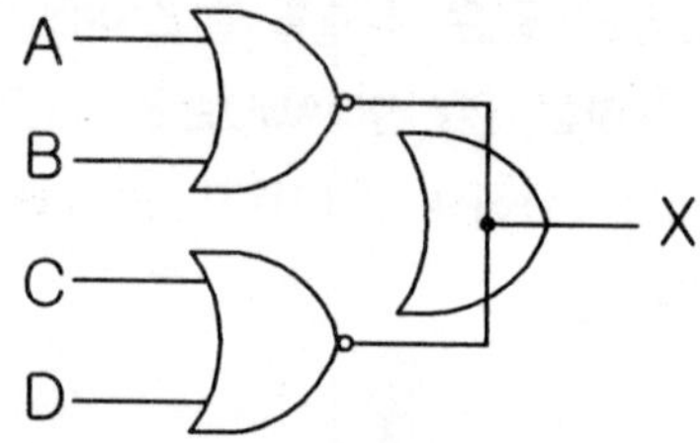

그림 3-6 결선형 OR

그림 3-6 결선형 OR의 논리식은 식 (3-4)와 같다.

$$X = \overline{A+B} + \overline{C+D} = \overline{(A+B) \cdot (C+D)} \tag{3-4}$$

드-모르간의 정리에서 $\overline{A+B} + \overline{C+D} = \overline{(A+B) \cdot (C+D)}$ 가 성립되므로 이 결선형 OR논리를 OR-AND-Invert 함수라 한다.

문제 1. NAND 게이트

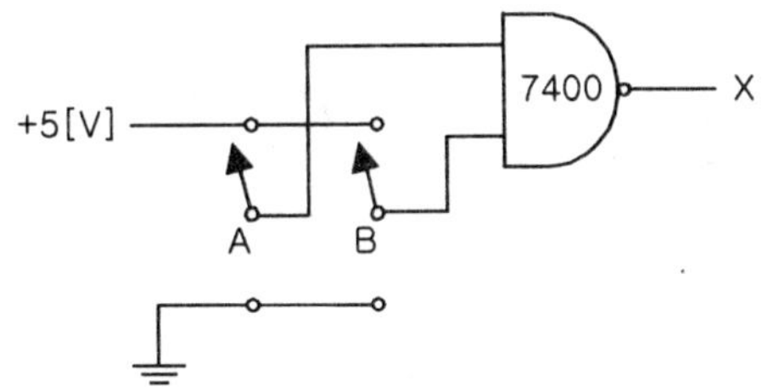

그림 3-7

그림 3-7에 있는 Dip SW을 이용하여 입력 A, B 두 입력변화에 따른 출력 X의 값을 표 3-1에 구하여라.

표 3-1

A	B	X의 논리값
0	0	
0	1	
1	0	
1	1	

문제 2. NAND 게이트의 응용

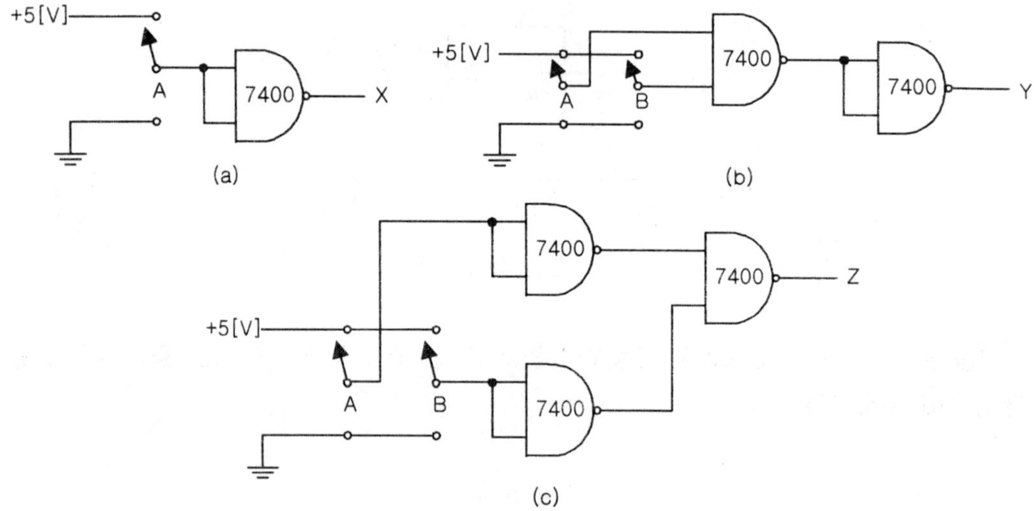

그림 3-8

그림 3-8에 있는 Dip SW을 이용하여 입력 A, B 두 입력변화에 따른 출력 X, Y, Z의 값을 표 3-2에 구하여라.

단, X는 그림(a)의 출력, Y는 그림(b)의 출력, Z는 그림(c)의 출력이다.

표 3-2

A	B	X	Y	Z
0	0			
0	1			
1	0			
1	1			

문제 3. NOR 게이트

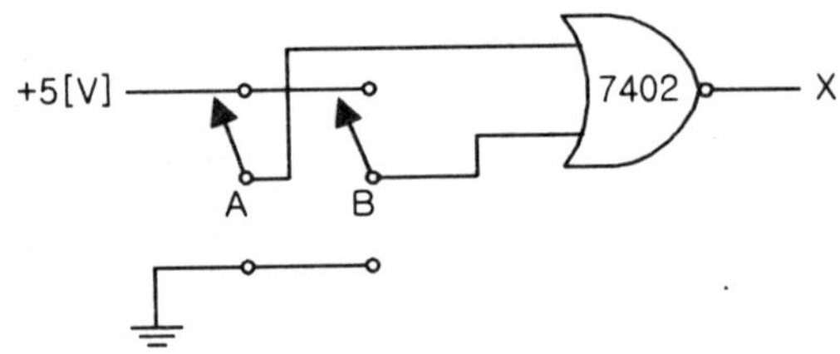

그림 3-9

그림 3-9에 있는 Dip SW을 이용하여 입력 A, B 두 입력변화에 따른 출력 X의 값을 표 3-3에 구하여라.

표 3-3

A	B	X
0	0	
0	1	
1	0	
1	1	

문제 4. NOR 게이트의 응용

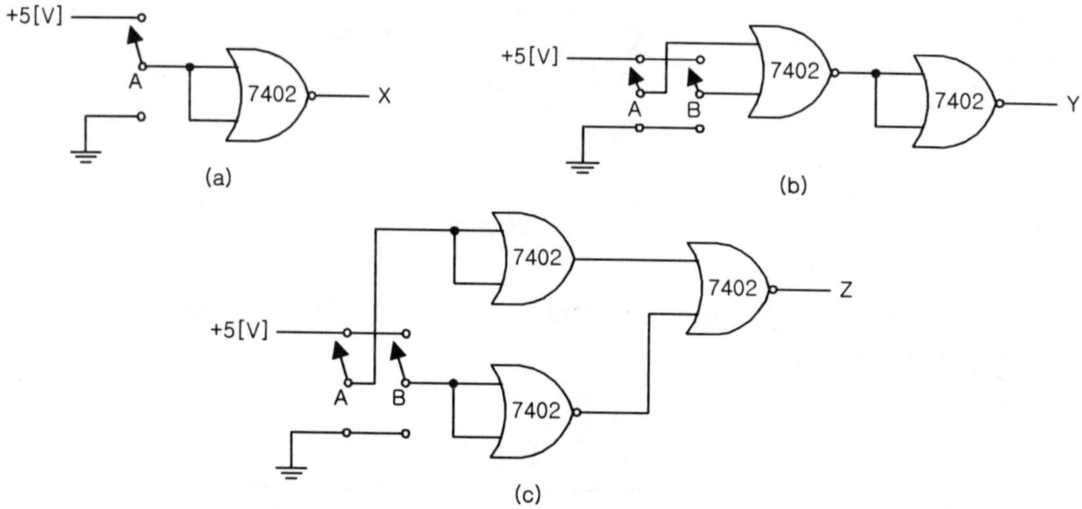

그림 3-10

그림 3-10에 있는 Dip SW을 이용하여 입력 A, B 두 입력변화에 따른 출력 X, Y, Z의 값을 표 3-4에 구하여라.

단, X는 그림(a)의 출력, Y는 그림(b)의 출력, Z는 그림(c)의 출력이다.

표 3-4

A	B	X	Y	Z
0	0			
0	1			
1	0			
1	1			

문제 5. 개방 컬렉터 TTL NAND 게이트

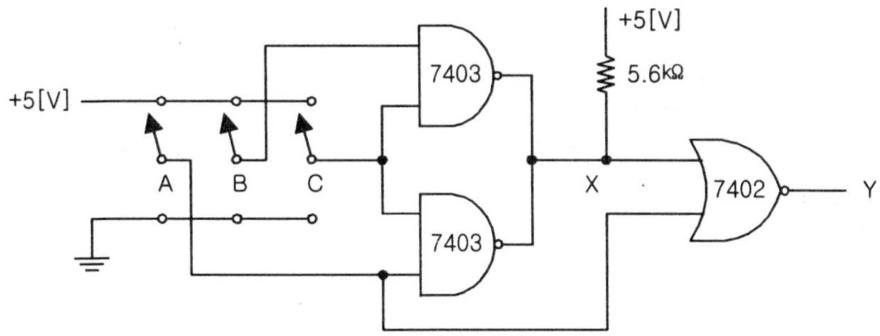

그림 3-11

그림 3-11에 있는 Dip SW을 이용하여 입력 A, B, C의 입력변화에 따른 출력 X와 Y의 값을 표 3-5에 구하여라.

표 3-5

A	B	C	X	Y
0	0	0		
0	0	1		
0	1	0		
0	1	1		
1	0	0		
1	0	1		
1	1	0		
1	1	1		

문제 6. ECL NOR 게이트

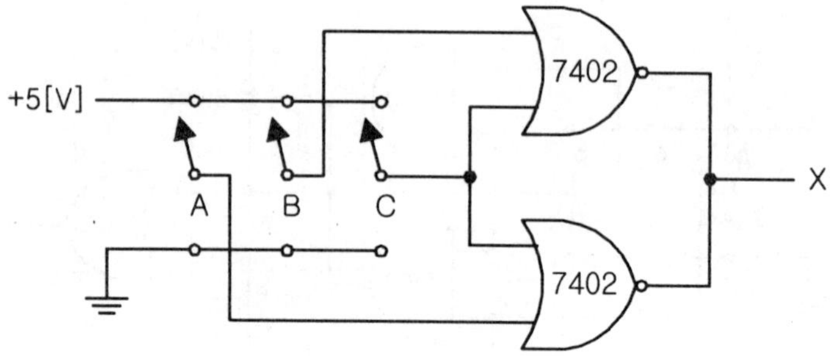

그림 3-12

그림 3-12에 있는 Dip SW을 이용하여 입력 A, B, C의 입력변화에 따른 출력 X의 값을 표 3-6에 구하여라.

표 3-6

A	B	C	X
0	0	0	
0	0	1	
0	1	0	
0	1	1	
1	0	0	
1	0	1	
1	1	0	
1	1	1	

제 3 장 논리함수의 간략화

3-1 부울 대수

1) 부울 대수(Boolean Algebra)

부울 대수는 1854년 영국의 수학자 조지 부울(George Boole)이 '논리화 확률의 수학적 이론의 기초가 되는 사상 법칙의 연구'라는 책에서 제시된 말로서 오늘날 일반적으로 사용되는 부울대수는 논리대수라는 말에서부터 시작된다.

부울 대수 응용에 대한 디지털 논리회로의 해석과 설계는 1938년 MIT공과대학 교수인 클라우드새논(C.Shannon)의 연구 논문인 '릴레이와 스위칭 회로의 심볼해석'에서 최초로 공포가 되었지만 수학적 해석의 불합리성이 내포하고 있었다. 그러나 이후, 1904년 E.V Huntington에 의해 수학적 해석을 완성하게 되었다.

또한 전자 계산기의 연구 개발에 따라 부울 대수는 본격적으로 전자공학 분야에 도입되었으며, 오늘날에 와서는 디지털 시스템을 설계하는 공학자, 통신, 컴퓨터 시스템에 주로 이용하게 되었다.

1.1 부울 대수의 논리 연산 공리

[공리 1] A가 1이 아니면 A는 0이고, 또한 A가 0이 아니면 A가 1이다.

[공리 2] $0 + 0 = 0$

$0 + 1 = 1 + 0 = 1$

$1 + 1 = 1$

[공리 3] $0 \cdot 0 = 0$

$0 \cdot 1 = 1 \cdot 0 = 0$

$1 \cdot 1 = 1$

이를 3개의 공리는 기호 '0'과 '1'에서 논리치를 표시하는 기호로 사용된다.

1.2 부울 대수의 정리와 법칙

위에서와 같은 공리로부터 다음과 같은 기본 정리가 도입되어 모든 논리회로의 수학적 표현의 복잡한 논리 합성과 해석에 사용하게 되었다.

(1) 교환 법칙 (Commutative Law)

① $A + B = B + A$ ② $A \cdot B = B \cdot A$

(2) 결합 법칙 (Associative Law)

① $(A + B) + C = A + (B + C)$ ② $(A \cdot B) \cdot C = A \cdot (B \cdot C)$

(3) 분배 법칙 (Distributive Law)

① $A \cdot (B + C) = A \cdot B + A \cdot C$ ② $A + (B \cdot C) = (A + B) \cdot (A + C)$

(4) 동일 법칙 (Identify Law)

① $A + A = A$ ② $A \cdot A = A$

(5) 부정 법칙 (Negation Law)

① $(\bar{A}) = \overline{A}$ ② $(\overline{\overline{A}}) = A$

(6) ① $A + A \cdot B = A$ ② $A+(A \cdot B) = A$

(7) ① $0 + A = A$ ② $1 \cdot A = A$

③ $1 + A = 1$ ④ $0 \cdot A = 0$

(8) ① $(\bar{A}) + A = 1$ ② $(\bar{A}) \cdot A = 0$

(9) ① $A + (\bar{A}) \cdot B = A + B$ ② $A \cdot (\bar{A} + B) = A \cdot B$

(10) 드-모르간의 정리(De Morgan's Theorem)

① $(\overline{A+B}) = (\bar{A}) \cdot (\overline{B})$ ② $(\overline{A \cdot B}) = (\bar{A}) + (\overline{B})$

[예제3-1] 다음 식의 성립 과정을 진리표를 이용하여 증명하라.

① $A \cdot (B + C) = AB + AC$ ② $A + B \cdot C = (A + B) \cdot (A + C)$

[해] ① A(B +C) = AB + AC

A B C	B+C	A · (B+C)	A · B	A · C	A · B+A · C
0 0 0	0	0	0	0	0
0 0 1	1	0	0	0	0
0 1 0	1	0	0	0	0
0 1 1	1	0	0	0	0
1 0 0	0	0	0	0	0
1 0 1	1	1	0	1	1
1 1 0	1	1	1	0	1
1 1 1	1	1	1	1	1

[해] ② A + B • C = (A +B) • (A +C)

A B C	B · C	A+B · C	A+B	A+C	(A+B) · (A+C)
0 0 0	0	0	0	0	0
0 0 1	0	0	0	1	0
0 1 0	0	1	1	0	0
0 1 1	1	1	1	1	1
1 0 0	0	1	1	1	1
1 0 1	0	1	1	1	1
1 1 0	0	1	1	1	1
1 1 1	1	1	1	1	1

[예제 3-2] 다음 식을 진리표를 사용하여 증명하라.

① $A+\bar{A} \cdot B = A+B$　　② $\overline{A+B} = \bar{A} \cdot \overline{B}$

③ A(B +C) = AB + AC　④ A+B • C =(A+B)(A+C)

[해] ①

A B	$\bar{A} \cdot B$	$A+\bar{A} \cdot B$	A+B
0 0	0	0	0
0 1	1	1	1
1 0	0	1	1
1 1	0	1	1

[해] ②

A B	A+B	$\overline{A+B}$	$\overline{A}$	$\overline{B}$	$\overline{A} \cdot \overline{B}$
0 0	0	1	1	1	1
0 1	1	0	1	0	0
1 0	1	0	0	1	0
1 1	1	0	0	0	0

[해] ③

A B C	B+C	A · (B+C)	A · B	A · C	A · B+A · C
0 0 0	0	0	0	0	0
0 0 1	1	0	0	0	0
0 1 0	1	0	0	0	0
0 1 1	1	0	0	0	0
1 0 0	0	0	0	0	0
1 0 1	1	1	0	1	1
1 1 0	1	1	1	0	1
1 1 1	1	1	1	1	1

[해] ④

A B C	B · C	A+B · C	A+B	A+C	(A+B) · (A+C)
0 0 0	0	0	0	0	0
0 0 1	1	0	0	0	0
0 1 0	1	0	0	0	0
0 1 1	1	1	1	1	1
1 0 0	0	1	1	1	1
1 0 1	0	1	1	1	1
1 1 0	0	1	1	1	1
1 1 1	1	1	1	1	1

이상에서 나타난 부울 함수는 회로의 간략화를 위해 수식의 쌍대와 부정관계로 설명할 수 있다.

1.3 쌍대 관계

부울 대수에서 하나의 논리식과 다른 논리식 사이에 있어서 다음 관계가 있을 때부터 서로 쌍대 (duality)관계에 있다고 하며, 이때 한 식은 다른 식의 쌍대라고 하다. 쌍대 관계는

(1) 모든 • 을 +로 변환
(2) 모든 +를 • 로 변환
(3) 모든 1을 0으로 변환
(4) 모든 0을 1로 변환
(5) 각 논리 변수는 원 상태로 사용

2개의 논리식이 서로 쌍대 관계에 있을 때에는 그 중에서 하나가 성립되면 나머지 식도 성립되는 것으로 하나의 성립여부만 증명하면 된다.

쌍대 관계식 사이 일지라도 논리식의 결과는 일정하지 않다.

즉, 두 식의 결과가 같을 수도 있고 다를 수도 있다. 단 쌍대식의 관계를 연결할 때는 같은 관계를 갖는다. 부울 대수의 쌍대는 이미 부울 대수 정리법칙에 보인바와 같고 이들 관계를 스위치 회로와 비교 설명한 것이 Table 1-1이다.

부정관계를 성립시키려면 쌍대 관계 ⑤번의 논리변수에 부정을 취한 것만이 다르고 다른 변환은 쌍대와 동일하다. 이와 같이 쌍대나 부정을 논리함수에 취함으로 논리합(OR), 논리적(AND), 부정(NOT)이 독립적이 아닌 상호 연결에 의한 식으로 구성될 수 있다.

앞에서 정의된 부울 대수정리 10은 쌍대와 부정관계에 의하여 드모르간 정리라 한다. 이러한 식들은 디지털 시스템을 구성하는데 수식간략화 면에서 많은 도움을 주고 있다.

Table 1-1 부울 대수 정리 및 스위치 회로 표시

정 리	스위치 회로
1. 교환의 법칙 ① A+B=B+A ② A · B=B · A	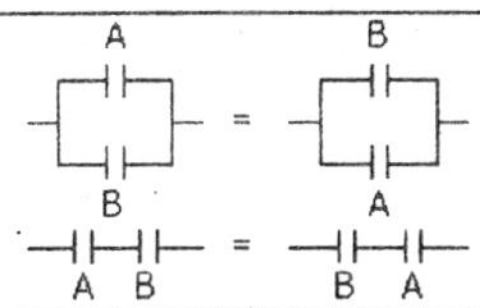
2. 결합의 법칙 ① (A+B)+C=A+(B+C) ② (A · B) · C=A · (B · C)	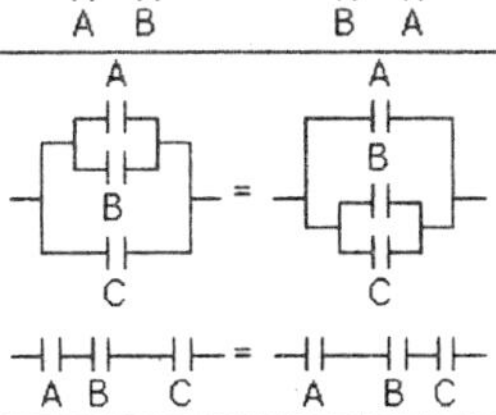
3. 분배의 법칙 ① A · (B+C)=A · B+A · C ② A+(B · C)=(A+B) · (A+C)	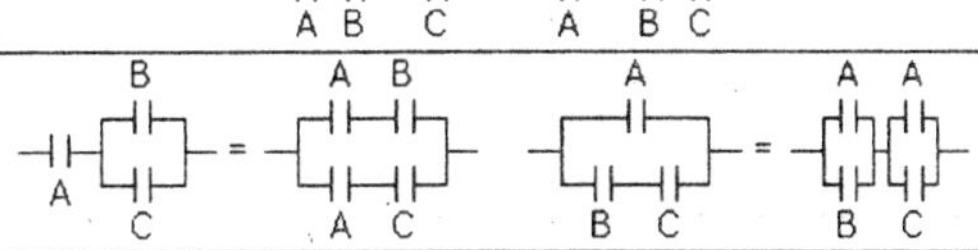
4. 동일의 법칙 ① A+A=A ② A · A=A	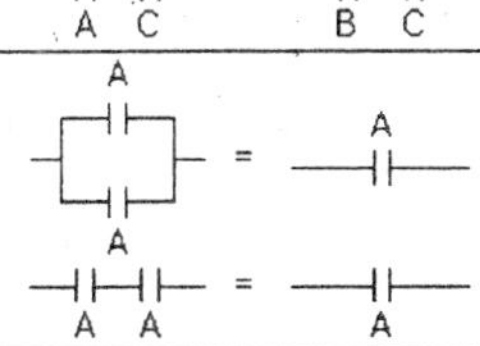
5. 흡수의 법칙 ① A+A · B=A ② A · (A+B)=A	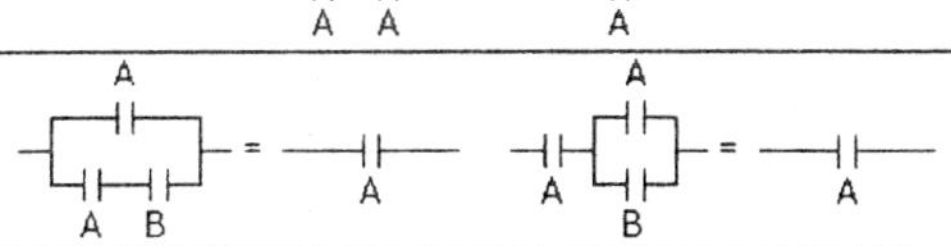
6. 기타 ① 0+A=A ② 1 · A=A ③ 1+A=1 ④ 0 · A=0	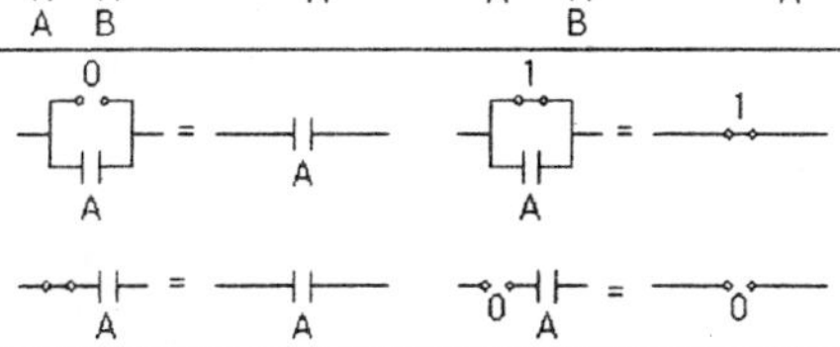

문제 1. 부울 대수의 정리 1

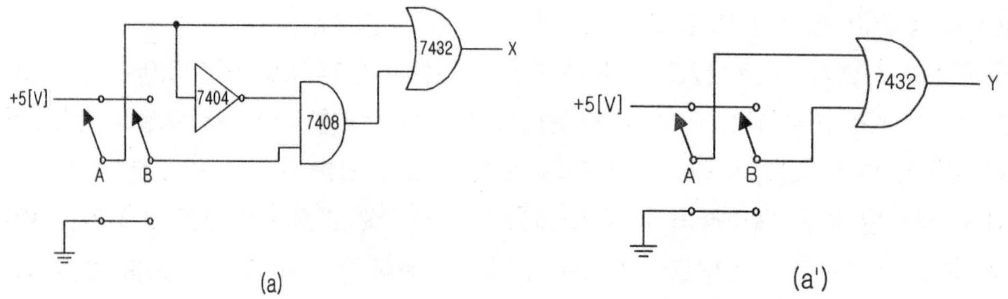

그림1-1

그림 1-1에 있는 DIP S/W를 이용하여 출력 X, Y를 표 1-1에 기록하라.

표 1-1

A	B	X	Y
0	0		
0	1		
1	0		
1	1		

문제 2. 부울 대수의 정리 2

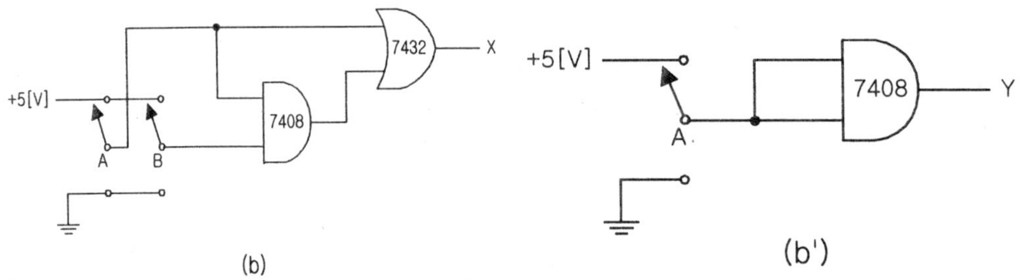

그림 1-2

그림 1-2에 있는 Dip SW을 이용하여 A, B의 입력변화에 따라 출력 X, Y를 표 1-2에 기록하라.

표 1-2

A	B	X	Y
0	0		
0	1		
1	0		
1	1		

문제 3. 부울 대수의 정리 3

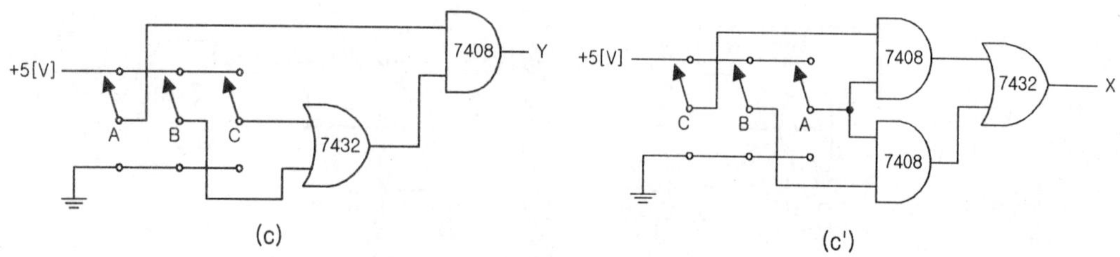

그림 1-3

그림 1-3에 있는 Dip SW을 이용하여 A, B, C의 입력변화에 따라 출력 X, Y를 표 1-3에 기록하라.

표 1-3 A(B+C)=AB+AC

A	B	C	X	Y
0	0	0		
0	0	1		
0	1	0		
0	1	1		
1	0	0		
1	0	1		
1	1	0		
1	1	1		

문제 4. 부울 대수의 정리 4

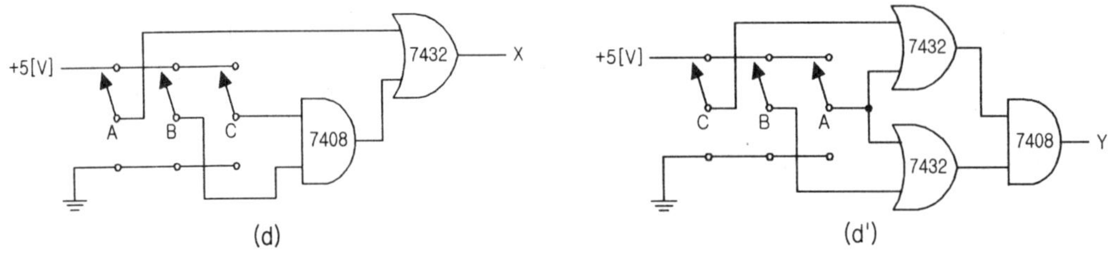

그림 1-4

그림 1-4에 있는 Dip SW을 이용하여 A, B, C의 입력변화에 따라 출력 X, Y를 표 1-4에 기록하라.

표 1-4

A	B	C	X	Y
0	0	0		
0	0	1		
0	1	0		
0	1	1		
1	0	0		
1	0	1		
1	1	0		
1	1	1		

문제 5. 부울 대수의 정리 5

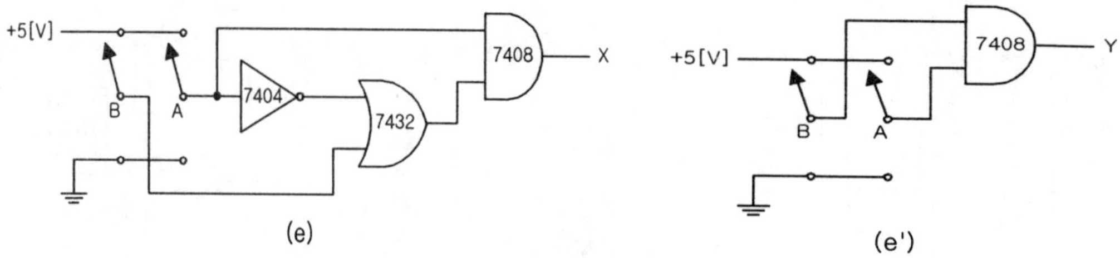

그림 1-5

그림 1-5에 있는 Dip SW을 이용하여 A, B의 입력변화에 따라 출력 X, Y를 표 1-5에 기록하라.

표 1-5

A	B	X	Y
0	0		
0	1		
1	0		
1	1		

3-2 드-모르간의 정리

1) 드-모르간의 정리

$$\overline{A+B}=\overline{A}\cdot\overline{B} \tag{2-1}$$

$$\overline{A\cdot B}=\overline{A}+\overline{B} \tag{2-2}$$

$$\overline{A_1+A_2+\cdots\cdots+A_n}=\overline{A_1}\cdot\overline{A_2}\cdot\cdots\cdots\cdot\overline{A_n} \tag{2-3}$$

$$\overline{A_1\cdot A_2\cdot\cdots\cdots\cdot A_n}=\overline{A_1}+\overline{A_2}+\cdots\cdots+\overline{A_n} \tag{2-4}$$

2) 표준 전개(Canonical Form Expansion)

2.1 최소항과 최대항(Minterm & Maxterm)

논리함수는 일반적으로 변수의 다항식으로 표시된다. 그러므로 논리함수는 최소항의 합이나 최대항의 곱으로 표시할 수 있다. 최소항이란 일반적으로 변수 N과 $\overline{N}$를 포함한 논리적 (AND)을 말한다. 예를 들면 2변수 A, B로 구성된 논리함수의 최소항은 $AB, \overline{A}B, A\overline{B}, \overline{A}\,\overline{B}$ 이다.

최소항의 쌍대의 형식 즉, 최대항은 각 변수를 그의 원래의 형태 N또는 그의 부정의 형식 $\overline{N}$를 포함한 논리화 (OR)를 말한다. 예를 들면 2변수, A, B로 구성된 논리함수의 최대항은 $A+B,\ A+\overline{B},\ \overline{A}+B,\ \overline{A}+\overline{B}$ 이다.

변수 A, B, C를 갖는 최소항(m_i) 과 최대항 (M_i)을 Table 2-1에 나타내고 있다.

한편 최소항과 최대항의 성질은 다음과 같다.

(1) 최소항의 부정은 최대항이 되고, 최대항의 부정은 최소항이 된다.

$$\overline{m_i} = M^n_{2-1-i} \tag{2-5}$$

$$\overline{M_i} = m^n_{2-1-i} \tag{2-6}$$

Table 2-1 3변수 A, B, C의 최소항과 최대항

10진수 (i)	변수 ABC	m_i (최소항)	M_i (최대항)
0	0 0 0	$m_0 = \overline{A}\overline{B}\overline{C}$	$M_0 = A+B+C$
1	0 0 1	$m_1 = \overline{A}\overline{B}C$	$M_1 = A+B+\overline{C}$
2	0 1 0	$m_2 = \overline{A}B\overline{C}$	$M_2 = A+\overline{B}+C$
3	0 1 1	$m_3 = \overline{A}BC$	$M_3 = A+\overline{B}+\overline{C}$
4	1 0 0	$m_4 = A\overline{B}\overline{C}$	$M_4 = \overline{A}+B+C$
5	1 0 1	$m_5 = A\overline{B}C$	$M_5 = \overline{A}+B+\overline{C}$
6	1 1 1	$m_6 = ABC$	$M_6 = \overline{A}+\overline{B}+\overline{C}$

Table 2-1에서 I = 3일 때 식 (2-5)를 이용하면

$$\overline{m_3} = M^3_{2-1-3} = M_4$$

가 된다.

i = 5일 때

$$\overline{m_5} = M^3_{2-1-5} = M_2$$

가 되어, $\overline{M_5}$ 의 5와 M_2 의 2를 합하면 7이 된다는 사실도 쉽게 알 수 있다. 물론 $\overline{M_3}$ 의 3과 M_4 의 4를 합해도 역시 7이 된다. 이것은 그 수를 합하면 2^n-1이 된다. 여기서 n은 변수이다. 따라서 $\overline{M_2}$ = m_5, $\overline{M_6}$ = m_1, $\overline{m_7}$ = M_0가 되는 것도 이러한 이론에 근거를 둔 것이다.

(2) 두 최소항의 곱은 0이 되며, 두 최대항의 합은 1이 된다.

$$m_i \cdot m_j = 0 \ (i \neq j)$$
$$= m_i \ (i = j) \quad (2\text{-}7)$$

$$M_i + M_j = 1 \ (i \neq j)$$
$$= M_i \ (i = j) \quad (2\text{-}8)$$

Table 2-1에서 m_2, m_4를 적으로 하면

$$m_2 \bullet m_4 = (\overline{A}B\overline{C}) \cdot (A\overline{B}\overline{C})$$
$$= \overline{A}AB\overline{B} \cdot \overline{C}\,\overline{C} = 0$$

또 M_2, M_5를 택하여 그 합을 구하면

$$M_2 + M_5 = (\overline{A}+B+\overline{C})+(A+\overline{B}+C)$$
$$= \overline{A}+A+B+\overline{B}+\overline{C}+C$$
$$= 1+1+1=1$$

(3) 모든 최소항의 합은 1이 되며, 모든 최대항의 곱은 0이 된다.

$$\sum_{i=0}^{2^n-1} m_1 = 1 \qquad (2\text{-}9)$$

$$\prod_{i=0}^{2^n-1} = 0 \qquad (2\text{-}10)$$

여기서 Π란 기호는 적 (AND)을 표시하는 기호이다.

3개의 변수에서

$$\sum_{i=0}^{7} = m_0 + m_1 + m_2 + m_3 + m_4 + m_5 + m_6 + m_7$$
$$= \overline{A}\,\overline{B}\,\overline{C}+\overline{A}\,\overline{B}C+\overline{A}BC+A\overline{B}\,\overline{C}+A\overline{B}C+AB\overline{C}+ABC$$
$$= (A+\overline{A})(B+\overline{B})(C+\overline{C}) = 1$$

3개의 변수에서

$$\prod_{i=0}^{7} = M_0 \bullet M_1 \bullet M_2 \bullet M_3 \bullet M_4 \bullet M_5 \bullet M_6 \bullet M_7$$
$$= (\overline{A}+\overline{B}+\overline{C}) \cdot (\overline{A}+\overline{B}+C) \cdot (\overline{A}+B+\overline{C}) \cdot (\overline{A}+B+C) \cdot (A+\overline{B}+\overline{C})$$
$$\cdot (A+\overline{B}+C) \cdot (A+B+\overline{C}) \cdot (A+B+C)$$

$= [(\overline{A}+\overline{B})+\overline{C}\cdot C][(\overline{A}+B)+\overline{C}\cdot C][(A+\overline{B})+\overline{C}\cdot C][(A+B)+\overline{C}\cdot C]$

$= (\overline{A}+\overline{B}\cdot B)(A+\overline{B}\cdot B)=0$

[예제 3-3] $F=A\overline{B}CD+\overline{A}\,\overline{B}\,\overline{C}D+AB\overline{C}$를 최소항 형식으로 나타내어라.

[해] 윗식 세 번째 항에 D변수가 없으므로

$$F=A\overline{B}CD+\overline{A}\,\overline{B}\,\overline{C}D+AB\overline{C}(D+\overline{D})$$
$$=A\overline{B}CD+\overline{A}\,\overline{B}\,\overline{C}D+AB\overline{C}D+AB\overline{C}\,\overline{D}$$

[예제 3-4] 다음과 같은 3변수의 최소항 형식 F를 최대항 형식으로 나타내어라.

$F=m_0+m_2+m_4$

[해] $m_0=\overline{A}\,\overline{B}\,\overline{C}$ $m_2=\overline{A}B\overline{C}$ $m_4=A\overline{B}\,\overline{C}$

$F=\overline{A}\,\overline{B}\,\overline{C}+\overline{A}B\overline{C}+A\overline{B}\,\overline{C}$

이 식에 드-모르간의 정리를 이용하면

$\overline{F}=\overline{\overline{A}\,\overline{B}\,\overline{C}+\overline{A}B\overline{C}+A\overline{B}\,\overline{C}}=(A+B+C)(A+\overline{B}+C)(\overline{A}+B+C)$

$\overline{F}=M_7\ M_5\ M_3$

$\overline{F}=F=\overline{M_7M_5M_3}=M_0\ M_1\ M_2\ M_4\ M_6$

$\therefore\ m_0+m_2+m_4=M_0\ M_1\ M_2\ M_4\ M_6$

[예제 3-5] 다음과 같은 3변수의 최대항 형식 F를 최소항 형식으로 나타내어라.

$F=M_1\ M_3\ M_6$

[해] $\overline{F}=\overline{M_1M_3M_6}=\overline{M_1}+\overline{M_3}+\overline{M_6}=m_6+m_4+m_1$

$\overline{F}=F=\overline{m_6m_4m_1}=m_0m_2m_3m_5m_7$

$\therefore\ M_1M_3M_6=m_0+m_2+m_3+m_5+m_7$

2.2 적의합 형식

적의합 형식을 합 표준형식이라고 하며, 최소항 형식 (minterm type expression) 또는 주덧셈 정준형식(principal disjunctive canonocal form) 줄여서 정준형식(canonocal form)이라고도 하는데, 이것은 임의의 논리함수 X는 식 (2-11)과 같다.

$$X = f_0m_0 + f_1m_1 + f_2m_2 + \dots\dots\dots + f^n{}_{2-1}m_{2-1} = \sum_{i=0}^{2^n-1} f_1 m_1 \qquad (2\text{-}11)$$

여기서 f_i 는 0 또는 1이다.

$f_0 = f_2 = f_3 = f_5 = f_7 = 0$ 이므로, $f_1 = f_4 = f_6$ 항만 택하면

Table 2-1 3변수 진리표

10진수 i	A B C	F_i	m_i (최소항)	M_i (최대항)
0	0 0 0	0	$m_0 = \overline{A}\,\overline{B}\,\overline{C}$	$M_0 = A+B+C$
1	0 0 1	1	$m_1 = \overline{A}\,\overline{B}C$	$M_1 = A+B+\overline{C}$
2	0 1 0	0	$m_2 = \overline{A}B\overline{C}$	$M_2 = A+\overline{B}+C$
3	0 1 1	0	$m_3 = \overline{A}BC$	$M_3 = A+\overline{B}+\overline{C}$
4	1 0 0	1	$m_4 = A\overline{B}\,\overline{C}$	$M_4 = \overline{A}+B+C$
5	1 0 1	0	$m_5 = A\overline{B}C$	$M_5 = \overline{A}+B+\overline{C}$
6	1 1 0	1	$m_6 = AB\overline{C}$	$M_6 = \overline{A}+\overline{B}+C$
7	1 1 1	0	$m_7 = ABC$	$M_7 = \overline{A}+\overline{B}+\overline{C}$

$$\begin{aligned} X &= f_1m_1 + f_4m_4 + f_6m_6 = m_1 + m_4 + m_6 \\ &= \overline{A}\cdot\overline{B}C + A\overline{B}\,\overline{C} + AB\overline{C} \end{aligned} \qquad (2\text{-}12)$$

이와 같이 논리함수 X는 각 변수가 적으로 되며, 전체는 합형식으로 되어 있어 적의합형식(Sum of products)이라 한다.

또 식(2-12)를 변형시켜 드 -모르간의 정리를 이용하면

$$\overline{\overline{X}} = X = \overline{\overline{\overline{A}\,\overline{B}C + A\overline{B}\,\overline{C} + AB\overline{C}}} = \overline{\overline{\overline{A}\,\overline{B}C}\cdot\overline{A\overline{B}\,\overline{C}}\cdot\overline{AB\overline{C}}} \qquad (2\text{-}13)$$

식 (2-13)과 같은데 이 식은 진리표에서 "1"을 선택한 결과가 되고, 그림 2-1과 같이 NAND 게이트만으로 논리회로를 구성할 수 있음을 알 수 있다.

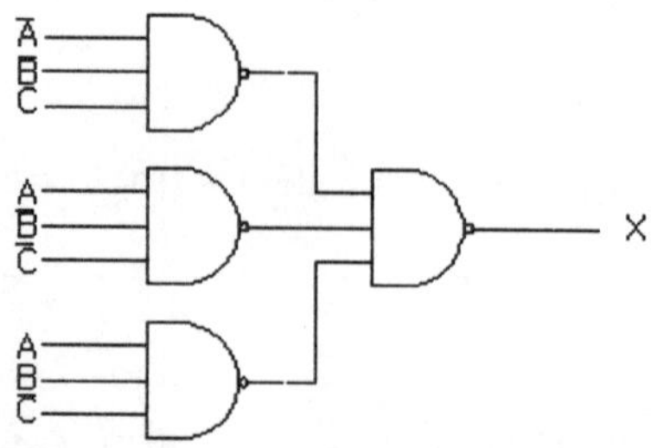

그림 2-1 NAND 게이트만을 구성된 적의합 형식 논리회로

2.3 합의적 형식(maxterm type expression)

최대항 형식을 적표준 형식 또는 합의적 형식이라고도 하며, 식 (2-14)와 같다.

$$X = (f_0 + M_{2^n-1})(f_1 + M_{2^n-2}) \bullet \bullet \bullet \bullet \bullet \bullet (f_{2^n-1} + M_0)$$

$$= \prod_{I=0}^{2^n-1} (f_i + M_{2^n-1-i}) \qquad (2\text{-}14)$$

단, 여기서 f_i는 0 또는 1이다.

3변수로 된 논리함수의 진리표가 Table 2-2와 같다면

$f_1 = f_3 = f_5 = f_6 = 1$이므로, $f_0 = f_2 = f_4 = f_7$ 항만 택하면

$$X = (f_0 + M_7)(f_2 + M_5)(f_4 + M_3)(f_7 + M_0)$$

$$= (A+B+C)(A+\overline{B}+C)(\overline{A}+B+C)(\overline{A}+\overline{B}+\overline{C}) \qquad (2\text{-}15)$$

이와 같이 논리함수 X는 각 변수가 합으로 되며, 전체는 적형식으로 되어 있어 합의적 형식(product of Sums)이라 한다. 또 식(2-15)를 변형시켜 드-모르간의 정리를 이용하면

$$\overline{\overline{X}} = X = \overline{\overline{(A+B+C)(A+\overline{B}+C)(\overline{A}+\overline{B}+\overline{D})}}$$

$$= \overline{\overline{A+B+C} + \overline{A+\overline{B}+C} + \overline{\overline{A}+\overline{B}+\overline{C}}} \qquad (2\text{-}16)$$

Table 2-2 3변수 진리표

10진수 i	A B C	F_i	m_i (최소항)	M_i (최대항)
0	0 0 0	0	$m_0 = \overline{A}\,\overline{B}\,\overline{C}$	$M_0 = A+B+C$
1	0 0 1	1	$m_1 = \overline{A}\,\overline{B}C$	$M_1 = A+B+\overline{C}$
2	0 1 0	0	$m_2 = \overline{A}B\overline{C}$	$M_2 = A+\overline{B}+C$
3	0 1 1	1	$m_3 = \overline{A}BC$	$M_3 = A+\overline{B}+\overline{C}$
4	1 0 0	0	$m_4 = A\overline{B}\,\overline{C}$	$M_4 = \overline{A}+B+C$
5	1 0 1	1	$m_5 = A\overline{B}C$	$M_5 = \overline{A}+B+\overline{C}$
6	1 1 0	1	$m_6 = AB\overline{C}$	$M_6 = \overline{A}+\overline{B}+C$
7	1 1 1	0	$m_7 = ABC$	$M_7 = \overline{A}+\overline{B}+\overline{C}$

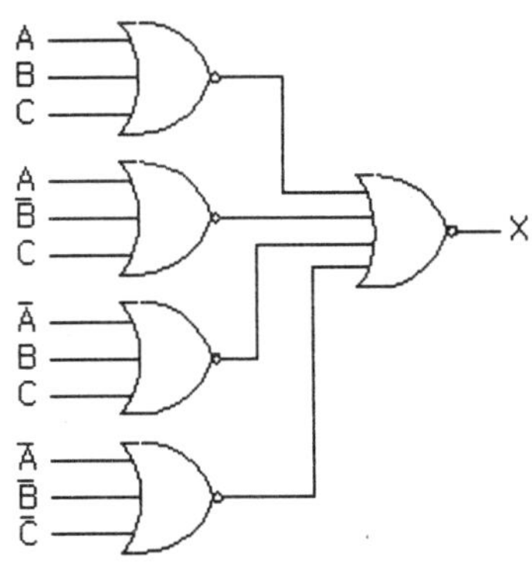

그림 2-2 NOR 게이트만으로 구성된 합의적 형식 논리회로

3) 카르나도법(Karnaugh Map Method)

카르나도표는 진리표를 도표 형태로 나타낸 것으로 이를 이용하여 논리식을 간소화 시킬 수 있다.

Table 2-3의 진리표를 이용하여 카르나도표를 나타내어 보자.

Table 2-4와 2-5는 같은 내용으로서 표시방법의 차이는 있으나 어느 방법을 써도 좋으며 Table 2-4의 경우가 더 편한 방법이다. 또 진리표의 값 0과 1중 0은 도표에 표시하지 않아도 된다. 카르나도표에서 유의해야 할 점은 AB방향에 있어서 A와 B의 상

Table 2-3 세 변수 진리표

10진수 i	A B C	f_i
0	0 0 0	0
1	0 0 1	0
2	0 1 0	0
3	0 1 1	1
4	1 0 0	1
5	1 0 1	1
6	1 1 0	1
7	1 1 1	1

Table 2-4 카르나도표

	$\overline{A}\,\overline{B}$	$\overline{A}B$	AB	$A\overline{B}$
$\overline{C}$	0	0	1	1
C	0	1	1	1

Table 2-5 카르나도표

C \ AB	00	01	11	10
0	0	0	1	1
1	0	1	1	1

태가 점진적으로 변하도록, 즉 두 개의 상태가 동시에 변하는 일이 없도록 상태배열을 하여야 하며, 또 C 변수 쪽으로도 변수가 두 개일 경우에도 같은 방법으로 상태변화를 점진적으로 변화되게 하여야 한다. 즉 2진수를 gray code화하여 사용한다.

Table 2-4와 2-5에서 AB방향의 인접한 두 상대쌍사이에는 A와 B중 한 상태만 바뀌어졌음을 알 수 있다. 이와 같이 AB 방향에 대하여 순환적으로 성립된다.

Table 2-3의 세 변수를 가진 진리표에서 적의합 형식(최소항 형식)을 택하여 보면 식 (2-17)과 같이 된다.

$$X = \overline{A}BC + A\overline{B}\,\overline{C} + AB\overline{C} + ABC \qquad (2\text{-}17)$$

식(2-17)을 카르나도표에서 부울 대수를 이용하여 간소화하면

$$\begin{aligned} X &= AB\overline{C}+ABC+A\overline{B}\,\overline{C}+A\overline{B}C+\overline{A}BC+ABC \\ &= AB(\overline{C}+C)+A\overline{B}(\overline{C}+C)+BC(\overline{A}+A) \qquad (2\text{-}18) \\ &= A(B+\overline{B})+BC=A+BC \end{aligned}$$

식(2-18)의 간소화된 결과식을 전개할 때 ABC항이 중복되고 있음을 유의해야 한다. 카르나도표를 이용하여 간소화하면 결과식 X = A + BC를 쉽게 얻게 된다.

3.1 그레이 코드(Gray Code)

그레이 코드는 일면 교번 코드라 하며, 2진 코드를 연속적으로 변환시킨 코드로 각 비트에 고정된 값을 자지 않는 비가중 코드이다. 디지털 시스템 입출력 장치와 아날로그/디지털 변환기, 디지털/아날로그 변환기(A/D, D/A, Converter) 등에 사용된다.

2진에서 그레이 코드의 변환되는 과정은

2진수	1+	0+	1+	1
	↓	↓	↓	↓
그레이 코드	1	1	1	0

이고, 그레이 2진수로 변환되는 과정은

그레이 코드	1	1	1	0
	↓↗	↓↗	↓↗	↓
2진수	1	0	1	0

이다.

[예제 3-6] Table 2-6과 같은 진리표로부터 카르나도표를 작성하여라.

Table 2-6 4변수 진리표

최소항	A B C D	X
m_0	0 0 0 0	1
m_1	0 0 0 1	1
m_2	0 0 1 0	1
m_3	0 0 1 1	1
m_4	0 1 0 0	0
m_5	0 1 0 1	0
m_6	0 1 1 0	0
m_7	0 1 1 1	0
m_8	1 0 0 0	0
m_9	1 0 0 1	0
m_{10}	1 0 1 0	0
m_{11}	1 0 1 1	0
m_{12}	1 1 0 0	1
m_{13}	1 1 0 1	1
m_{14}	1 1 1 0	1
m_{15}	1 1 1 1	1

[해] 앞에서 주어진 진리표로부터 4변수 맵을 이용하면 그림 2-3(a)또는 (b)와 같은 카르나도를 얻게 된다.

CD \ AB	00	01	11	10
00	1		1	
01	1		1	
11	1		1	
10	1		1	

(a)

AB \ CD	00	01	11	10
00	1	1	1	1
01				
11	1	1	1	1
10				

(b)

그림 2-3 Table 2-6에 대한 카르나도

[예제 3-7] 다음 논리식을 카르나도로 표시하여라.

$$X=\overline{A}\,\overline{B}CD+AB+\overline{A}\,\overline{B}\,\overline{C}$$

[해] 위의 논리식을 최소항 형식으로 표시한후 카르나도에 표시하면 그림 2-4(a) 또는 (b)와 같이 된다.

$$\begin{aligned} X &= \overline{A}\,\overline{B}CD+AB(C+\overline{C})(D+\overline{B})+\overline{A}\,\overline{B}\,\overline{C}(D+\overline{D}) \\ &= \overline{A}\,\overline{B}CD+(ABC+AB\overline{C})(D+\overline{D})+\overline{A}\,\overline{B}\,\overline{C}D+\overline{A}\,\overline{B}\,\overline{C}\,\overline{D} \\ &= \overline{A}\,\overline{B}CD+ABCD+ABC\overline{D}+AB\overline{C}D+AB\overline{C}\,\overline{D}+\overline{A}\,\overline{B}\,\overline{C}\,\overline{D} \\ &= m_3+m_{15}+m_{14}+m_{13}+m_{12}+m_0 \end{aligned}$$

CD \ AB	00	01	11	10
00	1		1	
01	1		1	
11	1		1	
10			1	

(a)

AB \ CD	00	01	11	10
00	1	1	1	
01				
11	1	1	1	1
10				

(b)

그림 2-4

[예제 3-8] 변수가 4개 (A, B, C, D)인 논리식 F가 다음과 같을 때 이를 카르나도로 나타내어라.

F(A, B, C, D) = Σ(1, 5, 7, 8, 10, 12, 14)

[해] 위식을 다시 정리하면

$$\begin{aligned} F(A,B,C,D) &= \sum(1,5,7,8,10,12,14) \\ &= m_1+m_5+m_7+m_8+m_{10}+m_{12}+m_{14} \\ &= \overline{A}\,\overline{B}\,\overline{C}\,\overline{D}+\overline{A}B\overline{C}D+\overline{A}BCD+A\overline{B}\,\overline{C}\,\overline{D}+A\overline{B}C\overline{D}+ \\ &\quad AB\overline{C}\,\overline{D}+ABC\overline{D} \end{aligned}$$

이것을 카르나도에 나타내면, 그림 2-5(a) 또는 (b)가 된다.

CD \ AB	00	01	11	10
00			1	1
01	1	1		
11		1		
10			1	1

(a)

AB \ CD	00	01	11	10
00		1		
01		1	1	
11	1			1
10	1			1

(b)

그림 2-5

3.2 카르나도에 의한 간략화

논리회로의 수학적 표현으로서 제시된 하나의 논리함수를 나타내는 형식이 여러 가지가 있다.

일반적으로 논리함수를 기본으로 디지털 시스템을 구성할 경우 부품의 수나 논리적인 작동은 사용하는 게이트 회로 등의 특성에도 크게 좌우되지만 대체적으로 논리함수가 간편한 형식일수록 소자의 수가 줄어들게 된다.

이와 같이 논리소자의 수를 줄이는 것은 회로를 구성함에 있어 경제성이나 동작의 신뢰성면에서 매우 중요하다. 따라서 논리소자의 간략화는 디지털 시스템 구성에 있어 필수적이라 할 수 있다. 이것을 실현하기 위한 구체적인 방법의 하나로 카르나도법을 이용하기로 한다.

(1) 인접한 항이 없거나 페어(pair)인 경우

그림 2-6(a)의 경우는 인접한 항이 없는 경우가 되겠고, (b)의 경우가 인잡한 항이 한 쌍인 경우가 되는데 여기서 인접한 항이란 인접한 최소항(minterm)을 말한다.

그림 2-6(a)의 경우와 같이 인접된 최소항이 없을 경우 카르나도를 논리식으로 표시하면 $X=\overline{A}\,\overline{B}+AB$ 와 같이 간략화가 되지 않는다는 사실을 알수 있다. 그러나 그림 (b)의 경우와 같이 인접한 한 쌍의 카르나도를 논리식으로 표시하면, $X=A\overline{B}+AB=A(\overline{B}+B)=A$와 같이 변수 A는 공통으로 1이며, 변수 B는 0와 1

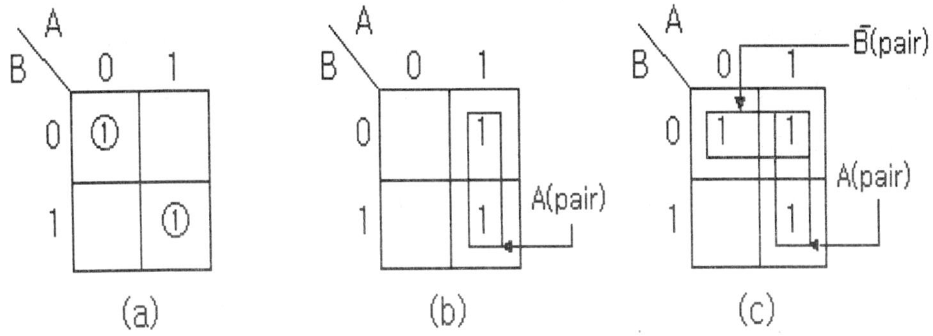

그림 2-6 인접항이 없거나 한 쌍인 경우

즉 $\overline{B}$와 B임을 감안하면 페어일 경우는 간략하게 됨을 알게 된다. 그림 (c)의 경우는 페어가 2개가 된다.

A(pair)는 그림 (b)와 같고 $\overline{B}(\text{pair}) = \overline{A}\,\overline{B} + A\,\overline{B}$가 되어 그림 (c)의 카르나도를 간략화한 식은 결국 두 개의 페어에서 $X = A + \overline{B}$와 같다.

이 방법은 바이취(Veitch)에 의해서 구성되었고 카르나 (Karnaugh)에 의해 수정된 것으로 인접된 최소항들로 짝을 짓는 방법으로 2n개씩 짝을 짓는다.

여기서 n = 0, 1, 2, 3, 4 .... 따라서 n = 0일 때 1개, n = 1일 때 2개, n = 2일 때 4개, n = 3일 때 8개, n = 4일 때 16개 등으로 짝을 짓는데 짝의 수가 큰 것이 우선하다. 즉 16개의 짝이 없으면 8개, 8개의 짝이 없으면 4개와 같은 방법으로 짝을 짓는다.

[예제 3-9] Table 2-7과 같은 진리표로부터 카르나도를 완성하고 간략화하여라.

Table 2-7

A	B	X
0	0	1
0	1	0
1	0	1
1	1	0

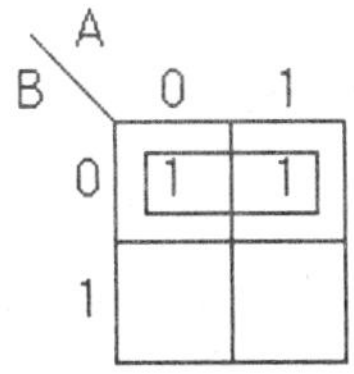

그림 2-7 Table 2-7의 카르나도

[해] Table 2-7의 진리표를 카르나도에 옮겨 놓으면 그림 2-7과 같다. 진리표에서 1을 선택하여 최소항 형식으로 나타내면 $X=\overline{A}\,\overline{B}+A\,\overline{B}$와 같은 적의 합형식이 된다.

이것을 다시 부울 대수의 분배법칙을 이용하여 간략화 할 때 $X=\overline{A}\,\overline{B}+A\overline{B}=\overline{B}(\overline{A}+A)=\overline{B}$가 된다. 그런데 카르나도에 의한 간략화는 A가 0와 1에 걸쳐 있고 B는 0로 공통이다. 따라서 윗식의 부울 대수의 분배법칙에서 알 수 있듯이 B가 0 즉 $X=\overline{B}$가 된다.

(2) 인접한 항이 쿼드(Quad)인 경우

그림 2-8(a)의 경우는 최소항 4개 (Quad))가 나란히 인접한 경우로서 CD변 0, 1이 공통인 경우 $\overline{C}D$가 되고 또 한 경우는 AB변 1, 0가 공통인 $A\overline{B}$가 되어 이들 최소항들을 카르나도에 의한 간략화는 X = $A\overline{B}$ + $\overline{C}D$가 되는데 CD변 0, 1이 공통인 경우 $\overline{C}D$가 되는 이유는 각 최소항의 합을 Y라 하면,

$$Y=\overline{A}\,\overline{B}\,\overline{C}D+\overline{A}B\overline{C}D+AB\overline{C}D+A\overline{B}\,\overline{C}D$$

$$=\overline{C}D(\overline{A}\,\overline{B}+\overline{A}B+AB+A\,\overline{B}) \qquad (2\text{-}19)$$

$$=\overline{C}D(\overline{A}+A)(\overline{B}+B)=\overline{C}D$$

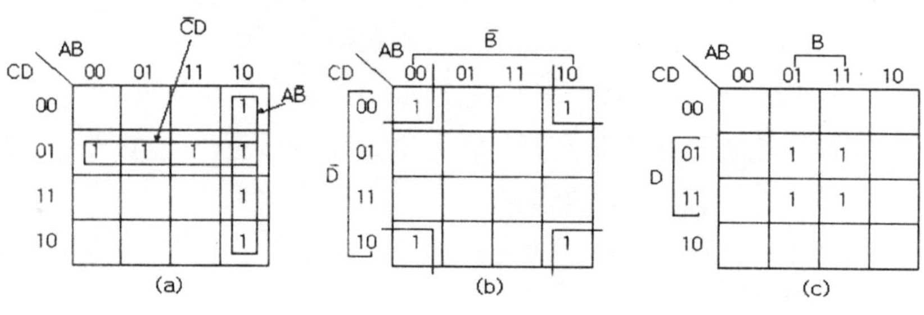

그림 2-8 인접한 항이 쿼드인 경우

같은 방법으로 AB변 1, 0이 공통인 경우 $A\overline{B}$가 되는 이유도 각 최소항의 합을 Z라 하면

$$Z=A\,\overline{B}\,\overline{C}\,\overline{D}+A\,\overline{B}\,\overline{C}D+A\overline{B}CD+A\overline{B}CD+A\,\overline{B}C\overline{D}$$

$$=\overline{C}D(\overline{A}\,\overline{B}+\overline{A}+B+AB+A\,\overline{B}) \qquad (2\text{-}20)$$

$$=\overline{C}D(\overline{A}+A)(\overline{B}+B)=\overline{C}D$$

결국 식 (2-19)와 (2-20)을 합친 $X=A\overline{B}+\overline{C}D$가 됨을 알 수 있다. 또 그림 2-8(b)의 경우 AB변, 1, 0 다음에는 0, 0가 된다. 따라서 AB변 0, 0와 1, 0는 인접항이 되고 CD변도 같은 방법으로 0, 0와 1, 0가 인접된 항이 되어 간략화 된 식 $X=\overline{B}\overline{D}$가 된다.

그림 2-8(c)의 경우도 AB변 0, 1의 인접항은 1, 1이 되고, CD변도 꼭 같다. 따라서 간략화된 식 X = B + D가 된다.

부울 대수에서 $A+\bar{A}=1$이 됨을 생각하면 카르나도에서 변수 A, B, C, D에서 변한 항은 항상 1이 되므로 변하지 않은 변수만을 간략화를 쉽게 할 수 있다.

[예제 3-10] Table 2-8과 같은 진리표로부터 카르나도를 완성하고 간략화하여라.

Table 2-8

A	B	C	D	X
0	0	0	0	0
0	0	0	1	1
0	0	1	0	0
0	0	1	1	1
0	1	0	0	0
0	1	0	1	1
0	1	1	0	0
0	1	1	1	1
1	0	0	0	1
1	0	0	1	0
1	0	1	0	1
1	0	1	1	0
1	1	0	0	1
1	1	0	1	0
1	1	1	0	1
1	1	1	1	0

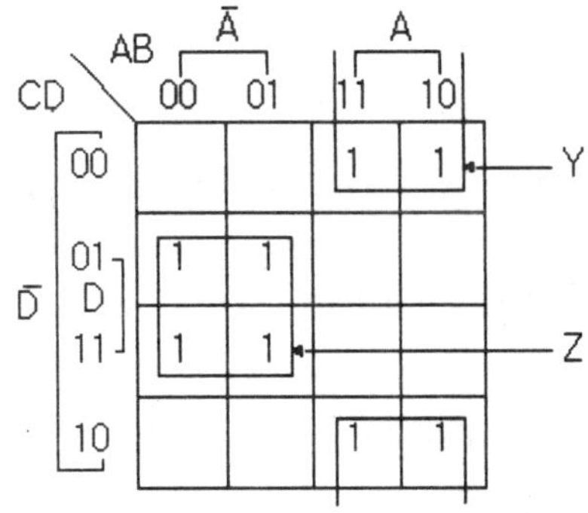

그림 2-9 Table 2-8 카르나도

[해] 그림 2-9와 같이 4개의 인접된 항(Quad)이 두 그룹이 되어 그 각각을 Y, Z라 하면 Y 그룹에서 변하지 않은 변수는 $A\overline{D}$이고, Z 그룹에서 변하지 않은 변수는 $\bar{A}D$이다. 따라서 $X=A\overline{D}+\overline{A}D$가 된다.

(3) 인접한 항이 옥테드(Octet)인 경우

그림 2-10은 최소항 8개(Octet)가 나란히 인접한 경우로서 그림 (a)를 간략화하면 X = A, 그림 (b)를 간략화하면 $X=\overline{B}$가 된다. 그 이유는 CD변은 1이 되기 때문이다.

이것을 부울 대수에 의해 간략화하면 그림 2-10(a)는 8개의 최소항으로부터 그 논리식을 X라 하면

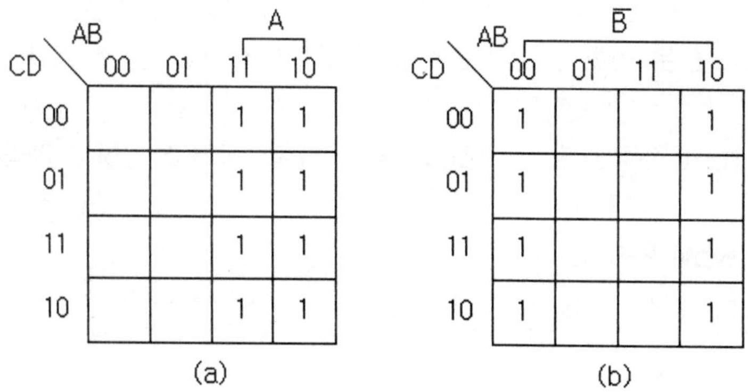

그림 2-10 인접한 항이 옥테드인 경우

$$X = AB\overline{C}\,\overline{D} + AB\overline{C}D + ABCD + ABC\overline{D} + A\overline{B}\,\overline{C}\,\overline{D} + A\overline{B}\,\overline{C}D + A\overline{B}CD + A\overline{B}C\overline{D}$$

$$= AB\overline{C}(\overline{D}+D) + ABC(D+\overline{D}) + A\overline{B}\,\overline{C}(\overline{D}+D) + A\overline{B}CD(D+\overline{D})$$

$$= AB(\overline{C}+C) + A\overline{B}(\overline{C}+C) = \overline{B}(\overline{A}+A) \qquad (2-21)$$

그림 2-10(b)에서도 같은 방법으로 그 논리식을 X라 하면

$$X = \overline{A}\,\overline{B}\,\overline{C}\,\overline{D} + \overline{A}\,\overline{B}\,\overline{C}D + \overline{A}\,\overline{B}CD + \overline{A}\,\overline{B}C\overline{D} + A\overline{B}\,\overline{C}\,\overline{D} + A\overline{B}\,\overline{C}\,\overline{D} + A\overline{B}C\overline{D}$$

$$= \overline{A}\,\overline{B}\,\overline{C}(\overline{D}+D) + \overline{A}\,\overline{B}C(D+\overline{D}) + A\overline{B}\,\overline{C}(\overline{D}+D) + A\overline{B}C(D+\overline{D})$$

$$= \overline{A}\,\overline{B}(\overline{C}+C) + A\overline{B}(\overline{C}+C) = \overline{B}(\overline{A}+A) \qquad (2-22)$$

이와 같이 식 (2-21)과 식 (2-22)에서 CD변이 1이 됨을 알 수 있다.

이것을 카르나도로 간략화하기 위해 변 AB와 CD의 인접항들을 [0, 0]→[0, 1]→[1, 1]→[1, 0]의 순으로 하고 있다.

[예제 3-11] 그림 2-11(a)의 카르나도로부터 간략화 된 식을 구하라.

[해] 그림 2-11(b)와 같이 1개의 쿼드와 1개의 옥테드로 그룹이 가능해 진다. 쿼드에서는 $B\overline{D}$, 옥테드에서는 C가 되어 간략화된 식 $X=C+B\overline{D}$ 가 된다.

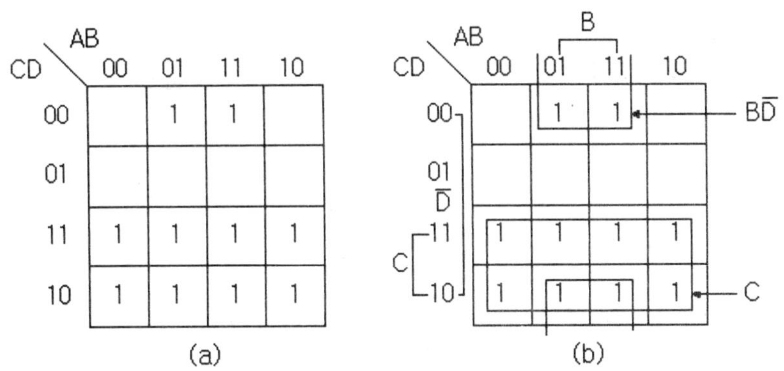

그림 2-11 예제 3-11의 카르나도

[예제 3-12] 그림 2-12와 같은 카르나도를 NOR만으로 실현하고 또 NAND만으로도 실현한 다음 각각 논리도를 그려라.

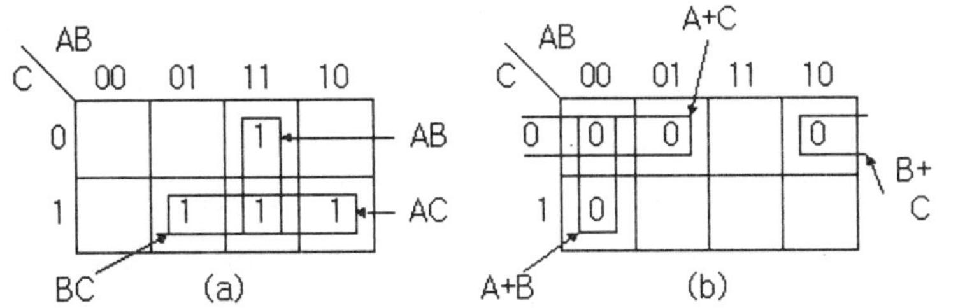

그림 2-12 예제 3-12의 카르나도

[해] 그림 2-12(a)의 카르나도에서 최소항 형식 (NAND 꼴)으로 논리식을 구하고, 그림 2-12(b)의 카르나도에서 최대항 형식 (NOR 꼴)으로 논리식을 구한 다음, 그림 2-13와 같이 논리도를 그린다.

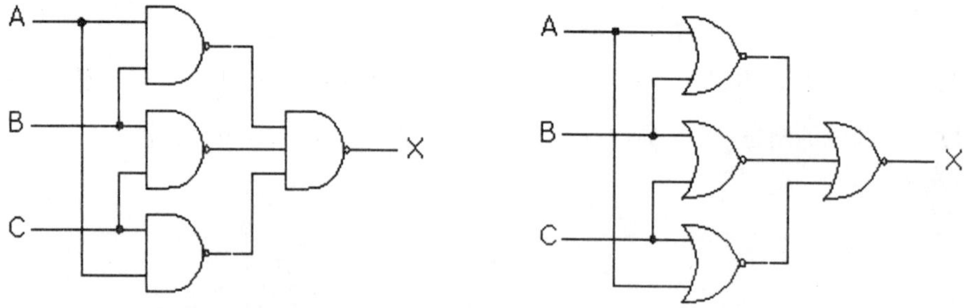

(a) NAND 꼴　　(a) NOR 꼴

그림 2-13 NAND 꼴과 NOR 꼴 논리도

최소항 형식 $X=\overline{\overline{AB+AC+BC}}=\overline{\overline{AB}\cdot\overline{AC}\cdot\overline{BC}}$ (NAND 꼴)

최대항 형식 $X=\overline{\overline{(A+B)(B+C)(A+C)}}=\overline{\overline{A+B}+\overline{B+C}+\overline{A+C}}$ (NOR 꼴)

(4) 무정의 상태(don't care condition)

앞서의 경우는 모든 입력변수의 결합에 대하여 논리함수가 반드시 성립한다는 가정이다. 그러나 실제로는 모든 입력변수의 조합 중에는 이에 대응하는 논리동작이 절대로 일어나지 않거나 본질적인 영향을 미치지 않는 경우가 있다.

다시 말해서 입력변수의 결합이 하등의 논리적 의미도 갖지 않으며 논리적 출력상태도 확정적이 못되는 경우가 있다.

이와 같은 입력의 결합을 무시된 입력(don't care input)또는 결합금지 입력이 되고, 결과는 무정의 상태가 된다.

예를 들면 Table 2-9, 8421코드에서 0000부터 1001가지 10개의 코드로 구성되며, 1010부터 1111까지 6개의 입력 코드에 대해서는 동작하지 않는다.

그림 2-14에서 보는 바와 같이 10개 칸막이 "0" 또는 "1"이고, 6개 칸에 대해서는 어느 쪽으로도 확정적 표시가 되지 않았으며 결과적으로 "×"라는 무시된 입력 항의 상태가 된다. 이 "×"로 표시된 칸은 "0" 또는 "1"로 대치시켜도 전체 출력상태에는 변함이 없다. 따라서 ×를 1로 보면 루프 내는 Z = AD가 되어 쉽게 간략화된 논리식을 구할 수 있다.

Table 2-9 무시된 입력(don't care input)

A B C D	Z
0 0 0 0	0
0 0 0 1	0
0 0 1 0	0
0 0 1 1	0
0 1 0 0	0
0 1 0 1	0
0 1 1 0	0
0 1 1 1	0
1 0 0 0	0
1 0 0 1	1

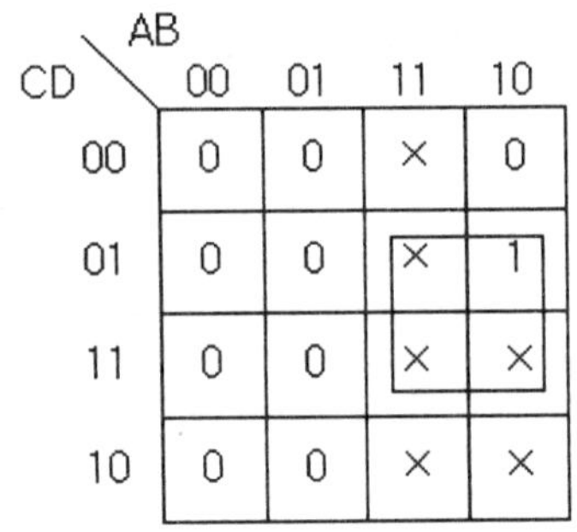

그림 2-14 무시된 입력 항의 표시법

[예제 3-13] 다음 부울 함수를 간략화하여라[단, 무시된 입력항(don't care input)의 상태는 d(w, x, y, z) = Σ(0, 2, 5)라 한다].

F(w, x, y, z) = Σ(1, 3, 7, 11, 15)

[해] 부울 함수를 무시된 입력항의 상태에서 카르나도를 그려 그룹을 짓는 방법으로 그림 2-15(a)와 (b) 2가지로 가능하다.

그림 (a)에서 F(w,x,y,z) = $\overline{w}\,\overline{x}$ = yz

그림 (b)에서 F(w,x,y,z) = $\overline{w}z$ + yz

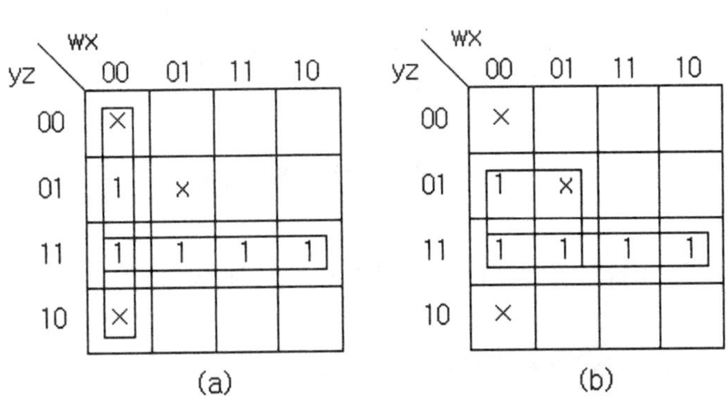

그림 2-15 예제 3-13의 무시된 입력항 카르나도

[예제 3-14] 1단위의 8421코드 중 3으로 나누어지는 수만을 검출하는 논리회로를 설계하라.

[해] Table 2-10의 진리표에서 그림 2-16의 카르나도를 구한다.

Table 2-10 진리표

10진수	8421코드 A B C D	출 력
0	0 0 0 0	1
1	0 0 0 1	0
2	0 0 1 0	0
3	0 0 1 1	1
4	0 1 0 0	0
5	0 1 0 1	0
6	0 1 1 0	1
7	0 1 1 1	0
8	1 0 0 0	0
9	1 0 0 1	1
10 ~ 15	×	×

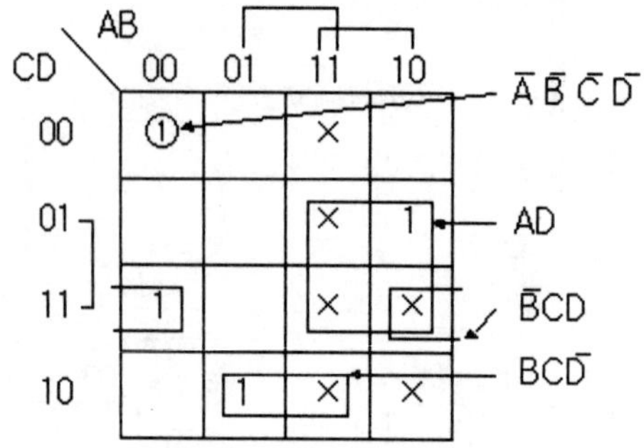

그림 2-16 카르나도

이 카르나도를 이용하여 논리식을 구하면 다음과 같다.

$$X = AD + BC\overline{D} + \overline{B}CD + \overline{A}\,\overline{B}\,\overline{C}\,\overline{D}$$

논리회로도는 생략한다.

문제 1. 드-모르간의 정리 증명

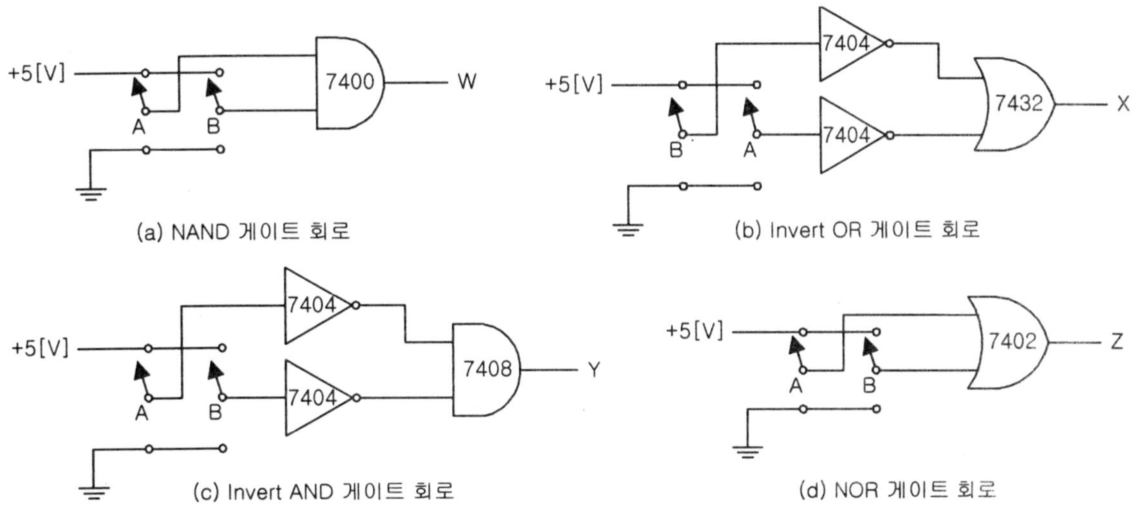

그림 2-17 드-모르간의 정리를 증명하기 위한 실험회로

그림2-17에 있는 Dip SW을 이용하여 입력 A, B 두 입력변화에 따라 출력 W, X, Y, Z를 표 2-1에 기록하라.

표 2-1

A	B	W	X	Y	Z
0	0				
0	1				
1	0				
1	1				

문제 2. 응용회로 1

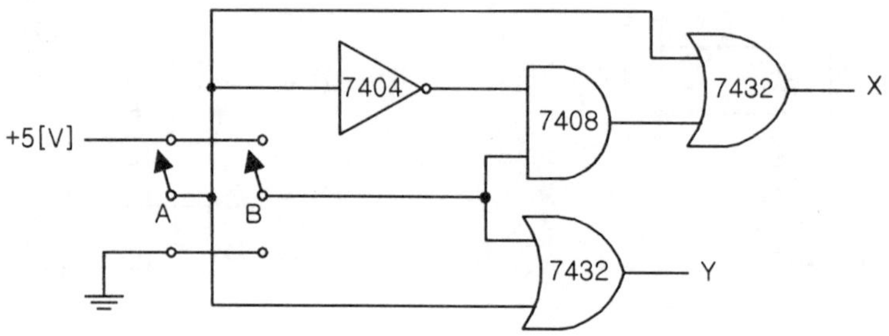

그림 2-18 응용회로

그림 2-18에 있는 Dip SW을 이용하여 입력 A, B 두 입력변화에 따라 출력 X, Y를 표 2-2에 기록하라.

표 2-2

A	B	X	Y
0	0		
0	1		
1	0		
1	1		

문제 3. 응용회로 2

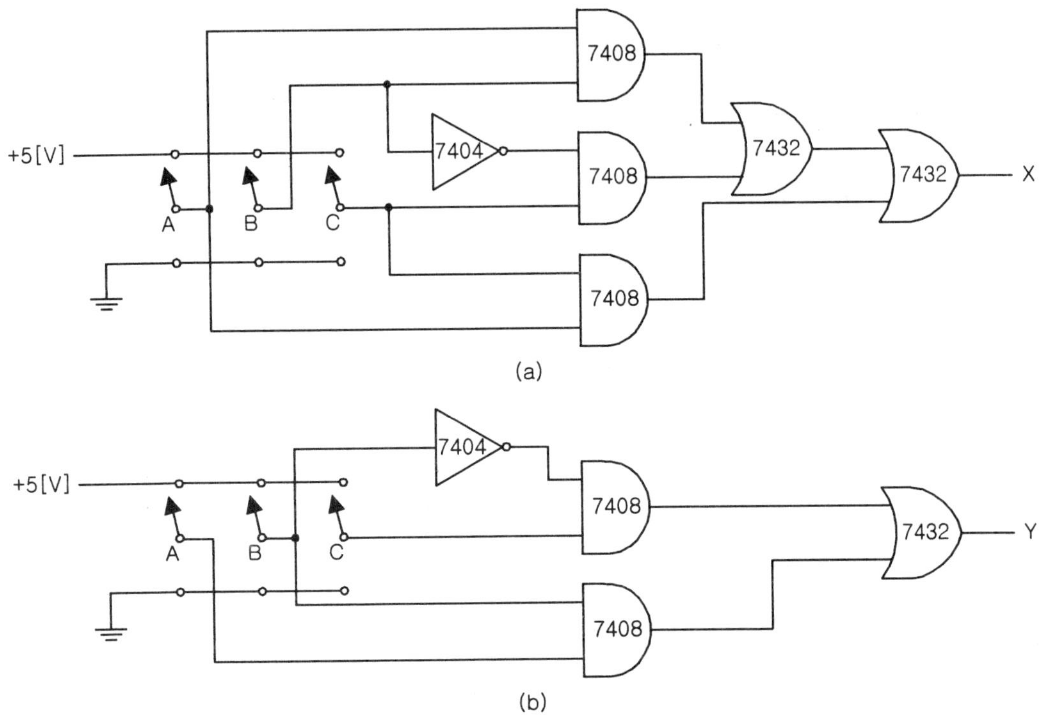

그림 2-19 응용회로

그림 2-19에 있는 Dip SW을 이용하여 입력 A, B, C 입력변화에 따라 출력 X, Y를 표 2-3에 기록하라.

표 2-3

A	B	C	X	Y
0	0	0		
0	0	1		
0	1	0		
0	1	1		
1	0	0		
1	0	1		
1	1	0		
1	1	1		

문제 5. 간략화 회로 2

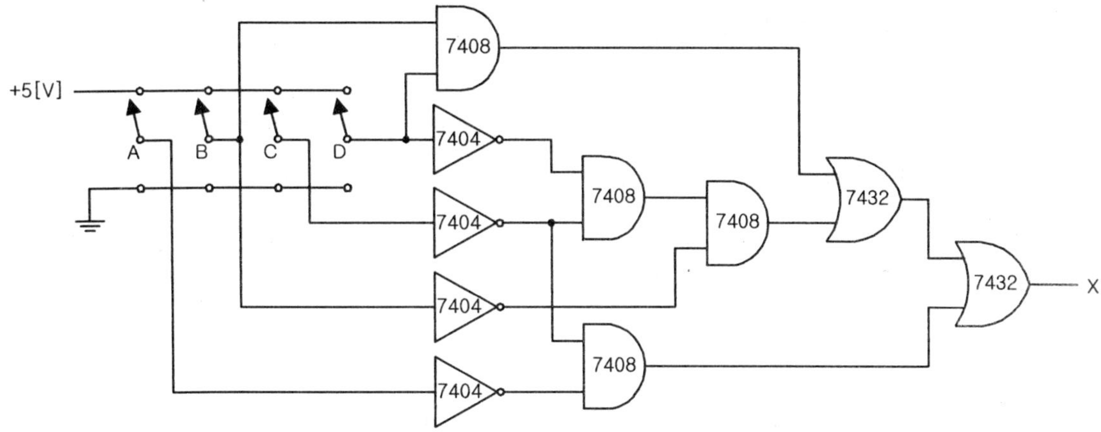

그림 2-20

그림 2-20에 있는 Dip SW을 이용하여 입력 A, B, C, D의 입력변화에 따른 출력 X 값을 표 2-4에 기록하라.

표 2-4

10진수	D	C	B	A	X
0	0	0	0	0	
1	0	0	0	1	
2	0	0	1	0	
3	0	0	1	1	
4	0	1	0	0	
5	0	1	0	1	
6	0	1	1	0	
7	0	1	1	1	
8	1	0	0	0	
9	1	0	0	1	
10	1	0	1	0	
11	1	0	1	1	
12	1	1	0	0	
13	1	1	0	1	
14	1	1	1	0	
15	1	1	1	1	

3-3 Exclusive OR 게이트와 그 응용

1) XOR 게이트와 XNOR 게이트

XOR의 X는 Exclusive의 약자로 대신하며, 배타적이라는 의미를 갖고 있다. XOR 게이트의 논리기호는 그림 3-1과 같고, 논리식은 식(3-1)과 같다.

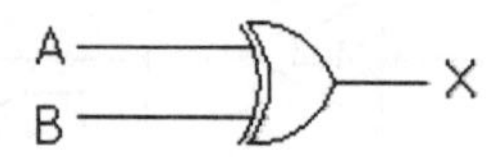

그림 3-1 XOR 게이트 기호

$$X = A \oplus B = A\overline{B} + \overline{A}B = (A+B)(\overline{A} + \overline{B}) \qquad (3\text{-}1)$$

식 (3-1)에서 A⊕B는 A Exclusive OR B라고 읽는다. 즉 표는 Exclusive를 의미한다. 이 논리식을 만족시키는 진리표는 Table 3-1과 같다.

Table 3-1 XOR 게이트의 진리

A	B	C
0	0	0
0	1	1
1	0	1
1	1	0

XOR 게이트는 배타적 OR 게이트라는 뜻으로 A, B 두 입력이 서로 배타적일 때 즉 입력이 서로 다를 때 출력이 1이 되며 A, B 두 입력이 같을 때는 출력이 0 이 되는 논리 게이트이다. 이러한 동작 특성을 이용하여 패리티 검사(parity check), 그레이 코드(Gray Code) 변환기, 2진 비교기(Binary Comparator), 가산기(Adder) 및 감산기(Subtractor) 등에 널리 이용되고 있다.

현재 널리 사용되고 있는 대표적인 TTL과 CMOS XOR 게이트는 Table 3-2에 나타내고 있다.

Table 3-2 TTL과 CMOS XOR 게이트

TTL 시리즈	CMOS 시리즈	패키지당 게이트수	입력수
7486	4077	4	2

XNOR 게이트는 XOR 게이트와 NOT 게이트의 결합회로로 논리기호는 그림 3-2와 같고, 논리식은 식(3-2)과 같다.

$$X=\overline{A\oplus B}=AB+\overline{A}\,\overline{B}=(A+\overline{B})(\overline{A}+B) \qquad (3\text{-}2)$$

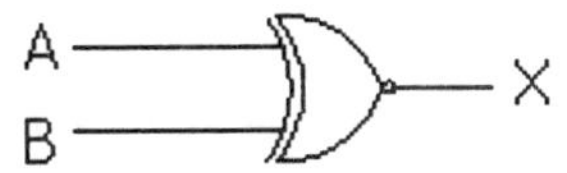

그림 3-2 XNOR 게이트 기호

식 (3-2)에서 $\overline{A\oplus B}$는 Exclusive NOR라고 읽는다. 이 논리식을 만족시키는 진리표는 Table 3-3과 같다.

Table 3-3 XNOR 게이트 진리표

A	B	C
0	0	1
0	1	0
1	0	0
1	1	1

Table 3-4 TTL과 CMOS XNOR 게이트

TTL시리즈	CMOS시리즈	패키지당 게이트수	입력수
7486	4030,4070,74C86	4	2

Table 3-3에서와 같이 XNOR의 진리치는 XOR의 동작 특성과 정반대가 됨을 알 수 있다. 즉 두 입력 A, B가 같을 때 1이 되며, 서로 다를 경우에는 0이 된다. 이와 같은 동작특성을 이용하여 XNOR는 쉽게 2진 비교기로 사용될 수 있다.

현재 널리 사용되고 있는 대표적인 TTL과 COMS XNOR 게이트는 Table 3-4에 나타내고 있다.

[예제 3-15] AND, OR, NOT 게이트를 사용하여 XOR 발생기 회로를 그려라.

[해] XOR 게이트의 논리식 $X = A\oplus B = A\overline{B} + \overline{A}B = (A+B)(\overline{A}+\overline{B})$로부터

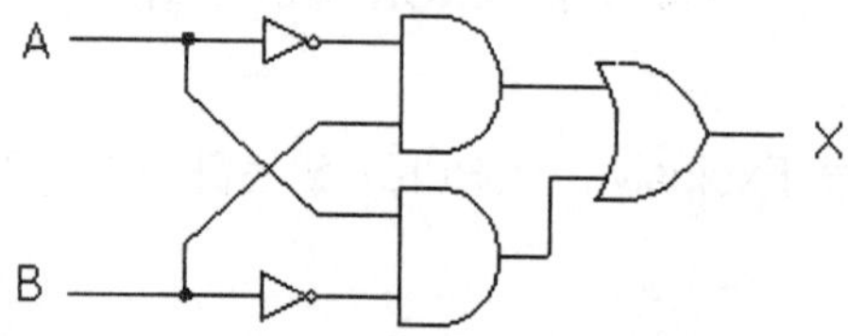

(a) $X=A\overline{B}+\overline{A}B$=A+B○

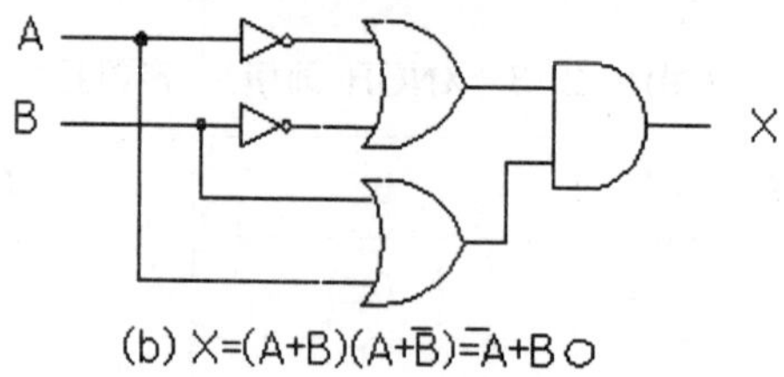

(b) $X=(A+B)(A+\overline{B})$=A+B ○

그림 3-3 XOR 게이트

[예제 3-16] NAND 게이트만으로 XOR 게이트 회로를 구성하여라.

$$X = (\overline{A} + B)(A + \overline{B}) = (\overline{A} + AB)(\overline{B} + AB)$$

[해]

$$= \overline{\overline{(\overline{A} + AB)(\overline{B} + AB)}} = \overline{\overline{\overline{A} + AB} \cdot \overline{\overline{B} + AB}}$$

$$= \overline{\overline{A \cdot \overline{AB}} \cdot \overline{B \cdot \overline{AB}}}$$

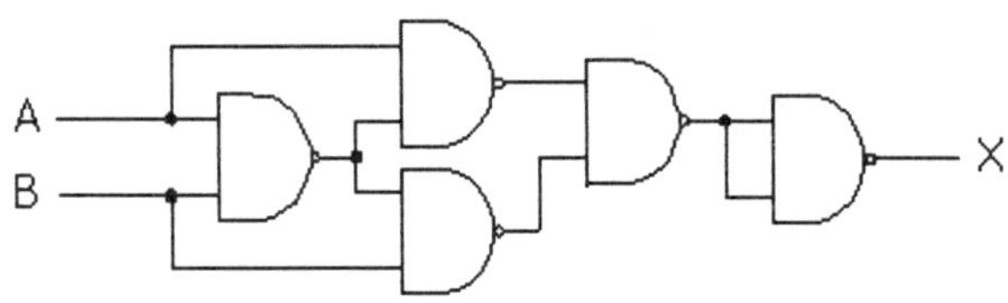

그림 3-4 NAND로 구성한 XOR 게이트

문제 1. Exclusive-OR 게이트 회로

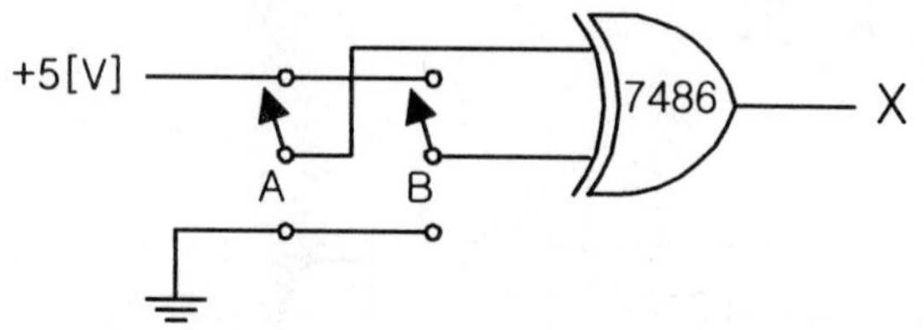

그림 3-5

표 3-1(a)

A	B	X
0	0	
0	1	
1	0	
1	1	

표 3-1(b)

A와 B 단락	X
0	
1	

표 3-1(c)

A	B	X
개방	0	
개방	1	

문제 2. AND, OR, NOT 게이트 구현

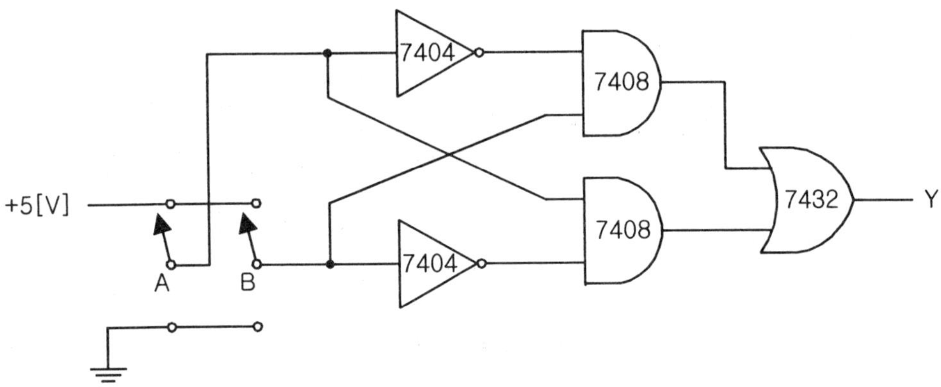

그림 3-6 기본 게이트로 EX-OR발생기 구현회로

그림 3-6에 있는 Dip SW을 이용하여 A, B의 입력변화에 따라 출력 X를 표 3-2에 기록하라.

표 3-2

A	B	X
0	0	
0	1	
1	0	
1	1	

문제 3. NAND 게이트 구현

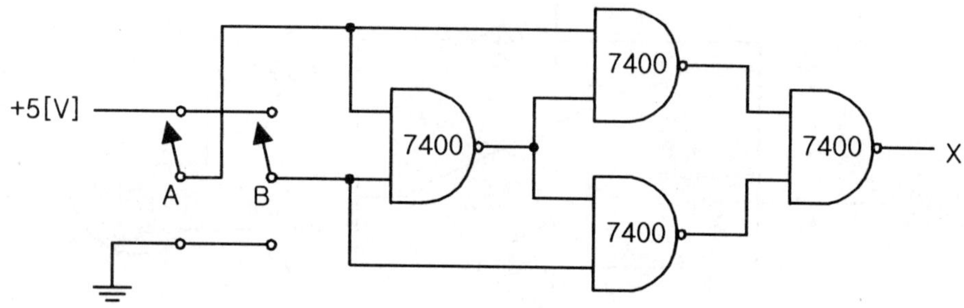

그림 3-7

그림 3-7에 있는 Dip SW을 이용하여 A, B의 입력변화에 따라 출력 X를 표 3-3에 기록하라.

표 3-3

A	B	X
0	0	
0	1	
1	0	
1	1	

문제 4. 2진 비교기(Binary Comparator)

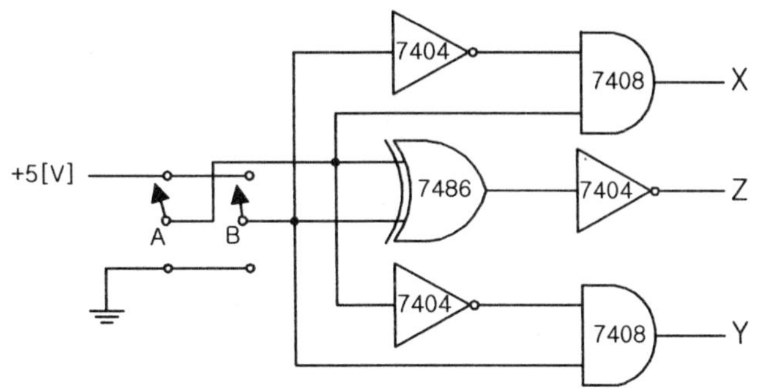

그림 3-8

그림 3-8에 있는 Dip SW을 이용하여 2진수 A와 B의 크기를 비교하고, 출력상태를 표 3-4에 기록하라.

단, A=B면 Z=1, A≠B면 Z=0, A>B면 X=1, A<B면 Y=1

표 3-4

A	B	Z	X	Y
0	0			
0	1			
1	0			
1	1			

문제 5. 패리티첵커

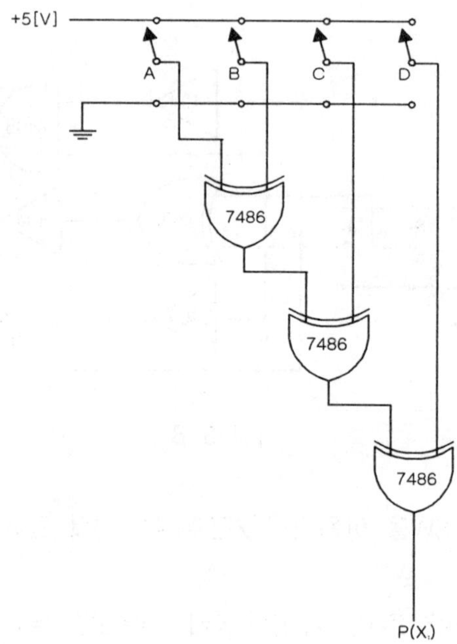

그림 3-9

그림 3-9에 있는 Dip SW을 이용하여 A, B, C, D의 입력변화에 따라 출력 P(X)를 표 3-5에 기록하라.

여기서 P(X)가 1이면 홀스 패리티(odd parity), 0이면 짝수 패리티(even parity)이다.

표 3-5

A	B	C	D	P(X)
0	0	0	0	
1	0	1	0	
1	0	1	1	
1	1	1	1	

문제 6. 2진수를 Gray Code 변환회로

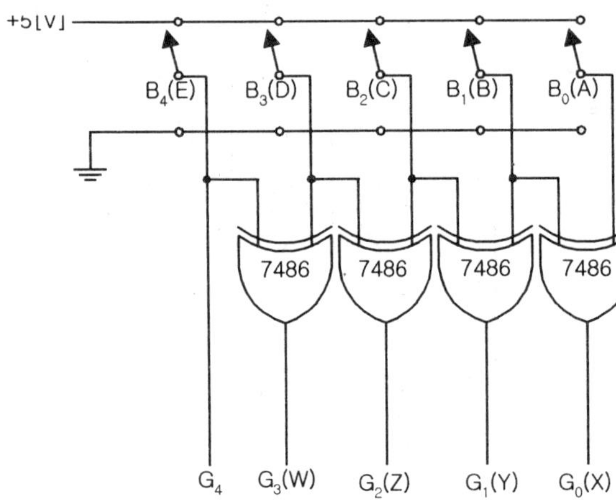

그림 3-10

그림 3-10에 있는 Dip SW을 이용하여 입력변화에 따라 출력상태를 표 3-6에 기록하라.

여기서 B_0(A), B_1(B), B_2(C), B_3(D), B_4(E)는 Binary를 나타내고, G_0(X), G_1(Y), G_2(Z), G_3(W), G_4는 Gray Code이다.

(단, Dip SW B_4(E)의 값에 따라 G_4의 값도 같이 변한다.)

표 3-6

B_4(E)	B_3(D)	B_2(C)	B_1(B)	B_0(A)	G_4	G_3(W)	G_2(Z)	G_1(Y)	G_0(X)
0	1	0	1	1	0				
1	0	1	0	1	1				
1	1	0	1	0	1				
1	1	1	1	1	1				

문제 7. Gray Code를 2진수로 변환회로

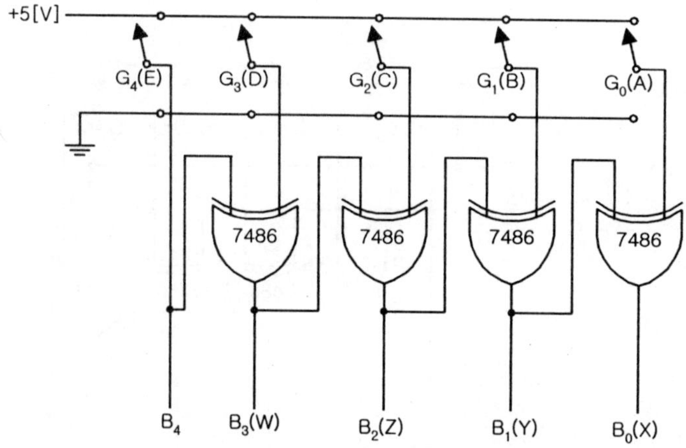

그림 3-11

그림 3-11에 있는 Dip SW을 이용하여 입력변화에 따라 출력상태를 표 3-7에 기록하라.

여기서 $G_0(A)$, $G_1(B)$, $G_2(C)$, $G_3(D)$, $G_4(E)$는 Gray Code를 나타내고, $B_0(X)$, $B_1(Y)$, $B_2(Z)$, $B_3(W)$, B_4는 Binary이다.

(단, Dip SW $G_4(E)$의 값에 따라 B_4의 값도 같이 변한다.)

표 3-7

$G_4(E)$	$G_3(D)$	$G_2(C)$	$G_1(B)$	$G_0(A)$	B_4	$B_3(W)$	$B_2(Z)$	$B_1(Y)$	$B_0(X)$
0	1	1	1	0	0				
1	1	1	1	1	1				
1	0	1	1	1	1				
1	0	0	0	0	1				

문제 8. NOR 게이트 구현

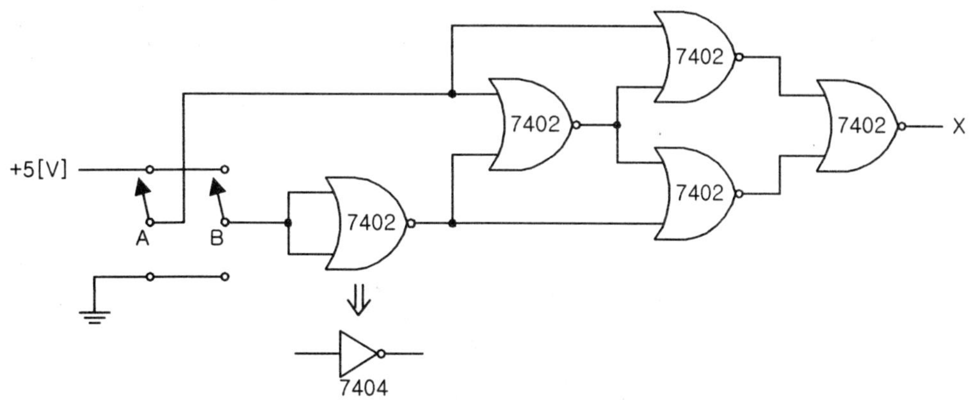

그림 3-12

그림 3-12에 있는 Dip SW을 이용하여 A, B의 입력변화에 따라 출력 X를 표 3-8에 기록하라.

표 3-8

A	B	X
0	0	
0	1	
1	0	
1	1	

3-4 개방 컬렉터 소자(Open Collector Gate)

1) Open Collector Gate

일반적으로 TTL 계열의 IC 게이트들은 출력에 내부 저항이 연결되어 있지 않다. 이 저항은, 그림 4-1처럼, IC 외부에 연결된다. 이러한 구조의 게이트를 개방 컬렉터 소자라 한다.

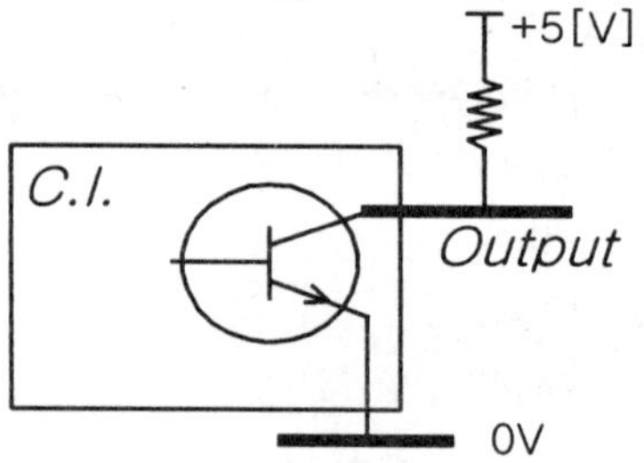

그림 4-1

이러한 구조의 IC를 사용하면, 일반적인 게이트를 가지고 수행할 수 없는 기능들을 구현할 수 있다. 즉, 논리함수를 수행하도록 두 개의 출력 단자를 직접 연결할 수 있다. 이러한 방식으로 TTL 게이트를 연결하면, 비록 일반적으로 IC가 부서지지는 않겠지만 원하는 기능을 구현할 수 없다. 특히, CMOS 게이트는 절대로 직접 연결해서는 안된다.

예를 들면, AND 함수는 그림 4-2처럼 두 개의 개방 컬렉터 buffer를 사용하여 구현할 수 있다.

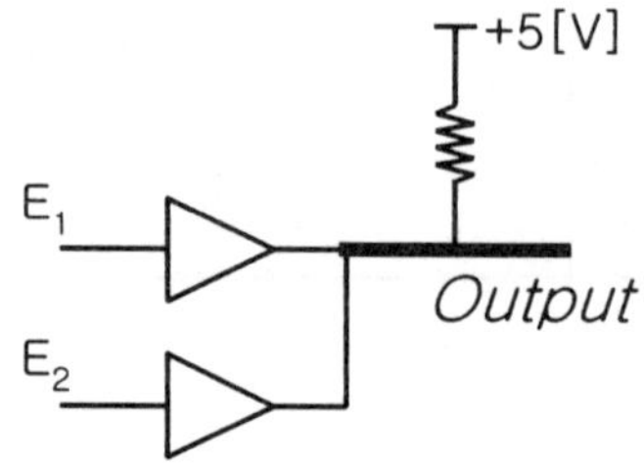

그림 4-2

여러 개의 컬렉터 게이트가 TTL에 사용된다. 그러한 유형으로 buffer, 인버터, AND … 등을 예로 들 수 있다. 그림 4-2는 연결된 모든 출력이 상태 1을 지시할 때만, 전체적으로 논리 1을 출력하게 된다.

3-5 슈미트 트리거 회로

1) 슈미트 트리거 회로(구형파 구성회로)

슈미트 트리거 회로는 논리 1과 0의 출력을 가지고 있다. 이 장치는 다른 것과는 달리 히스테리시스(Hysteresis) 현상을 가지고 있다. 이 때문에 중요한 특성을 갖는다.

히스테리시스를 설명하기 위해, 슈미트 트리거 인버터 게이트를 예로 들자. 그림 5-1은 입·출력 특성을 나타낸 곡선이며, 그림 5-2는 시간에 따라서 입·출력이 변화하는 것을 더욱 분명하게 나타내고 있다. 입력이 0V 에서 V_{DD} (전원전압)까지 올라가는 과정을 보자. 입력이 V_2 전압에 이를 때까지, 출력은 V_{DD} 에서 유지된다. 그러나, 입력 전압이 하강하는 과정이면, 출력의 상태 변화는 V_2 가 아닌 V_1 에서 발생한다.
따라서, 히스테리시스 영역은 V_2 $-V_1$ 사이의 영역이 된다.

V_1 근처에서, 상승하는 입력전압의 작은 변화는 0과 1 사이의 연속적인 출력 상태변화를 일으키지 않는다. 따라서, 출력은 V_{DD} 로 유지된다. 단지, 전압 V_2 이상일 때, 출력이 0V로 떨어지게 된다.

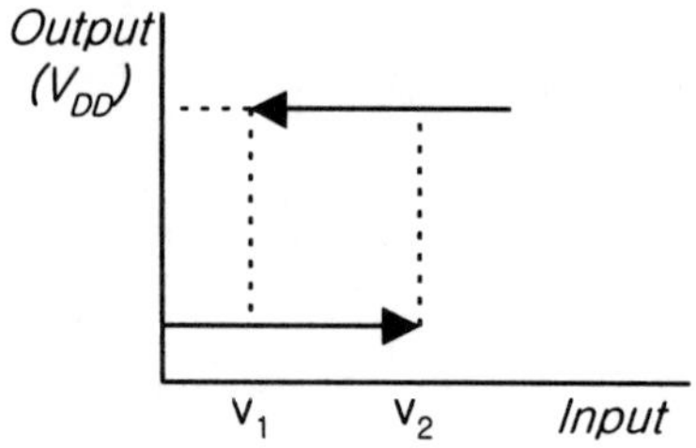

그림 5-1

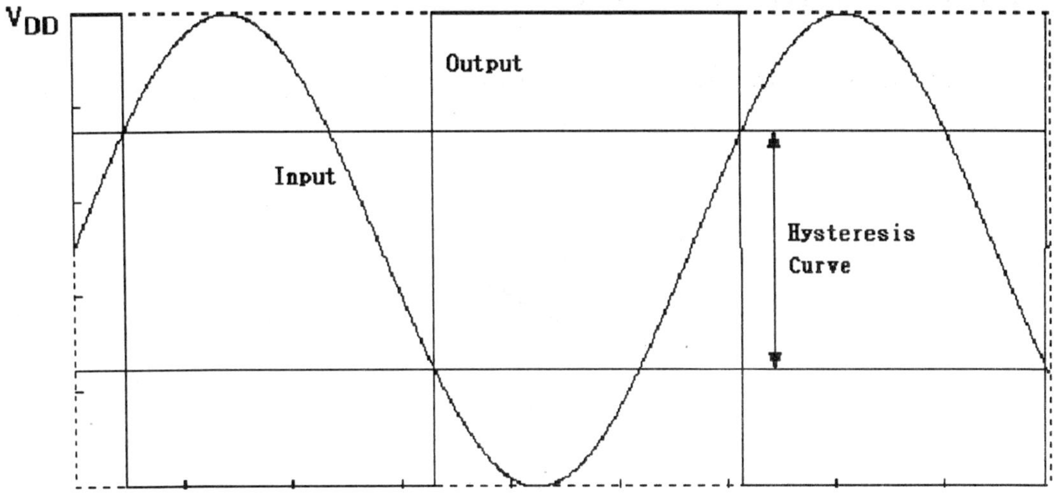

그림 5-2

슈미트 트리거 게이트를 나타내는 회로 기호는 일반적인 게이트와 같으나, 단지 히스테리시스 표식이 기호 안에 표시되어 있다. 예를 들어, 슈미트 트리거를 이용한 인버터 기호는 다음과 같다.

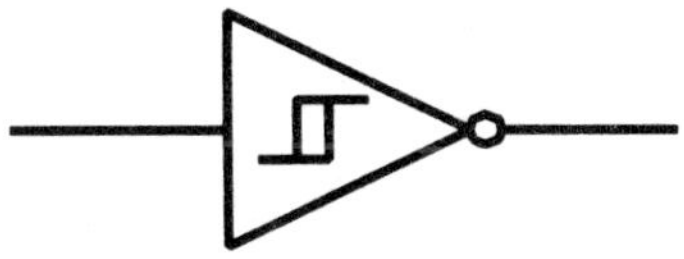

슈미트 트리거 회로는 다음과 같은 디지털 회로에 응용될 수 있다. 아날로그 파형을 구형 파형으로 바꾸는 변환기, 기계적인 스위치로부터 회로 보호, 구형파 발진기 등.

3-6 3상 버퍼(Tristate Buffer)

3상 버퍼는 입력, 제어 입력, 출력으로 구성된다. 이것의 주된 특성은, 게이트 입력과 출력의 연결을 차단할 수 있다는 것이다.

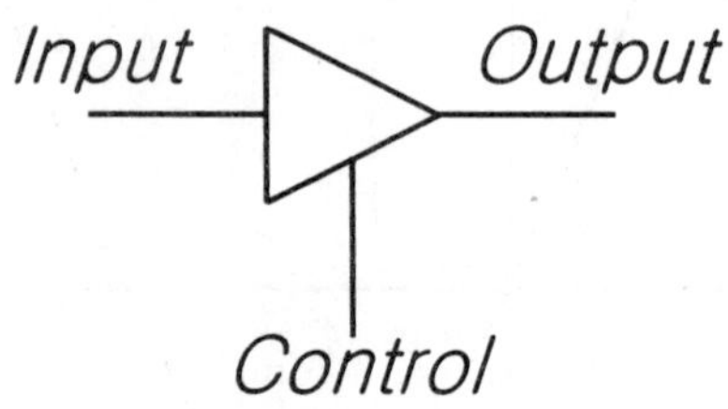

그림 6-1

3상 버퍼의 진리표는 Table 6-1과 같다. Z 기호는 높은 임피던스, 말하자면 0V도 5V 아닌 차단된 상태를 나타낸다.

Table 6-1

입력	제어 입력	출력
0	0	Z
0	1	0
1	0	Z
1	1	1

제어 입력의 상태가 논리 1일 때, 게이트는 buffer처럼 동작한다. 입력과 출력의 연결이 제어 입력에 의해 결정됨을 주의하라.

간단한 회로를 통해, 이 게이트들의 입력과 출력을 혼용할 수 있다. 그림 6-2에서, 채널 A가 제어 입력이 1일 때는 출력으로서, 그리고 제어 입력이 0일 때는 입력으로서 동작하는 것을 알 수 있다. 또, E_1은 E_2에 직접 영향을 끼치지 않는다. 이 그림의 채널 A는 컴퓨터의 내부 버스와 유사한 기능을 갖는다. 제어 입력이 1일 때에는 버스에 기록하고, 제어 입력이 0일 때에는 버스로부터 자료를 읽는다.

3상 버퍼를 사용한 목적은, 제어 입력을 이용하여, 게이트 E_1에 높은 임피던스를 제공하는 것이다. 만약, 임피던스 값이 낮으면, 채널 A의 다른 부분에서 보내진 신호와 충돌이 발생하게 된다.

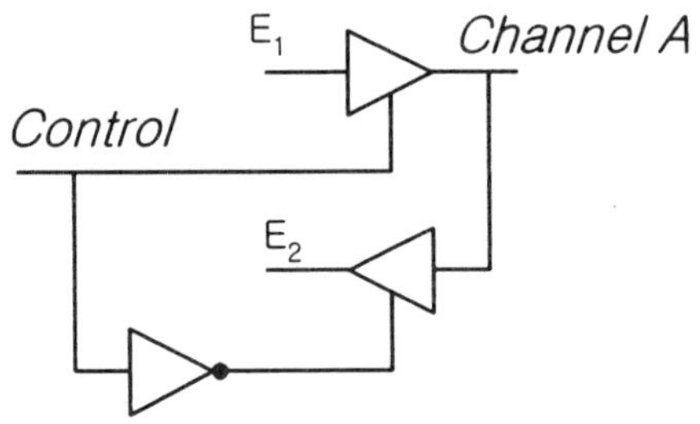

그림 6-2

유사한 방식으로, 다른 CAE 모듈에서 사용된 멀티플렉서와 해독기(Decodifier)를 구성할 수 있다.

제 4 장 조합논리 회로(I)

4-1 가산기와 감산기(Adders and Subtractors)

1) 반가산기(Half Adder)

2진수로 표시된 두 개의 수를 합해서 얻어진 가산기를 반 가산기라 한다. 이 때 두 개의 수 A, B를 합해서 나온 합(Sum)과 자리올림(Carry)이 발생한다. 이와 같은 진리를 만족하는 표는 Table1-1과 같다.

Table 1-1 반 가산기 진리표

A	B	S	C
0	0	0	0
0	1	1	0
1	0	1	0
1	1	0	1

Table 1-1의 진리표를 만족시키는 논리식은 식 (1-1), (1-2)와 같다.

$$S = A\,\overline{B} + \overline{A}\,B = (A+B)(\overline{A}+\overline{B}) = A \oplus B \qquad (1-1)$$

$$C = A \cdot B \qquad (1-2)$$

이 논리식을 만족시키는 회로가 그림 1-1의 반가산기 회로이며, 그림 1-2는 이 반가산기의 기호를 나타내고 있다.

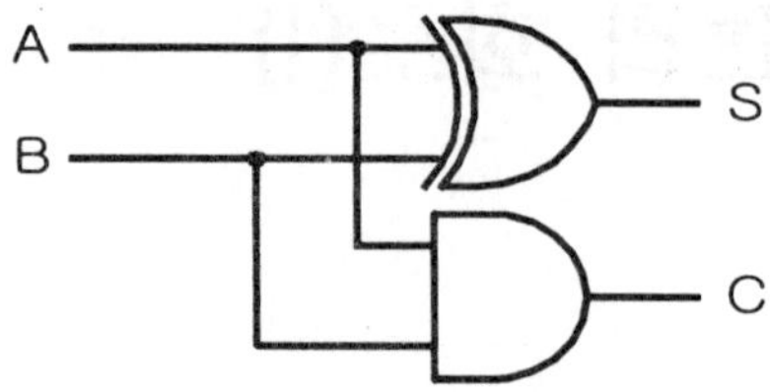

그림 1-1 반 가산기 회로

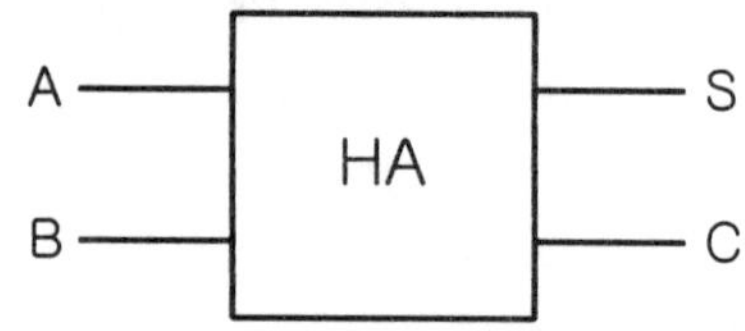

그림 1-2 반 가산기 기호

2) 전 가산기(Full Adder)

2진수로 표시한 2개의 수 이외에 아랫자리에서 발생한 자리올림수까지도 합해 주도록 하는 가산기를 전 가산기라 한다. 이것을 2진수와 변수로 가산하는 예를 (a), (b)에 보였으며 진리표는 Table 1-2와 같다.

Table 1-2 전 가산기와 진리표

A_n	B_n	C_{n-1}	S_n	C_n
0	0	0	0	0
0	0	1	1	0
0	1	0	1	0
0	1	1	0	1
1	0	0	1	0
1	0	1	0	1
1	1	0	0	1
1	1	1	1	1

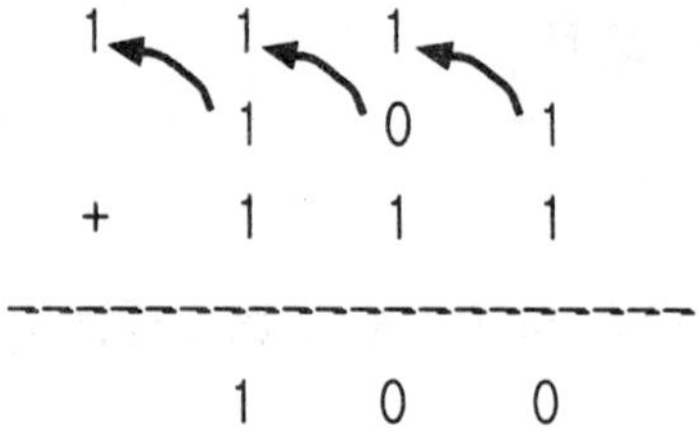

(a) 2진수 전 가산 예

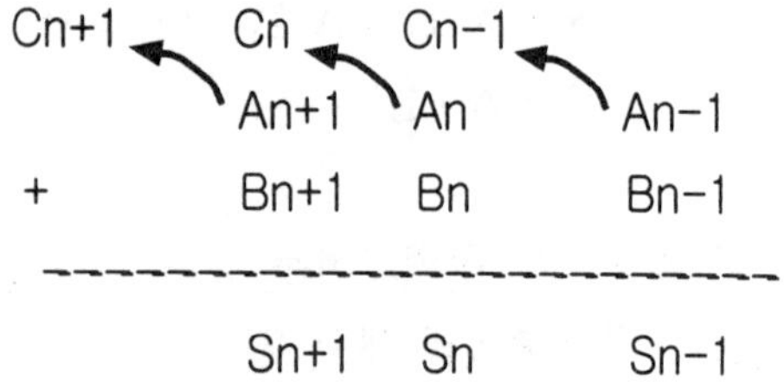

(b) 변수 전 가산 예

전 가산기 진리표를 만족시키는 논리식을 유도해 보면 식 (1-3), (1-4)와 같다.

$$\begin{aligned}
S_n &= \overline{A_n}\,\overline{B_n}\,C_{n-1} + \overline{A_n}\,B_n\,\overline{C_{n-1}} + A_n\,\overline{B_n}\,\overline{C_{n-1}} + A_n\,B_n\,C_{n-1} \\
&= \overline{A_n}(\overline{B_n}\,C_{n-1} + B_n\,\overline{C_{n-1}}) + A_n(\overline{B_n}\,\overline{C_{n-1}} + B_n\,C_{n-1}) \\
&= \overline{A_n}(B_n \oplus C_{n-1}) + A_n(\overline{B_n \oplus C_{n-1}}) \\
&= A_n \oplus B_n \oplus C_{n-1} \qquad (1\text{-}3)
\end{aligned}$$

$$\begin{aligned}
C_n &= \overline{A_n}\,B_n\,C_{n-1} + A_n\,\overline{B_n}\,C_{n-1} + A_n\,B_n\,\overline{C_{n-1}} + A_n\,B_n\,C_{n-1} \\
&= C_{n-1}(\overline{A_n}\,B_n + A_n\,\overline{B_n}) + A_n\,B_n(\overline{C_{n-1}} + C_{n-1}) \\
&= C_{n-1}(A_n \oplus B_n) + A_n\,B_n \qquad (1\text{-}4)
\end{aligned}$$

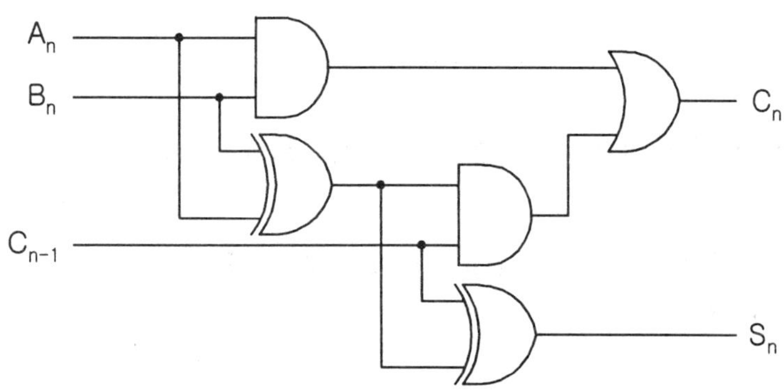

그림 1-3 전 가산기 회로

이 논리식을 만족시키는 회로가 그림 1-3의 전 가산기 회로이며, 그림 1-4는 전 가산기의 기호이다 한편 전 가산기를 반 가산기 2개와 OR게이트로 Block Diagram을 그

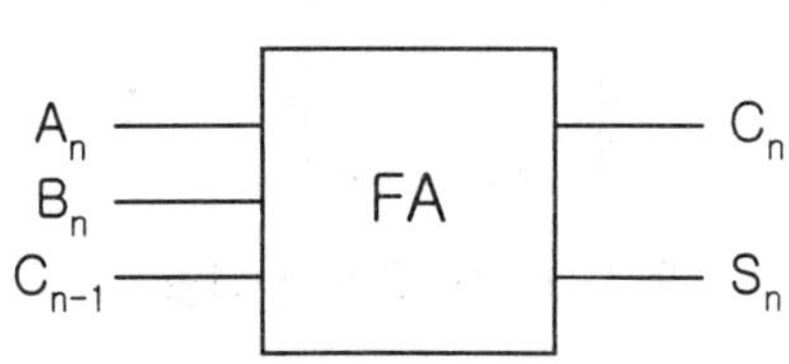

그림 1-4 전 가산기의 기호

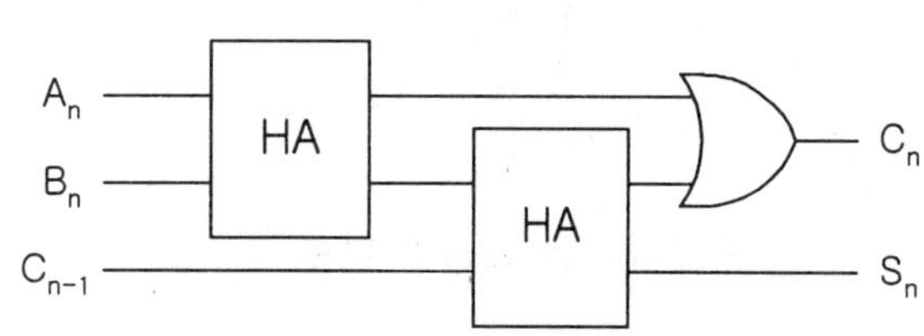

그림 1-5 전 가산기 Block Diagram

리면 그림 1-5와 같다.

3) 반 감산기(Half Subtractor)

2진수로 표시된 두 개의 수의 차로 얻어진 감산기를 반 감산기라 한다. 이 때 두 개의 수 A, B의 감산에 의하여 얻어진 차(difference)와 자리내림(borrow)이 발생한다.

이와 같은 진리를 만족하는 표는 Table 1-3과 같다.

Table 1-3 반 감산기 진리표

A	B	d	b
0	0	0	0
0	1	1	1
1	0	1	0
1	1	0	0

Table 1-3의 반 감산기의 진리표를 만족시키는 논리식은 식 (1-5), (1-6)과 같다.

$$d = \overline{A}\ B + A\ \overline{B} = (A + B)(\overline{A} + \overline{B}) = A \oplus B \qquad (1\text{-}5)$$

$$b = \overline{A} \cdot B \qquad (1\text{-}6)$$

이 논리식을 만족시키는 회로가 그림 1-6은 반 감산기 회로이며, 그림 1-7은 반 감산기의 기호를 나타내고 있다.

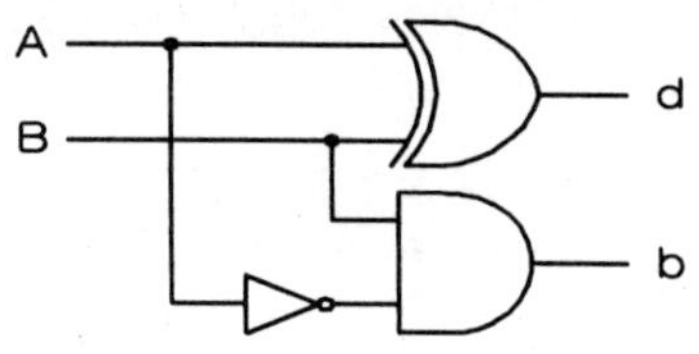

그림 1-6 반 감산기 회로

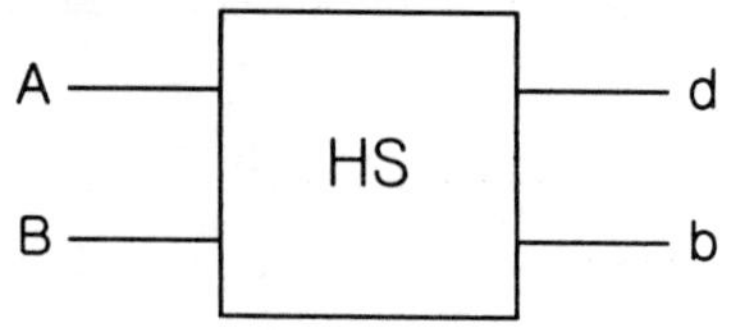

그림 1-7 반 감산기 기호

4) 전 감산기(Full Subtractor)

2진수로 표시한 2개의 수 이외에 자리내림으로 발생한 수까지 합쳐 감산하는 감산기를 전감산기라 한다. 이것을 2진수와 변수로 감산하는 예를 들어 (c), (d)에 보였으며 그 진리표는 Table 1-4와 같다.

Table 1-4 전 가산기의 진리표

A_n	B_n	b_{n-1}	d_n	b_n
0	0	0	0	0
0	0	1	1	1
0	1	0	1	1
0	1	1	0	1
1	0	0	1	0
1	0	1	0	0
1	1	0	0	0
1	1	1	1	1

$$\begin{array}{rccc} & 0 & 1 & 1 \\ & 1 & 0 & 0 \\ - & 0 & 1 & 1 \\ \hline & 0 & 0 & 1 \end{array}$$

(c) 2진수 전 가산 예

$$\begin{array}{rccc} & b_{n+1} & b_n & b_{n-1} \\ & A_{n+1} & A_n & A_{n-1} \\ + & B_{n+1} & B_n & B_{n-1} \\ \hline & d_{n+1} & d_n & d_{n-1} \end{array}$$

(d) 변수 전 가산 예

전 감산기 진리표를 만족시키는 논리식을 유도해 보면 식 (1-7), (1-8)과 같다.

$$\begin{aligned} d_n &= \overline{A_n}\,\overline{B_n}\,b_{n-1} + \overline{A_n}\,B_n\,\overline{b_{n-1}} + A_n\,\overline{B_n}\,\overline{b_{n-1}} + A_n\,B_n\,b_{n-1} \\ &= \overline{A_n}(\overline{B_n}\,b_{n-1} + B_n\,\overline{b_{n-1}}) + A_n(\overline{B_n}\,\overline{b_{n-1}} + B_n\,b_{n-1}) \\ &= \overline{A_n}(B_n \oplus b_{n-1}) + A_n(\overline{B_n \oplus b_{n-1}}) \\ &= A_n \oplus B_n \oplus b_{n-1} \end{aligned} \qquad (1\text{-}7)$$

$$\begin{aligned} b_n &= \overline{A_n}\ \overline{B_n}\ b_{n-1} + \overline{A_n}\ B_n\ \overline{b_{n-1}} + \overline{A_n}\ B_n\ b_{n-1} + A_n\ B_n\ b_{n-1} \\ &= \overline{A_n}\ B_n(\overline{b_{n-1}} + b_{n-1}) + b_{n-1}(\overline{A_n}\ \overline{B_n} + A_n\ B_n) \\ &= \overline{A_n}\ B_n + b_{n-1}(\overline{A_n \oplus B_n}) \end{aligned} \tag{1-8}$$

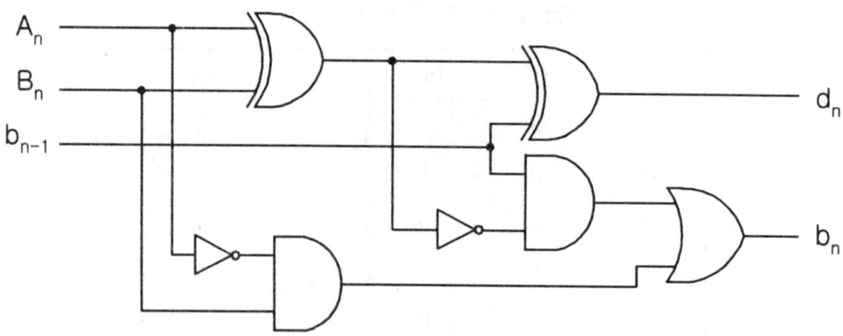

그림 1-8 전 감산기 회로

이 논리식을 만족시키는 회로가 그림 1-8의 전 감산기 회로이며, 그림 1-9는 전 감산기의 기호이다. 한편 전 감산기를 반 감산기 2개와 OR 게이트 Block Diagram을 그리면 그림 1-10과 같다.

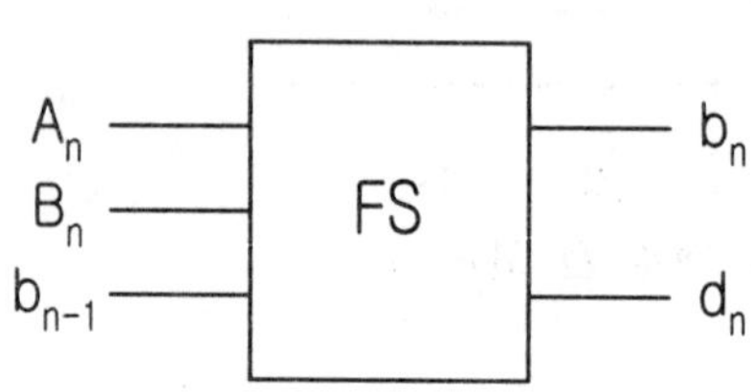

그림 1-9 전 감산기 기호

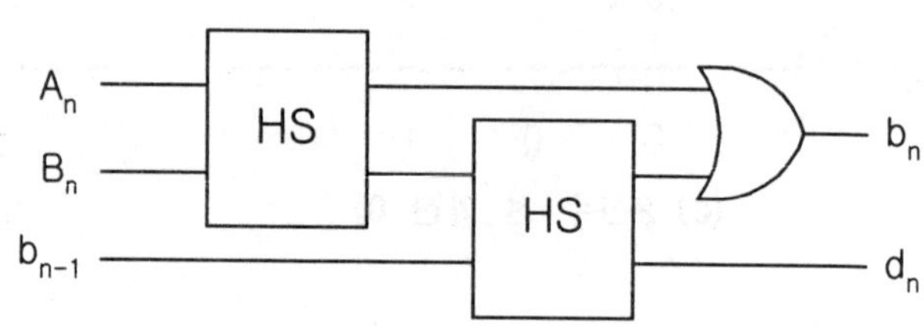

그림 1-10 전 감산기 Block Diagram

문제 1. 반 가산기 회로

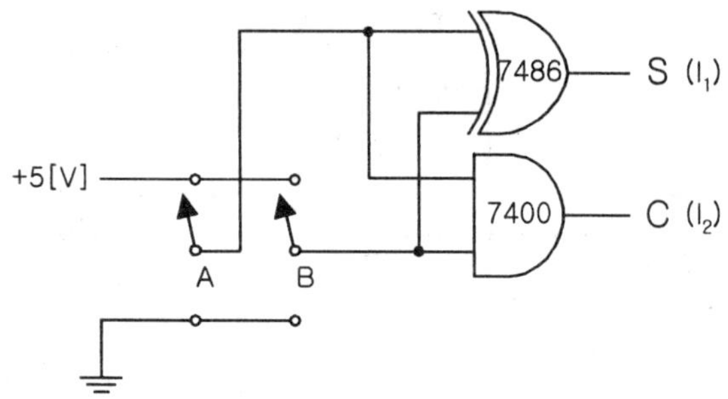

그림 1-11

표 1-1의 지시된 값으로 Sources SW_1, SW_2를 이용하여, 입력 A, B에 따른 출력 S(I_1)와 C(I_2)를 Indicators의 I_1, I_2를 사용하여 표를 완성하여라.

표 1-1

A	B	S(I_1)	C(I_2)
0	0		
0	1		
1	0		
1	1		

문제 2. 전 가산기 회로

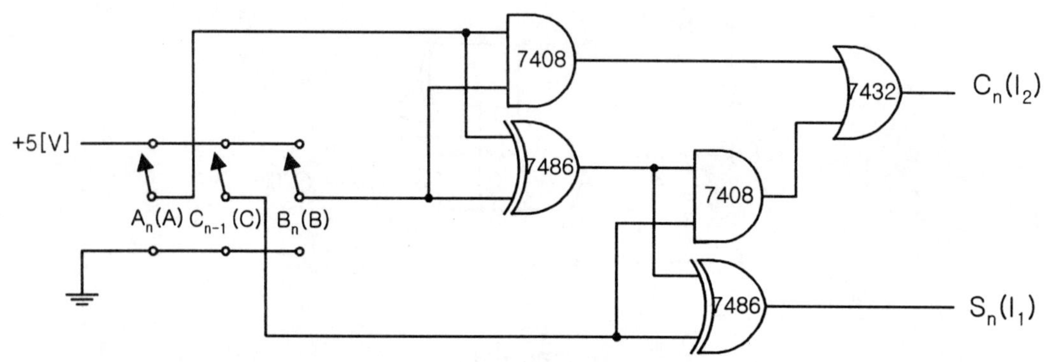

그림 1-12

표 1-2의 지시된 값으로 Sources SW_1, SW_2, SW_3을 이용하여, 입력 $A_n(A)$, $B_n(B)$, $C_{n-1}(C)$에 따른 출력 $S_n(I_1)$과 $C_n(I_2)$를 Indicators의 I_1, I_2를 사용하여 표를 완성하여라.

표 1-2

$A_n(A)$	$B_n(B)$	$C_{n-1}(C)$	$S_n(I_1)$	$C_n(I_2)$
1	1	1		
1	1	0		
1	0	1		
1	0	0		
0	1	1		
0	1	0		
0	0	1		
0	0	0		

문제 3. 반 감산기 회로

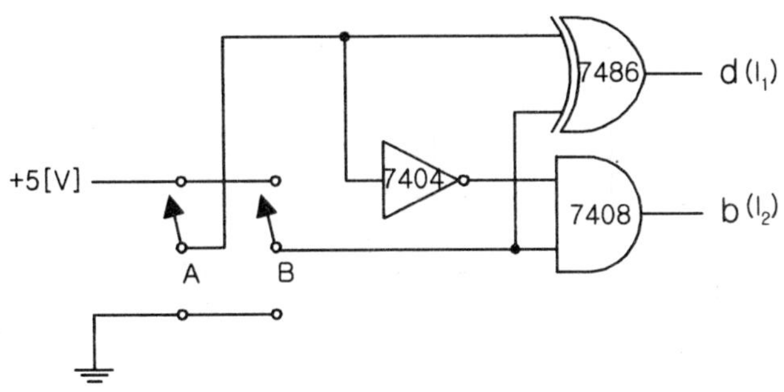

그림 1-13

표 1-3의 지시된 값으로 Sources SW_1, SW_2을 이용하여, 입력 A, B에 따른 출력 $d(I_1)$와 $b(I_2)$를 Indicators의 I_1, I_2를 사용하여 표를 완성하여라.

표 1-3

A	B	$d(I_1)$	$b(I_2)$
1	1		
1	0		
0	1		
0	0		

문제 4. 전 감산기 회로

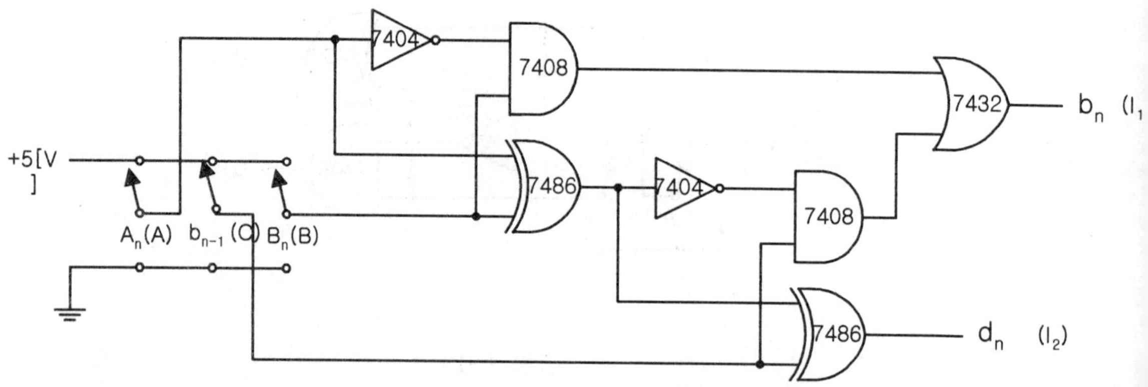

그림 1-14

표 1-4의 지시된 값으로 Sources SW_1, SW_2, SW_3을 이용하여, 입력 A_n(A), B_n(B), b_{n-1}(C)에 따른 출력 b_n(I_1)과 dn(I_2)를 Indicators의 I_1, I_2를 사용하여 표를 완성하여라.

표 1-4

A_n(A)	B_n(B)	b_{n-1}(C)	b_n(I_1)	d_n(I_2)
1	1	1		
1	1	0		
1	0	1		
1	0	0		
0	1	1		
0	1	0		
0	0	1		
0	0	0		

문제 5. 2-bit 병렬 2진 가산기 회로

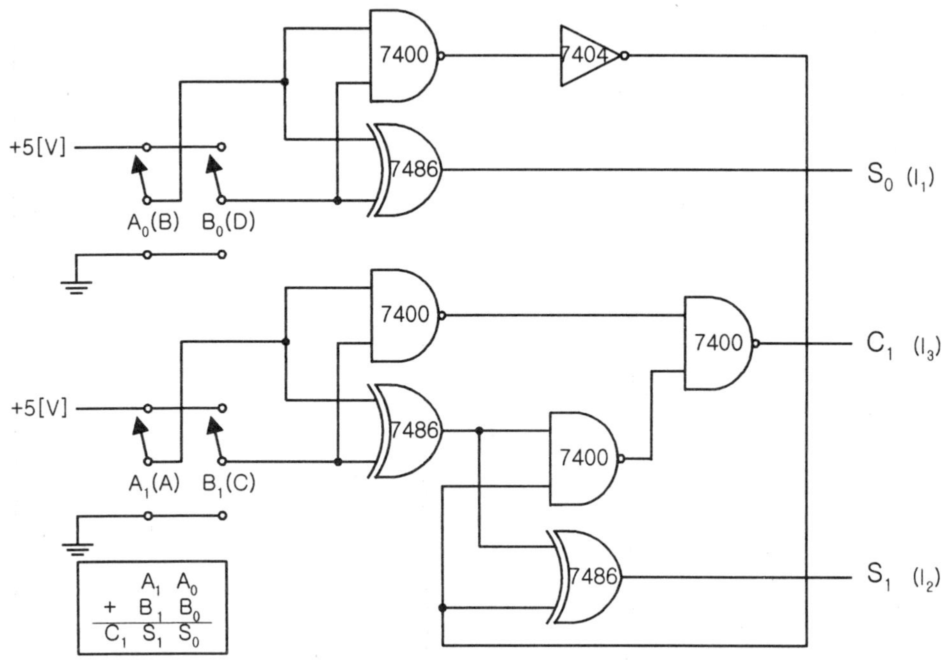

그림 1-15

표 1-5의 지시된 값으로 Sources SW_1, SW_2, SW_3, SW_4를 이용하여, 입력 A_1(A), A_0(B), B_1(C), B_0(D)에 따른 출력 $S_0(I_1)$, $S_1(I_2)$, $C_1(I_3)$를 Indicators의 I_1, I_2, I_3을 사용하여 표를 완성하여라.

표 1-5

$A_1(A)$	$A_0(B)$	$B_1(C)$	$B_0(D)$	$S_0(I_1)$	$S_1(I_2)$	$C_1(I_3)$
0	0	0	0			
0	0	0	1			
0	0	1	0			
0	0	1	1			
0	1	0	0			
0	1	0	1			
0	1	1	0			
0	1	1	1			
1	0	0	0			
1	0	0	1			
1	0	1	0			
1	0	1	1			
1	1	0	0			
1	1	0	1			
1	1	1	0			
1	1	1	1			

4-2 디코더와 인코더(Decoder and Encoder)

1) 디코더(Decoder)

디코더란 2진 부호와 같은 BCD코드를 부호가 없는 형태를 바꾸는 변환회로를 말한다.

흔히 사용되는 예로서 계산기에서 연산회로로부터 얻은 BCD코드를 다이오드를 이용하여 10개의 수치를 나타내는 표시기로 나타내는 장치를 들 수 있다.

디코더는 n개의 2진 정보를 2^n개의 서로 다른 정보로 바꾸는 조합회로이다. 입력 3개에서 출력 8개가 나오면 3×8 디코터라 하며, 최대 2n개의 출력항인 최소항(minterm)을 만들 수가 있으며, Table 2-1과 같이 A_n, B_n, C_{n-1}의 3개의 입력과 S_n의 경우 4개, C_n의 경우 4개를 합하면 8개의 최소항을 얻을 수 있어 3×8 디코더의 전 가산기를 설계하게 된다.

Table 2-1 전 가산기 진리표

10진수	A_n	B_n	C_{n-1}	S_n	C_n
0	0	0	0	0	0
1	0	0	1	①	0
2	0	1	0	①	0
3	0	1	1	0	①
4	1	0	0	①	0
5	1	0	1	0	①
6	1	1	0	0	①
7	1	1	1	①	①

$$S_n(A_n, B_n, C_{n-1}) = \sum(1,2,4,7)$$
$$C_n(A_n, B_n, C_{n-1}) = \sum(3,5,6,7)$$

이러한 3×8 전 가산기 디코더는 그림 2-1과 같다.

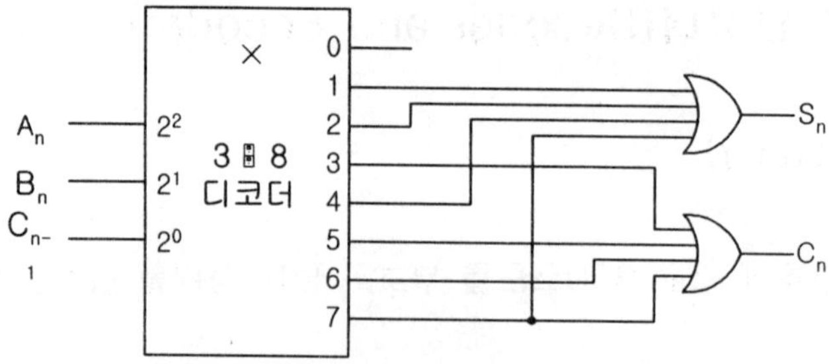

그림 2-1 3×8 전 가산기 디코더

그림 2-2는 가장 간단한 2×4 디코더 회로이며, 입력 A, B의 결합에 의하여 나타낼 수 있는 출력은 Table 2-2에 표시되고 있다.

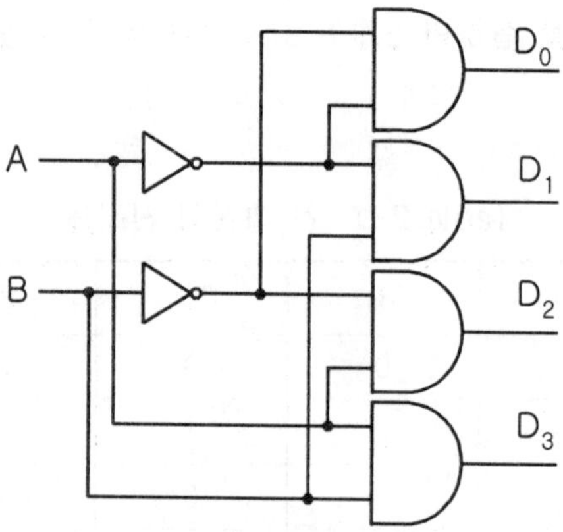

그림 2-2 2×4 디코더

Table 2-2

A	B	D_0	D_1	D_2	D_3
0	0	1	0	0	0
0	1	0	1	0	0
1	0	0	0	1	0
1	1	0	0	0	1

2) 인코더(Encoder)

인코더는 부호화되지 않은 입력을 받아서 부호화된 출력으로 내보내는 디코더와 상반된 역할을 하는 변환기 회로이다.

즉 최대 2^n개의 입력을 n개의 정보로 변환시키는 변환기이다.

인코더의 간단한 예로는 4×2 인코더로 그림 2-3과 같으며, 진리표는 Table 2-3과 같다.

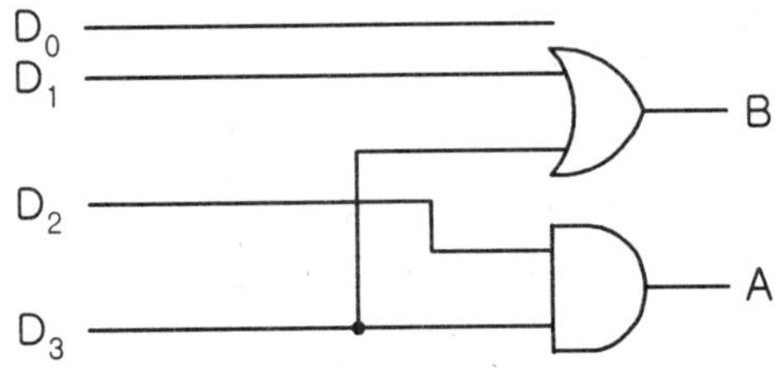

그림 2-3 4×2 인코더

Table 2-3

D_0	D_1	D_2	D_3	A	B
1	0	0	0	0	0
0	1	0	0	0	1
0	0	1	0	1	0
0	0	0	1	1	1

문제 1. 2×4 디코더(Decorder) 회로

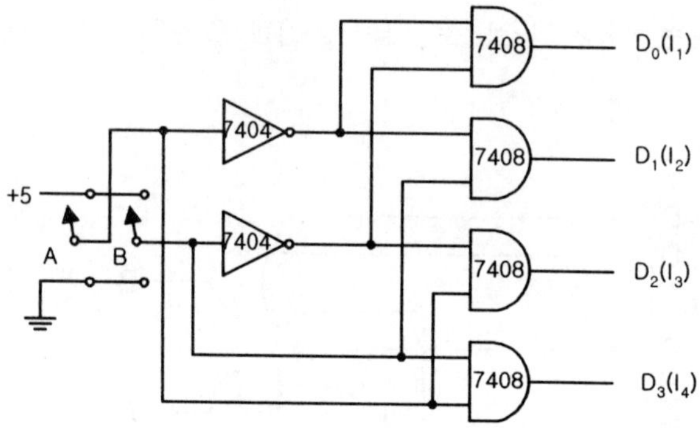

그림 2-4

표 2-1의 지시된 값으로 그림 2-4 SW_1, SW_2을 이용하여 A, B에 따른 출력을 $D_0(I)$, $D_1(I_2)$, $D_2(I_3)$, $D_4(I_4)$ 표에 기록하시오.

표 2-1

A	B	$D_0(I_1)$	$D_1(I_2)$	$D_2(I_3)$	$D_3(I_4)$
0	0				
0	1				
1	0				
1	1				

문제 2. 4×2 인코터(Encoder)

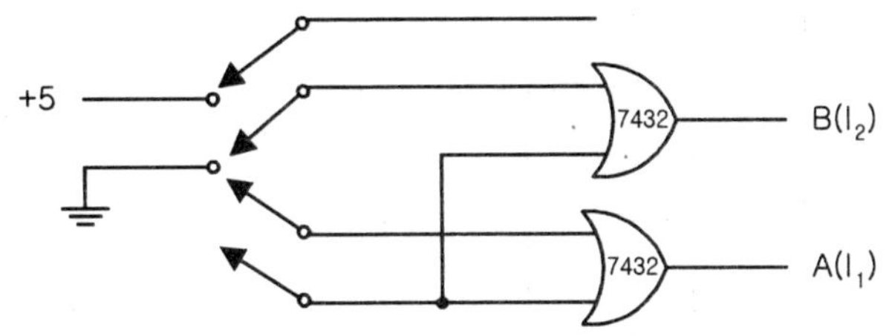

그림 2-5

표 2-2의 지시된 그림 2-5 SW_1, SW_2, SW_3, SW_4을 이용해서출력을 A(I_1), B(I_2) 측정하여 표에 기록하시오.

표 2-2

D_0(A)	D_1(A)	D_2(A)	D_3(A)	A(I_1)	A(I_2)
1	0	0	0		
0	1	0	0		
0	0	1	0		
0	0	0	1		

문제 3. 2진 변환 인코터(Encoder) 회로

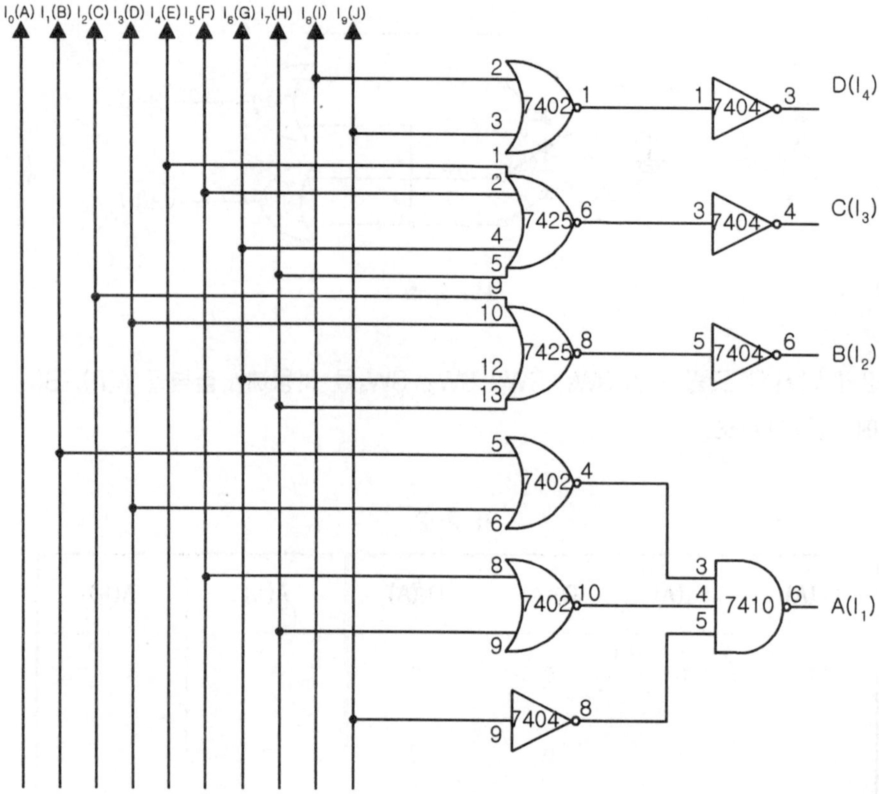

그림 2-6

표 2-3에 지시된 SW_1, SW_2, SW_3, SW_4, SW_5, SW_6, SW_7, SW_8, SW_9, SW_{10}을 이용해서 출력을 A(I_1), B(I_2), C(I_3), D(I_4) 측정하여 표 2-3에 기록하시오.

표 2-3

I_0(A)	I_1(B)	I_2(C)	I_3(D)	I_4(E)	I_5(F)	I_6(G)	I_7(H)	I_8(I)	I_9(J)	D(I_4)	C(I_3)	B(I_2)	A(I_1)
1	0	0	0	0	0	0	0	0	0				
0	1	0	0	0	0	0	0	0	0				
0	0	1	0	0	0	0	0	0	0				
0	0	0	1	0	0	0	0	0	0				
0	0	0	0	1	0	0	0	0	0				
0	0	0	0	0	1	0	0	0	0				
0	0	0	0	0	0	1	0	0	0				
0	0	0	0	0	0	0	1	0	0				
0	0	0	0	0	0	0	0	1	0				
0	0	0	0	0	0	0	0	0	1				

문제 4. 디코더와 인코더 결합회로

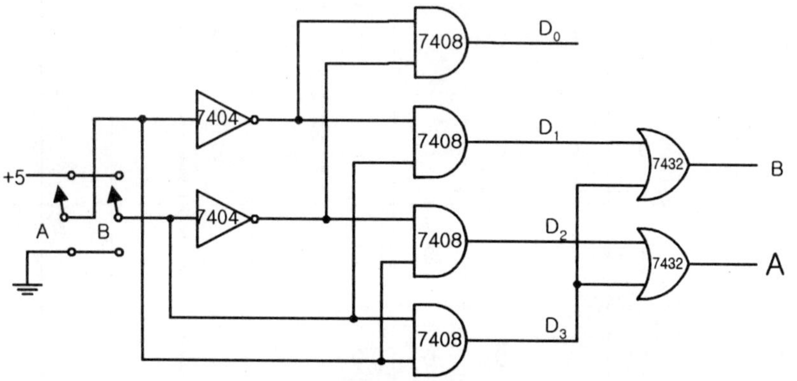

그림 2-7

표 2-4에 지시된 SW_1, SW_2을 이용해서, 입력 A, B에 따른 출력 $A(I_4)$, $B(I_5)$을 측정하여 표 2-4에 기록하시오

표 2-4

A	B	D_0	$D_1(I_1)$	$D_2(I_2)$	$D_3(I_3)$	$A(I_4)$	$B(I_5)$
0	0	1					
0	1	0					
1	0	0					
1	1	0					

4-3 7-segment decoder

1) 십진수의 표시

10진수 표시를 위한 대표적인 것이 BCD-to-7 Segment 디코더이다. 이것은 BCD로 나타내는 숫자신호를 7-Segment로 디코딩시킨 후 이를 해당 발광소자(LED)에 연결하여 10진수가 표시되도록 하는 장치이다. 7-Segment의 등가회로 및 표시방법을 그림 3-1에 타나내고 있다.

그림 3-1(a) 7-Segment의 형태를 참고로 하여 BCD코드를 10진수로 변환시키는 진리표를 나타내면 Table 3-1과 같다.

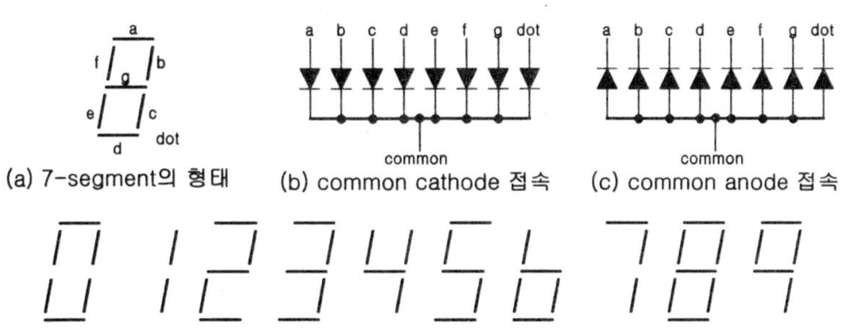

(a) 7-segment의 형태 (b) common cathode 접속 (c) common anode 접속

(c) 10진수의 표시방법

그림 3-1 7-Segment의 등가회로 및 표시방법

Table 3-1 BCD to 7-Segment 진리표

10진수	입력(BCD 코드)				출력(7-Segment)						
	A	B	C	D	a	b	c	d	e	f	g
0	0	0	0	0	1	1	1	1	1	1	0
1	0	0	0	1	0	1	1	0	0	0	0
2	0	0	1	0	1	1	0	1	1	0	1
3	0	0	1	1	1	1	1	1	0	0	1
4	0	1	0	0	0	1	1	0	0	1	1
5	0	1	0	1	1	0	1	1	0	1	1
6	0	1	1	0	0	0	1	1	1	1	1
7	0	1	1	1	1	1	1	0	0	0	0
8	1	0	0	0	1	1	1	1	1	1	1
9	1	0	0	1	1	1	1	0	0	1	1

이와 같은 진리표를 이용하여 카르나도(Karnaugh Map)법에 의한 출력 a, b, c, d e, f, g를 집적회로를 구성하여 표시할 수도 있고, TTL 7447을 사용하여 BCD 입력을 출력(a, b, c, d, e, f, g)을 뽑아 7-Segment에 연결할 수도 있는데 이와 같이 조합회로가 집적되어 하나의 소자가 감당하는 것은 MSI라고 한다.

카르나도법에 의하여 BCD 입력을 7-Segment 중 a와 b만 출력으로 나타내면 다음과 같다.

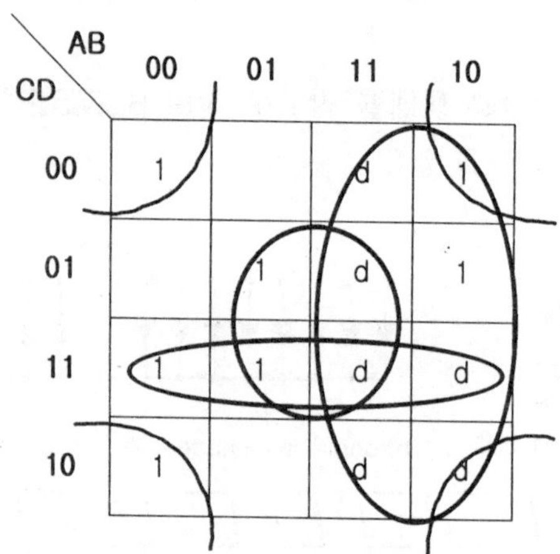

$$a = A + B\,D + \overline{B}\,\overline{D} + C\,D$$

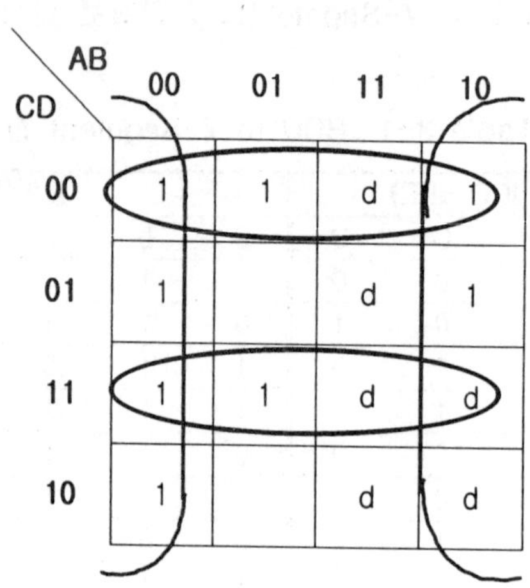

$$b = \overline{B} + C\,D + \overline{C}\,\overline{D}$$

이렇게 하여 출력 a, b, c, d, e, f, g를 A, B, C, D로 나타내면 조합회로가 된다.

7-Segment에 사용되는 LED는 저항을 직렬로 연결하여 전류를 흘려주면 발광한다. 시판되는 LED 수치표시기에는 그림 3-1(b)와 같이 Common Cathode(K형)를 공동으로 하여 GND에 연결하고 ON시키고자 하는 편에 "1"을, 그 외에 "0"을 걸어 주고, 그림 3-1(c)와 같이 Common Ande(A형)을 공동으로 하여 VOC에 연결하고 ON시키고자 하는 편에 "0"(즉 GND)을, 그 외에는 "1"(V_{CC})을 걸어 주도록 되어 있다.

FND 507는 A형, FND 500은 K형이다. 또 BCD to 7-Segment 중에서 7446, 7447은 A형을 위한 것이고, 7448, 7449는 K형을 위한 것이다.

4-4 멀티플렉서와 디멀티플렉서 (Multiplexer and Demultiplexer)

1) 멀티플렉서(Multiplexer)

멀티플렉서란 여러 개의 데이터 입력을 적은 수의 채널이나 선들을 통하여 전송하는 전송기이다.

디지털 멀티플렉서는 많은 입력선들 중에서 하나를 선택하여 출력선에 연결하는 조합회로이다. 정상적인 경우 2^n개의 입력선과 n개의 선택선으로 되고 n개의 선택선의 비트 조합에 따라서 입력 중 어느 하나가 선택된다.

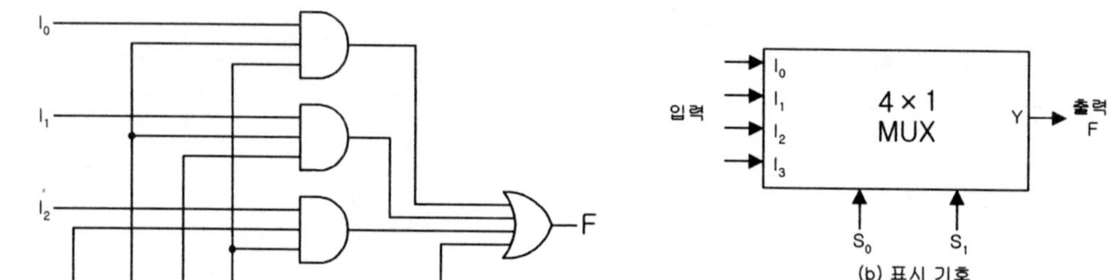

S_1	S_0	F
0	0	I_0
0	1	I_1
1	0	I_2
1	1	I3

(c)함수표

그림 4-1 멀티 플렉서

멀티플렉서는 많은 입력들 중 하나를 선택하여 선택된 입력선의 2진 정보를 출력선에 넘겨주기 때문에 데이터 선택기(Data Selector)라고도 한다.

그림 4-1은 4×1멀티플렉서를 보인 것으로 입력 Data I_0~I_3 중에서 선택선 S_0, S_1에 의해서 지정되는 데이터 하나만 출력 데이터 F로 선택된다. 이 때 S_0, S_1을 선택신호라 한다.

2) 멀티플렉서를 이용한 부울 함수의 실현 과정

먼저 함수들을 최소항(Minterm)의 합으로 표현한다. 최고항에 대하여 선택된 변수들의 순서가 A B C D .... 라 가정한다. 여기서 A는 n변수들의 순서에서 가장 왼쪽에 있는 변수이며, B C D .... 는 남은 n-1 변수들이다.

n-1개의 변수를 선택선에 연결한다. 이 때 B는 가장 순서가 높은 선택선에 연결되고 C는 그 다음의 선택선에 연결된다. 마지막 변수는 가장 낮은 선택선 S_0에 연결된다. 먼저 변수 A를 생각하면 순서대로 정렬된 변수들 중에서 가장 순서가 높은 변수이므로 최소항들의 목록 중 처음 절반은 A'를 가지며 나머지 절반은 A를 가진다.

3개의 변수 A, B, C 경우 8개의 민텀을 갖는데 변수 A는 최소항(minterm) 0부터 3까지에서 보수로 표현되고, 최소항 4부터 7까지는 그대로 표시된다. 멀티플렉서의 입력들을 목록으로 작성하고 그 입력들 아랫쪽 두 항에 모든 최소항들을 첫째 행부터 써넣는다.

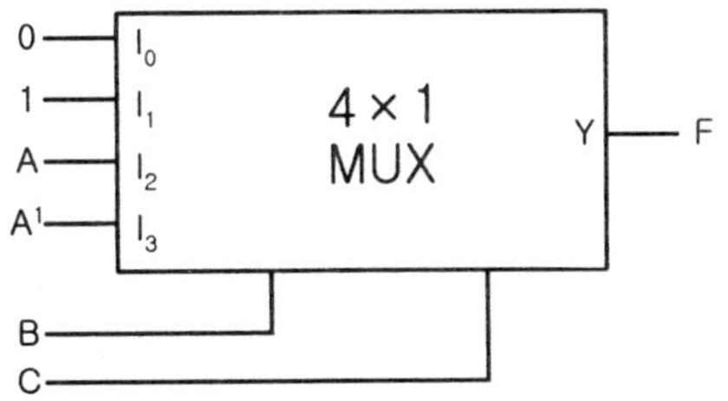

(a)

최소항	A	B	C	F
0	0	0	0	0
1	0	0	1	1
2	0	1	0	0
3	0	1	1	1
4	1	0	0	0
5	1	0	1	1
6	1	1	0	1
7	1	1	1	0

(b)

입력단 변수	I_0	I_1	I_2	I_3
A'	0	①	2	③
A	4	⑤	⑥	7
	0	1	A	A'

(c)

그림 4-2 (a) 멀티플렉서 실현 (b) 진리표 (c) 실현표

그림 4-2(c)처럼 첫째 행에 있는 최소항들은 원래 진리표에서 생각해 보면 A'를 가지며 두 번째 행에 있는 최소항들은 A를 가진다. 함수에 포함되어 있는 최소항들은 전부 원으로 둘러싼 뒤, 각 행을 개별적으로 살펴본다.

만일 열에 속하는 두 최소항들이 둘다 원으로 싸여 있지 않다면 대응되는 MUX입력은 0이 된다. 만일 열에 속하는 두 최소항들이 모두 원으로 둘러 싸여 있다면 그 열에 대응되는 MUX입력은 1이 된다. 만일 열의 위쪽 최소항만 원으로 둘러 싸여 있다면 대응되는 MUX입력은 A'가 된다.

$$F(A,B,C)=\Sigma(0,1,3,5,6) \qquad (4-1)$$

식 (4-1)로부터 그림 4-2(a)의 멀티플렉서 접속관계를 얻을 수 있다. 이 때, B와 C는 각각 S_1과 S_0에 연결되어져야만 한다. 변수들을 순서대로 정리했을 때 MUX입력들을 위해 특별히 가장 왼쪽에 있는 변수를 선택할 필요는 없다. 사실 실현표를 수정한다면 변수들 중에서 임의로 한 변수를 택하여 MUX입력으로 사용할 수 있다.

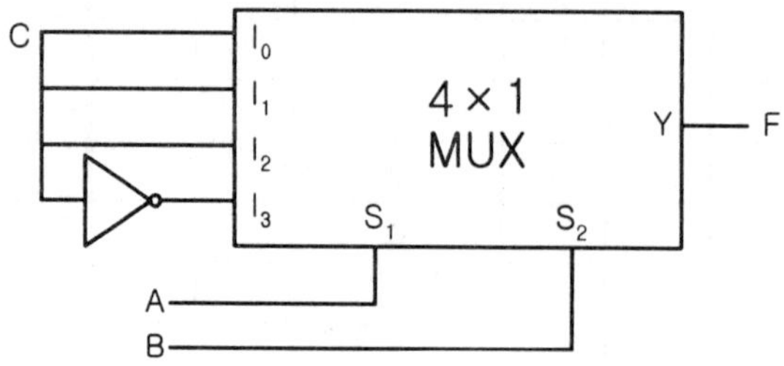

(a)

입력단 / 변 수	I_0	I_1	I_2	I_3
C'	0	2	4	⑥
C	①	③	⑤	7
	ⓒ	ⓒ	ⓒ	ⓒ'

(b)

그림 4-3 (a) 멀티플렉서 실현 (b) 실현표

입력변수는 C, 선택선을 A, B를 써서 멀티플렉서를 구성하고자 할 때 선택선 S_1과 S_0에 대하여 A, B를 선택한다. 이 경우 두 최소항 행의 배열은 그림 4-3(b)와 같다.

함수로 구성하는 최소항들을 원으로 둘러싼 뒤 앞서 설명한 것과 같이 실현표에 대한 그림 4-3(a)와 같은 MUX실현을 얻게 된다. 같은 방법으로 변수들 중 다른 변수를 선택하여 MUX 입력으로 사용할 수 있다. 그러나 어떤 경우에도 하나를 제외한 모든 입력변수들을 선택선에 쓰이고 나머지 하나의 변수와 그 변수의 보수 또는 1과 0은 MUX입력에 쓰인다.

멀티플렉서를 써서 식 4-1과 같은 부울 함수를 실현하여 보자.

식 4-1과 같이 4개의 변수들로 구성된 함수에서는 3개의 선택선과 8개의 입력선을 MUX가 필요하다. 변수 B, C, D를 선택선으로 선택했을 때 그림 4-4(a)와 같은 멀티플렉서 실현을 얻게 된다. 최소항의 처음 절반은 A'와 관련되고 나머지 절반은 A와 관련된다.

함수에 포함되는 최소항들을 원으로 둘러싼 뒤 앞에서 논했던 것과 같은 방법으로 멀티플렉서 입력들에 대한 값을 선택하면 그림 4-4(b)와 같은 실현표를 얻게 된다.

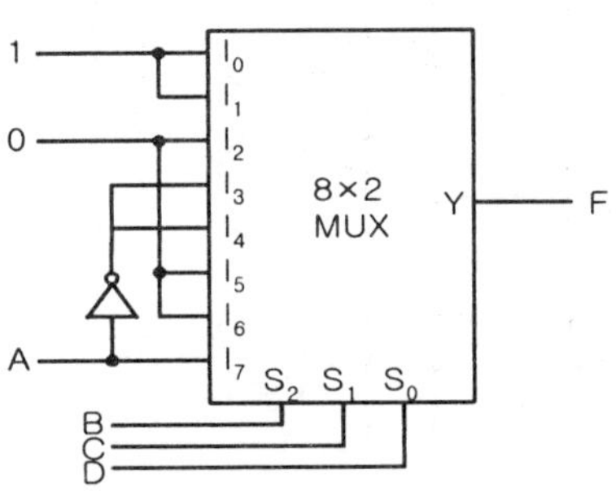

(a)

입력단 \ 변 수	I_0	I_1	I_2	I_3	I_4	I_5	I_6	I_7
A'	⓪	①	2	③	④	5	6	7
A	⑧	⑨	10	11	12	13	14	⑮
	1	1	0	A'	A'	0	0	A

(b)

그림 4-4 (a) 멀티플렉서 실현 (b) 실현표

$$F(A,B,C,D)=\Sigma(0,1,3,4,8,9,15)$$

3) 멀티플렉서를 이용한 논리회로

그림 4-5(a)와 같이 I_0, I_1, I_2, I_3의 신호를 선택선 A, B의 지시에 의하여 1개만 선택하여 전송하는 경우를 보면 동작선(strobe input) S=1인 경우는 어떠한 데이터도 선택할 수 없다.

S=0이고 A=0, B=0인 경우는 ID를, A=0, B=1인 경우는 I_1을 A=1, B=0인 경우는 I_2를, A=1, B=1인 경우는 I_3를 선택하게 된다. 따라서 그림 4-5(a) 회로의 논리식은 식 4-1과 같다.

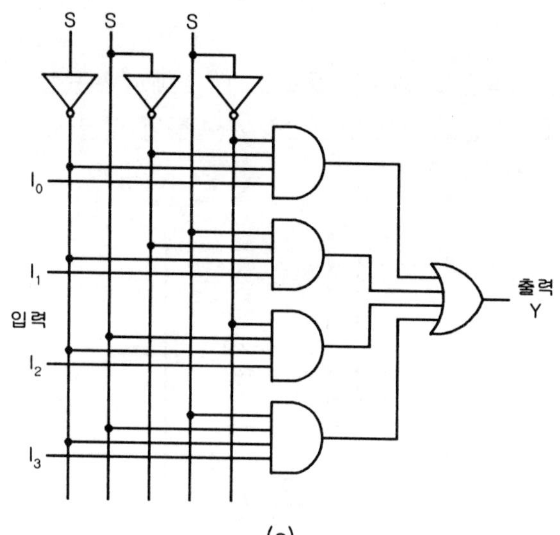

(a)

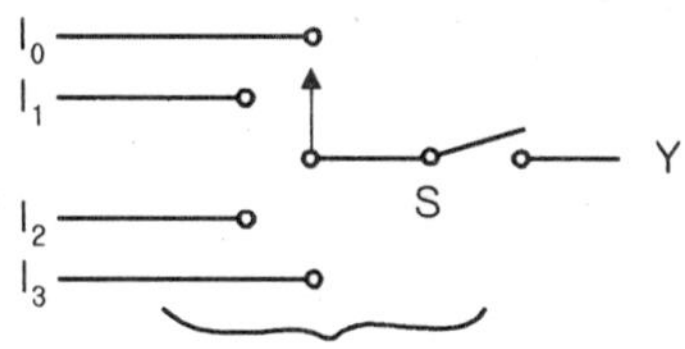

(b) 선택스위치(Selector Switch)

그림 4-5 멀티플렉서를 이용한 논리회로 및 등가 스위치 회로

그림 4-5(b)는 멀티플렉서의 동작을 쉽게 이해할 수 있도록 스위치로 표시한 것이다.

한편 멀티플렉서는 데이터 통신 시스템에서 특정의 데이터를 선정하기 위하여 사용할 수도 있으며 다수의 RAN(random access memory)이나 ROM(read only memory)을 이용할 경우 이들의 선택을 위하여 이용되기도 하며, 이것을 이용하여 논리회로의 합성도 가능하다.

논리식을 그림 4-5(a)와 같이 멀티플렉서로 구성할 경우 식(4-1)을 얻게 된다. 따라서 그림 4-6과 같은 멀티플렉서에 의한 Exclusive OR 회로를 구성할 수 있다.

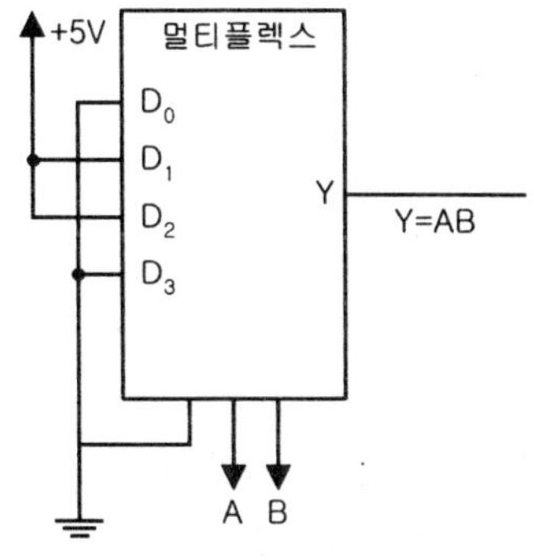

그림 4-6 멀티플렉서에 의한 Exclusive OR

4) 디코더와 멀티플렉서로의 전용

멀티플렉서 AND 게이트들과 인버터들은 디코더 회로와 비슷하며, 실제로 입력 선택선들을 해독한다. 일반적으로 n×2n디코더에서 각 디코더의 AND 게이트에 1개의 입력을 추가하여 전체적으로 디코더에 2n개의 입력선을 덧붙이고, 또 모든 AND 게이트들의 출력들을 1개의 OR게이트 입력에 적용하면 n×2n디코더는 2n×1멀티플렉서가 된다.

여기서도 n개의 선택선이 포함되어 있음을 의미한다. 멀티플렉서의 크기는 입력선과 출력선의 개수에 의해 결정되며 또 멀티플렉서는 n개의 선택을 가지고 있다. 멀티플렉서는 약어로 MUX라고 표현한다.

멀티플렉서 IC들도 디코더처럼 회로동작을 제어하는 인에이블 입력을 가질 수 있다. 인에이블입력이 인에이블 상태일 때만 회로가 정상적인 멀티플렉서 역할을 한다.

인에이블 입력은 2개 이상의 멀티플렉서 IC를 확장하여 많은 입력들을 가지는 디지털 멀티플렉서로 만드는데 사용할 수 있다. 2개 이상의 MUX들이 1개의 IC내에 포함될 수 있다.

이 때 선택선과 인에이블 입력들은 모두 다중 멀티플렉서 장치 IC들에 공통으로 들어가 있다.

예를 들어 4개로 된 21 MUX(quadruple 2-line to 1-line or quadruple 2-chanal to 1-channel) IC가 그림 4-7에 들어 있다. 그것은 4개의 멀티플렉서로 구성되며 각 멀티플렉서의 두입력선 중 하나가 선택된다.

출력 Y_i는 A_i나 B_i 중 선택된 것과 동일하다. 하나의 선택선 S는 4개의 MUX에 공통으로 들어 있다. 제어입력 E가 0이면 모든 멀티플렉서는 인에이블되고, E가 1이면 멀티플렉서는 모두 디스에이블된다. 이 회로가 4개의 멀티플렉서를 포함한다고 하더라도 이 회로를 각각 4개의 입력선으로 이루어진 두 입력 집합 중 하나를 선택하는 회로로 간주할 수 있다.

함수표에서와 같이 E=1이면 S의 값에 무관하게 출력들은 전부 0이 되고 E=0일 때만 회로가 동작한다. E=0에서, S=0이면 4개의 A입력이 출력에 나타나고, S=1이면 4개의 B입력이 출력에 서 나타난다. 멀티플렉서는 매우 유용한 MSI함수이며 다방면에 응용되고 있다.

그것은 컴퓨터 시스템에서 2개 및 그 이상의 출발원들을 하나의 행선점에 연결시키는데 사용되며 또한 공통적으로 사용되는 버스 시스템을 구성하는 데도 유용하다.

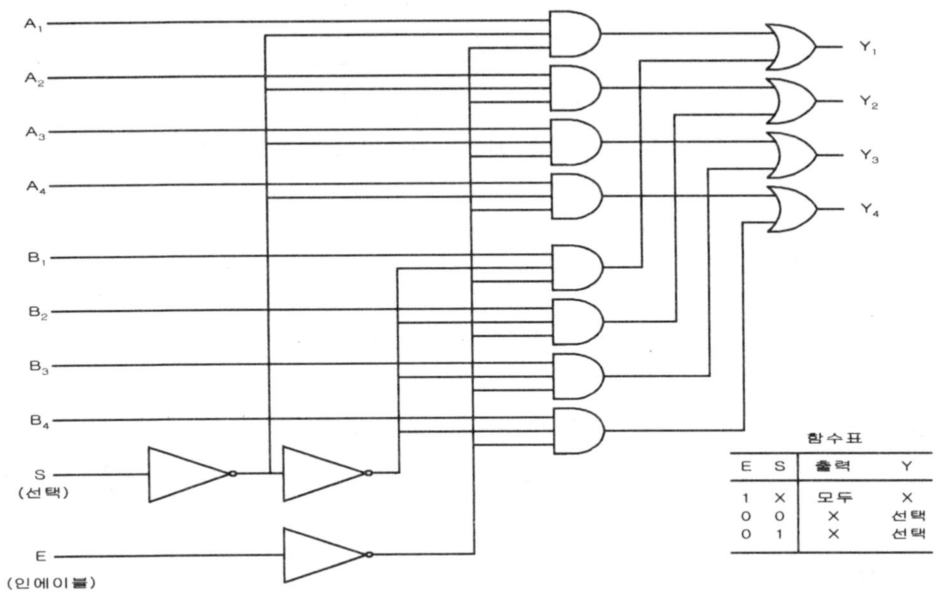

함수표

E	S	출력	Y
1	×	모두	×
0	0	×	선택
0	1	×	선택

그림 4-7 4bit 21 멀티플렉서

MUX의 응용은 응용회로에서 다룰 것이고 여기서는 일반적인 성질과 임의의 부울 함수를 실현하는데 멀티플렉서를 사용할 수 있음을 보이겠다.

5) 디멀티플렉서(Demultiplexer)

디멀티플렉서는 멀티플렉서와는 반대의 동작을 하는 장치로서, 일명 데이터 분배기(Data Distributor)라고도 한다. 이것은 하나의 신호를 다수의 출력 중의 하나로 보내는 기능을 갖는 장치로서 그림 4-8과 같은 단극, 다스위치와 같은 동작을 한다. 스위치 와이퍼의 위치에 따라 4개의 가능한 채널 중에서 하나를 선택할 수 있다.

출력이 선택되면 입력이 그대로 출력으로 전달된다.

이것은 스위치의 와이퍼를 수동적으로 움직여서 원하는 출력 채널을 선택하는 예이지만 좀더 구체적이고 복잡한 경우를 생각해 보자. 보다 구체적으로 설명하면 하나의 입력선에 들어오는 신호를 n개의 선택신호에 의해 지정이 되는 2n개의 출력선 중 하나로 내보내진다.

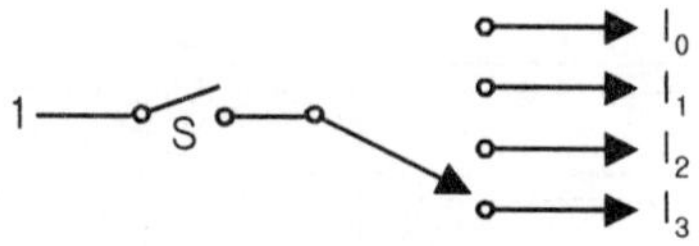

그림 4-8 스위치를 사용한 4채널 디멀티플렉서

디멀티플렉서는 디코더(복호기)와 밀접한 관계가 있다. 즉 인에이블 기능이 있는 디코더에서 인에이블선을 입력선으로 쓰고 원래의 입력선들에 의한 선택신호를 넣도록 개조하면 디멀티플렉서가 된다. 예를 들어 그림 4-9에 2×4디코더와 진리표가 주어져 있다.

이 때 E를 입력 Y로 A, B를 각각 선택신호 S_0, S_1으로 바꾸어도 진리표는 변함없다. 그러므로 그림 4-9(c)에 보인 2×4 디코더는 그대로 그림 (d)에 보인 1×4 디멀티플렉서가 된다.

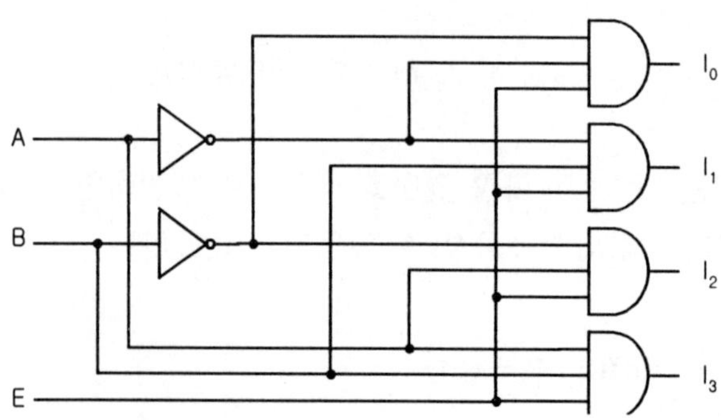

(a)

E(Y)	A(S_0)	B(S_1)	I_0	I_1	I_2	I_3
0	×	×	0	0	0	0
1	0	0	1	0	0	0
	0	1	0	1	0	0
	1	0	0	0	1	0
	1	1	0	0	0	0

(b)

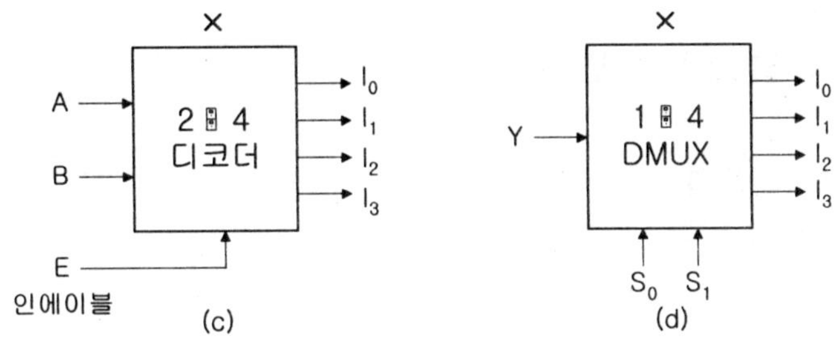

그림 4-9 1×4 디멀티플렉서 (a) 2×4 디코더 (b) 진리표
(c) 디코더 기호 (d) 디멀티플렉서 기호

문제 1. 4×1 멀티플렉서

표 4-1과 같이 컨트롤 입력 S(D_5), A(D_6), B(D_7)의 값에 따라 데이터 입력 I_0(D_1), I_1(D_2), I_2(D_3) 중 어느 입력이 출력에 전달되는 지를 "O"과 "×"로 표시하라.

각 데이터 입력들은 각각 Low에 High, High에서 Low로 변화시킬 때 나머지 데이터 입력은 항상 접지상태 상태로 놓고 실험하여야 한다.

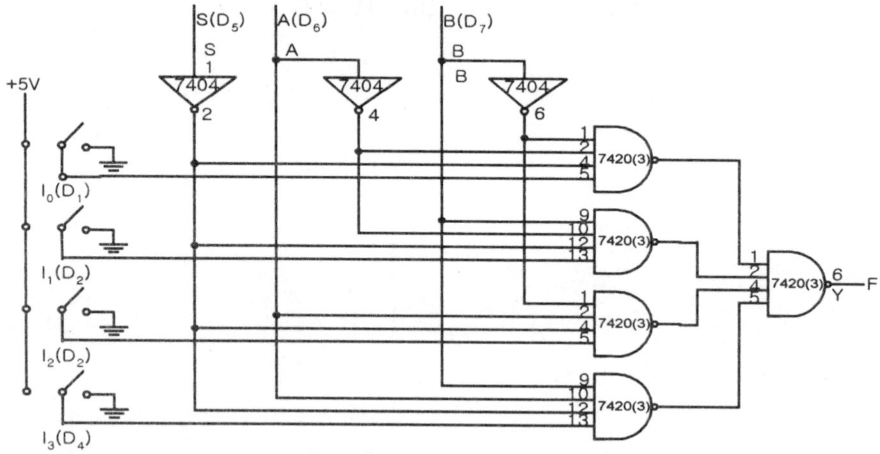

그림 4-10

표 4-1

컨트롤 입력			데이터 입력			
S(D_5)	A(D_6)	B(D_7)	I_0(D_1)	I_1(D_2)	I_2(D_3)	I_3(D_4)
0	0	0				
0	0	1				
0	1	0				
0	1	1				
1	0	0				
1	0	1				
1	1	0				
1	1	1				

※ 출력 F는 Indicators "A"에 결선하고 데이터 입력 중 어느 하나를 Low에서 High로, High에서 Low로 변화시키면 출력 F에 연결된 "A"측 LED가 데이터 입력 변화에 따라 High가 되거나 Low로 된다.

문제 2. 4×1 멀티플렉서의 응용

그림 4-11의 4×1 멀티플렉서 회로를 구성하여 두 입력 A(D_6), B(D_7)의 변화에 따른 출력 F를 측정하여 표 4-2를 완성하여라.

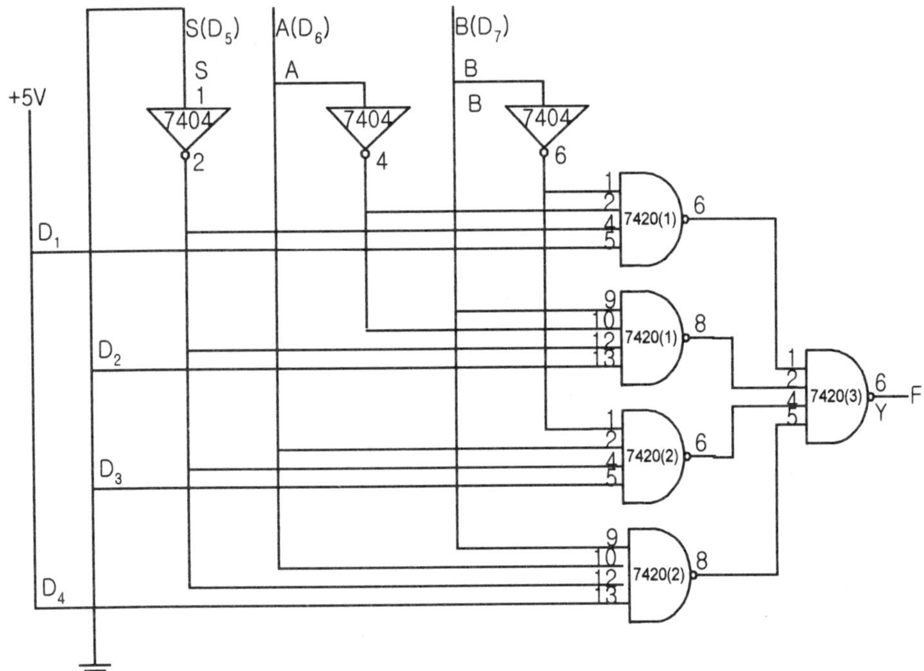

그림 4-11

표 4-2

A	B	F
0	0	
0	1	
1	0	
1	1	

제 5 장 순차논리 회로

5-1 RS 래치와 D 래치(RS-Latch and D-Latch)

1) RS 래치(RS-Latch)

1.1 NOR 게이트를 사용한 기본적인 RS 래치 (Basic RS-Latch Using NOR Gates)

그림 1-1과 같이 2개의 입력을 가진 한 쌍의 NOR 게이트로 구성되며 입력단자 R는 Reset, S는 Set의 첫 글자를 딴 것으로, 출력을 각각 Q와 $\overline{Q}$라고 표시한다.

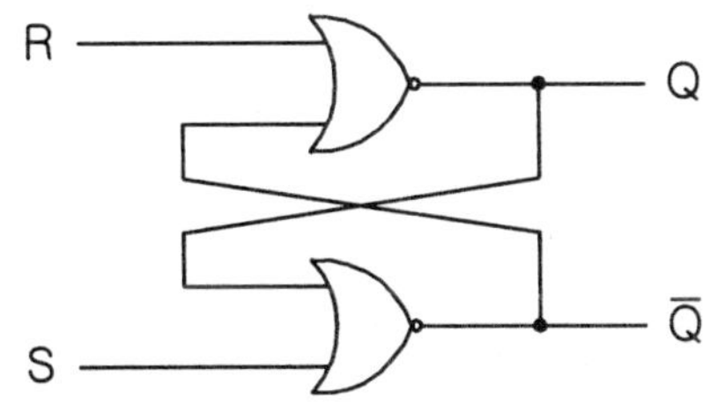

그림 1-1 NOR 게이트를 사용한 기본적인 RS 래치

한편, Q=1, $\overline{Q}$=0일 때를 Set상태, Q=0, $\overline{Q}$=1일 때를 Reset상태라고 정의한다. 이때 R과 S의 입력에 0 또는 1을 가하면 출력 Q 또는 $\overline{Q}$를 얻게 되는데 NOR 게이트는 OR 게이트에 NOT 게이트를 직결한 것과 같으므로 OR 게이트로 보고 입력 R 또는 S에 1을 가하면 출력이 1이 되고 NOR 게이트는 이와 반대로 0이 되므로 쉽게 출력의 결과를 얻을 수 있다.

R=0, S=1의 입력을 가하면 Q=1, $\overline{Q}$=0으로 Set 상태가 되고 이와 반대로 R=1, S=0

이면 Q=0, $\overline{Q}$=1이 되어 Rest상태가 된다. 한편, Set 상태의 입력 즉 R=0, S=1에서 R=0, S=0이 되면 바로 전 상태인 Set로 그 상태를 그대로 유지하므로 이를 불변이라 하고, 그 반대인 경우도 마찬가지가 된다. 또 R=1, S=1이면 Q=0, $\overline{Q}$=0이 되어 플립플롭의 정의에 어긋난다. 즉 플립플롭이란 Q=1이면 $\overline{Q}$=0이고, Q=0이면 $\overline{Q}$=1이 되어야 한다. 따라서 Q = $\overline{Q}$ = 0이거나 Q = $\overline{Q}$ = 1일 때를 부정이라고 정의한다.

이와 같은 동작상태를 Table 1-1에 나타내고 있는데 이 표를 진리표(Truth Table) 또는 진리치표(Truth Value Table)라고 한다.

Table 1-1 NOR 게이트형 RS 래치 진리표

R	S	동작상태(Q)
0	0	불　변
0	1	Set(Q=1)
1	0	Reset(Q=0)
1	1	부　정

1.2 NAND 게이트를 사용한 기본적인 RS 래치 (Basic RS-Latch Using NAND Gates)

그림 1-2와 같이 2개의 입력을 가진 한 쌍의 NAND 게이트로 구성된 가장 간단한 RS 래치이다.

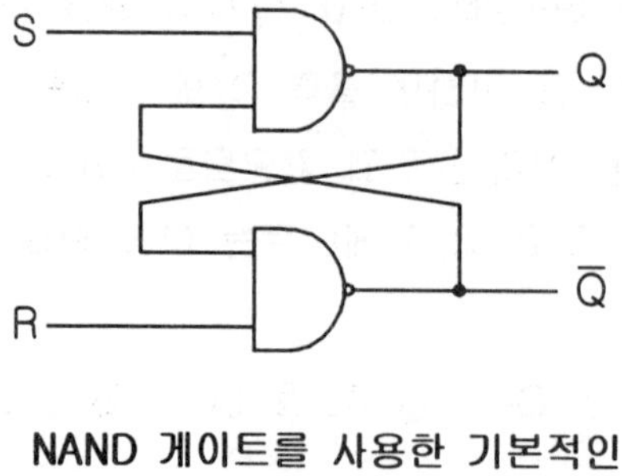

그림 1-2 NAND 게이트를 사용한 기본적인 RS 래치

동작상태를 살펴보면 R과 S의 입력에 0 또는 1을 가하면 출력 Q 또는 $\overline{Q}$를 얻게 되는데 이 때 NAND 게이트는 AND 게이트에 NOT 게이트를 직결한 것과 같으므로 AND 게이트로 보고 입력 R 또는 S에 0이 가해지면 무조건 0이므로 NAND 게이트는 그 반대인 1이 된다. 따라서 출력의 상태를 쉽게 추정할 수 있다. R=0, S=1의 입력을 가하면 Q=0, $\overline{Q}$=1로 Reset상태가 되고 이와 반대로 R=1, S=0이면 Q=1, $\overline{Q}$=0이 되어 Set 상태가 된다.

한편 Set 상태의 입력 즉 R=1, S=0이면 R=1, S=1이 되면 바로 전 상태인 Set 그 상태로 유지하므로 이를 불변이라고 하고, 그 반대의 경우도 마찬가지가 된다.

또 R=0, S=0이면 Q=1, $\overline{Q}$=1이 되어 부정이 된다. 이와 같은 동작상태를 나타낸 진리표는 Table 1-2와 같다.

Table 1-2 NAND 게이트형 RS 래치 진리표

R	S	동작상태(Q)
0	0	부 정
0	1	Reset(Q=0)
1	0	Set(Q=1)
1	1	불 변

Table 1-2에서 알 수 있는 바와 같이 NOR 게이트형과 NAND 게이트형 RS 래치의 동작상태는 서로 반대가 됨을 유의해야 한다.

2) D 래치(D-Latch)

D 래치의 D는 Data Transfer 또는 Delay라는 의미에서 첫 글자 D를 대표한 것이고, 래치(Latch)는 버팀 또는 빗장이라는 뜻이다.

D 래치를 구성하는 구성도는 RS 또는 JK로도 가능하다. 보다 구체적인 것은 다음 단원에서 다루기로 하고 기본적인 RS 구성 D 래치만 설명하기로 한다.

그림 1-3은 NOR 게이트로 구성된 D 래치를 나타낸 것이다. 이 D 래치는 입력상태가 그대로 출력에 전달된다.

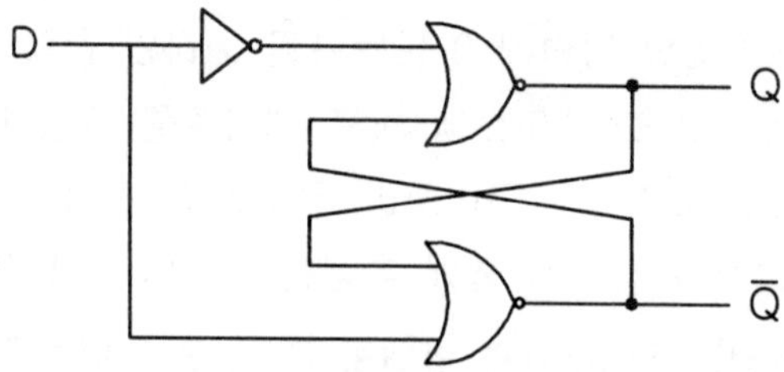

그림 1-3 NOR 게이트로 구성된 D 래치

즉 D=0이면, Q=0이고, D=1이면 Q도 1이 된다. 그리고 NAND 게이트로도 D 래치를 구성할 수 있다. 한편 D 래치의 진리표는 Table 1-3과 같다.

Table 1-3 D 래치 진리표

D	동작상태(Q)
0	Reset(Q=0)
1	Set(Q=1)

지금까지 고찰해 본 것은 클록(Clock) 입력이 부착되지 않은 기본형에 대한 이론을 설명하였으나 실제로 클록 입력은 인에이블(Enable)에 해당되는 것으로 1인 한 상태를 바꿀 수 있다.

따라서 래치는 어떤 입력 레벨에 의해서 제어되는데 이 경우에는 게이트 입력이 된다. 반면 플립플롭은 클록 입력이라고 부르는 트리거 신호의 천이(switching)에 의해서 제어된다.

3) 클록이 부착된 RS 및 D 래치(Clocked RS & D-Latch)

클록이 부착된 래치는 앞서 다룬 RS 래치와 D 래치에서 클록만 부착시킨 것으로 그림 1-4와 같다.

그림 1-4(a)에서 NOR 게이트로 클록이 부착된 RS-Latch를 구성했으며 이것을 NAND 게이트로도 구성할 수 있다.

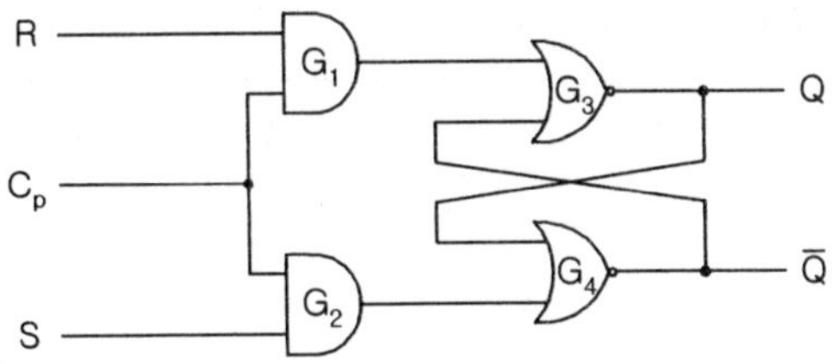

(a) 클록이 부착된 RS-Latch

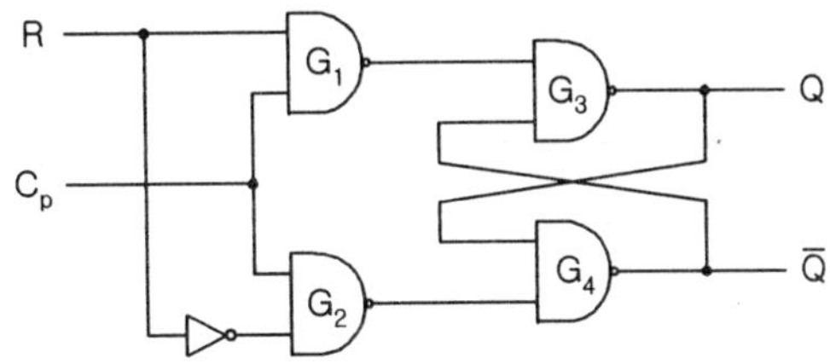

(b) 클록이 부착된 D-Latch

그림 1-4 클록이 부착된 RS 및 D 래치

앞단의 G_1과 G_2를 스티어링 게이트(steering gates)라고 하며, NOR로 구성될 때는 이 스티어링 게이트는 AND 게이트로 구성되며 NAND 게이트로 구성할 때는 스티어링 게이트도 역시 NAND 게이트로 구성한다는 것을 익혀 두어야 한다.

한편 그림 1-4(b)는 NAND 게이트로 클록이 부착된 D 래치를 보이고 있다. 이 때 동작상태를 살펴보면 클록이 0일 때는 입력신호에 관계없이 출력은 전 상태를 그대로 유지하는 불변에 해당되고 C_p=1일 때만 인에이블(Enable)이 되어 입력에 따라 출력이 변한다.

이것을 Table 1-4와 1-5에 나타내고 있다.

Table 1-4 클록부 RS-Latch 진리표

C_p	R	S	Q_{t+1}
0	∅	∅	Q_t
①	0	0	Q_t
	0	1	1
	1	0	0
	1	1	부정

Table 1-5 클록부 D-Latch 진리표

C_p	D	Q_{t+1}
0	Ø	Q_t
	0	0
1	1	1

Table 1-4와 Table 1-5에서 C_p는 클록 펄스를 의미하고, Ø는 don't care를 뜻한다. 즉 입력 R, S에 어떤 레베를 가하든 무관하다는 것을 나타내고 있으며 출력 Q_{t+1}은 R, S 입력을 가한 후의 출력을 의미하므로 Q_t는 전 상태를 말한다.

문제 1. NOR 게이트를 이용한 RS-Latch 회로

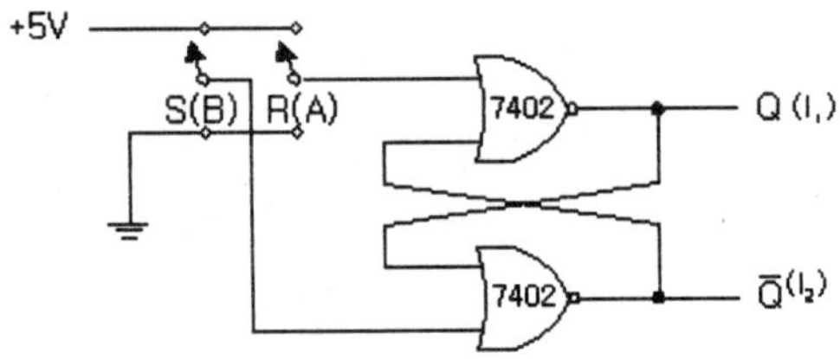

그림 1-5

그림 1-5와 같이 회로를 구성하였으면 NOR 게이트를 이용한 RS-Latch 회로의 입력 R(A), S(B)의 슬라이드 SW을 변화시켜 구한 출력을 표 1-1에 완성하시오.

표 1-1

R(A)	S(B)	$Q(I_1)$	$Q'(I_2)$
0	1		
0	0		
1	0		
0	0		
1	1		

문제 2. NAND 게이트를 이용한 RS-Latch 회로

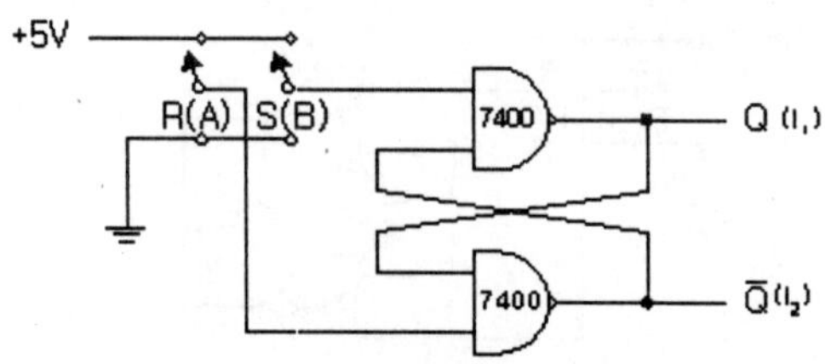

그림 1-6

그림 1-6과 같이 회로를 구성하여, NAND 게이트를 이용한 RS-Latch 회로의 입력 R(A), S(B)의 변화에 따른 출력을 표 1-2에 완성하시오.

표 1-2

R(A)	S(B)	$Q(I_1)$	$Q'(I_2)$
0	1		
1	1		
1	0		
1	0		
0	0		

문제 3. NOR 게이트를 이용한 D-Latch 회로

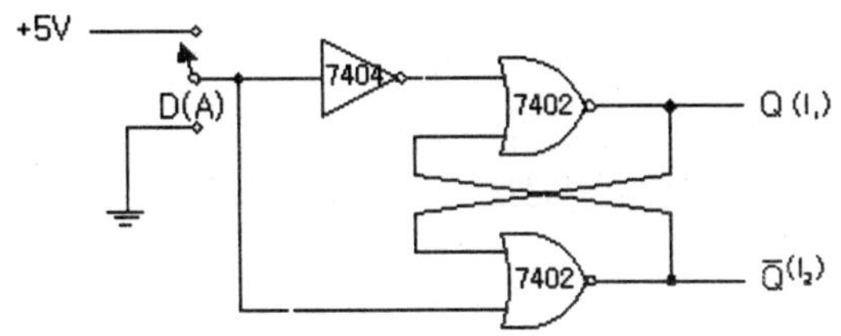

그림 1-7

그림 1-7과 같이 회로를 연결하였으면, 입력 D(A)의 변화에 따른 출력을 표 1-3에 완성하시오.

표 1-3

D(A)	$Q(I_1)$	$Q'(I_2)$
0		
1		

문제 4. 클럭이 부착된 RS-Latch 회로

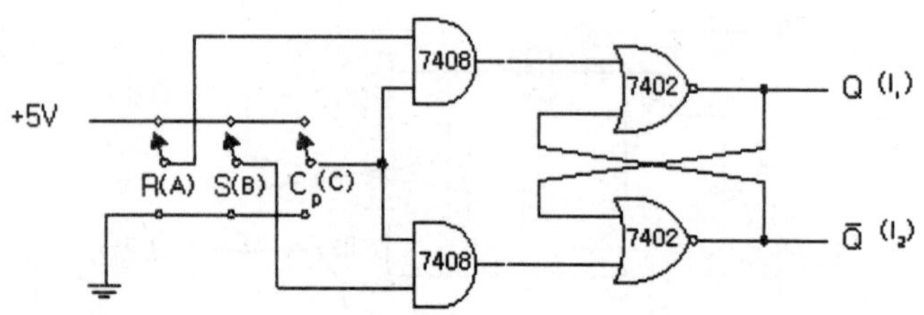

그림 1-8

그림 1-8과 같이 회로를 연결하였으면, 클럭이 부착된 RS 래치 회로의 입력 R(A), S(B) 및 C_p(C)의 변화에 따른 출력을 표 1-4에 완성하시오.

표 1-4

C_p(C)	R(A) S(B)	Q(I_1)	Q'(I_2)
0	0 1		
	0 0		
	1 0		
	0 0		
	1 1		
1	0 1		
	0 0		
	1 0		
	0 0		
	1 1		

문제 5. 클럭이 부착된 D-Latch 회로

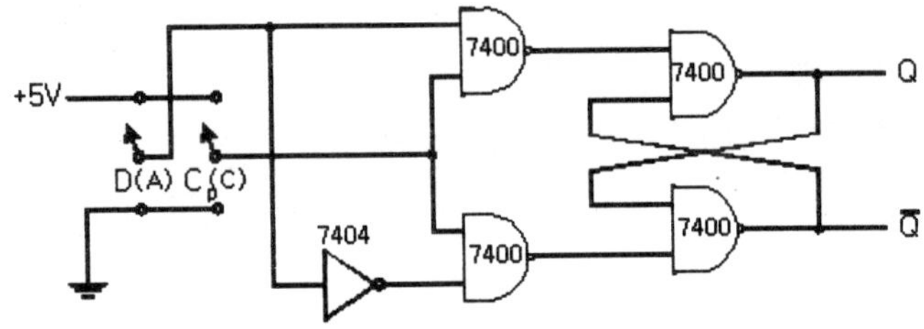

그림 1-9

그림 1-9와 같이 회로를 연결하였으면, 클럭이 부착된 D 래치 회로의 입력 D(A)와 C_p(C)의 변화에 따른 출력을 표1-5에 완성하시오.

표 1-5

C_p(C)	D(A)	Q(I_1)
0	0	
	1	
1	0	
	1	

5-2 플립플롭(Flip-Flop)

1) JK-플립플롭(JK-Flip Flop)

JK 플립플롭은 클록 첨가 RS 플립플롭의 부정상태를 정의하여 쓰도록 한 개량된 클록 첨가 RS 플립플롭이다. 입력 J와 K는 입력 S와 R과 마찬가지로 플립플롭을 세트하고 클리어시킨다(J는 세트에, K는 클리어에 대응된다). J와 K에 동시에 1이 가해지면 플립플롭은 한 클록 펄스 뒤에는 현재 상태의 보수를 취한다(클록 첨가 SR 플립플롭에서는 부정상태였다). 즉, Q(t) = 1이면, Q(t + 1) = 0이 되고, Q(t) = 0이였으면 Q(t + 1) = 1로 된다.

그림 2-1(c)의 특성표에서 보듯이, JK 플립플롭은 J와 K가 모두 1일 때를 제외하고는 RS 플립플롭의 작동과 똑같다.

J와 K가 둘다 동시에 1일 경우를 생각하면 클록 펄스는 오직 AND 게이트, 즉 그것의 입력에 현재 플립플롭의 출력 1이 피드백된 게이트만을 통해서 전송된다. 예를 들어 Q(t) = 1이면 위쪽 AND 게이트의 출력이 1이 되어 플립플롭이 클리어[Q(t + 1) = 0] 된다.

Q'(t) = 1이면 아래쪽 AND 게이트의 출력이 1이 되므로 플립플롭은 세트 [Q(t + 1) = 1]된다. 어느 경우이든 플립플롭의 다음 출력 상태는 현재 사태의 보수가 취해진다. 그러므로 RS 플립플롭의 불안상태를 개선한 것이 JK 플립플롭이다.

JK 플립플롭의 피드백 연결 때문에 일단(J = K = 1일 때) 출력이 보수가 취해진 후에도, 클록 펄스 CK가 계속 남아있게 되면 다시 또 보수를 취하는 반복적이고 연속적인 출력의 변화를 야기할 것이다.

이와 같은 상태를 피하기 위해, 클록 펄스의 지속시간을 가져야 한다. 이것은 회로의 작동이 펄스의 폭에 달려 있기 때문에 매우 제한적인 요소이다. 이러한 이유 때문에 JK 플립플롭은 결코 그림 2-1(a)와 같이 구성되지 않는다. 펄스폭에 대한 제한은 주종(master-slave) 또는 모서리 시동(edge-triggered) 구조에 의해 제거하여 해결할 수 있다.

같은 이유가 다음에서 소개되는 T 플립플롭에도 적용된다.

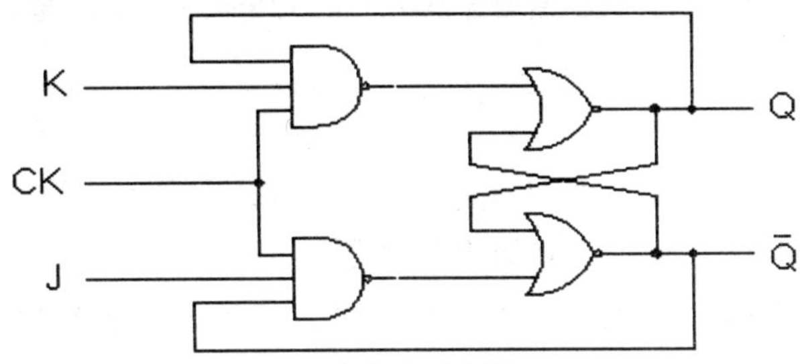

(a) 논리도

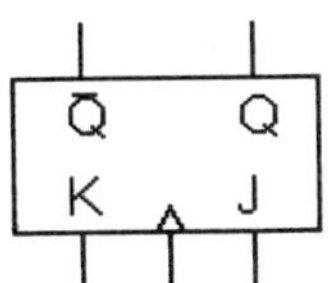

(b) 기호

Q J K	Q(t+1)
0 0 0	0
0 0 1	0
0 1 0	1
0 1 1	1
1 0 0	1
1 0 1	0
1 1 0	1
1 1 1	0

(c) 특성표

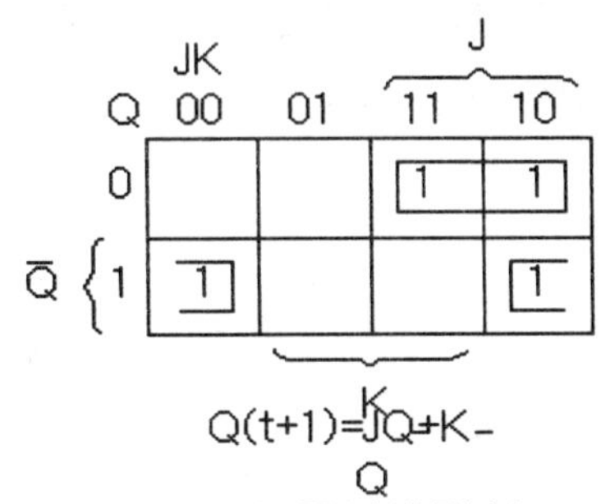

(d) 특성방정식

그림 2-1 JK 플립플롭

[예제 2-1] 그림의 입력을 J, K 및 CK에 인가시 Q 출력 파형을 그려라(단, 초기 조건은 Q = 0(리셋)의 상태라고 한다).

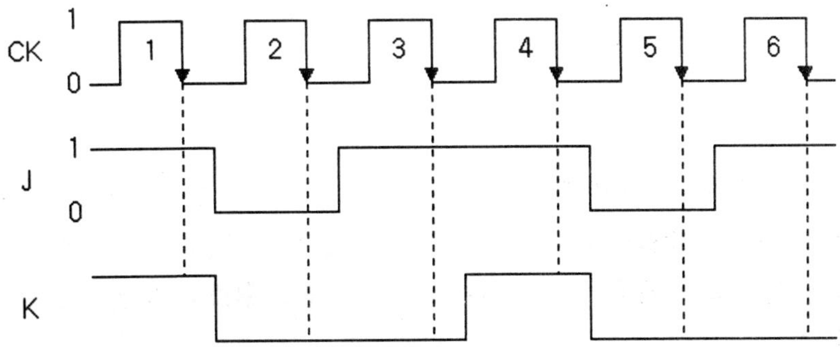

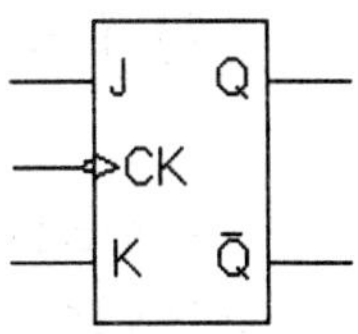

[해] Negative-edge 트리거드 플립플롭이므로 Q출력은 클록 펄스가 1에서 0으로 바뀔 때만 변화한다.

클록 펄스 1일 때 J = K = 1(toggle 조건) 이므로 Q = 1이고,
클록 펄스 2일 때 J = K = 0(불변의 조건) 이므로 Q = 1은 불변,
클록 펄스 3일 때 J = 1, K = 0(세트의 조건) 이므로 Q = 1은 불변
클록 펄스 4일 때 J = 1, K = 1(toggle 조건) 이므로 Q = 0은 토글,
클록 펄스 5일 때 J = 0, K = 0(불변의 조건) 이므로 Q = 0은 불변,
클록 펄스 6일 때 J = 1, K = 0(세트의 조건) 이므로 Q = 1이 된다.

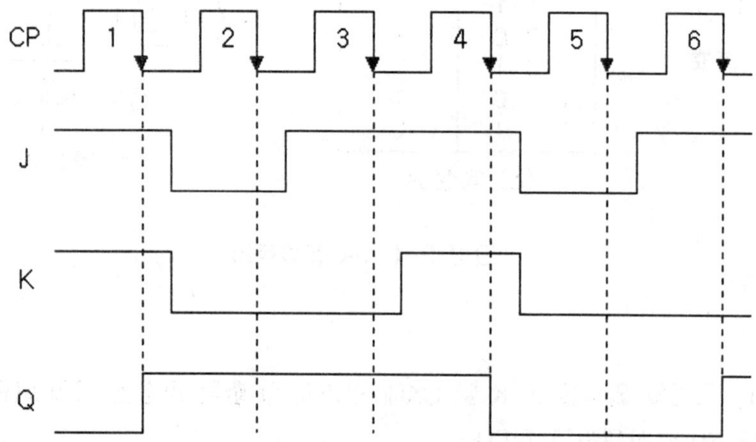

그림 2-2 예제 2-1의 클록 타이밍도

2) T 플립플롭

T 플립플롭은 JK 플립플롭을 1개의 입력으로 만든 것이다. 그림 2-3에서와 같이 T 플립플롭은 JK 플립플롭의 두 입력의 두 입력을 한데 묶음으로서 만들어진다. 명칭 T는 플립플롭을 "토글(toggle)" 즉 상태를 변환할 수 있다는 뜻에서 펄스가 발생하면, 현재 상태의 보수를 취한다.

그림 2-3(b), (c), (d)는 각각 T 플립플롭의 기호, 특성표와 특성방정식이다.

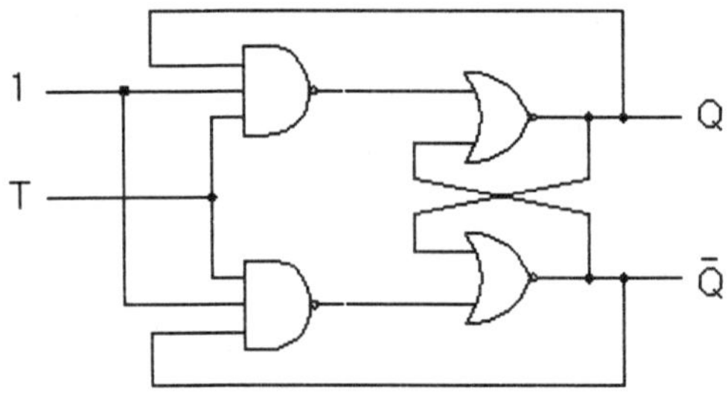

(a) 논리도

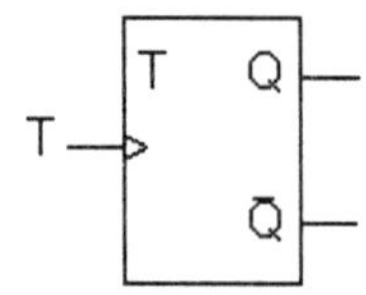

(b) 기호

Q T	Q(t+1)
0 0	0
0 1	1
1 0	1
1 1	0

(c) 특성표

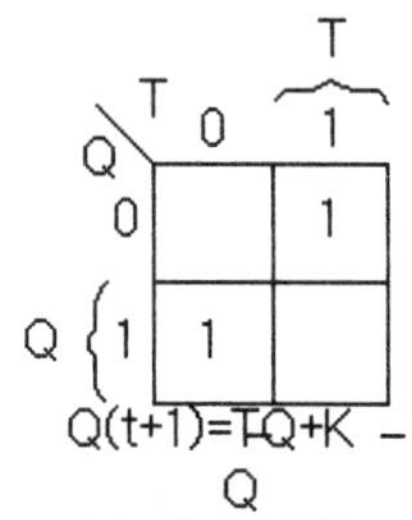

(d) 특성방정식

그림 2-3 T형 플립플롭

[예제 2-2] 다음 그림의 클록 펄스 입력(toggle)을 인가시 Q와 $\bar{Q}$의 출력 파형을 그려라.

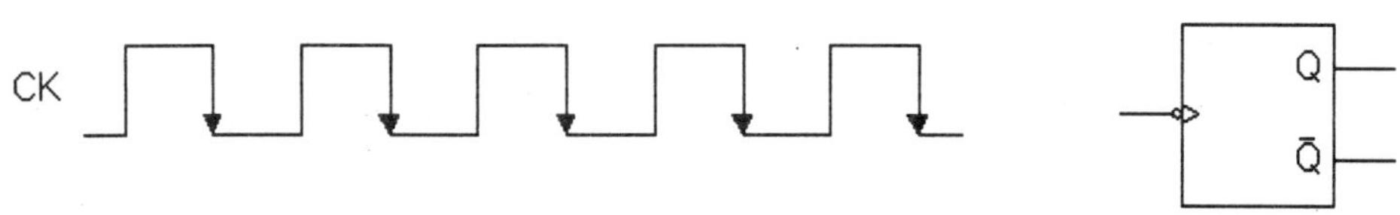

[해] 트리거 또는 T 플립플롭은 한 개의 입력을 갖고 있는 입력에 클록 펄스(toggle)를 인가하면 출력 상태가 바뀐다.

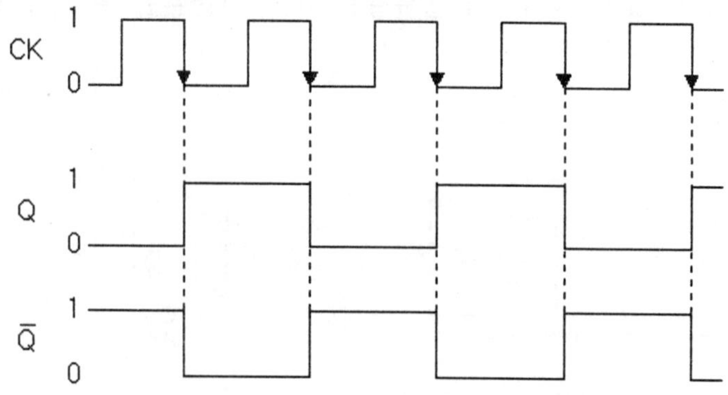

그림 2-4 예제 2-2의 클록 타이밍도

3) M/S 플립플롭

플립플롭에서 정진행 펄스 "에지"로 "트리거"를 행하는 방식에는 다음과 같은 단점이 있다. 즉 JK 플립플롭의 경우 J = 1, K = 1이고 출력 Q가 "0"일 때 클록 펄스 "1"이 가해지면 플립플롭 회로를 전파하는 시간 t 만큼 지연된 후 출력 Q = 1이 나타난다.

그러나 클록 펄스의 지연시간이 t보다 커서 계속 "1"의 상태로 머물러 있으며, J = 1, K = 1이고, Q = 1이 되어 이 플립플롭의 출력은 "0" 과 "1"을 반복하다가 클록 펄스가 "1"에서 "0"으로 떨어질 때 플립플롭의 출력상태가 결정되므로 불안정하게 된다.

이와 같이 클록 펄스가 "1"일 때 출력 상태가 변화되면 입력측에 변화를 일으켜 오동작이 발생되는 현상을 "레이스(race)" 현상이라 한다. 레이스 현상을 제거하려면 클록 펄스의 지연시간을 t 보다 짧게 하거나 부진행 에지 트릭(negative-going edge triggrt) 방식을 채택하면 된다.

이 레이스 현상을 해결하는 또 하나의 기본회로가 M/S(Master/salve) 플립플롭 방식이다.

그림 2-5는 RS 플립플롭, JK 플립플롭을 M/S접속을 이용하여 구성한 회로이며, 마스터 및 슬레이브 2개 플립플롭(F/F)으로 되어 있고 외부적으로는 단일 플립플롭으로 동작하게 된 것으로 각각에 대한 "클록"신호가 서로 반전되도록 구성되어 있다.

즉 마스터 플립플롭에서 입력 신호를 읽고 기억한 후 클록 펄스신호에 따라 슬레이브 플립플롭이 동작하여 출력을 내게 되므로 이 2개의 플립플롭은 마스터 (주)와 슬레이브

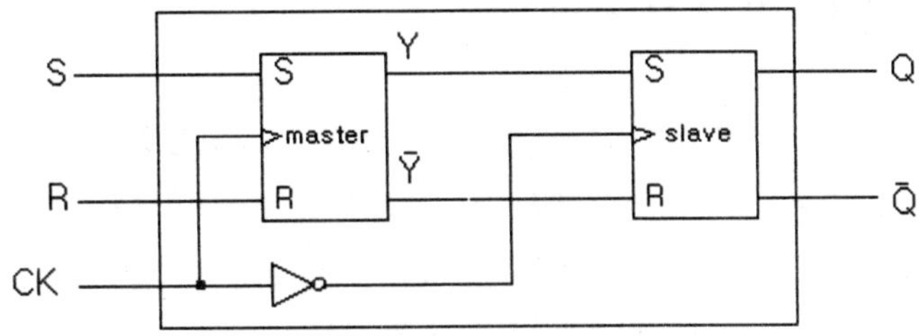

(a) RS M/S 플립 플롭 논리회로

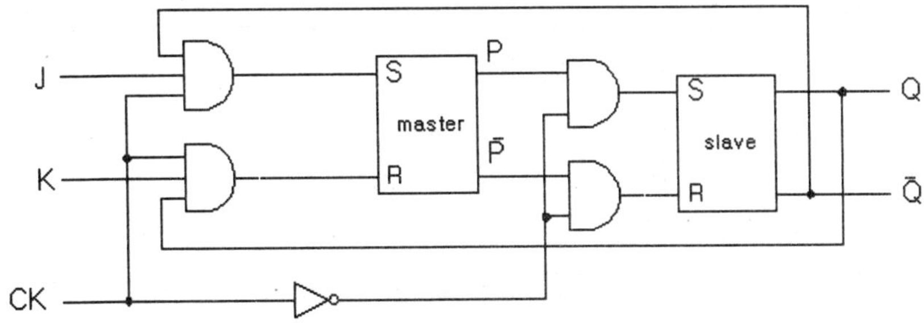

(b) JK M/S 플립 플롭 논리회로

그림 2-5 마스터 슬레이브 플립플롭

(종)의 관계에 있게 되어 M/S 플립플롭이라 하게 된 것이다.

그림 2-5에서 클록 입력펄스가 "0"상태에서 "1"상태로 변할 때 마스터 플립플롭이 동작하고 클록 입력펄스가 "1"에서 "0"으로 변할 때 인버터회로의 출력에 의해 마스터 플립플롭의 내용이 슬레이브 플립플롭으로 옮겨져 출력을 내게 된다.

4) EDGE-TRIGGERED D 플립플롭

비록 D 래치는 전자 기구에서 임시 저장을 위해서 사용되지만, 더욱더 대중화된 D 플립플롭이 디지털 컴퓨터와 시스템에서 사용되고 있다. 이런 종류의 플립플롭은 어느 한 일정한 시각에 데이터 비트를 검사한다. 그림 2-5(a)는 D 래치의 입력에서 RC 회로를 보여준다. RC시상수는 클록 펄스폭보다 훨씬 작다.

따라서 클럭이 1이 되었을 때 커패시터가 충분히 충전할 수 있다. 이러한 지수함수적인 충전은 저항을 통해 짧은 positive 전압 스파이크를 발생시킨다. 후에 펄스의 꼬리 부분에서는 짧은 negative 전압 스파이크가 발생한다(이것을 RC 미분이라 한다).

짧은 positive 전압 스파이크는 잠시동안 AND 게이트를 동작 상태로 만든다. 짧은 negative 전압은 아무 것도 할 수 없다. 이것은 positive 전압 스파이크 동안 AND 게이트를 동작 가능하게 만들어 잠시 동안 D의 값을 유지할 수 있게 한다. 이러한 짧은 시간 동안에 D와 그것의 보수는 플립플롭의 입력이 되어 Q_{n+1}를 세트 또는 리셋시킨다 (만약 이미 Q_{n+1}가 D와 같지 않다면).

이런 종류의 동작을 에지 트리거링(edge triggering)이라 한다. 왜냐하면 플립플롭은 단지 클럭이 두 개의 전압 상태 사이를 전이할 때 응답하기 때문이다. 그림 2-5(a)에서 트리거링(triggering)은 클럭이 positive 전압으로 전이할 때 일어난다. 그렇기 때문에 positive-에지-트리거링이라 한다.

그림 2-5(b)의 진리표는 positive-에지-트리거된 D 플리플롭의 작동을 요약한 것이다. 클럭이 0일 때 D는 don't care이고, Q_{n+1}는 그것의 전 상태를 유지하고 있다. 클럭의 리딩 에지(leading edge)는 위로 향하는 화살표로 나타내고, 데이터 비트(data bit)는 플립플롭에 적재되어 Q_{n+1}는 D의 값을 갖는다. 클럭의 트레일링 에지(trailing edge : 아래로 향하는 화살표)에서 D는 don't care이고, Q_{n+1}는 이전의 상태로 머물러 있다.

전원이 처음 공급될 때, 플립플롭은 임의의 상태가 된다. 어떤 컴퓨터는 처음 동작하기 위해서 오퍼레이터(operator)가 RESET 스위치를 눌러야만 한다. 이것은 모든 플립플롭에 CLEAR 또는 RESET 신호를 보낸다. 또, 어떤 디지털 시스템에서는 특정한 플립플롭을 세트로 동기시키기 위해서 프리셋(preset)시키는 것이 필요하다.

그림 2-5(b)는 D 플립플롭에 두 기능을 어떻게 포함하는지 보여준다. 에지 트리거링은 앞에 기술한 것과 같다. 더욱이, OR 게이트들은 필요할 때 RESET 또는 CLEAR 시키는 것을 가능하게 해준다. RESET 신호가 1일 때 Q_{n+1}는 1이 되고, CLEAR 가 1일 때 Q_{n+1}는 0이 된다.

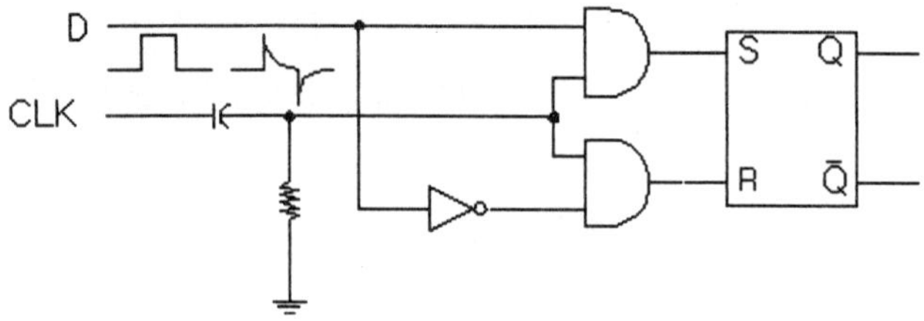

(a) 회로도

CLK	D	Q_{n+1}
0	×	Q_n(last state)
↑	0	0
↑	1	1
↓	×	Q_n(last state)

(b) 진리표

그림 2-5(a) RC 미분된 클럭

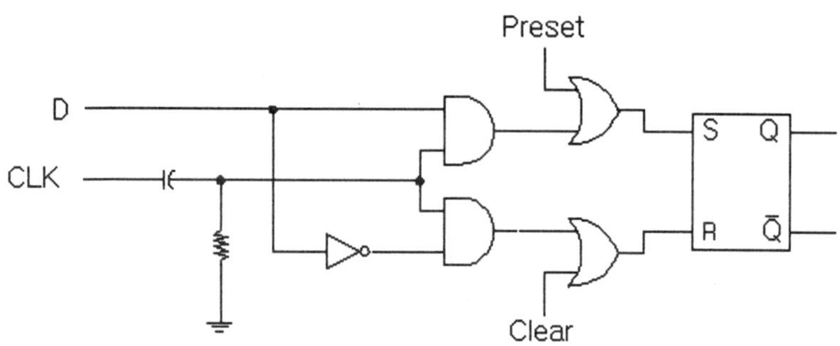

그림 2-5(b) 프리셋 클리어 기능

RESET과 CLEAR는 클럭에 관계없이 플립플롭을 동작시키기 때문에, 비동기 입력(asynchronous input)이라 한다. 반면, D 입력은 클럭 에지가 발생했을 때만 영향을 미치기 때문에, 동기 입력(asynchronous input)이다.

집적화된 D 플립플롭은 짧은 스파이크를 얻기 위해 RC 회로를 사용할 수 없다. 왜냐하면 커패시터는 칩(chip)에서 구현하기가 매우 어렵기 때문이다. 대신 다양한 직결설계(direct coupled design)들이 사용된다.

에지 트리거된 D 플립플롭은 클럭이 한 상태에서 다른 상태로 전환하는 짧은 순간만 반응하는 것이다.

그림 2-6(a)는 positive에서 트리거된 D 플립플롭의 기호이다. 클럭 입력은 에지 트리거링이라는 것을 나타내려고 작은 삼각형으로 표시한다. 이 기호를 볼 때마다 그것이 무엇을 의미하는지 기억하라. D 입력은 클럭의 리딩에지(leading edge)에 표본된다.

때로는 negative 에지 트리거링이 응용하는 데 더 적합할 경우도 있다. 이런 경우에 내부 인버터는 클럭 펄스가 AND 게이트에 다다르기 이전에 클럭 펄스가 반전시킨다. 클럭의 트레일링 에지가 게이트를 동작시킨다는 것을 의미한다.

그림 2-6(b)는 negative 에지트리거된 D 플립플롭에 대한 기호이다. 동그라미와 삼각형이 negative 에지 트리거링을 표시한다.

그림 2-6(a)와 (b)는 PR(preset)과 CLR(clear) 입력을 포함한다. 그림 2-6(c)는 또다른 상품으로 가능한 D 플립플롭 (541/74175 또는 54/74LS175)이다. positive 에지 트리거이면서 반전된 CLEAR 입력만이 있다. CLR이 0일 때 플립플롭이 리셋(reset) 된다는 것을 의미한다. 54/74175 는 하나의 16편 DIP(dual in-line package)에 네 개의 이러한 플립플롭을 가지고 있다. 그리고 이것을 클리어가 있는 쿼드 D-타입 플립플롭이라 한다.

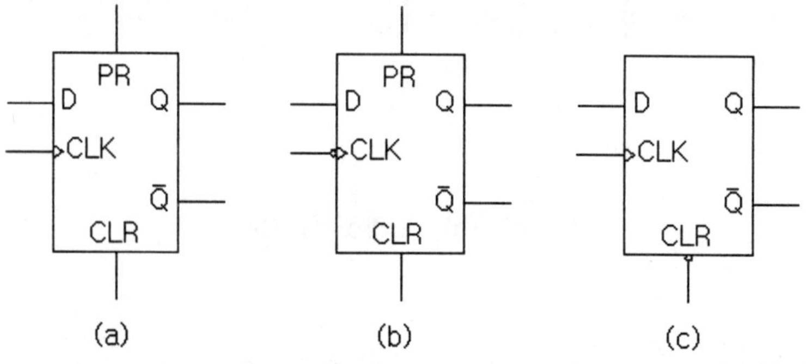

그림 2-6 D 플립플롭 기호 (a) Positive 에지 트리거드 (b) Negative 에지 트리거드 (c) "0"에서 프리셋과 클리어가 동작하는 Positive 에지 트리거드.

5) 플립플롭 스위칭 시간

다이오드나 트랜지스터는 상태를 즉시 전환 할 수 없다. 다이오드가 on 또는 off로 전환하기 위해서는 항상 약간의 시간이 필요하다. 마찬가지로, 트랜지스터가 포화 상태에서 차단 상태로 전환하거나 그 역으로 전환 할 때 시간이 필요하다. 쌍극(bipolar) 다이오드나 트랜지스터에서 전환하는데 걸리는 시간은 몇 ns(nanosecond)이다.

전환 시간의 주요한 원인은 t_p라 표시되는 전파 지연(propagation delay)이다 이것은 게이트나 플립플롭이 입력이 변한 후에 출력이 변할 때까지 걸리는 시간을 나타낸다. 예를 들어, D 플립플롭의 데이터 시트에 t_p = 10ns라 게재되어 있으면, D가 클럭 에지에 의해 동기된 후에 Q_{n+1}의 상태가 변하기까지는 약 10ns가 걸린다는 것이다. 전파 지연은 매우 적은 시간이므로 많은 적용 부분에서 거의 무시된다.

D 입력에서 가끔 일어나는 커패시턴스는 데이터 비트 D가 클럭 에지가 도달하기 전에 입력에 도달하는 것을 필요하게 된다.

셋업 시간(setup time) t_{setup}은 클럭 에지가 도달하기 전에 데이터 비트가 도달해야만 하는 최소한의 시간을 나타낸다.

예를 들어, 만약 D 플립플롭의 t_{setup}이 15ns이면, 클럭 에지가 도달하기 최소한 15ns 전에 D 입력에 데이터 비트가 저장되어야 한다는 것이다. 그렇지 않으면 제조자는 올바른 표본과 저장을 보장하지 않는다.

더욱이, 데이터 비트 D는 내부 트랜지스터가 상태를 전환하기에 충분하도록 상태를 유지하고 있어야 한다. 단지 전달이 확정된 후에 데이터 비트 D를 변환시켜도 된다.

홀드 시간(hold time) t_{hold}는 클럭 에지가 도달한 후에 데이터 비트 D가 존재해야만 하는 최소한의 시간이다. 예를 들어, 만약 t_{setup} = 15ns이고 t_{hold} = 15ns이면 데이터 비트는 클럭 에지가 도달하기 최소한 15ns 전에 D 입력에 도달해야만 하고, 클럭 에지가 도달한 후에 최소한 5ns 동안 그 값을 유지하고 있어야만 한다.

[예제 2-3]

positive 에지 트리거된 플립플롭에서 1을 세트시키기 위한 전형적인 파형이 그림 2-7에 나타나 있다. 시간을 분석하라.

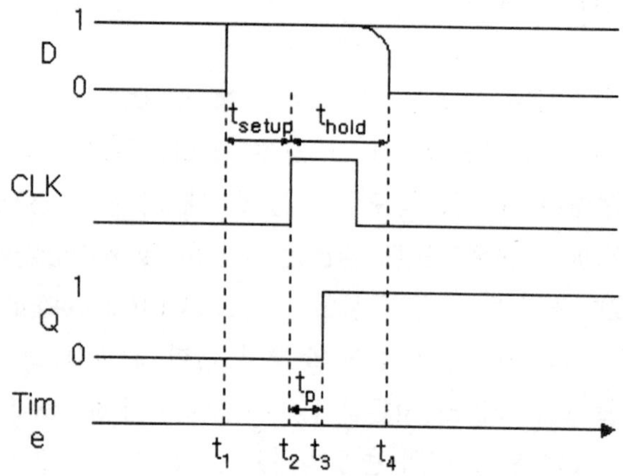

그림 2-7

[풀이]

그림 2-7에서 제일 아래 선은 시간선 (time line)으로 임계 시간이 표시되어 있다. t_1 이전에 데이터는 1 또는 0이거나 변하는 상태일수 있다. t_1 에서 t_2 시각까지 데이터 라인 D는 일정한 상태를 유지하고 있어야 한다(이 경우는 1). 이것이 t_{setup}이다.

데이터는 t_2 시각에 플립플롭으로 전달되지만, t_3 까지 Q_{n+1}에 나타나지 않는다. 시간 t_2 에서 t_3 까지는 전파 시간(propagation time)이다. 적절한 동작을 보장하기 위해서는 데이터 라인은 시간 t_2 에서 t_4 까지 일정한 상태를 유지하고 있어야 한다. 이것이 홀드 시간(hold time) t_{hold}이다. t_4 이후에 D는 상태가 변해도 된다.

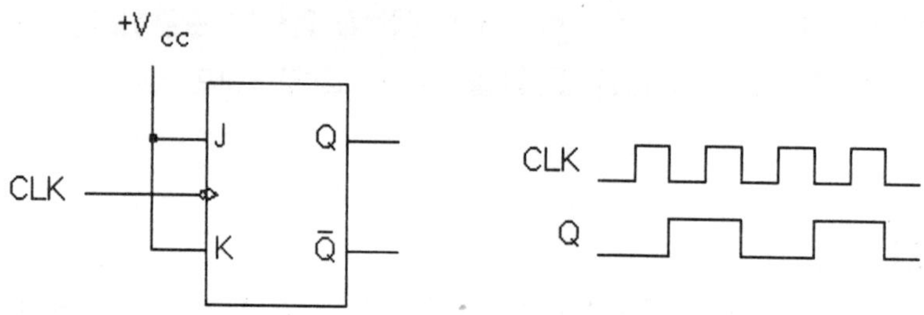

(a)

그림 2-8

[예제 2-4]

그림 2-8에서 JK 마스터-슬레이브 플립플롭의 J와 K입력은 $+V_{CC}$에 연결되었고, 일련의 펄스가 CLK입력에 인가됐다. Q_{n+1}의 파형을 기술하라.

[풀이]

J = K = 1이기 때문에 클럭이 0이 될 때마다. 플립플롭은 단순히 토글(toggle)한다.

Q_{n+1}에서 파형은 CLK 파형 주기가 두 배의 주기를 갖는다. 다시 말하면, Ω이 주파수는 CLK 주파수의 반이다. 이 회로는 주파수 분배기로 작동한다. 즉, 출력 주파수는 입력 주파수를 2로 나눈 것과 같다.

[요 약]

플립플롭은 두 안정한 상태를 갖는 전자 회로이다. 이것을 쌍안정(bistable)이라 한다. 기본 RS 플립플롭이나 래치(latch) 는 두 NAND 게이트나 두 NOR 게이트를 귀한 연결과 함께 직렬로 연결하여 구성할 수 있다. RS 플립플롭의 세트(set)입력 신호는 출력 Q를 1로 하는 반면, 리셋(reset)입력 신호는 Q를 0으로 만든다.

즉, 그것의 출력은 R 또는 S 입력에 신호가 나타날 때마다 상태가 변한다. RS 플립플롭은 변형하여 클럭 입력과 동기되어 RS 플립플롭의 출력이 변하는 clocked RS 플립플롭을 만들 수 있다.

RS 플립플롭은 또한 변형하여 D 플립플롭을 만들 수 있다. D 래치에서 저장된 데이터는 클럭 주기 동안 변할 수 있다. 클럭이 다시 0 이 되기 전에 D의 최근값은 저장되어 있는 데이터이다.

에지 트리거된 D 플립플롭에서 데이터는 positive 또는 negative 클럭 에지에서 저장되거나 검출된다.

J와 K의 값은 JK 플립플롭이 다음 클럭 에지에서 어떤 값이 되는지 결정한다. 두 값이 다 0일 때 플립플롭은 전 상태값을 유지한다. J = 0이고 K = 1일 때, 플립플롭은 리셋된다. J = 1이고 K = 0일 때, 플립플롭은 세트된다. 두 값이 다 1일 때, 플립플롭은 토글(toggle)된다. JK 플립플롭은 주파수 분배기로서 사용될 수 있다.

슈미트 트리거는 주기파형을 매우 빠른 상승과 하강 시간을 갖는 직각 파형을 변환하는데 광범위하게 사용되는 쌍안정(bistable)회로이다.

6) 슈미트 트리거

슈미트 트리거(schmitt trigger)는 전압이 주어진 기준 수준을 넘었는지 안 넘었는지 판별하는데 사용하는 전자 회로이다. 그것은 두 개의 안정된 상태를 가지고 있고, 특별히 signal-conditioning 디바이스로서 유용하다. Sin Cosin 파형, 삼각파 또는 어떤 다른 주기파가 주어지면, 슈미트 트리거는 리딩(leading)과 트레일링(trailing) 에지를 갖는 직각 출력을 만들어 낸다. 빠른 상승시간과 하강시간 때문에 모든 디지털 회로에서 이것을 많이 사용한다.

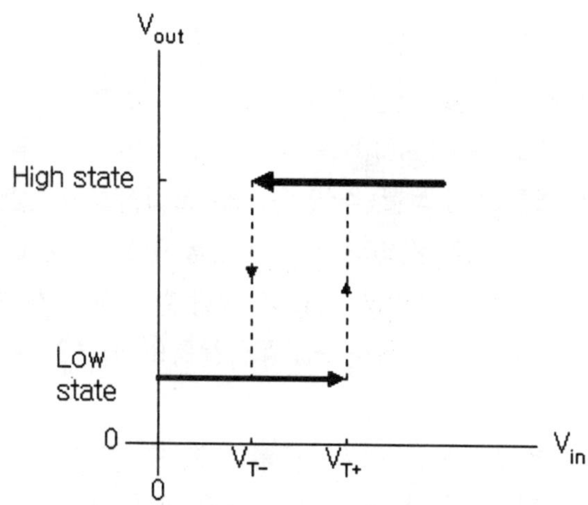

그림 2-9 슈미트 트리거 전달 특성

그림 2-9는 슈미트 트리거에 대한 전달 함수(v_{out} 대 v_{in})을 나타낸다. v_{in}의 값이 출력을 0에서 1로 뛰게 하는 것을 positive-going 문턱 전압(threshod voltage) V_{r+}라 한다. v_{in}의 값이 출력을 1에서 0으로 전환하게 하는 것을 negative-going 문턱 전압 V_{r-}라 한다. 출력 전압은 1이거나 0이다.

출력이 0일 때, 전환 작용을 하기 위해서는 입력은 V_{r+}보다 약간 커야 한다는 것이 필요하다. 그러면 출력은 1 상태로 전환하고, 입력이 V_{r-}보다 작아질 때까지 그 값을 유지하고 있다. 그러면 출력은 다시 0 상태로 전환한다. 화살표와 점선은 전환 작동을 보여준다.

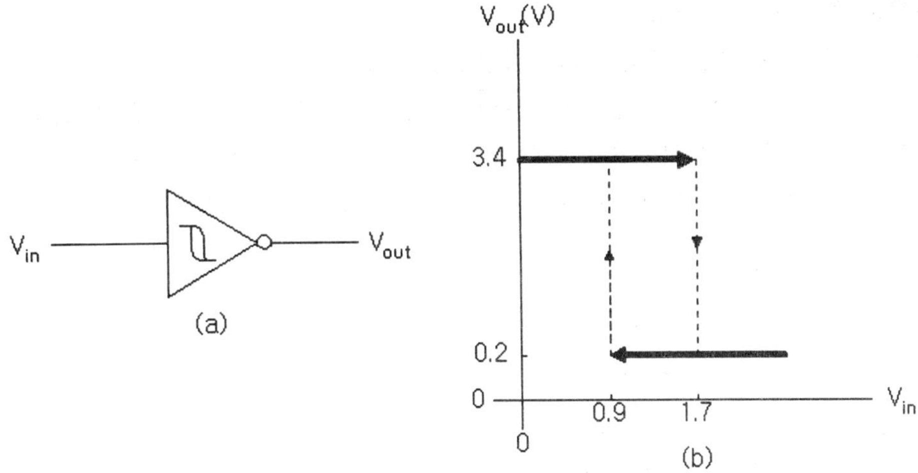

그림 2-10 7414 슈미트-트리거 인버터

슈미트 트리거의 전압 변화 과정을 이력 현상(hysteresis)이라 한다. 회로설계로서 이력 현상(hysteresis)을 제거할 수 있지만, 작은 양의 이력 현상은 바람직하다. 왜냐하면, 그것은 넓은 온도 범위에서 전환 작동을 빠르게 해주기 때문이다. 이력 현상은 또한 매우 유익한 현상이다.

예를 들어, 어떤 응용 부문에서 잡음 방지를 제공할 수 있기 때문이다(예를 들면, 디지털 모뎀 modem).

TTL 7414 는 6개의 슈미트-트리거 인버터를 갖고 있다. 그림 2-10에서 7414에 있는 슈미트 인버터 트리거 중 하나에 대한 표준 논리 기호는 전형적인 전달 특성과 함께 나타나 있다. 반전 때문에 특성 커브는 그림 2-9에서 보이는 것과는 반전되었다. 그림 2-10(b)에서 커브를 보면 입력이 1.7V를 넘을 때 출력은 0 상태로 전환한다. 입력이 0.9V 아래로 떨어지면, 출력은 다시 1 상태로 전환한다. 전환 동작은 화살표와 점선으로 나타나있다.

[예제 2-5]

7414에서 인버터 중 하나를 높이 6V 사인파로 동작시킨다. 출력 전압을 그려라.

[풀이]

사인파가 1.7V 이상일 때, 출력은 1에서 0으로 된다. 입력 사인파가 0.9V 이하인 동안 출력은 0상태를 유지한다.

입력이 0.9V 이상이면, 출력은 다시 1상태로 된다.

그림 2-11은 입출력 파형을 보여준다. 이것이 슈미트-트리거 인버터의 signal-conditioning 동작을 설명해 준다. 빠른 상승과 하강 시간으로 사인파를 각각 펄스로 변환시킨다. 똑같은 동작은 어떤 주기 파형에 대해서도 일어날 것이다.

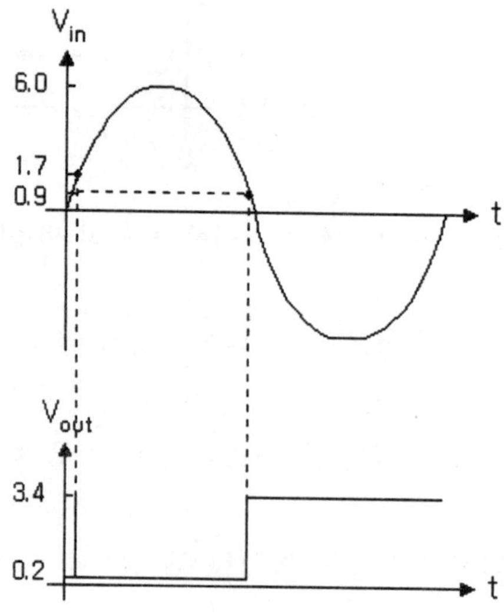

그림 2-11 슈미트-트리거 입-출력 파형

7) 용어해설

· 동기(synchronous) : 출력이 클럭과 함께 상태가 변한다. 출력이 상태를 변하기 위해서는 클럭 신호가 반드시 존재해야 한다.

· 래치(latch) : RS 플립플롭에 대한 다른 용어.

· 버퍼 레지스터(buffer register) : 2진수를 저장할 수 있는 메모리 엘리먼트(element), 플립플롭의 집합.

· 비동기(asynchronous) : 출력은 클럭 펄스가 생길 때까지 기다리지 않고 변할 수 있다. 클럭과는 독립적으로 동작한다.

· 셋업 시간(setup time) : 클럭이 도달하기 전에 데이터 입력이 나타나야만 하는 최

소한의 시간

· 슈미트 트리거(schmitt trigger) : 직각 평형 출력(rectangular output)을 생성하는 쌍안정 회로
· 쌍안정(bistable) : 두 개의 안정한 상태를 갖는다.
· 쌍안정 멀티바이브레이터(bistable multivibrator) : RS 플립플롭에 대한 다른 용어.
· 에지트리거(edge triggering) : 클럭이 두 전압 상태로 전이 할 때만 회로가 동작한다.
· 전달 지연(propagation delay) : 입력 트리거 (trigger)후에 출력이 변하는데 걸리는 시간
· 플립플롭(flip-flop) : 두 개의 안정한 상태를 갖는 전자회로
· 홀드 시간(hold time) : 클럭 트리거(trigger)가 도착한 후 데이터가 나타나야만 하는 최소한의 시간.

8) 상태 간략화 해석

8.1 클록이 부착된 순차회로

순차회로의 작동은 입력, 출력 그리고 플립플롭의 상태로부터 결정된다. 출력과 다음 상태는 현재 상태의 함수가 된다. 순차회로의 해석은 입력, 출력 그리고 내부 상태들의 시간 순차에 대한 표나 도식을 얻음으로써 이루어진다. 또한 회로의 작동을 나타내는 부울 대수식을 쓸 수도 있다. 그러나 이 대수식들이 필요한 시간 순차를 직접적이든 간접적이든 포함해야 한다.

논리도가 플립플롭을 포함하고 있으면 순차회로의 회로로서 인식된다. 플립플롭은 어떤 형의 것 일수도 있으며, 논리도는 조합 게이트를 포함할 수도 포함하지 않을 수도 있다.

먼저 클록 첨가 순차회로의 특별한 예를 소개하고, 그리고 순차회로의 작동을 표시하는 여러 가지 방법을 소개한다. 이 특별한 예는 여러 가지 방법을 설명하는 부분에서 사용할 것이다.

그림 2-12의 회로는 변수 x, 출력 변수 y 그리고 두 개의 RS 플립플롭인 A, B로 구성되어 있다. 플립플롭의 출력에서 게이트의 입력으로 연결되는 선은 생략하고 각 입력에 변수문자로 대신한다.

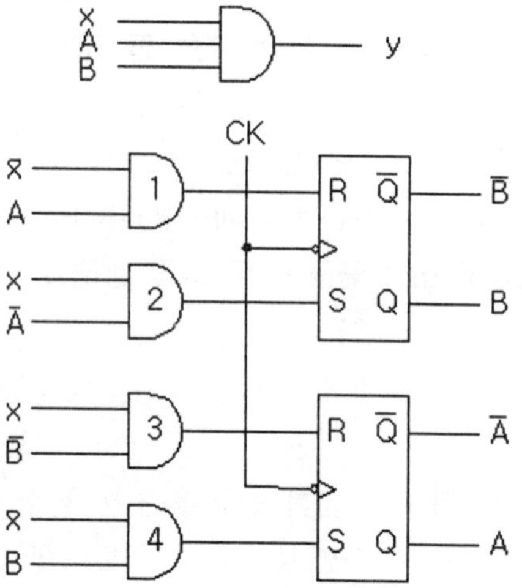

그림 2-12 순차 논리 회로의 예

입출력 그리고 플립플롭 상태의 시간 순차표는 상태표 Table 2-1에서 제시한다.

상태표의 유도는 가정된 초기 상태에서부터 시작된다. 대부분의 실제 순차회로의 초기 상태는 모두 플립플롭이 0상태가 되도록 정의한다. 어떤 순차회로는 다른 초기 상태를 가지며, 또 어떤 것은 초기 상태를 전혀 갖지 않는 것도 있다. 어째든 해석은 항상 어떤 임의의 상태에서든지 시작할 수 있다. 이 예에서는 초기 상태 00 에서부터 상태표 유도를 시작한다.

현재 상태가 00 일 때 A = 0 이고, B = 0 이다. 논리도에서 현재 두 플립플롭은 모두 클리어이고 X = 0 이며, 어느 AND 게이트로 논리-1 신호를 만들고 있지 않다. 따라서

Table 2-1 그림 2-12 회로의 상태표

현재 상태		다음 상태(t+1)				출력	
		x = 0		x = 1		x = 0	x = 1
A	B	A	B	A	B	y	y
0	0	0	0	0	1	0	0
0	1	1	1	0	1	0	0
1	0	1	0	0	0	0	1
1	1	1	0	1	1	0	0

다음 상태는 불변이다. AB = 00 이고 x = 1일 때는 2번 게이트는 B 플립플롭의 S 입력에 논리-1 신호를 제공하며, 3번 게이트는 A 플립플롭의 R입력에 논리-1 신호를 제공한다. 다음 클록 펄스가 플립플롭을 트리거할 때 A는 클리어되고는 세트되어 다음 상태 AB = 01로 된다. 이 정보들이 상태표의 첫 행에 실려 있다.

같은 방법으로 다른 3개의 가능한 현재 상태로부터 다음 상태를 이끌어 낼 수 있다. 이론적으로 다음 상태는 입력, 현재 상태 그리고 사용된 플립플롭형의 함수이다. 예를 들면, RS 플립플롭에서, 입력 S의 1은 플립플롭을 세트하며 R에서의 입력 1은 플립플롭을 클리어한다. S와 R입력이 모두 1이면1개의 부정 상태가 된다.

출력 부분의 항목들은 더 쉽게 유도된다. 이 예에서는, 출력 y는 x = 1, A = 1, B = 0 일 때에만 1이 된다. 그러므로 현재 상태 AB = 10 이고 입력 x = 1일 때 y = 1이 되는 경우를 제외하고 모든 출력은 0이 된다.

상태도에서 원안의 2진수는 현재 상태를 나타내고 빗금(/)앞에 있는 2진수는 입력 변수, 빗금 (/) 다음에 있는 2진수는 출력 변수를 의미한다.

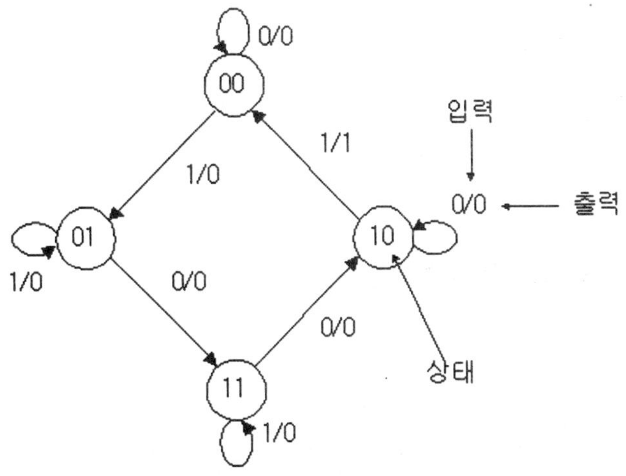

그림 2-13 그림 2-12의 상태도

상태방정식은 플립플롭의 상태 변화에 관한 조건을 명시하는 대수식으로 응용방정식(application equation)이라고도 한다. 방정식의 좌변은 플립플롭의 다음 상태를 나타내며, 우변은 다음 상태를 1로 만드는 현재 상태 조건을 명시한다는 것을 제외하고는 플립플롭의 특성방정식과 형태면에서 유사하다. 상태방정식은 상태표에서 직접 유도된다.

예를 들면 플립플롭 A에 관한 상태방정식은 Table 2-1에서 유도된다. 다음 상태란에서 플립플롭 A는 다음과 같이 네 번 1로 된다. x = 0 이고 AB = 01 또는 AB = 10 또는 AB = 11 혹은 x = 1이고 AB = 11일 때 이것은 상태방정식으로는 다음과 같이 대수식으로 표현할 수 있다.

$$A(t + 1) = (A'B + AB' + AB)x' + ABx$$

이 상태방정식의 우변은 현재 상태에 관한 부울 함수이다. 이 함수가 1과 같을 때 클록 펄스의 발생 후 플립플롭 A가 1인 다음 상태를 갖도록 한다. 이 함수가 0일 때 플립플롭 A의 다음 상태는 0이 된다.

좌측의 (t + 1)은 우측의 값이 한 클록 펄스 뒤에 좌측으로 도달한다는 것을 강조하는 시간 함수 표시이다. 상태 방정식은 시간을 포함한 부울 함수이다. 그것은 오직 클록 순차회로에서 적용된다. 그 이유는 A(t + 1) 이 시간의 불연속 순간에 클록 펄스의 발생과 함께 값을 변환하도록 정의되었기 때문이다.

플립플롭 A에 관한 상태방정식은 그림 2-14(a)의 맵에 의해 다음과 같이 간략화된다.

$$A(t + 1) = Bx' + (B'x)'A$$

만일 B'x = S, B'x = R로 놓으면 위의 식은,

$$A(t + 1) = S + R'A$$

가 된다. 이것은 RS 플립플롭 특성방정식과 같다.

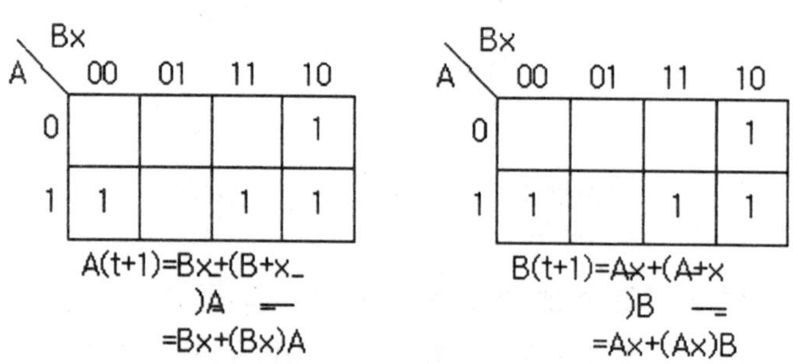

(a) A플립 플롭 (b) B플립 플롭

그림 2-14 플립플롭 A와 B의 상태방정식

상태방정식과 플립플롭의 특성방정식의 관계는 그림 2-12의 논리도에서 알 수 있다. 관계에서 A 플립플롭이 S 입력은 부울 함수 Bx'와 같고 R입력은 B'x와 같다.

이 함수들을 플립플롭 특성방정식에 대입하면 순차회로의 상태방정식이 된다.

순차회로에서 플립플롭에 대한 상태방정식은 상태표나 논리도로부터 나온다. 상태표로부터 나온 것은 플립플롭의 다음 상태를 1로 만드는 조건을 나타내는 부울 함수를 얻는 것과 같다. 논리도로부터 나온 것은 플립플롭의 공식을 얻거나 그것을 플립플롭 특성방정식으로 교체한 것들을 얻음으로써 구성한다.

상태표로부터 플립플롭 B의 상태방정식의 유도가 그림 2-14(b)의 맵에 나타나 있다. 맵에 표시한 1들은 플립플롭의 다음 상태를 1로 되게 하는 현재 상태와 입력 조합이다. 이들 조건은 Table 2-1에서 직접 얻어진 맵에서 얻어지는 간소화한 형태는 대수적으로 계산되며, 아래와 같은 상태방정식이 된다.

$$B(t+1) = A'x + (Ax')'B$$

이 상태방정식은 논리도에서 직접 구할 수 있다. 그림 2-12에서 B 플립플롭의 입력 S에 대한 신호가 A'x로 대치되고 입력 R에 대한 신호가 Ax'로 대치된다.

즉 S = A'x, R = Ax'를 대입하면

$$\begin{aligned} B(t+1) &= A'x + (Ax')B \\ &= S + R'B \end{aligned}$$

로 RS 플립플롭 특성방정식이 얻어진다.

출력 함수를 함께 가진 모든 플립플롭의 상태방정식은 완전히 순차회로를 나타내고 있다. 즉 같은 정보를 상태표는 표형으로, 상태도는 그림모양으로, 상태방정식은 대수적으로 나타낸다.

그림 2-12의 순차회로는 1개의 입력 x, 1개의 출력 y, 그림 A와 B로 표시된 두 RS 플립플롭을 갖고 있다. 이 논리도는 다음과 같이 4개의 플립플롭 입력 함수와 1개의 회로 출력 함수로 표시할 수 있다.

$$SA = Bx' \qquad RA = B'x$$
$$SB = A'x \qquad RB = Ax'$$
$$y = AB'x$$

이 부울 함수의 집합은 논리도를 내고, 변수 SA와 RA는 A의 RS 플립플롭을 나타내며, SB, RB변수는 B의 RS 플립플롭을 나타내고, 변수 y는 출력을 나타내며, 변수에 대한 부울표현은 순차회로의 조합회로 부분을 나타낸다.

플립플롭 입력 함수는 순차회로의 논리도를 나타내는 간편한 대수식으로 나타낼 수 있다. 이것은 입력 함수의 첫 문자가 플립플롭의 종류를 나타내고 그것은 플립플롭을 구동시키는 조합회로를 명시한다. 시간은 이 방정식에 포함되지 않았지만 클록 펄스 포함되어 있다. 순차회로를 수학적으로 회로 출력 함수와 플립플롭 입력 함수로 표시하는 것이 논리도를 그리는 것보다 때때로 편리하다.

8.2 상태간략화

어떤 설계작업이든지 최종 회로의 비용을 최소화하는 문제를 고려해야 한다. 비용을 줄이는 뚜렷한 두 가지 요소는 게이트 수와 플립플롭 수를 줄이는 것이다.

이 두 요소가 가장 명백한 요소를 보이기 때문에 광범위하게 연구되어 왔다. 사실 스위칭 이론의 대부분의 주제는 순차회로에서 플립플롭과 게이트 수를 줄이는 알고리즘을 찾는데 주력해 왔다.

순차회로에서 플립플롭의 수를 줄이는 것을 상태축소라 한다. 상태축소 알고리즘은 외부 입출력 요구 조건을 변화시키지 않고 상태표에서 상태의 수를 줄이는 절차에 관련되어 있다.

이 그림 2-15에 주어진 순차회로에 대해서 설명하면, 이 예에서는 오직 입출력 순서만이 중요하다. 내부 상태는 단지 원하는 순서를 제공하는 데에 사용될 뿐이다. 이런 이유 때문에 그림 안에 표시된 상태는 2진 값 대신에 문자로 표시되어 있다. 그러나 상태의 2진값 순차가 출력상태로 취급되는 2진 계수기에서는 그 반대로 된다.

회로에 나타나는 입력 순차의 수는 유한하며 각 입력은 단 한가지뿐인 출력 순차를 낳는다.

예로서 초기 상태 a 에서 시작하는 입력 순차 01010110100 을 생각하자. 0 또는 1 의 각 입력에 대하여 0 또는 1인 출력을 만들어 내며, 회로를 다음 상태로 가도록 만든다.

상태도에서 다음과 같이 주어진 입력순차에 대해 출력 순차와 상태순차를 얻는다. 초기 상태 a인 회로에서 0인 입력은 0 의 출력을 만들며, 회로는 a상태로 남아 있는다. 현재 상태 a와 1의 입력에서 출력은 0 이고 다음 상태는 b이다. 이 과정을 계속해서 다음과 같이 완전한 순차를 찾게 된다.

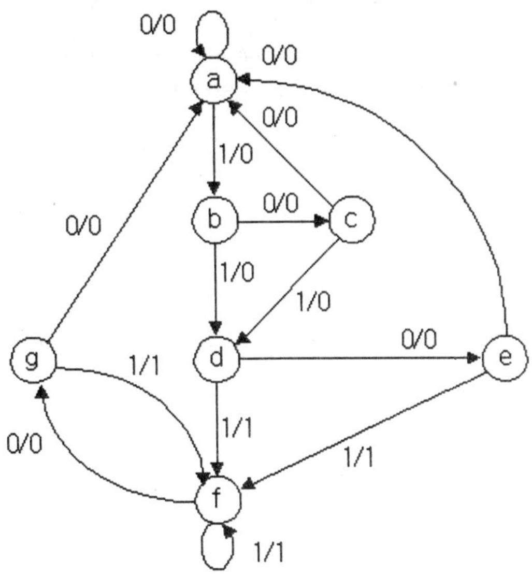

그림 2-15 간략화 되기 전 일반 상태도

상태 a a b c d e f f g f g a
입력 0 1 0 1 0 1 1 0 1 0 0
출력 0 0 0 0 0 1 1 0 1 0 0

이 예에 대한 상태수를 간략화하는 과정을 보이도록 하자. 먼저 상태표를 그림 2-15 상태도에서 직접 얻을 수 있다.

Table 2-2 간략화 되기 전 일반 상태표

현재 상태(t)	다음 상태(t+1)		출 력	
	x = 0	x = 1	x = 0	x = 1
a	a	b	0	0
b	c	d	0	0
c	a	d	0	0
d	e	d	0	1
e	a	d	0	1
f	e	f	0	1
g	a	f	0	1

입력 집합원의 각 구성에 대해 두 가지 상태가 똑같은 출력을 발생시키며, 회로를 똑같은 상태 또는 동등한 상태로 만들면 두 상태는 동등하다고 할 수 있다.

두 상태가 동등할 때 그 중 하나는 입출력 관계의 변경없이 제거할 수 있다. 상태표를 살펴보아 똑같은 다음 상태로 옮겨가며, 두 입력 조합에 대해 똑같은 출력을 갖는 2개의 현재 상태가 있나 조사해 본다.

g와 e가 그러한 두 상태이다. 이들은 모두 다음 상태가 a와 f이며, 출력은 x = 0에 대해서 0, x = 1에 대해서는 1을 갖고 있다. 그러므로 상태 g와 e는 등가이기 때문에 하나는 제거할 수 있다. 한 상태를 제거하는 절차와 그의 등가상태로 대치되는 절차가 Table 2-3에 설명되어 있다. 현재 상태 g행에 빗금이 쳐지고 상태 g를 다음 상태란에서 만날 때마다 상태 e로 대체한다.

다음에 현재 상태 f를 보면 다음 상태 e와 f를 가지며, 출력은 x = 0일 때 0x = 1일 때 1이다.

이와 똑같은 다음 상태와 출력이 현재 상태 d의 행에도 나타남을 알 수 있다. 상태 f와 d는 등가상태이기 때문에 f는 s로 대체할 수 있다.

Table 2-3 상태표 간략화

현재 상태(t)	다음 상태(t+1)		출 력	
	x = 0	x = 1	x = 0	x = 1
a	a	b	0	0
b	c	d	0	0
c	a	d	0	0
d	e	f→d	0	1
e	a	f→d	0	1
f	g→e	f	0	1
g	a	f	0	1

최종적으로 축소된 상대표가 Table 2-4에 나타나 있다. 축소된 표의 상태도는 다섯 상태로 구성되며, 그림 2-16에 주어져 있다. 이 상태도는 원래의 입출력을 모두 만족시키며, 어떤 주어진 입력 순차에 관해 필요한 출력 순차를 만든다.

그림 2-16은 최종적으로 간략화된 상태도로서 입출력 변환이 간략화 되기 전과 같은

동작을 하게된다.

일반적으로 상태도에서 상태수의 축소는 적은 부품으로 된 회로를 구성하는 것처럼 보이나 상태표에서 보다 적은 상태수로 줄인 사실이 플립플롭이나 게이트의 수를 줄인다고 할 수만은 없다.

Table 2-4 최종 간략화된 상태표

현재 상태(t)	다음 상태(t+1)		출 력	
	x = 0	x = 1	x = 0	x = 1
a	a	b	0	0
b	c	d	0	0
c	a	d	0	0
d	e	d	0	1
e	a	d	0	1

상태를 2진값으로 표현하면 상태수에 따라 2진값의 범위가 달라지는데 이것은 순차회로 비용을 감소시키는데 직접적인 연관이 된다(상태지정(state assignment) : Table 2-4-1, 2 참조). 그러나 최소비용의 조합회로를 보장하는 상태 할당 절차는 아직 없다.

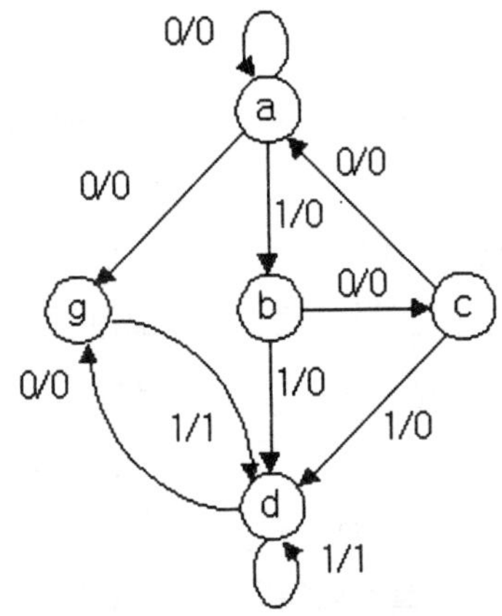

그림 2-16 감소화된 상태도

Table 2-4-1 2진 상태를 가진 축소된 상태표

현재 상태(t)	다음 상태(t+1)		출 력	
	x = 0	x = 1	x = 0	x = 1
001	001	010	0	0
010	011	100	0	0
011	001	100	0	0
100	101	100	0	1
101	001	100	0	1

Table 2-4-2 상태표의 또 다른 예

현재 상태(t)			입 력	다음 상태(t+1)			출 력
A	B	C	x	A	B	C	y
0	0	1	0	0	0	1	0
0	0	1	1	0	1	0	0
0	1	0	0	0	1	1	0
0	1	1	0	1	0	0	0
0	1	1	1	0	0	1	0
1	0	0	0	1	0	1	0
1	0	0	1	1	0	0	1
1	0	1	0	0	0	1	0
1	0	1	1	1	0	0	1

9) 플립플롭 여기표(flip-flop excitation table)

Table 2-5에서는 플립플롭의 입력과 전상태 함수로서 정의되고, Q(t)는 현재 상태(present state)이고 Q(t +1)은 클럭 펄스가 가해진 후의 다음 상태(next state)를 나타내는 플립플롭의 특성표이다. RS 플립플롭에 관한 진리표는 입력 S, R이 모두 0일 때 다음 상태가 현재 상태와 같고, R=1일 때 출력은 클리어되고 S=1일 때 출력은 세트된다. R, S가 모두 동시에 1일 때 다음 상태에 물음표는 부정의 상태이다.

K 플립플롭에 관한 표는 RS 플립플롭에서 부정의 상태만 제외하고 동일하다.

JK 플립플롭에 관한 표는 RS 플립플롭에서 부정의 상태만 제외하고 동일하다. JK 플립플롭은 J, K가 모두 1일 때 다음 상태는 현재 상태의 보수가 된다. D 플립플롭은 다음 상태에 변화가 오직 입력 D에 관계된다. T 플립플롭은 T=0일 때 다음 상태는 현재 상태를 유지하고, T=1일 때 현재 상태의 보수를 취한다.

RS 플립플롭 여기표는 Table 2-6(a)에 표시되어 있다. 여기서 Q(t)=0에서 Q(t+1)=0으로 변하는 경우는 출력이 변화하지 않으므로 S=0일 때 출력은 세트된다. R, S가 모두 동시에 1일 때 다음 상태에 물음표는 부정의 상태이다.

JK 플립플롭에 관한 표는 RS 플립플롭에서 부정의 상태만 제외하고 동일하다.

Table 2-5 플립플롭 진리표

S	R	Q(t+1)
0	0	Q(t)
0	1	0
1	0	1
1	1	?

(a) RS 플립플롭

J	K	Q(t+1)
0	0	Q(t)
0	1	0
1	0	1
1	1	Q'(t)

(b) JK 플립플롭

D	Q(t+1)
0	0
1	1

(c) D 플립플롭

T	Q(t+1)
0	Q(t)
1	Q'(t)

(d) T 플립플롭

JK 플립플롭은 J, K가 모두 1일 때 다음 상태는 현재 상태의 보수가 된다.

D 플립플롭은 다음 상태에 변화가 오직 입력 D에 관계된다.

T 플립플롭은 T=0일 때 다음 상태는 현재 상태를 유지하고, T=1일 때 현재 상태의 보수를 취한다.

RS 플립플롭 여기표는 Table 2-6(a)에 표시되어 있다.

여기서 Q(t)=0에서 Q(t+1)=0으로 변하는 경우는 출력이 변화하지 않으므로 S=0, R=0인 경우와 Q(t+1)=0이었으므로 S=0, R=1인 경우의 두 경우가 있을 수 있다. 그러므로 SR 입력은 S=0, R=0, 1 모두 포함되므로 X(무시항)이 된다.

Q(t)=0에서 Q(t+1)=1로 변하는 경우는 S=1, R=0일 때이고, Q(t)=1에서 Q(t+1)=0으로 변하는 경우는 S=0, R=1일 때이다. 또한 Q(t)=0에서 Q(t+1)=1인 경우는 S=0,

R=0과 S=1, R=0인 입력이 가해질 수 있으므로 S는 0, 1 모두 포함하므로 S=x, R=0로 표시된다.

JK 플립플롭 여기표는 Table 2-6(b)에 표시되어 있다. 여기서 Q(t)=0에서 Q(t+1)=0으로 변하는 경우는 현재 상태와 다음 상태가 모두 0으로 변하지 않으므로 J=0, K=0인 경우와 Q(t+1)=0이므로 J=0, K=1인 두 가지 경우가 있을 수 있다.

그러므로 JK입력은 J=0, K는 0, 1 모두 포함하므로 K=x, Q(t)=0에서 Q(t+1) = 1인 경우 J=K=1이고, J=1, K=0인 입력이 가해질 수 있으므로 J=1, K는 0, 1 모두 포함하므로 K=X로 표시된다.

또한 Q(t+1)=1에서 Q(t+1)=0으로 변하는 경우 K=1이고 J는 0, 1에서 모두 변화된다. Q(T)=1에서 Q(t+1)=1로 불변하는 것은 K=0이고 J는 0, 1 모두 가능하다.

Table 2-6 플립플롭 여기표

Q(t)	Q(t+1)	S	R
0	0	0	×
0	1	1	0
1	0	0	1
1	1	×	0

(a) RS 플립플롭

Q(t)	Q(t+1)	J	K
0	0	0	×
0	1	1	×
1	0	×	1
1	1	×	0

(b) JK 플립플롭

Q(t)	Q(t+1)	D
0	0	0
0	1	1
1	0	0
1	1	1

(c) D 플립플롭

Q(t)	Q(t+1)	T
0	0	0
0	1	1
1	0	1
1	1	0

(d) T 플립플롭

D 플립플롭에 관한 여기표가 Table 2-6(c)에 있다. Table 2-6(c)의 특성표에서 다음 상태는 항상 현재 상태에 관계없이 D입력과 같다. 따라서 Q(t+1)이 0을 가지기 위해서는 Q(t)의 값과 관계없이 d=0이고 Q(t+1)이 1이어야만 한다.

T 플립플롭에 대한 여기표가 Table 2-6(d)에 있다. Table 2-6(d)의 특성표에서 T=1일 때, 플립플롭은 보수 상태를 취하며 T=0일 때 플립플롭의 상태는 변하지 않는다. 그러므로 플립플롭의 상태가 변하지 않을 때는 T이어야 하고 플립플롭의 상태가 변할 때

는 T=1이어야만 한다.

10) 순차 논리회로 설계절차

본절에서는 순차 논리회로 설계절차를 소개한다. 설계절차는 다음과 같이 연속적인 단계로 짧게 요약될 수 있다. 설계 과정의 순서는

① 상태표를 작성한다.
② 각 상태에 감소화를 하여 불필요한 상태를 제거한다.
③ 각 상태에 2진수를 부여한다(이진할당).
④ 필요한 플립플롭의 수와 종류를 결정한다.
⑤ 상태표로부터 여기표와 출력표를 만든다.
⑥ 카르나도 등으로 출력 함수와 플립 플로의 입력 함수를 구한다.
⑦ 회로도를 작성한다.

위와 같은 순서에 의해서 그림 2-17에 상태도에 의한 순차 논리회로 설계과정을 예로 보이겠다.

우선 그림 2-17로부터 상태표를 작성하면 Table 2-7과 같다.

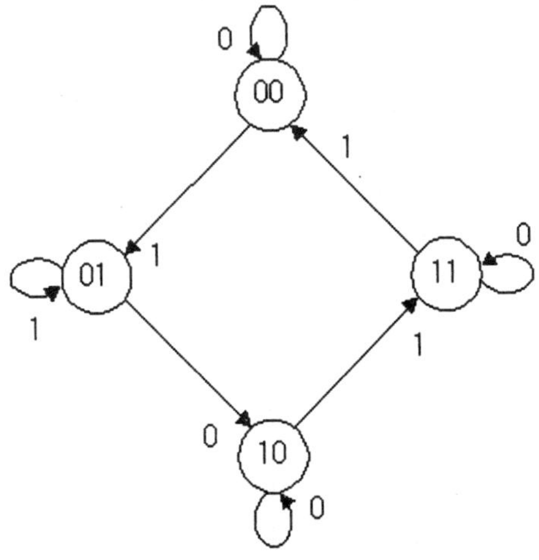

그림 2-17 상태도의 예

상태표는 더 이상 간소화 될 수 없고, 각 상태는 기호가 아닌 2진값으로 지정되었기 때문에 관계가 없다. 플립플롭은 JK를 사용한다.

다음 순서로는 상태표를 JK 플립플롭에 적용하여 여기표(excitation table)를 작성한다.

Table 2-7 상태표

현재 상태(t)	다음 상태(t+1)	
	x = 0	x = 1
A B	A B	A B
0 0	0 0	0 1
0 1	1 0	0 1
1 0	1 0	1 1
1 1	1 1	0 0

여기서 JK 플립플롭 입력 변수를 카르나도를 사용하여 간략화한 과정이 그림 2-18에 표시되었다.

이렇게 되면 이 조합 논리회로에 대해서 다른 조합 논리회로에서와 같이 부울 함수를 간소화시킬 수 있다.

입력은 변수 A, B, x 이고, 출력은 변수 JA, KA, JB, KB들로 된 조합 논리회로이다.

Table 2-8 여기표

조합회로의 입력		다음 상태(t+1)	조합회로의 출력
현재 상태(t)	입 력		플립플롭 입력
A B	x	A B	J_a K_a J_b K_b
0 0	0	0 0	0 X 0 X
0 0	1	0 1	0 X 1 X
0 1	0	1 0	1 X X 1
0 1	1	0 1	0 X X 0
1 0	0	1 0	X 0 0 X
1 0	1	1 1	X 0 1 X
1 1	0	1 1	X 0 X 0
1 1	1	0 0	X 1 X 1

진리표의 정보들을 그림 2-18의 맵으로 옮겨, 다음과 같이 간소화된 플립플롭 입력 함수를 쉽게 얻을 수 있다.

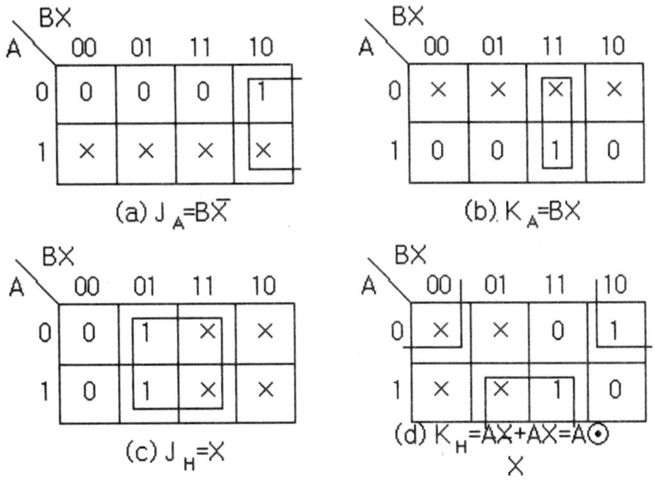

그림 2-18 조합 논리회로의 간소화

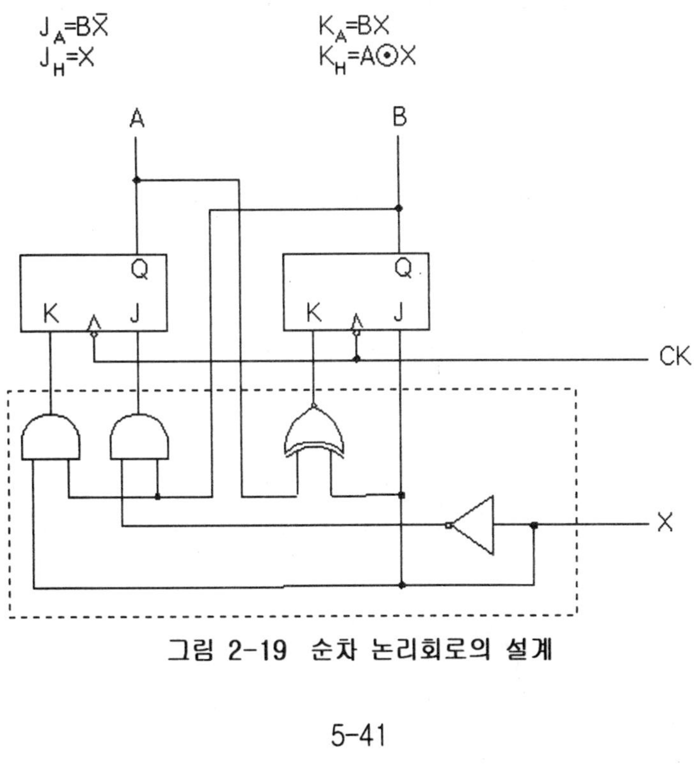

그림 2-19 순차 논리회로의 설계

문제 1. RS형 플립플롭 회로(RST-F/F 회로)

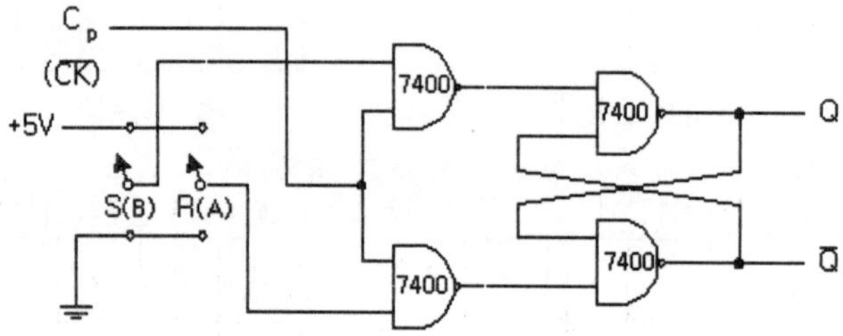

그림 2-20

그림 2-20과 같이 RST-F/F 회로를 결선하고 입력 R(A), S(B)의 변화가 Single Pulse(C_p)에 따라 어떻게 변화되는지 표 2-1에 완성하시오.

(단, S(B), R(A) 입력을 인가한 상태에서 Single Pulse(Push Button, $\overline{CK}$)를 가한다.)

표 2-1

C_p(C'K')	R(A)	S(B)	Q(I_1)	Q'(I_2)
0	0	0		
1	0	0		
0	0	1		
1	0	1		
0	1	0		
1	1	0		
0	1	1		
1	1	1		

문제 2. D형 플립플롭 회로(D-F/F 회로)

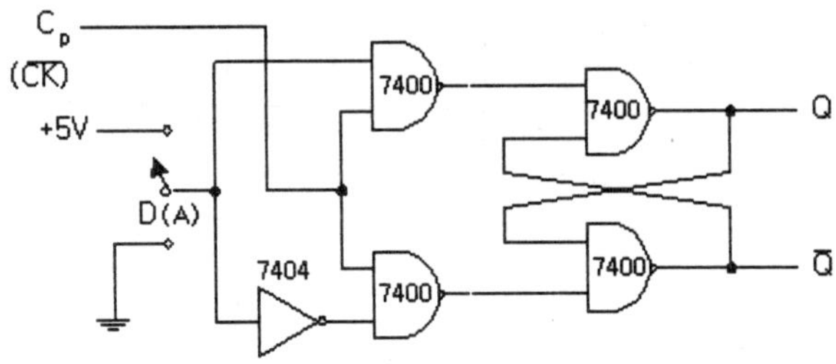

그림 2-21

그림 2-21과 같이 D와 C_p의 입력 변화에 따른 출력 상태를 표 2-2에 완성하시오.

표 2-2

C_p(C'K')	D(A)	Q(I_1)	Q'(I_2)
0	0		
1	0		
0	1		
1	1		

문제 3. TTL IC(7474)을 이용한 D-F/F 회로

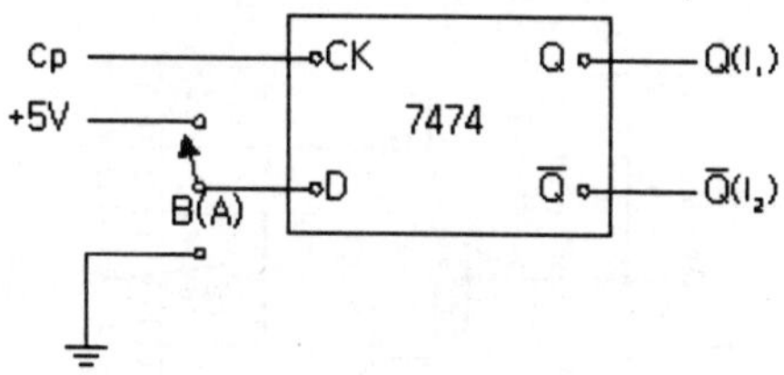

그림 2-22

그림 2-22를 회로를 연결하였으면, 입력 D(A)와 C_p의 조건 변화에 따른 출력 상태를 측정하여 표 2-3을 완성하시오.

표 2-3

C_p(C'K')	D(A)	$Q(I_1)$
0	0	
1	0	
0	1	
1	1	

문제 4. J-K형 플립플롭 회로(J-K F/F 회로)

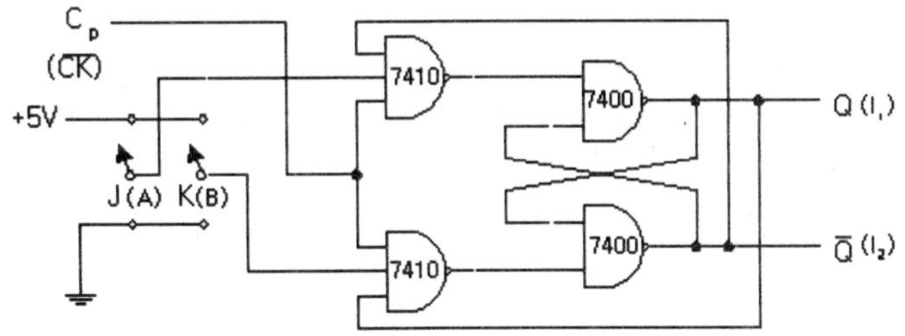

그림 2-23

그림 2-23 회로를 연결하였으면, 입력 J, K 및 클럭 펄스 C_p의 변화에 따른 출력을 측정하여 표 2-4에 완성하시오.

표 2-4

순 번	C_p	J(A)	K(B)	Q(I_1)
1	0	0	0	
2	1	0	0	
3	0	0	1	
4	1	0	1	
5	0	1	0	
6	1	1	0	
7	0	1	1	
8	1	1	1	

문제 5. TTL IC(74LS76)을 이용한 JK-F/F

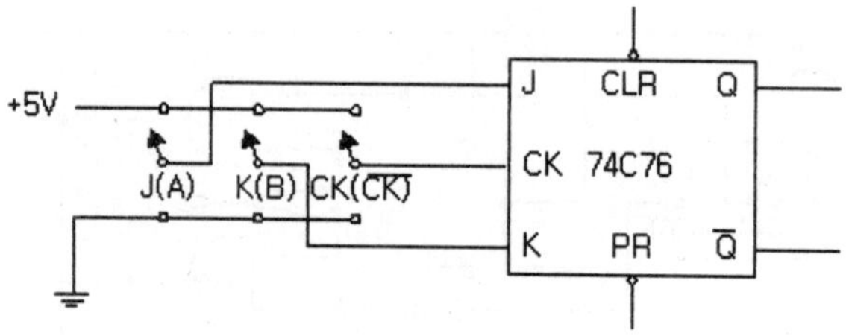

그림 2-24

그림 2-24와 같이 회로를 연결하였으면, 입력 JK와 클럭 펄스 C_p변화에 따른 출력 Q를 측정하여 표 2-5를 완성하고, 그림 2-25의 타이밍 차트(Timing Chart)도 완성하시오.

표 2-5

순 번	C_p	J(A)	K(B)	Q(I_1)
1	1	0	1	
2	0	1	1	
3	1	1	0	
4	0	1	0	
5	1	1	1	
6	0	1	1	
7	1	1	0	
8	0	0	1	

그림 2-25

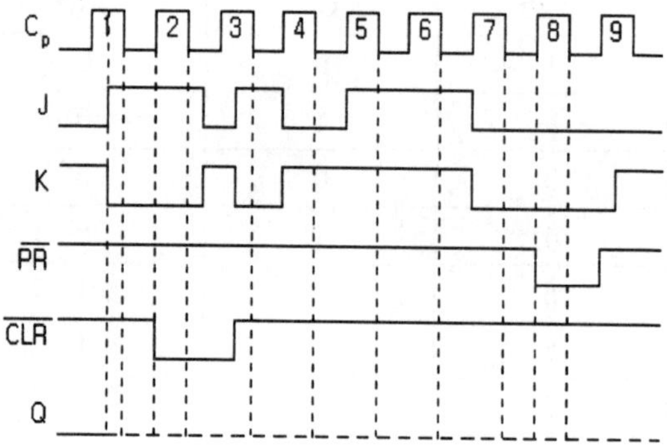

문제 6. TTL IC(74LS76)을 이용한 마스터-슬레이브 JK 플립플롭

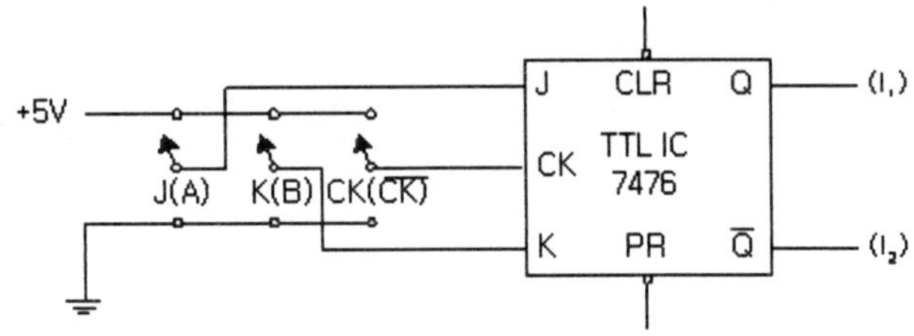

그림 2-26

입력 JK와 클럭 펄스 C_p의 변화에 따른 출력 Q와 Q'를 측정하여 표 2-6을 완성하시오.

표 2-6

초기 상태	순 번	C_p(CK')	J(A) K(B)	$Q(I_1)$	$Q'(I_2)$
Q = 0 Q' = 1	1	1	0 1		
	2	0	0 1		
	3	1	1 0		
	4	0	1 0		
	5	1	1 1		
	6	0	1 1		
Q = 1 Q' = 0	1	0	1 0		
	2	1	1 0		
	3	0	1 0		
	4	1	0 1		
	5	0	0 1		
	6	1	1 1		
	7	0	1 1		

5-3 단안정 멀티바이브레이터(Monostable Multivibrator)

1) 단안정 기본동작

Set 상태와 Reset 상태의 두 가지가 있으나 한 상태에서만 안정되고 다른 상태는 불안정하여 일정한 시간 뒤에는 자동적으로 안정상태로 돌아간다. 순간적으로 안정한 상태를 준안정상태라 하며, 준안정에 머무는 시간 T는 외부트리거 신호에 의하여 결정되는 것이 아니라 자체내의 C, R 시정수로 결정되며 논리기호와 출력파형은 그림 3-1과 같다.

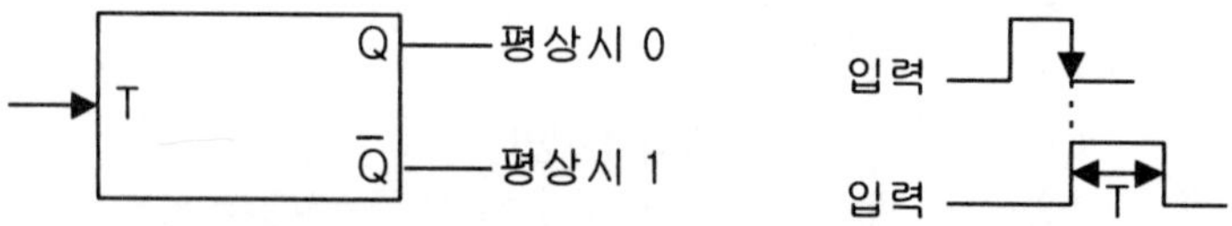

(a) Reset상태에서 안정되는 논리기호 (b) 트리거 입력과 출력파형

그림 3-1 단안정 멀티바이브레이터의 논리기호와 출력 파형

1.1 단안정 멀티바이브레이터의 회로

단안정 멀티바이브레이터는 하나의 안정된 상태를 가지며, one shot M_v라고도 한다. 이 회로의 동작을 보면 먼저 입력에 트리거 펄스(Trigger pulse)가 들어오지 않는 상태에서 T_{r1}은 $-V_{BB}$와 R_B에 의해 항상 차단상태에 있다. T_{r1}는 V_{CC}와 R_T에 의해서 도통상태로 고정되어 있다.

이 때 부의 트리거 펄스(Negative Trigger pulse)가 입력에 들어오면 T_{r2}의 V_{BE2}가 감소하여 T_{r2}의 컬렉터 전압이 급격히 상승한다. 이 변화가 C_C를 통하여 T_{r1}에 인가되므로 T_{r1}의 컬렉터 전류가 증가한다. 즉 T_{r1}이 전도(도통)되고 T_{r1}이 차단되어 불안정한 상태가 된다. 한편 T_{r1}이 도통되면 결합 콘덴서 C_T에 충전되어 있던 전하가 R_T를 통하여 방정한다($+V_{CC} \rightarrow R_T \rightarrow C_T \rightarrow T_{r1}$ 방향으로). 반대로 C_T가 충전 할 때는 R_T를 통하여 충전된다($+V_{CC} \rightarrow R_1 \rightarrow C_T \rightarrow T_{r2}$ 방향으로).

방전기간 동안은 R_T에 의한 전압강하 때문에 T_{r2}는 계속 차단되어 있고 T_{r1}은 도통되어 있다.

방전이 끝나면 T_{r2}에 다시 정의 바이어스가 걸리게 되어 T_{r2}는 도통되고 T_{r1}은 차단된다.

앞에서 말한 불안정한 상태는 C_T가 R_T를 통하여 방전되는 시간에 의하여 결정되며 식 (3-1)과 같다.

$$T=0.693C_TR_T \tag{3-1}$$

이 기간동안 트리거 펄스가 들어오더라도 V_{BE2}가 낮아 출력상태가 변하지 않는다. 이러한 입력 트리거 펄스가 인가될 때 일어나는 각 단자의 파형변화를 보면 그림 3-3과 같다.

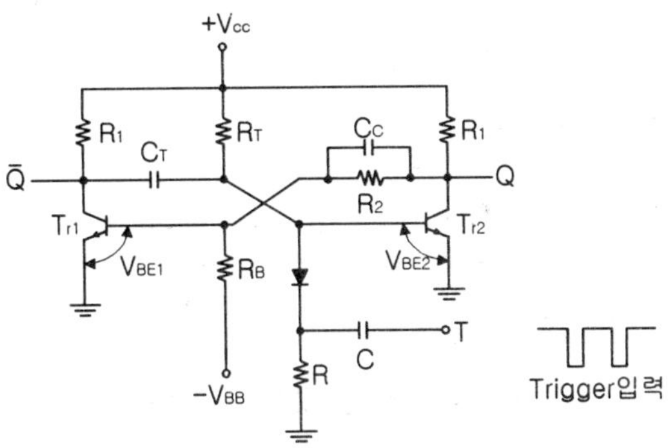

그림 3-2 단안정 멀티바이브레이터 회로

2) 단안정 멀티바이브레이터의 여러 가지 입출력 파형

그림 3-2 회로의 출력 Q의 평상시는 "0"레벨의 안정된 상태를 유지하며 트리거 입력을 가함에 따라 그림 3-4와 같이 좁은 펄스를 넓게 할 수도 있고 넓은 폭의 펄스를 좁

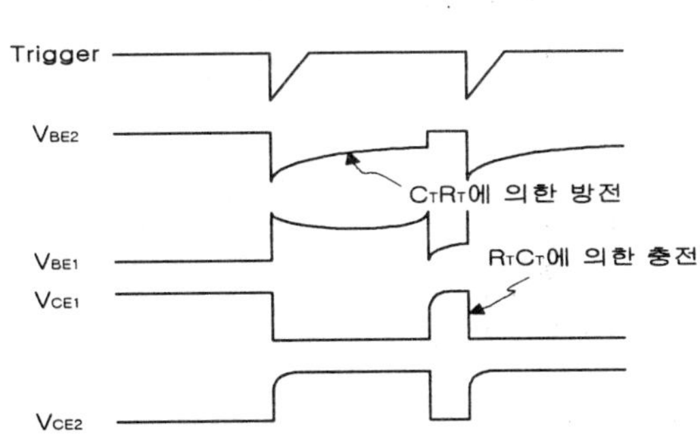

그림 3-3 단안정 멀티바이브레이터 각 단자의 변화 파형

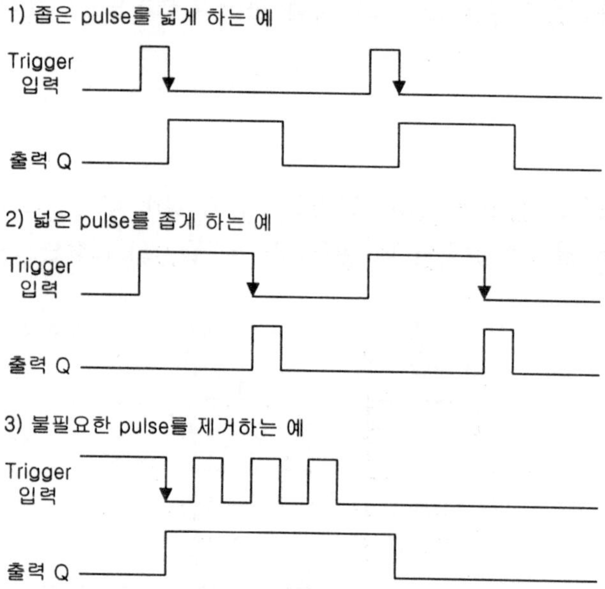

그림 3-4 여러 가지 입출력 파형

게도 가능하며 경우에 따라서는 불필요한 펄스를 제거하는 데도 사용된다.

2.1 개별소자에 의한 단안정 M_V회로

NAND 게이트의 입력에 평상시 높은 +V 전압에 의하여 A점의 전위가 높게 Bias되어 출력 Q는 0(Low Level)에 머물고 한편 Trigger 입력은 평상시 0상태에 있다가 1의 상태(high level)로 Trigger되면서 평상시 Q'의 1상태가 낮은 전압상태가 되면서 A점의 전위를 갑자기 하강시키면서 콘덴서 C에 충전되어 있던 전압이 R를 통하여 방전하면서 식 (3-1)과 같이 시정수 T시간 후에 다시 A점이 높은 Bias로 유지시켜 그림 3-5(b)와

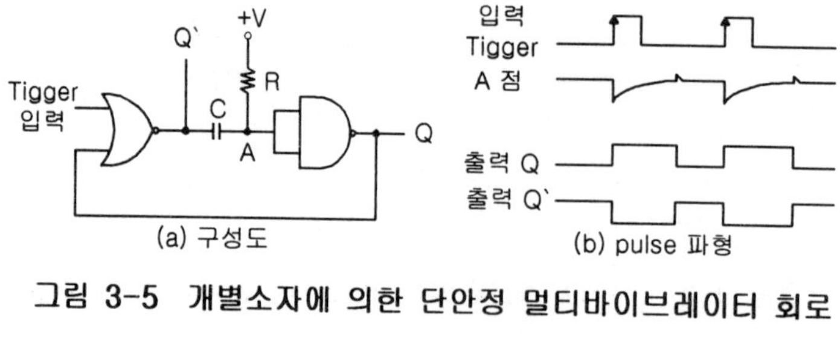

그림 3-5 개별소자에 의한 단안정 멀티바이브레이터 회로

같은 출력 Q파형을 나타낸다.

NOR 게이트와 NAND 또는 NOT 게이트는 TTL이나 CMOS 중 어느 것을 사용해도 되지 TTL과 CMOS 디바이스를 조합해서는 안된다. 또한 NAND 게이트 대신 NOR 게이트로 대치해도 좋다.

3) IC 단안정 M_v회로

3.1 TTL 74121 단안정 M_v

TTL 74121은 3개의 입력(A_1, A_2, B)과 2개의 출력 및 3개의 타이밍 핀을 가지고 있다. 그림 3-6은 정(positive) 트리거를 위한 74121의 접속을 나타낸 것이고, 그림 3-7

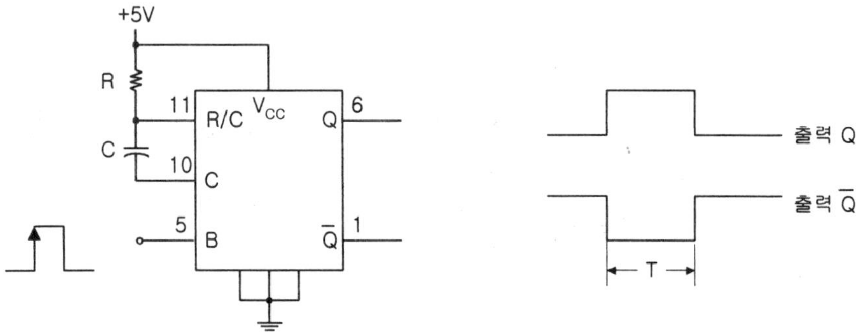

그림 3-6 정(+)트리거를 위한 74121 단안정 Mv의 접속

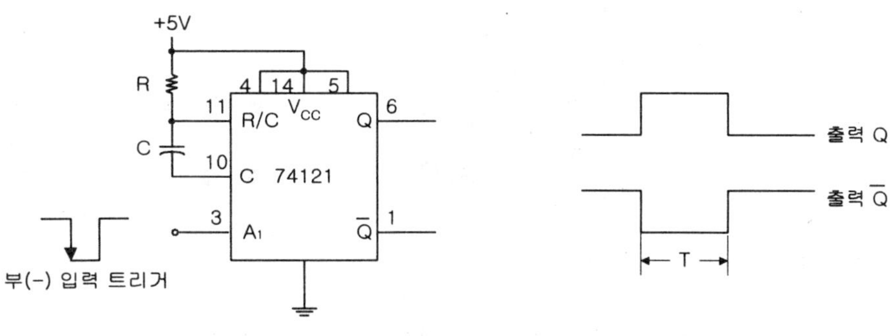

그림 3-7 정(-)트리거를 위한 74121 단안정 Mv의 접속

은 부(Negative) 트리거를 위한 74121의 접속을 나타낸 것이다. RC의 시정수 회로에 의해 출력 펄스쪽은 식 (3-1)과 같다. 최대의 성능을 얻기 위해 R는 2~40[kΩ], C는 10[pF]~10[μF]의 범위로 선정하여야 한다.

예를 들어 약 20[μs]의 출력 펄스쪽을 얻으려면 첫째 3[kΩ]과 0.01[μF], 둘째 30[kΩ]과 0.001[μF](1000[pF])를 조합하면 된다.

3.2 CMOS 4047 단안정 M_v

4047 단안정 멀티바이브레이터는 개별소자에 의한 단안정회로에 비해 고도의 안정성과 정밀도를 가지고 있는 장치로서 TTL 단안정과 마찬가지로 상보대칭 출력을 갖는다.

그림 3-8은 정(+) 트리거를 위한 접속이고, 그림 3-9는 부(-) 트리거를 위한 접속이다.

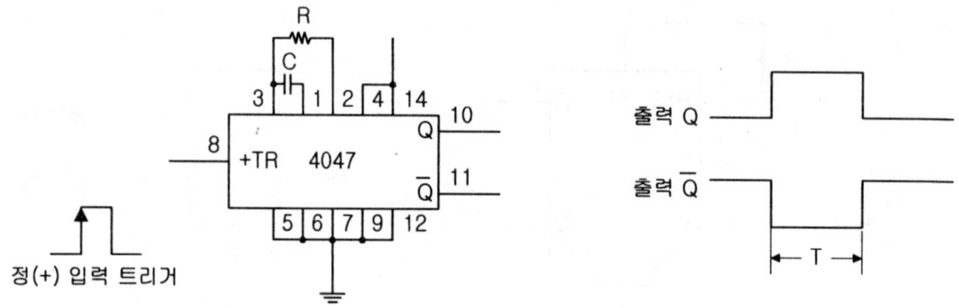

그림 3-8 정(+) 트리거를 위한 4047 단안정 Mv의 접속

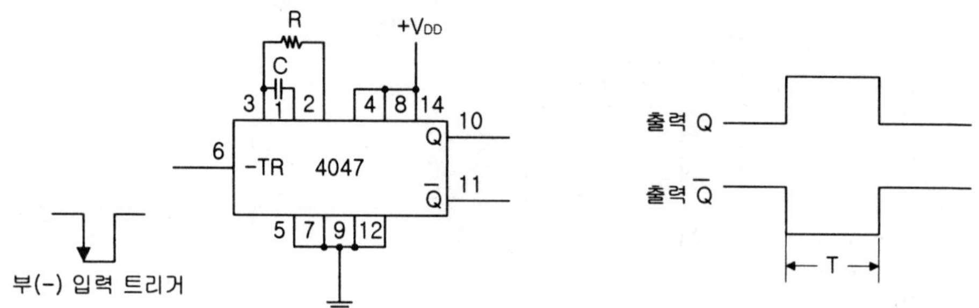

그림 3-9 부(-) 트리거를 위한 4047 단안정 Mv의 접속

어느 경우나 최소 입력 트리거 펄스 폭은 4[V]전원일 때 500[ns](type), 10[V]전원일 때 200[ns](type)이다. 출력 펄스 폭은 식 (3-2)와 같다.

$$T=2.48RC[S] \tag{3-2}$$

그러나 믿을 수 있는 신뢰성 동작을 위해서는 시정수 저항은 10[kΩ]~1[MΩ], 콘덴서는 0.001[μF]이상의 값으로 택해야 한다. 이 때 출력 펄스 폭은 최소 25[μs]까지 가능하다.

5-4 비안정 멀티바이브레이터(Astable Multivibrator)

2개의 capacitor로 결합된 멀티바이브레이터로 안정된 동작상태가 없이 Set와 Reset의 두 상태가 주기적으로 반복되는 특성을 갖고 있으며 디지털 시스템을 동작시키는 데 필요한 클록 신호(clock signal)를 발생시키는 데 쓰인다.

1) Transistor형 비안정 M_v회로

TR_1이 포화상태이고, TR_2가 차단상태라면 $t=0$일 때 TR_1이 포화이고 시간이 경과함에 따라 충전된 C_1은 R_{B1}을 통하여 방정하고 $t=t_1$이 되면 V_{BE2}가 TR_2의 충분한 Bias가 되어 TR_2가 포화상태로 된다. 이와 같이 TR_2가 갑자기 포화상태가 되면 V_{CE2}가 $+V_{CC}$전압에서 약 0.2[V]로 떨어져 $+V_{CC}=+5$[V]라 하면 4.8[V]가 드롭(drop)되므로 V_{BE1}을 0.8[V]의 Bias전압에서 4.8[V]가 드롭되면 −4[V]가 되어 t_1에서 t_2까지 R_2를 통하여 C_2가 방전한다.

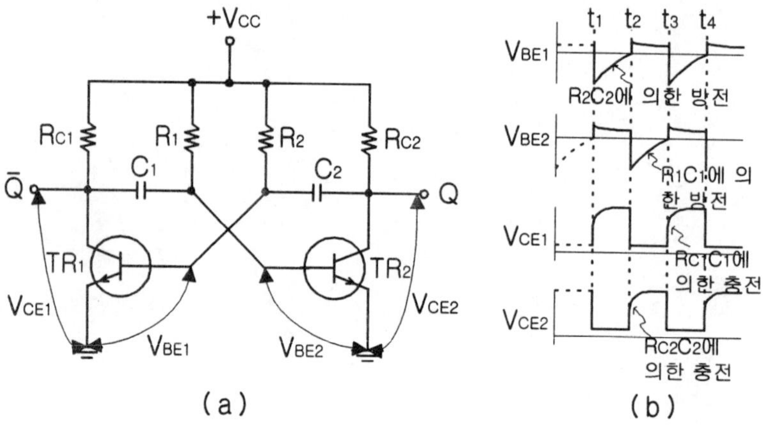

그림 4-1 비안정 M_v회로와 그의 파형

이와 같은 동작은 자동적으로 되풀이 되는데 그 반복주기는 R_1C_1, R_2C_2의 방전시정수에 의하여 결정된다.

TR_1이 차단되어 있는 기간은

$$V_{BE1} = V_{CC}\left\{1-\exp\left(-\frac{t}{R_2C_2}\right)\right\} - V_{CC}\exp\left(-\frac{t}{R_2C_2}\right) \tag{4-1}$$

이 때 TR_2는 도통상태이며, R1C1에 의한 그림 4-1의 (b)와 같이 충전이 생긴다.
식 (4-1)에서 $V_{BE1}=0$이 되는 시각 $t=t_a$에서 TR_1이 차단되므로

$$0 = 1-2\exp\left(-\frac{t_a}{R_2C_2}\right)$$

$$t_a = -R_2C_2\ln 0.5 \cong 0.693R_2C_2 \tag{4-2}$$

같은 방법으로 TR_2가 차단되는 사각은 t_b라 하면

$$t_b \cong 0.693R_1C_1$$

따라서 단형파의 반복주기

$$T = t_a + t_b \cong 0.693(R_1C_1 + R_2C_2) \tag{4-3}$$

$$f = \frac{1}{T} = \frac{1}{t_a+t_b} \fallingdotseq \frac{1.4}{R_1C_1+R_2C_2} \tag{4-4}$$

만일 $R_1=R_2$, $C_1=C_2=C$이면

$$f = \frac{0.7}{RC} \tag{4-5}$$

이러한 트랜지스터형 클록 발생회로는 트랜지스터가 인버터 게이트(Inverter Gate)로 동작하기 때문에 그림 4-2와 같이 나타낼 수 있다.

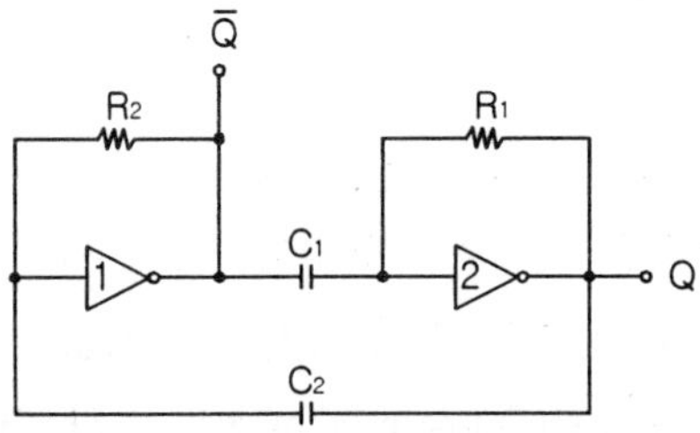

그림 4-2 Inverter Gate를 이용한 비안정 M_V회로

한편, 이 출력 파형은 Inverter Gate의 입출력 특성 때문에 완전한 구형파가 되기는 어려우므로 출력측에 Schmitt Trigger를 접속시켜 파형을 정형시키는 것이 좋다.

2) 수정 진동자를 이용한 비안정 M_v

LC동조회로에 수정편을 사용하면 다른 발진회로와는 비교가 안 되는 안정된 주파수를 얻을 수 있다. 특히, 전파의 주파수는 안정되고 정확해야 하는데 전파법규에서 상용 송신기의 주파수는 $10^{-4} \sim 10^{-5}$ 정도의 허용편차를 요구한다. 그래서 Q가 큰 수정 진동자로 주파수의 안정화를 꾀한 수정발진회로가 무선 송신기에 많이 이용되고 있다.

수정 진동자는 수정편의 압전효과를 이용한 기계적 진동자로서 Q가 대단히 높아 보통 $10^4 \sim 10^6$ 정도나 된다. 수정을 적당히 여진하면 출력주파수가 얻어지는데 이 주파수는 수정의 두께, 자르는 방법, 홀더(holder)의 형태 등에 따라 달라진다.

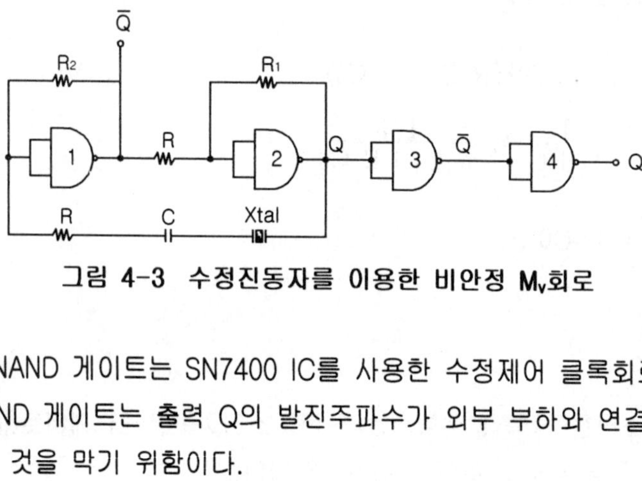

그림 4-3 수정진동자를 이용한 비안정 M_v회로

그림 4-3의 NAND 게이트는 SN7400 IC를 사용한 수정제어 클록회로로서 출력에 추가된 2개의 NAND 게이트는 출력 Q의 발진주파수가 외부 부하와 연결될 때 이로 인하여 영향을 받는 것을 막기 위함이다.

3) 555 IC 타이머(timer)

IC 타이머가 등장한 이래 단안정 및 비안정 멀티바이브레이터의 설계가 간단해졌다. 가장 인기가 있는 IC 타이머로는 555와 556이다. 이들 타이머는 4~18[V]의 전원전압으로 동작하기 때문에 TTL이나 CMOS 디바이스와 더불어 사용할 수 있다.

표준 555 타이머는 전류 드레인(Current drain)이 커서 건전지 사용회로에는 적합하지 않지만 이것과 완전호환이 가능한 건전지 회로용이 저전력 CMOS 버전(L555, ICM7555)도 시판되고 있다.

3.1 555 IC 단안정 M_v

신뢰성있는 동작을 위해서는 R는 1[kΩ]~10[MΩ]의 범위로 하고 C는 0.001[μF] 이상의 값으로 선정하며, 출력 펄스폭은 식 (4-6)과 같다.

$$T=1.1RC[s] \tag{4-6}$$

일단 멀티바이브레이터가 입력에서 트리거되면 식 (12-6)에 의해 타이밍 사이클 동안에 리트리거(retrigger)되어도 출력 Q는 T시간이 경과할 때까지는 준안정상태(여기서는 1의 상태)로 유지된다. 만일 타이밍 사이클 동안에 리셋 입력에 부(-)의 리셋을 가동시킨다면 T시간 전에 안정상태 (여기서는 0의 상태)로 돌아간다.

만일 이 회복시간(recovery time)이 끝나지 않고 다음의 사이클이 시작되면 그 주기가 식 (4-6)에서 주어진 주기보다 짧아질 가능성이 있다. 이 가능성을 없애기 위해 부(-)회복회로를 사용해야 한다. 트리거 펄스 열이 555의 설정된 시간지연보다 짧은 주기로 계속 입력되고 있는 한 멀티바이브레이터는 트리거된 채로 있으며, 출력은 준안정상태를 유지하고 일단 트리거가 끝나면 타이밍 사이클이 종료된다.

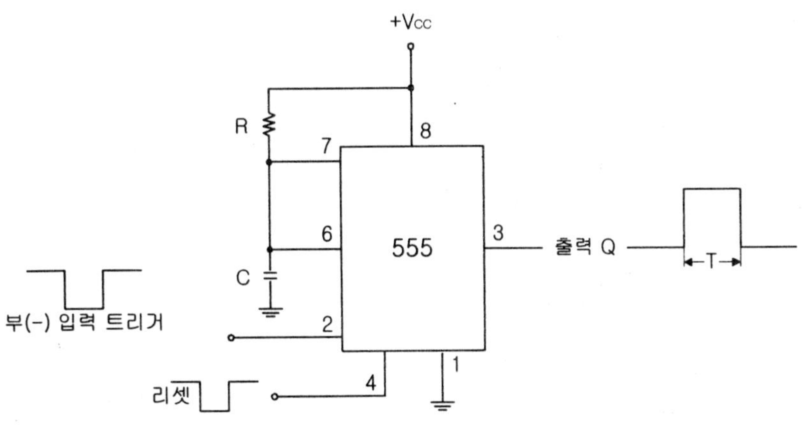

그림 4-4 부(-)트리거 방식 555 단안정 M_v회로

3.2. 555 IC 비안정 M_v

이 회로의 출력 주파수 f는 식 (4-7)과 같다.

$$f = \frac{1.443}{(R_1 + 2R_2)C}[\mathrm{Hz}] \tag{4-7}$$

출력 펄스 열의 듀티 사이클(duty cycle)은 식 (4-8)과 같이 외부 타이밍 저항의 값에 의해서만 결정된다.

$$D = \frac{R_1 + R_2}{R_1 + 2R_2} \times 100[\%] \tag{4-8}$$

따라서 R_2를 R_1에 비해 매우 크게 선정하면 % 듀티 사이클 D값은 50[%]에 가까워진다.

또 R_1+2R_2의 합은 1[kΩ]~10[MΩ]의 범위가 되어야 하고 최대 출력 주파수는 약 200[kHz]이다.

여기서 듀티 사이클은 출력 주파수를 바꾸지 않고서는 독립적으로 조정할 수 없다는 점에 유의하기 바란다.

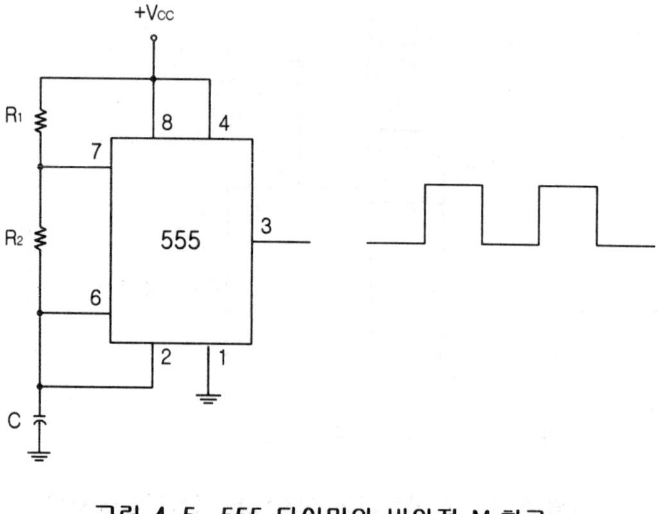

그림 4-5 555 타이머의 비안정 M_v회로

제 6 장 레지스터와 카운터

6-1 시프트 레지스터(Shift Registers)

1) 데이터의 입출력 방식

1.1 직렬 입력-직렬 출력 시프트 레지스터
(Serial in-Serial out Shift Registers)

데이터를 직렬로 받아들여 직렬로 처리한다. 즉, 데이터를 1비트씩 입력하여 1비트씩 출력한다는 의미를 갖고 있으며, 그림 1-1과 같다.

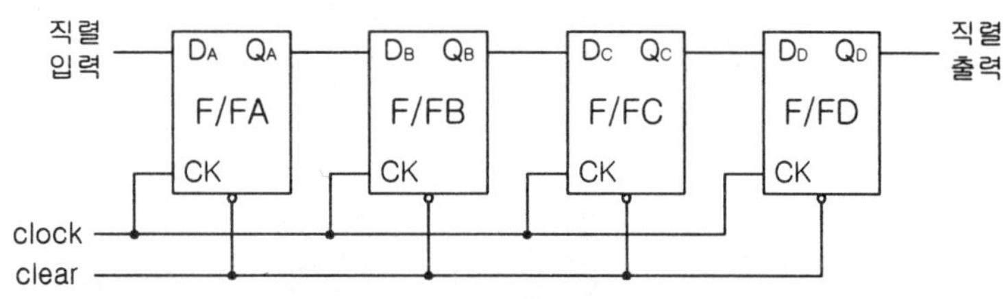

그림 1-1 직렬 입력-직렬 출력 시프트 레지스터

이 방식은 4비트 직렬 입력-직렬 출력 시프트 레지스터로 클리어 입력을 갖춘 74175, 74C175, 40175와 같은 D형 F/F 4개를 캐스케이드로 접속하였다. 이 시프트 레지스터는 4개의 플립플롭으로 구성되므로 4비트의 데이터를 저장할 수 있으며, 하나의 데이터 입력, 클럭 입력, 클리어 입력 및 2개의 콤플리 멘터리 출력을 가지고 있다. 여기서 직렬 입력-직렬 출력 시프트 레지스터의 동작을 설명하기 위해 4비트 2진수 1001을 처리하는 방법을 알아보자.

그림 1-2의 직렬 입력-직렬 출력 시프트 레지스터의 저장순서에서 처음 순간적으로 클리어 입력을 작동하여 리셋시킨다. 4비트 2진수의 맨 오른쪽(최하위) 비트(1)가 데이터를 입력에 가해지고 첫 번째 클록 펄스가 가해지면 F/FA가 세트되어 1이 저장된다.

따라서 Q_A=1의 상태가 된다.

두 번째 비트(0)가 데이터 입력에 가해지고 두 번째 펄스가 가해지면 Q_A=D_B=1이므로 F/FB가 세트되어 Q_B=1의 상태가 되는 동시에 F/FA는 D_A=0이므로 리셋되어 Q_A=0이 된다.

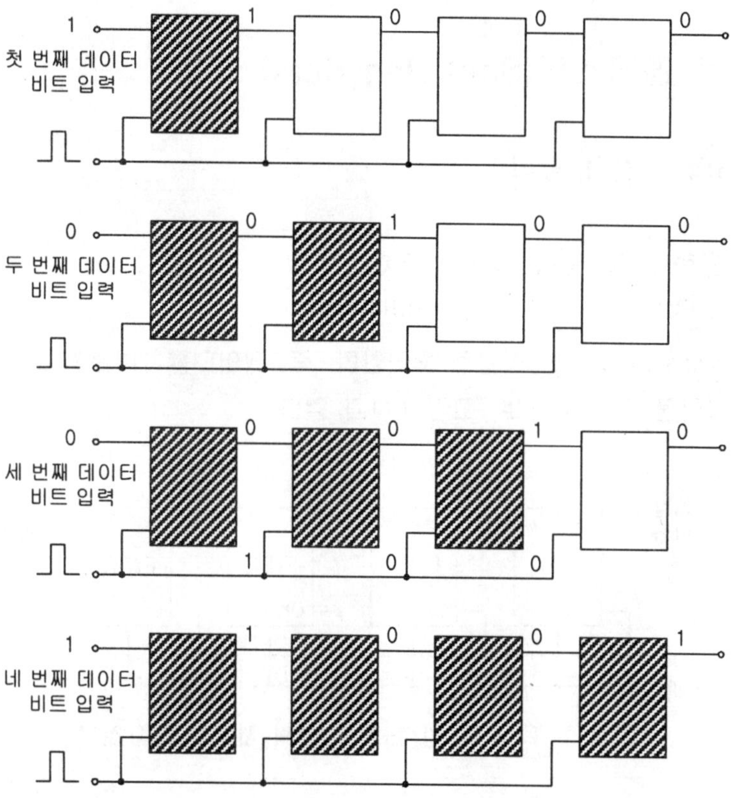

그림 1-2 직렬 입력-직렬 출력 시프트 레지스터의 저장순서

즉 F/FA에 저장되어 있던 첫 번째 비트(1)가 F/FB로 시프트되고 F/FA에는 두 번째 비트(0)가 새로 저장된다. 따라서 Q_B=1, Q_A=0의 출력 상태가 된다. 세 번째 비트(0)가 데이터 입력에 가해지고, 세 번째 클럭 펄스가 가해지면 D_A=0, D_B=0, D_C=Q_B=1이므로 F/FA, F/FB 및 F/FD는 Q_C=1, Q_B=0, Q_A=0의 출력 상태가 된다. 즉 첫 번째 비트가 세 번 자리이동을 한 셈이 된다.

끝으로 마지막(최상위) 데이터 비트(1)가 가해지고 네 번째 클럭 펄스가 가해지면

F/FA가 세트되는 동시에 F/FB, F/FC, F/FD는 Q_D=1, Q_C=0, Q_B=0, Q_A=1의 출력상태가 된다. 이것으로 4비트 2진수 1001이 시프트 레지스터의 4개의 F/F에 순서대로 저장된 것이 된다. 이 상태는 전원이 가해져 있는 한 그대로 유지된다. 이들 4개의 비트를 시프트 레지스터로부터 끌어내려면 직렬로 자리이동을 시키면서 끌어내야 한다.

가장 간단한 방법으로 입력을 0으로 하고 3개의 클럭 펄스를 차례로 가하는 방법이다.

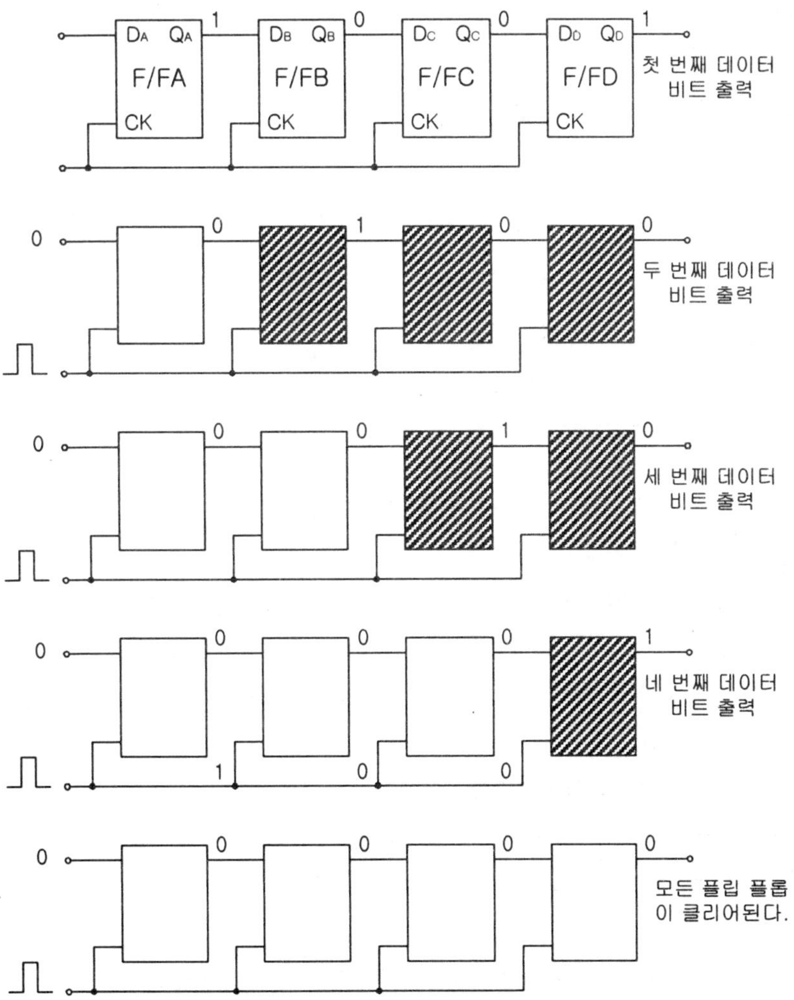

그림 1-3 직렬 입력-직렬 출력 시프트 레지스터의 출력순서

처음에 출력 Q_D=1이 되며 이어서 0, 0 및 1의 순서로 된다. 네 번째 클럭 펄스로 입력 0이 4개의 F/F를 모두 통과하므로 시프트 레지스터의 출력은 0이 된다. 즉 4비트 2진수가 직렬로 출력되어 4개의 F/F의 출력이 모두 0으로 클리어된다. 4비트 데이터가 자리이동을 하면서 레지스터로부터 출력되는 순서는 그림 1-3의 직렬 입력-직렬 출력 시프트 레지스터와 같다.

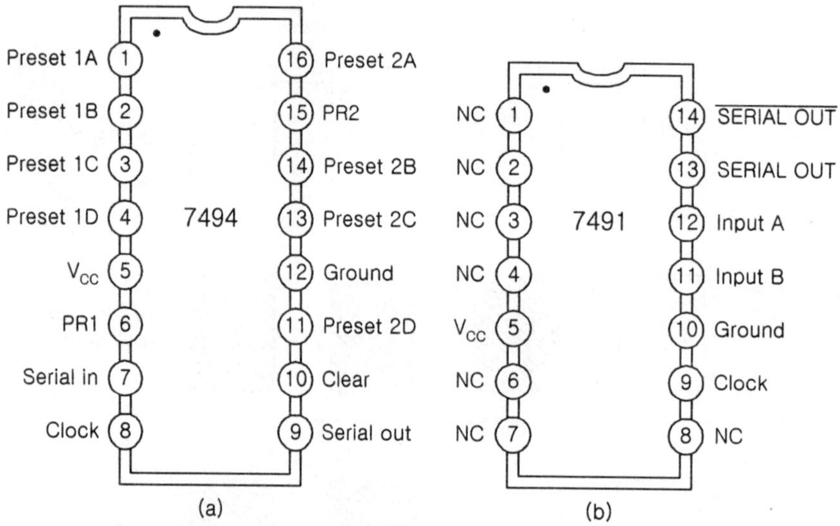

그림 1-4 핀 접속도

74175 4회로 D형 F/F의 4개 섹션을 접속하여 4비트 직렬 입력-직렬 출력 레지스터를 구성하는 대신 똑같은 목적으로 설계된 7494와 같은 전용 직렬 입력-직렬 출력 시프트 레지스터를 이용하면 매우 편리하다. 이와 같은 7494의 핀 접속도는 그림 1-4(a)와 같으며, 로직도는 그림 1-5와 같다.

처음 클리어(CLR) 입력을 순간적으로 로직 1로 하면 모든 플립플롭을 동시에 클리어시켜 출력 Q=0으로 된다. 다음은 해당 프리셋 인에이블 입력을 1로 하여 주어진 4비트 데이터를 P1A, P1B, P1C, P1D의 입력 그룹이나 P2A, P2B, P2C, P2D의 입력 그룹에 로드(프리셋)한다.

클리어와 프리셋 동작은 클럭 펄스와는 관계없이 독립적(비동기적)으로 이루어진다.

그러나 일단 클리어되거나 프리셋되면 클리어(CLR)가 반드시 0이고, 프리셋 입력이 1이어야만 매 클럭 펄스마다 직렬 입력-직렬 출력 시프트 레지스터의 정상적인 동작이

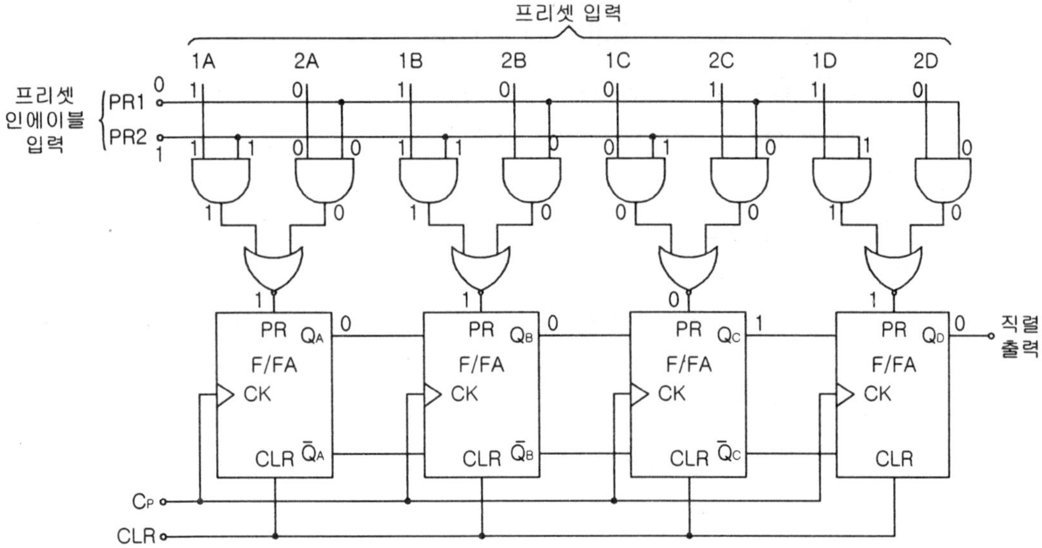

그림 1-5 7494 TTL 4비트 직렬 입력-직렬 출력 시프트 레지스터 로직도

이루어진다.

7494는 프리셋 능력만을 가지고 있으므로 주어진 스테이지의 로직 1레벨은 프리셋 기능을 이용하여 0으로 변경시킬 수 없다. 따라서 7494 시프트 레지스터는 클리어하여 모든 F/F를 로직 0으로 한 다음 해당된 F/F만을 로직 1로 프리셋하여야 한다.

플립플롭의 경우와 마찬가지로 시프트 레지스터 패키지를 캐스케이드 접속함으로써 레지스터의 용량을 증가시킬 수 있다.

그림 1-6의 7491캐스케이드 시프트 레지스터 접속에서와 같이 패키지를 2개 접속하여 16비트로 용량을 증가시킨 것이다.

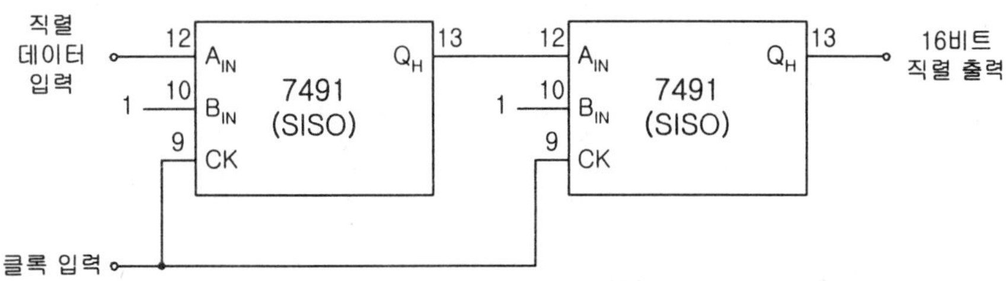

그림 1-6 7491 캐스케이드 시프트 레지스터 접속

1.2 직렬 입력-직렬 출력 시프트 레지스터 (Serial in-Parallel out Shift Registers)

직렬 입력-병렬 출력 시프트 레지스터는 그림 1-7과 같이 D형 플립플롭을 사용하여 각 레지스터로부터 출력을 끌어내는 점을 제외하고는 직렬 입력-직렬 출력 레지스터의 플립플롭의 구성과 같다. 각 비트(bit)가 시프트되고 저장되면 각 플립플롭의 출력이 해당 데이터를 나타내게 된다.

직렬 입력-병렬 출력 시프트 레지스터는 데이터를 직렬로 출력하는 대신 모든 데이터 비트를 동시에 끌어냄으로 병렬 출력이 된다. 이 방식은 디지털 컴퓨터에서 직렬-병렬 변환기 등으로 널리 사용되고 있다. 대표적인 패키지로는 74164 TTL 8비트와 CMOS 74C164를 들 수 있는데 이 회로도는 그림 1-8과 같다. F/FA만 D형으로 접속하고 나머지는 모두 R-S 플립플롭형으로 접속되어 있다.

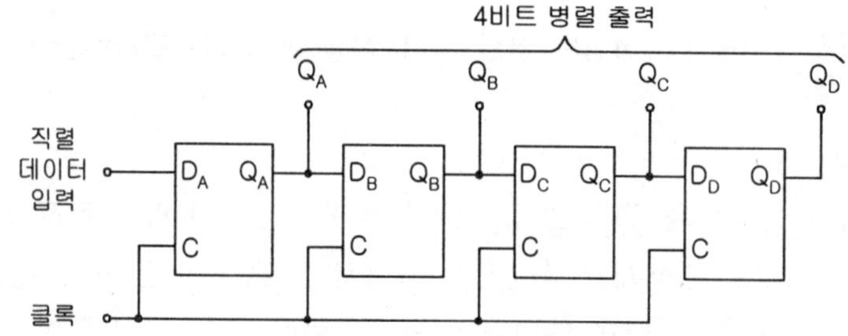

그림 1-7 직렬 입력-병렬 출력 시프트 레지스터

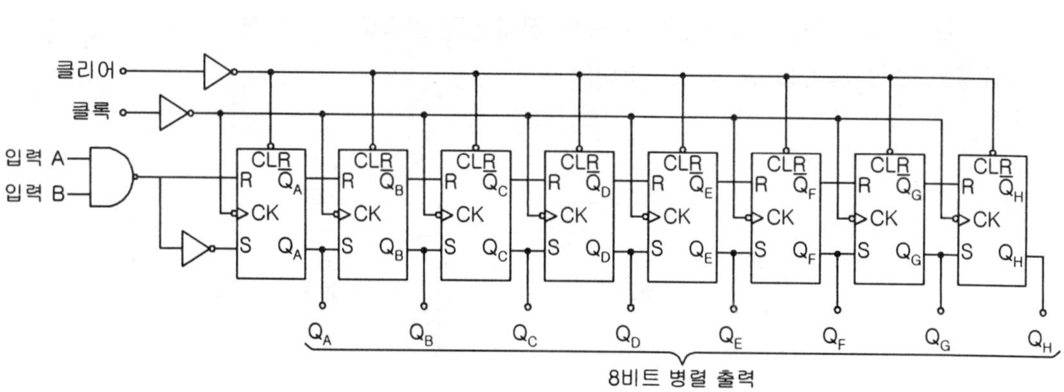

그림 1-8 74164 TTL 직렬 입력-병렬 출력 시프트 레지스터

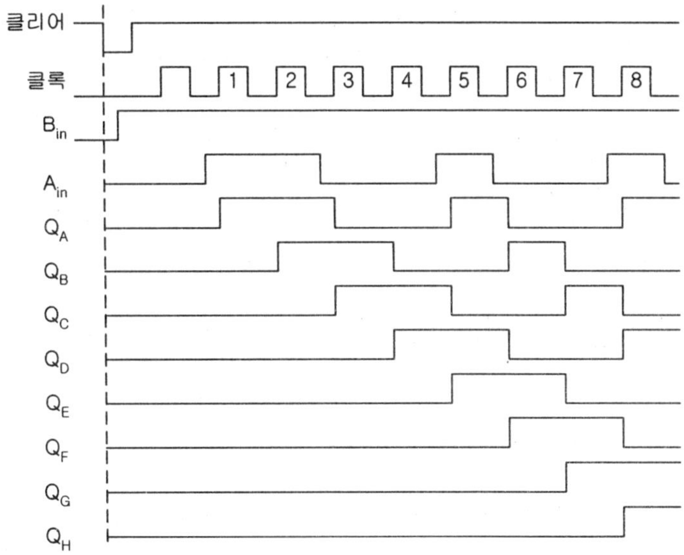

그림 1-9 2진수 10010011을 시프트하는 74164 타이밍도

74164는 2개의 직렬 입력을 NAND하여 그 출력은 게이트 신호로서 사용한다. 8비트 2진 10010011을 시프트하는 경우의 74164의 동작은 그림 1-9에 타이밍도로 나타내고 있다. 직렬 입력-직렬 출력의 경우와 마찬가지로 직렬 입력-병렬 출력도 캐이케이드 접속으로서 전체 용량을 늘릴 수 있다.

1.3 병렬 입력-직렬 출력 시프트 레지스터 (Parallel in-Serial out Shift Register)

이 방식은 모든 입력 데이터 비트를 병렬 형식으로 동시에 입력한다. 일단 여러 개의 비트 데이터가 복수로 저장되면 그것을 직렬로 출력하게 된다. 따라서 이 시프트 레지스터는 디지털 컴퓨터에서 병렬-직렬 변환기 등으로 널리 이용되고 있다.

그림 1-10은 전형적인 4비트 병렬 입력-직렬 출력 시프트 레지스터로서 4개의 D형 F/F가 공동 클럭 입력에 의해 접속되어 있다. D_A, D_B, D_C 및 D_D의 4개 입력에 가해진 데이터는 클럭 펄스가 더해지고, 또 이들 데이터 입력에 접속된 AND 게이트를 인에이블하는 병렬 인에이블(PE) 입력이 로직 1이 될 때 각 해당 플립플롭에 저장된다.

출력 데이터를 직렬로 끌어내려면 PE입력을 먼저 로직 0으로 하여 병렬 입력 AND 게이트를 디스에이블하는 동시에 F/FA, F/FB 및 F/FC의 출력에 접속된 AND 게이트를

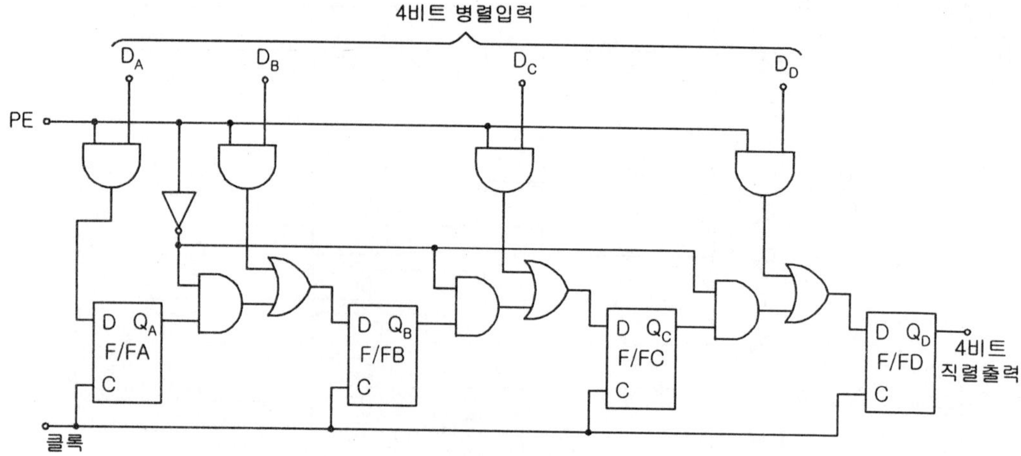

그림 1-10 4비트 병렬 입력-직렬 출력으로 시프트 레지스터

인에이블시켜야 한다. 다음에 3개의 클럭 펄스가 가해지면 나머지 3비트를 레지스터 A를 통해 이동시킨다. 그림 1-11의 타이밍도에서 4비트 2진수 1001을 병렬로 입력시키고 직렬로 끌어내는 경우의 동작을 보이고 있다.

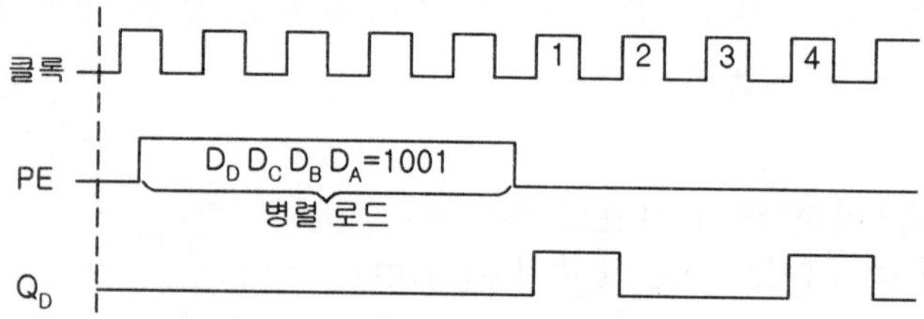

그림 1-11 2진수 1001을 처리하는 병렬 입력-직렬 출력 타이밍도

1.4 병렬 입력-병렬 출력 시프트 레지스터 (Parallel in-Parallel out Shift Register)

가장 간단한 4비트 병렬 입력-병렬 출력 시프트 레지스터는 그림 1-12와 같다.

기본적으로 공동 클럭 입력을 갖는 4개의 D형 래치 구성으로 모든 플립플롭이 동시에 클럭되면 병렬 입력 D_A, D_B, D_C 및 D_D에 가해지는 4비트 데이터가 동시에 병렬 출력에 나타난다.

실제로 병력 입력을 갖는 모든 IC 시프트 레지스터는 직렬 입력 시프트 레지스터로서

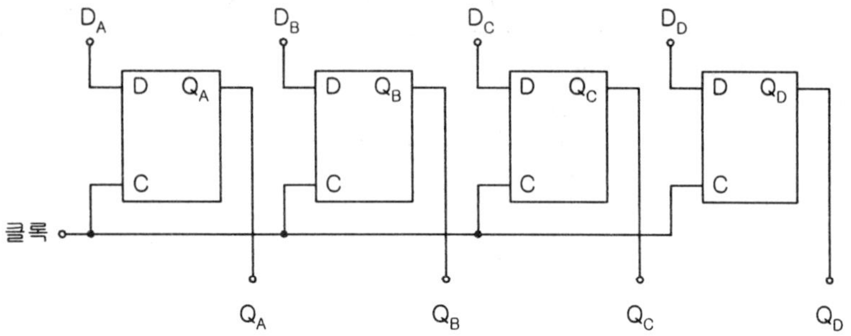

그림 1-12 **4비트 병렬 입력-병렬 출력 시프트 레지스터**

도 사용할 수 있다. 즉 병렬 입력-직렬 출력 및 병렬 입력-병렬 출력 레지스터는 각각 직렬 입력-직렬 출력 및 병렬 입력-직렬 출력 레지스터로서도 사용할 수 있다.

2) 데이터 이동방식과 만능방식

2.1 좌측 시프트 레지스터

데이터의 입출력 방식에서 다루었던 경우는 우측 시프트 레지스터만을 다루었으므로 여기서는 생략하고 좌측 시프트 레지스터, 양측 시프트 레지스터 및 만능방식에 대하여 다루기로 한다. 그림 1-13에서와 같이 좌측 시프트 레지스터는 오른쪽 시프트 기능과 비슷한 방법으로 이루어진다. 다만 레지스터가 다음 돌아올 단보다 앞단의 입력으로 플립플롭의 출력을 연결하는 즉, 회전시키는 특징이 다르다.

그리고 Table 1-1에 좌측으로 시프트되는 모습을 보이고 있다. 이러한 좌우 시프트 레지스터 동작을 자주 실행하게 되는데 이것을 회전 또는 로테이트(rotate)라고도 한다.

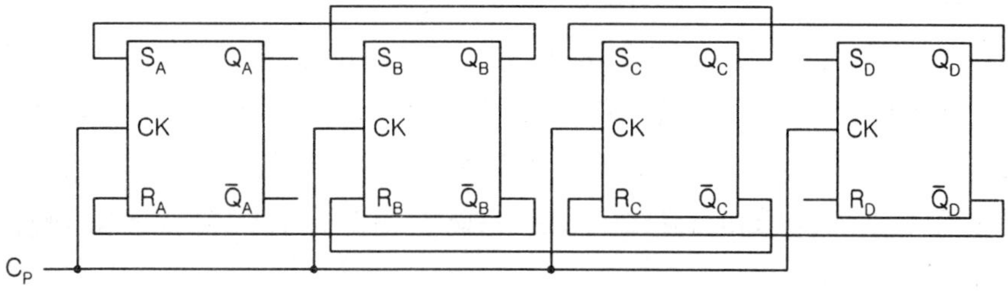

그림 1-13 **좌측 시프트 레지스터**

Table 1-1 좌측 시프트 레지스터의 데이터 이동 예

클럭 펄스 수 (C_P)	시 각 (t)	레 지 스 터			
		Q_A	Q_B	Q_C	Q_D
0	t_n	0	1	0	1
1	t_{n+1}	1	0	1	×
2	t_{n+2}	0	1	×	×
3	t_{n+3}	1	×	×	×
4	t_{n+4}	×	×	×	×

어떤 수를 오른쪽으로 시프트하면 그 수를 2로 나누는 것과 같은 효과를 갖고, 그 수를 왼쪽으로 시프트하면 2로 곱하는 것과 같은 효과를 갖는다. 한 예로 4비트 직렬 입력-출력 레지스터가 현재 2진수 1000을 가지고 있다고 가정하자. 만일 이 때 직렬 입력이 0이라면 클럭펄스가 가해졌을 때 4개의 F/F단의 출력은 0100이 된다.

따라서 레지스터의 내용이 오른쪽으로 시프트되면 결과는 그 내용을 2로 나눈 것이 된다. 만일 4비트 레지스터의 내용이 0011일 때 클럭 펄스를 두 번 가하여 레지스터를 왼쪽으로 시프트시키면 1100이 된다. 결국 원래의 내용이 2로 두 번 곱한 셈이 되어 10진수 3이 12가 된다.

2.2 좌우 양방향 시프트레지스터 및 만능 시프트레지
(Bidirectional Shift Register & Universal Shift Register)

좌우 양방향 시프트 레지스터를 양방향 시프트 레지스터라고도 하며, 그림 1-14와 같다. 이것은 기본적으로 4개의 D형 플립플롭과 AND, OR 및 NOT 게이트로 구성된다. 좌우(R/L) 입력이 1이면 AND 게이트 G_1, G_3, G_5 및 G_7이 인에이블되어 각 플립플롭의 입력상태는 매번 클럭 펄스가 가해질 때마다 오른쪽으로 시프트된다.

만일 R/L 입력이 0이면 AND 게이트 G_2, G_4, G_6 및 G_8이 인에이블되어 매번 클럭 펄스가 가해질 때마다 각 단의 출력이 앞단의 입력에 가해져 레지스터의 내용이 왼쪽으로 시프트 된다. 끝으로 시프트 레지스터가 직렬과 병렬 데이터의 양쪽을 받아들이는 능력을 갖는 동시에 직렬 데이터를 출력하는 능력을 가지고 있으면, 이것을 만능 시프트 레지스터라고 부른다.

만능 시프트 레지스터의 대표적인 예로서는 74194와 CMOS 40104, 40194 및

74C194 등이 있다.

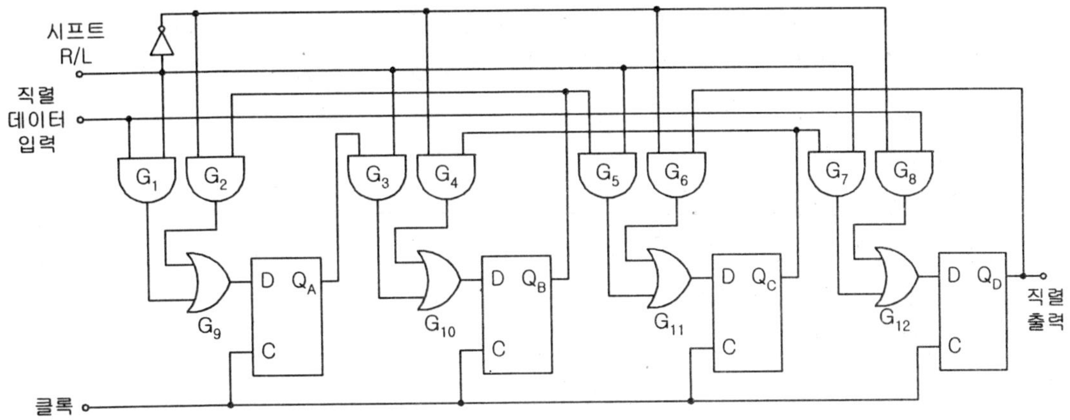

그림 1-14 4비트 양방향 직렬 입력-직력 출력 시프트 레지스터

6-2 비동기식 카운터(Asynchronous Counters)

카운터를 분류함에 있어 클럭 인가 방식과 계수방식이 완전독립 분리된 것이 아니라 서로 인용하는 관계에 있다. 예를 들어 클럭 펄스 인가 방식에는 동기식 카운터와 비동기식으로 완전 독립 분류할 수 있으나 이들 방식들은 계수방식인 2^n진 카운터가 될 수도 있고 N진 카운터도 될 수 있다는 말이 된다. 따라서 본 실험에서는 주로 클럭 펄스 인가 방식을 중심으로 분류하여 다루기로 한다.

카운터는 시프트 레지스터와 마찬가지로 일련의 플립플롭을 연결한 회로이지만 그 연결하는 방법에 있어서 시프트 레지스터와 다르다. 카운터 회로에서는 주어진 플립플롭에 대하여 서로 다른 출력상태의 수가 최대로 되도록 회로를 연결하며, 또한 입력 펄스에 대하여 출력상태가 규칙적으로 변하도록 한다.

클럭 펄스 인가 방식, 즉 플립플롭의 트리거 방식에 따라 비동기식 카운터(Asynchronous Counters)와 동기 카운터(Synchronous Counters) 및 결합 카운터(Combinational Counters)로 분류할 수 있다. 이중 비동기식 카운터를 직렬 카운터(Serial Counter), 리플 카운터(Ripple Counter) 또는 캐스케이드 카운터(Cascade Counter)라고도 한다.

그러나 동기식 카운터는 모든 플립플롭이 같은 클럭 펄스에 의해서 동시에 트리거되며 병렬 카운터(Parallel Counter)라고도 한다. 결합 카운터는 비동기식과 동기식을 결합한 것으로 클럭 인가 방식, 즉 트리거 방식이 직렬과 병렬을 혼합한 결합방식이다. 비동기식 카운터는 동기식 카운터에 비하여 회로가 간단한 장점이 있으나 전달지연(Propagation delay)이 큰 단점이 있다. 이 실험에서 비동식 카운터에 관해서만 다루기로 한다.

1) 비동기식 계수기

2진 계수기는 4, 8, 16 등으로 계수하는 계수기이다. 따라서 계수되는 수를 계수기의 이름으로 쓰는 경우가 많다. 예를 들면 10개의 입력 펄스로서 계수 주기가 반복되는 계수기를 10진 계수기(decade Counter)라고 부르는 경우와 같다.

이는 또한 모듈러스(modulus) 10계수기 (Mod-10 counter)라고도 한다.

플립플롭 3단으로 구성된 계수기는 Mod-8 계수기, 4단으로 구성된 계수기는 Mod-16 계수기 등으로 부를 수 있다. 이들 중에는 상향 계수 과정에서 출력 펄스를 되먹여서(feed-back) 작동을 시키는 경우와 원하는 수를 계수한 후 리셋시켜 계수기를 동작시키는 경우, 계수기가 원하는 특정된 계수 과정인 시퀀스(sequence)에 따르도록 논리 게이트를 사용하는 경우 등이 있다.

본절에서는 이러한 계수 작용을 실행하는 비동기식 계수기에 대하여 설명한다.

1.1 귀환계수기(feed back counter)

어떤 원하는 수를 셈하고자 할 때 그 수보다 더 높은 2진수를 계수할 수 있는 계수기를 써야 하며, 이로부터 얻어진 계수(계수기)를 귀환(feedback) 시켜 별도의 과정을 통하여 그 계수기의 동작을 앞으로 계속시키도록 할 필요가 있다. 예를 들면 6을 세기 위해서는 3단 계수기(계수가 2^3인 8을 셀 수 있다) 에다 계수기 동작이 2단계 앞서도록 귀환 (feedback)을 시킨다.

이리하여 8에서 2를 빼면 필요한 계수 6이 남게 된다. 즉 3단의 2진 계수기는 8개의 펄스를 센 후 0으로 리셋되고 다시 또 동작을 시작하지만 Mod-6 계수기에서는 6개의 펄스를 센 후는 0으로 되돌아가고 다시 계수를 시작한다.

일반적으로 필요한 계수기의 단수는 계수코자 하는 수(N)보다 바로 위의 수를 표시할 수 있는 2진값을 취하고 이것에서 N을 감한 나머지 수만큼 귀환조작으로 계수기 동작이 앞서가도록 선택하여야 한다.

즉, 귀환으로 앞서게 하여야 하는 펄스의 수는 2^n-N을 만족하도록 계수기의 단수 n을 취하면 된다. 예컨대 24를 계수하기 위한 계수기에서는 N = 24, n = 5를 취하면 되므로 귀환으로 앞서야 하는 펄스의 수는 2^5-24 = 32-24 = 8이 된다.

그림 2-1은 귀환과정으로 계수를 앞서게 한 Mod-6 계수기의 가능한 하나의 계수기 양식을 보인 것이다. 그림 2-1에서 B단의 트리거 입력은 2개의 입력 펄스를 계수한 후의 A단의 출력이므로 B단에의 트리거 입력은 계수를 그만큼 앞지르게 한다.

따라서 B단 입력을 펄스를 귀환시키면 원하는 만큼 계수를 앞서게 할 수 있다. 또 단안정 멀티바이브레이터(단발 플립플롭회로 : OS)를 C단의 1에서 0으로 변환하는 0출력으로 2단의 입력을 트리거시킬 때 계수는 4로 앞질러 진다.

그림 2-1에 표시한 바와 같이 귀환된 펄스(feedback pulse)는 2단을 별도의 시간에 토글(즉 B의 출력 Q의 상태를 0에서 1로 변환)시켜 계수기를 2만큼 앞서게 한다. 즉 귀환을 시킬 때 매 6개의 펄스를 계수한 후 새로운(계수)주기가 시작되는 Mod-6 계수기의 계수과정이 이루어진다.

그림 2-2는 N=12인 계수기의 개요도이다. 12에서 계수 주기가 끝나는 계수기이므로

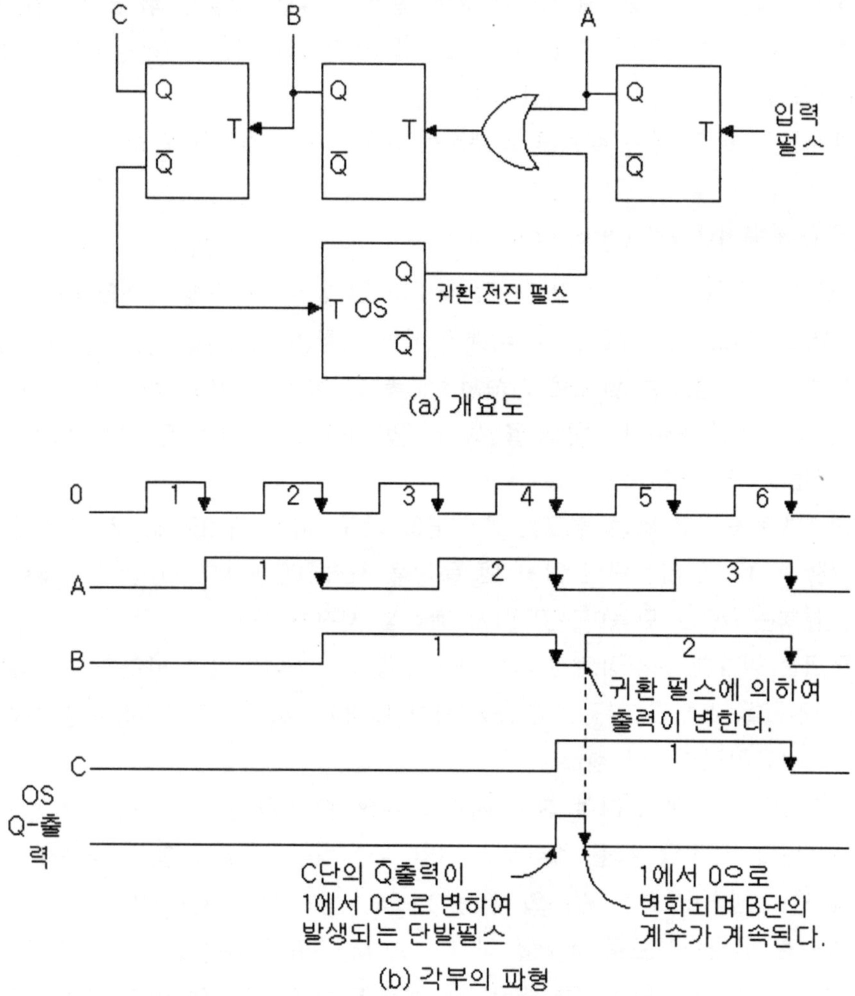

그림 2-1 귀환 펄스 이용한 Mod-6 계수기

4단 (2^4 = 16)의 플립플롭단이 필요하며, 귀환시켜야 할 펄스의 수는 2^N-n = 16-12 = 4 즉 4가 된다.

따라서 이 4를 앞서게 하기 위해서는 2단의 출력 $\overline{Q}$에서 2단 입력측으로 귀환펄스를 가하면 된다. 한 계수주기 중에 마지막 계수 단은 상태 0에서 상태 1로 한 번 변한다.

그러나 마지막에서 두 번째단 출력 Q는 상태 0에서 상태 1로의 변환이 2번 발생된다.

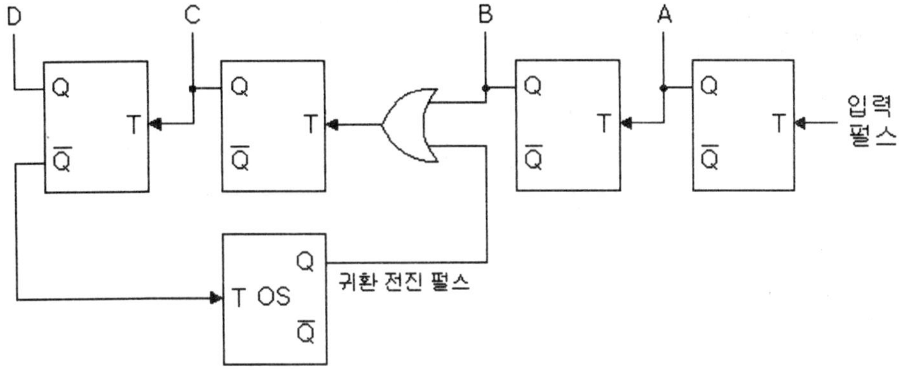

(a) 회로 개요도

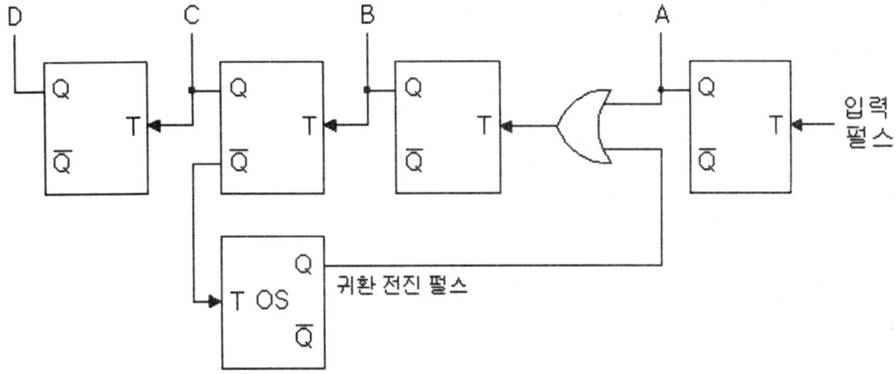

(b) 또 다른 양식의 회로

그림 2-2 귀환을 이용한 나누기 12 형식의 계수기 회로

그림 2-1(a)에 대한 계수동작표를 Table 2-1에 보였다. 그림 2-2(a)는 4개의 수를 앞서게 하는 또 다른 회로의 예이며 전체의 계수 주기 중 계수에 2를 두 번 더해주는 회로이다. 귀환 펄스는 2단 출력으로부터 얻어지며, 이것이 단(일)안정 멀티바이트레이터 (OS)를 2번 트리거시키게 된다. 이 계수 전진용 펄스는 2단을 트리거시키므로 매번 2진식 계수를 전진시켜 결국 계수 4를 앞서게 한다. 이에 대한 계수 동작표는 Table 2-2와 같다.

이상과 같은 귀환형의 계수기에서는 단(일)안정 멀티바이브레이터(OS) 가 가장 높은 클록 주파수(clock rate)의 클록 펄스(여기서는 2단의 것)의 한 펄스간격보다 짧은 폭의 펄스를 내도록 조절하여야 한다.

Table 2-1 mod-6(나누기 6형식) 계수기의 계수들

입력 펄스	C	B	A
0	0	0	0
1	0	0	1
2	0	1	0
3	0	1	1
4	1	0	0
귀환펄스	1	1	0
5	1	1	1
6(또는 0)	0	0	0

그러나 단 안정 계수기의 계수과정이 진행되는데 충분한 시간이 있어야 하므로 너무 짧게 할 수는 없다.

예컨대 한 펄스가 시작된 후 1[μs] 지나야 귀환 펄스가 그(계수기) 회로를 트리거시킬 수 있다면 그 계수기단은 1[MHz]의 시간비율 (T = 1/f = 1[μs])로 작동할 수 있어야 한다.

또 2진식 계수과정은 한 (계수) 주기 중에서 입력 펄스이 10진식 계수를 언제나 나타내고 있는 것은 아니다. 예컨대 귀환 펄스가 계수 (과정)을 앞서게 하는 경우에는(계수

Table 2-2 나누기 12형식 계수기의 계수 동작표[그림 2-2(a)]

입력 펄스	D	C	B	A
0	0	0	0	0
1	0	0	0	1
2	0	0	1	0
3	0	0	1	1
4	0	1	0	0
5	0	1	0	1
6	0	1	1	0
7	0	1	1	1
8	1	0	0	0
귀환펄스	1	1	0	0
9	1	1	0	1
10	1	1	1	0
11	1	1	1	1
12(또는 0)	0	0	0	0

기의 계수 과정과 입력 펄스의 수와의) 대응성은 상실된다.

그러나 계수의 각 과정에 있어서의 계수기의 동작 상태에는 관계없이 12개의 펄스가 생겼을 때의 계수 표시만이 필요하다면 결과적으로 본 계수 과정은 충분히 그 요구를 만족시킬 수 있다는 것이다.

2) 리셋형 계수기

이 방식은 앞의 귀환형 계수기에서 두 번째의 단점을 제거하기 위해 고안된 것으로서 원하는 수를 계수한 후 각 단의 출력을 논리회로를 써서 디코딩(decoding)하고 계수기를 리셋시켜 등가적인 2진수 계수기를 얻는 방식이다. 예컨대 계수는 2진식 과정으로 진행되고 그 계수 과정이 디코딩 용의 논리게이트에 의하여 감지 검출되는 특정한 상태에 도달되면 계수기는 리셋되도록 하는 것이다.

이러한 방식을 취하면 입력 펄스의 수와 2진식으로 표시된 계수기의 수가 등가적으로 일치되는 장점이 있다.

2.1 Mod-10 계수기

그림 2-3은 입력 펄스 수와 항상 등가적인 2진식 계수를 하는 개별적 플립플롭 소자를 써서 구성된 10진 계수기(decade counter)이다. 이 회로는 본질적으로 16까지 계수할 수 있는 2진 리플 계수기이다.

그러나 이것에서는 0에서 9까지 계수 과정이 진행되면 다음 계수 주기를 시작하기 위하여 0으로 리셋되는 동작을 하여야 한다. 이 리셋 동작은 다음과 같은 계수 위치에서 이루어진다.

1. 계수기를 먼저 리셋(reset) (계수 표시는 0000)시키고 계수 할 준비를 갖춘다.
2. 입력 펄스에 따라 계수기는 9(1001)까지 2진식으로 계수가 진행된다.
3. 그 다음 입력(계수)펄스로서 10(1010)까지를 계수하지만 이 10의 계수를 NAND 논리 게이트로 디코딩(decoding)하여 즉시 단(일)안정 멀티바이브레이터 (os)를 트리거 시킬 수 있도록 전압 상태를 전환시키고 계수기의 각 단을 모두 리셋 상태로 복귀한다. 즉 계수기가 9를 계수한 후의 입력 펄스는 계수기의 계수를 0(리셋 상태)으로 만들어 완전히 한주기 계수 과정이 완료된다.

Table 2-3 나누기 12형식 계수기의 계수 동작표[그림 2-2(b)]

입력 펄스	D	C	B	A
0	0	0	0	0
1	0	0	0	1
2	0	0	1	0
3	0	0	1	1
4	0	1	0	0
첫 번째 귀환	0	1	1	0
5	0	1	1	1
6	1	0	0	0
7	1	0	0	1
8	1	0	1	0
9	1	0	1	1
10	1	1	0	0
두 번째 귀환	1	1	1	0
11	1	1	1	1
12	0	0	0	0

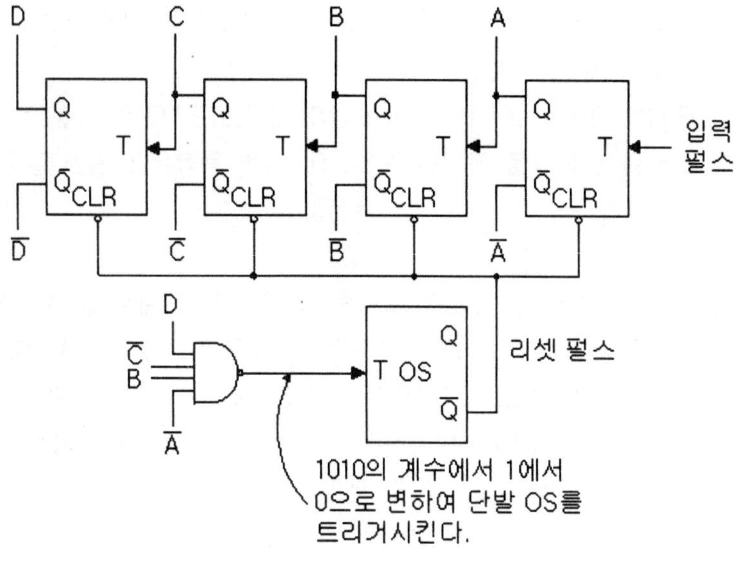

그림 2-3 리셋을 이용한 10진 계수기

Table 2-4는 입력 펄스의 10진식 계수와 등가적인 2진식 계수과정을 표시한 것이다. 이 표에서 보면 0(0000)으로 리셋되기 전에 계수는 9(1001)으로 순간적으로 이루어진다. 그리고 NAND 게이트는 계수가 10에 이를 때까지는 상태 1의 출력을 낸다.

계수 10에서 모두 1인 상태가 되는 입력을 써서 이 계수 10이 감지(sense)된다.

계수가 10이 되면 NAND 게이트 출력은 논리 상태 0으로 되고 단안정 멀티바이브레이터를 트리거시키는 1에서 0 상태로의 변화를 생기게 하고 다음에 펄스가 발생되어 계수기의 모든 단을 리셋 즉 원상으로 복귀시키게 된다. 이 단(일)안정 멀티바이브레이터 출력 펄스 폭은 계수기의 각 단 중 가장 저속인 단을 리셋시킬 수 있을 정도의 크기면 된다.

Table 2-4 그림 2-3의 10진식 계수기에서의 계수동작

입력 펄스	D	C	B	A
0	0	0	0	0
1	0	0	0	1
2	0	0	1	0
3	0	0	1	1
4	0	1	0	0
5	0	1	0	1
6	0	1	1	0
7	0	1	1	1
8	1	0	0	0
9	1	0	0	1
10	1	0	1	0
↓	↓	↓	↓	↓
0	0	0	0	0

2.2 Mod-12 계수기

논리 소자를 사용한 Mod-12 계수기를 그림 2-4에 보였다. 이 회로는 12개의 펄스로서 한 주기가 끝나게 되어있다. 4단의 J-K 계수기는 11_{10}(1100)로 계수가 진행되고 NAND 게이트 N1의 출력은 낮은 전압상태로 변하고 게이트 N2의 출력은 높은 전압상태로 전환되어 단(일)안정 멀티바이브레이터를 트리거시킨다.

외부소자 C_X와 R_X의 값을 조절하여 이 OS의 출력 펄스의 폭을 결정하여 주고 그 펄스를 직접 각 단의 클리어단자 CLR에 인가시킨다. 이 낮은 전압상태로 변환된 CLR 단자 입력은 각 단을 리셋시켜 새로운 계수의 주기가 시작되게 된다.

그림 2-4의 회로 각 부분의 파형을 보면 단안정 멀티바이브레이터 부분이 트리거 될 때 리셋되는 모양을 알 수 있다.

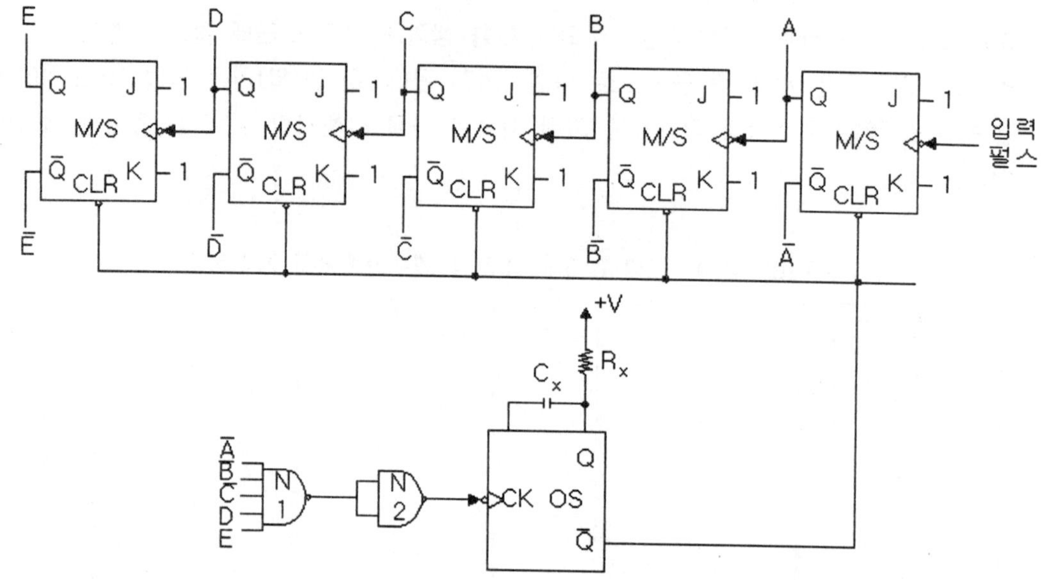

그림 2-4 논리 소자를 사용한 Mod-12 계수기

2.3 Mod-24 계수기

그림 2-5는 2진식 계수 과정으로 24계수에서 리셋되는 Mod-24 계수기 회로이다.

24를 계수하기 위해서 5단의 리플 계수기(31까지 셀 수 있음)접속에서 NAND 게이트 N1과 단안정 멀티바이브레이터를 통하여 계수를 디코딩할 수 있도록 각 단의 출력을 이용하고 있다.

24(11000)를 계수하면 게이트 N1의 출력은 낮은 전압으로 된다. 단안정 멀티바이브레이터는 제 2의 게이트 N2에 의해 트리거 되는데 이 멀티바이브레이터는 외부소자 R_x 및 C_x에 의하여 결정되는 시간 간격의 낮은 전압 상태의 출력 신호를 낸다.

펄스가 각 단의 직접적인 클리어 (CLR) 에 인가되어 그들을 리셋시키게 된다. 그래서 2진식 계수 과정이 (00000)로부터 23(10111)까지 진행 된 후 다음의 계수는 리셋(순간적으로 24를 계수한 상태)된다.

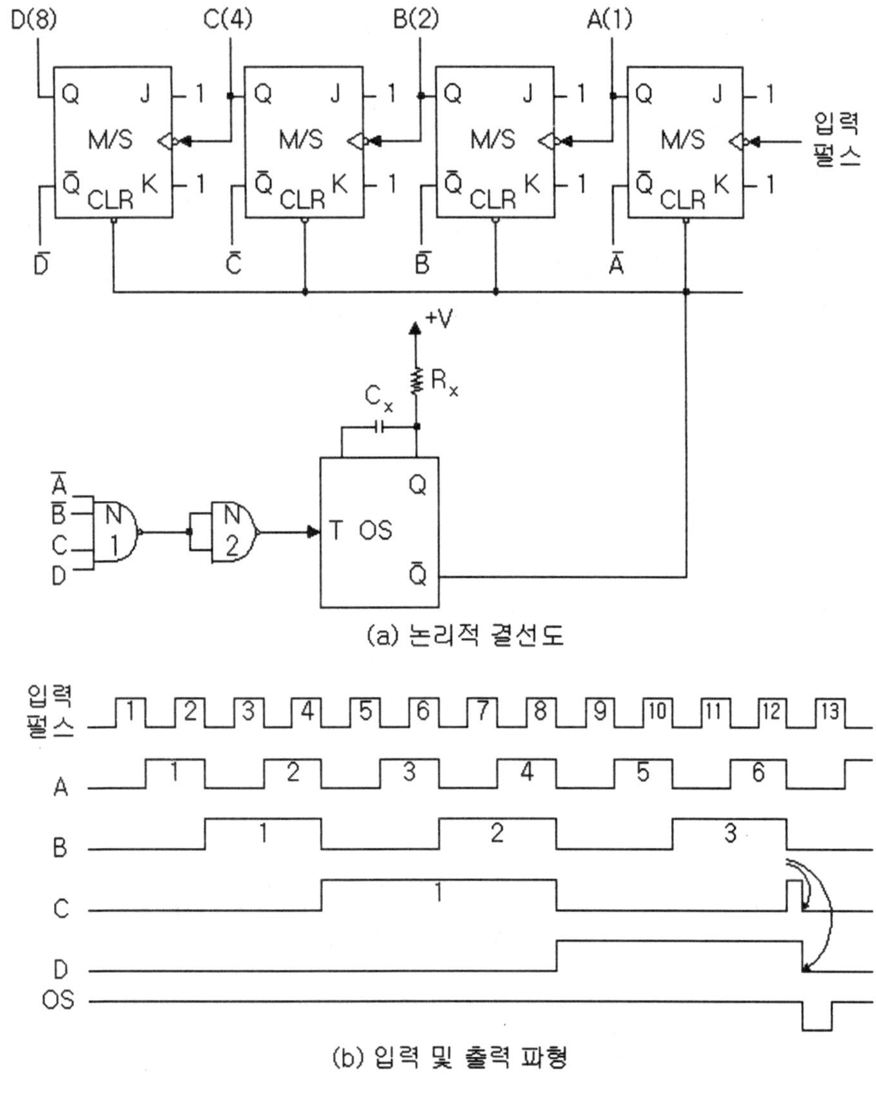

그림 2-5 JK-M/S 플립플롭을 사용한 Mod-24 계수기

이상 설명한 바와 같은 리셋 방식을 쓴 계수기에는 다음과 같은 두가지 단점이 있다.

1. 계수기가 리셋되기 바로 전에 계수 과정은 일시적인 상태로 된다.
2. 이들 회로는 단안정 멀티바이브레이터 소자를 사용하여 펄스 지속시간에 대한 특별한 시간조정이 필요하다.

따라서 이상의 단점을 제거하기 위해서는 단안정 멀티바이브레이터르 사용하지 않고 마지막 계수과정에서 직접 리셋 상태로 되도록 하는 직접 리셋 방식의 것이 쓰인다.

3) 직접 리셋형 계수기

리셋형 계수기의 단점을 제거하기 위한 방법은 단안정 멀티바이브레이터를 사용하지 않고 정확히 원하는 계수를 하기 위한 직접 리셋형 계수기(direct reset counter)가 있다. 이러한 계수기는 집적 회로소자(IC)로 많이 만들어진다.

3.1 Mod-5 계수기

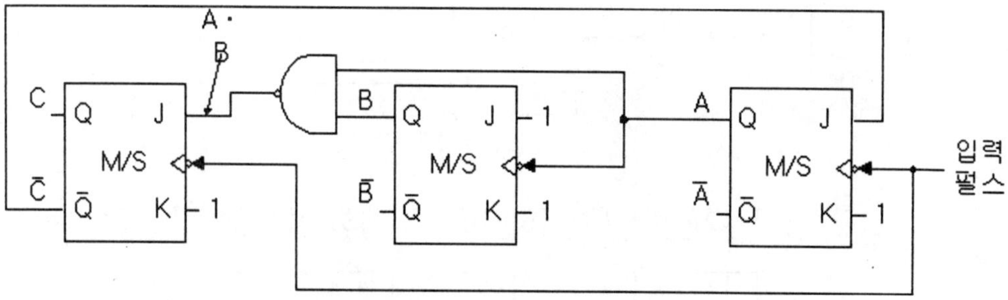

(a) 결선도

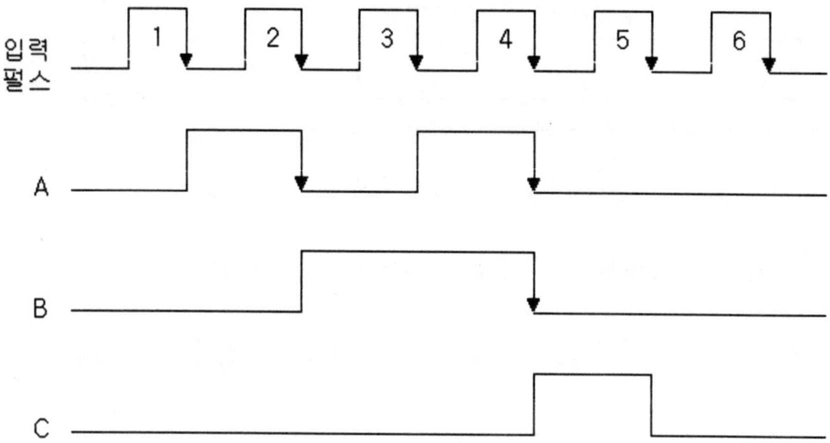

(b) 입력 및 출력 파형

그림 2-6 Mod-5 계수기

Mod-5 계수기 계수 동작은 Table 2-5에 표시하였고 결선도 및 각 부분의 파형을 그림 2-6에 보였다. 계수 동작표에서 알 수 있는 바와 같이 설계 때 다음과 같은 사항에 유의하여야 한다.

1. 출력 C가 상태 1인 상태를 제외하고는 A단 플립플롭은 한 입력 펄스가 인가될 때마다 상태 변환 즉 토글된다. 또 입력 K는 상태 1이 되나 첫 번째 단의 입력 J는 4의 계수과정에서 0상태인 출력 $\overline{C}$에 연결되어 있다(리셋상태).
2. A단이 상태 1에서 0으로 변할 때마다 계수 동작표에서 보는 바와 같이 B단이 전환된다.
3. 4번째의 입력 펄스로 A와 B단이 모두 상태 1에서 0으로 전환할 때 C단은 토글된다. 또한 C단은 A, B단의 상태전환에 관계없이 5번째의 입력 펄스로 인하여 다시 토글된다. 따라서 입력펄스를 C단의 T입력 단장에 인가하여 C단을 토글시킨다.

계수 동작표에서 알 수 있는 바와 같이 입력 펄스는 4번째를 제외하고는 매 펄스마다 C단을 리셋시킨다. 만일 J입력이 상태 1이면 그 단을 토글된다. Mod-5 계수기에 대한 결선도 및 출력파형은 그림 2-6과 같다.

Table 2-5 Mod-5 계수기의 계수 동작표

계 수	C	D	A
0	0	0	0
1	0	0	1
2	0	1	0
3	0	1	1
4	0	0	0
5(또는 0)	0	0	0

3.2 Mod-6 계수기

Mod-6 계수기 계수 동작을 Table 2-6에 보였다. 여기서 출력 A에 대한 칸을 보면 각 입력 펄스 때마다 출력의 상태는 반전되어 1과 0상태가 교대로 나타난다.

출력 B는 출력 C가 1상태일 때를 제외하고는 출력 A가 1에서 0으로 변할 때만 출력 B가 토글 상태 전환이 생긴다. 물론 출력 C가 상태 1일 때 출력 B는 리셋 상태에 머문다. 출력 C는 출력 B가 1일 때를 제외하고는 출력 A가 1에서 0으로 변할 때만 리셋 상태에 머문다.

Table 2-6 Mod-6 계수기의 계수 동작표

계 수	C	B	A
0	0	0	0
1	0	0	1
2	0	1	0
3	0	1	1
4	1	0	0
5	1	0	1
6(또는 0)	0	0	0

이러한 계수기의 동작상태 분석결과는 그림 2-7(a)와 같은 J-K 플립플롭을 사용한 모듈러스 계수기를 설계할 때 사용된다.

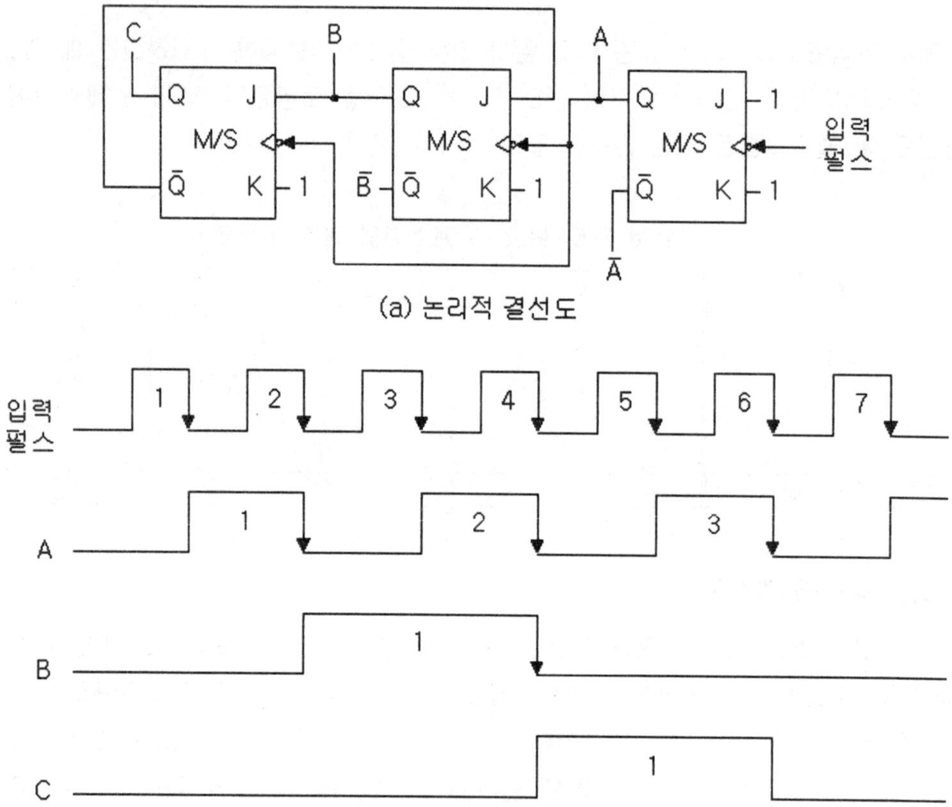

(a) 논리적 결선도

(b) 입력 및 출력 파형

그림 2-7 M/S J=K플립플롭을 사용한 Mod-6 계수기

3.3 Mod-7 계수기

Mod-7 계수기의 계수 동작은 Table 2-7과 같다. Table에 나타난 것과 같이

1. A단은 출력 B와 C가 모두 상태 1이 되는 경우를 제외하고는 한 입력 펄스마다 토글된다.
2. B단은 출력 A가 상태 1이 되거나 BC가 상태 1이 될 때 즉 $\bar{A}$ + BC가 1이 될 때 토글된다.
3. C단은 출력 B가 상태 1에서 0으로 될 때마다 토글된다. MOD-7 계수기의 결선도 및 각 부분의 파형은 그림 2-8과 같다.

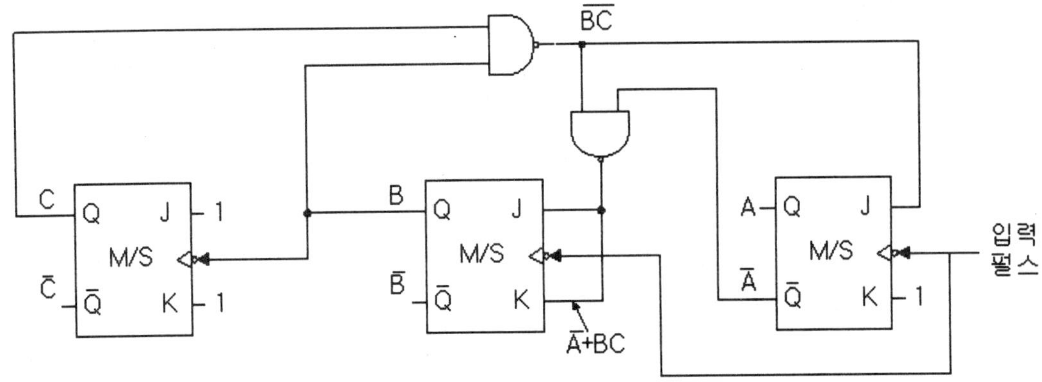

(a) 결선도

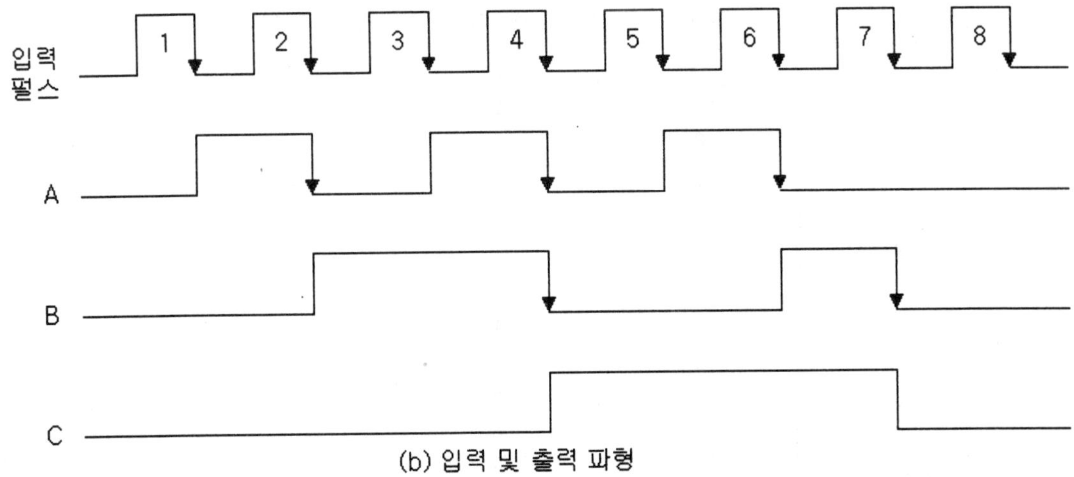

(b) 입력 및 출력 파형

그림 2-8 Mod-7 계수기

Table 2-7 Mod-7 계수기의 계수 동작표

계 수	C	B	A
0	0	0	0
1	0	0	1
2	0	1	0
3	0	1	1
4	1	0	0
5	1	0	1
6	1	1	0
7(또는 0)	0	0	0

3.4 Mod-10 계수기

10진 계수기(decade counter) 에 대한 계수 동작은 Table 2-8과 같다. Mod-10 계수기는 4단의 플립플롭이 필요하며 각 단의 트리거 동작은 다음과 같다.

1. A단은 입력 펄스가 인가될 때마다 토글된다.
2. B단은 출력 A가 상태 1에서 0으로 변할 때마다 토글된다. 단 출력 D가 상태 1일 때는 제외된다.
3. C단은 출력 B가 상태 1에서 0으로 변할 때마다 리셋된다. 단, 출력 B와 C가 모두 상태 1일 때만은 제외된다.

Table 2-8 Mod-10 계수기의 계수 동작표

계 수	D	C	B	A
0	0	0	0	0
1	0	0	0	1
2	0	0	1	0
3	0	0	1	1
4	0	1	0	0
5	0	1	0	1
6	0	1	1	0
7	0	1	1	1
8	1	0	0	0
9	1	0	0	1
10(또는 0)	0	0	0	0

출력 B, C를 얻기 위해서 1개의 AND 게이트(또는 2개의 NAND 게이트)를 쓴다.

그림 2-9에 Mod-10 계수기의 결선도 및 각 부분 파형을 보였다. 이 계수기의 설계에서는 출력 A의 신호를 D단의 트리거 신호로 사용하고 있다.

입력 펄스의 수가 9에서 10(계수는 0)으로 될 때 A단만이 상태 1에서 0으로 변한다는 것(D단의 상태 변화는 A단의 변화가 트리거 신호로 작용한 결과)에 유의한다면 D단에 트리거 신호로서는 그림의 경우와 다르게 취할 방법이 없다.

3.5 Mod-12 계수기

논리 소자를 사용한 Mod-12 계수기의 계수 동작을 Table 2-9에 보였다.

이 계수기는 그림 2-9와 같이 4단이 필요하며, 각 단의 트리거 동작은 다음과 같다.

1. A단은 매입력 펄스에 대해 토글된다.
2. B단은 출력 A가 상태 1에서 0으로 변할 때 토글된다.
3. C단은 출력 B가 상태 1에서 0으로 토글된다. 단 출력 D가 상태 1일 때는 제외된다.
4. D단은 출력 B가 상태 1에서 0으로 변할 때마다 리셋된다. 단 출력 C가 상태 1일 때 D가 토글되는 경우만은 제외된다.

Table 2-9 Mod-12 계수기의 계수 동작표

계 수	D	C	B	A
0	0	0	0	0
1	0	0	0	1
2	0	0	1	0
3	0	0	1	1
4	0	1	0	0
5	0	1	0	1
6	0	1	1	0
7	0	1	1	1
8	1	0	0	0
9	1	0	0	1
10	1	0	1	0
11	1	0	1	1
12(또는0)	0	0	0	0

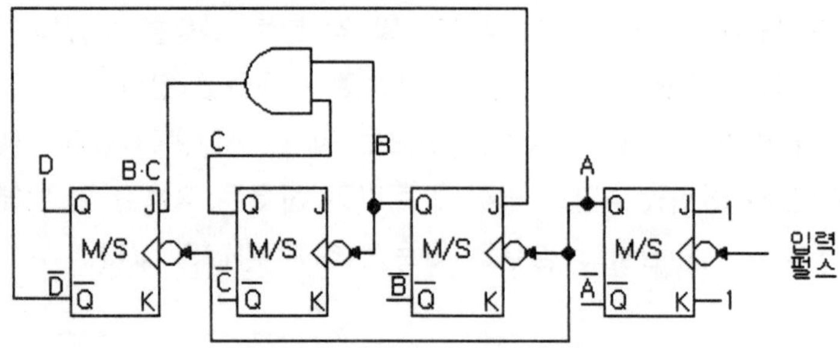

(a) 결선도

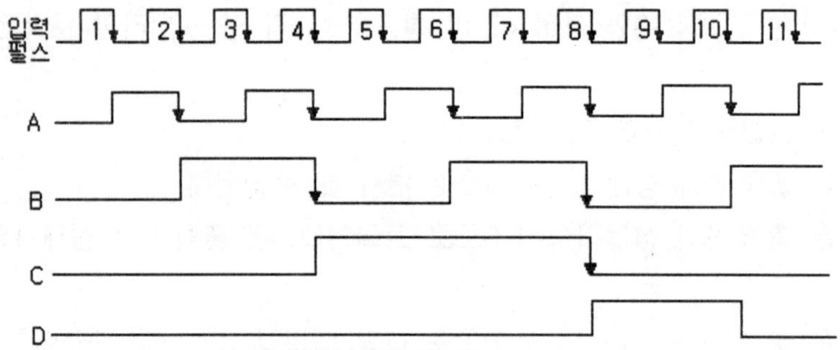

(b) 입력 및 출력 파형

그림 2-9 M/s J-K 플립플롭을 사용한 10진 계수기

6-3 동기식 카운터(Synchronous Counters)

1) 동기식 계수기

동기 병렬식 클록이 있는 계수기는 모든 단이 클록 펄스에 의해 동시에 트리거되는 계수기이다.

각 단의 상태전환은 그들의 논리 게이트에 따른다.

동기식 계수기(synchronous counter)는 리플 계수기보다 전달 속도가 매우 빠르며, 소형으로 값싼 집적회로 소자(IC)의 출현으로 이러한 형태의 계수기가 많이 사용되고 있다.

동기식 계수기는 그를 구성하고 있는 모든 플립플롭의 클록 신호가 병렬로 연결되어 있어 한 번의 클록 펄스의 변화가 동시에 각단을 트리거시키므로 순간 동작형의 계수회로라고 할 수 있는 고속 계수회로에 이용된다.

Mod-8 동기식 2진 계수기의 경우를 보면 그림 3-2와 같다. 클록 펄스의 입력이 인가되면 A단은 매 클록 펄스마다 토글되고 B단은 출력 A가 높은 전압상태일 때만 클록 펄스에 의해서 토글되며, C단은 출력 A와 B가 모두 높은 전압 상태로 될 때만 클록 펄스에 의해서 토글된다.

예로서 2진수 111을 계수하였을 때 클록 펄스가 인가되면 세 개의 모든 플립플롭은 동시에 토글되어 계수기는 000을 표시한다. 따라서 000에서 111까지 계수되므로 Mod-8 계수기가 된다.

Mod-8 계수기 계수 동작은 Table 3-1과 같으며, 설계 방법에 의하는 것이 보통이

Table 3-1 Mod-8 병렬 2진식 계수기의 동작표

C	B	A	계수
0	0	0	0
0	0	1	1
0	1	0	2
0	1	1	3
1	0	0	4
1	0	1	5
1	1	0	6
1	1	1	7
0	0	0	0

다. 그러나 때로는 설계 시간이 길게 되고 복잡한 과정을 거쳐야 하므로 다음과 같이 기본이 되는 계수회로의 설계법을 응용하면 된다.

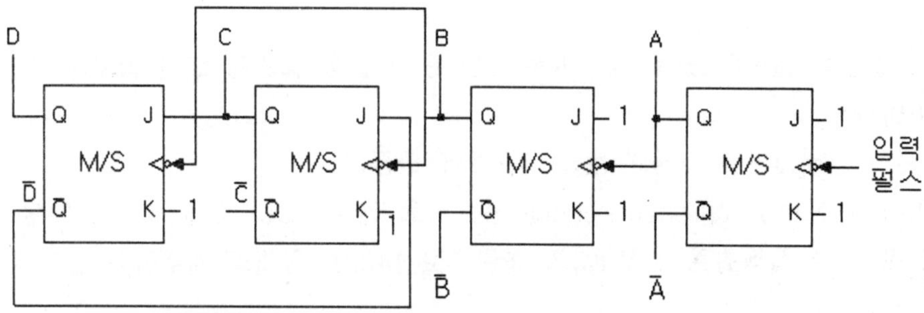

(a) 논리적 결선도

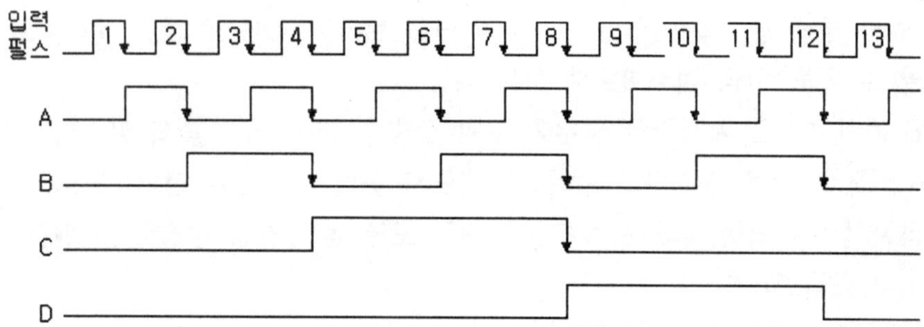

(b) 입력 및 출력 파형

그림 3-1 J-k M/S 논리 회로를 사용한 Mod-12 계수기

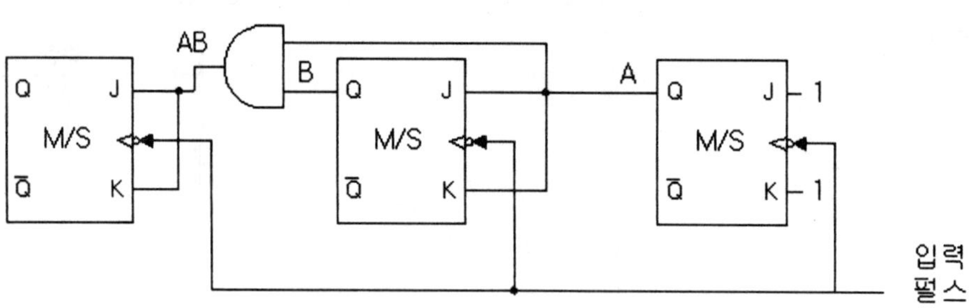

그림 3-2 Mod-8 계수기

1.1 Mod-5 동기식 계수기

5진 동기식 계수기는 그림 3-4(a)와 같은 회로 형태를 이용하여 조직적으로 설계할 수 있다.

우선 모든 계수기 단은 동기식 작동을 위하여 같은 클록 펄스신호에 의해서 직접 클록 펄스가 가해지도록 한다. Mod-5 계수기에는 n = 3 즉 3단의 플립플롭을 사용하여야 된다(N=5, $2^2<N<2^3$).

각 단은 각각의 클록 펄스에 의해 트리거되며, 입력 J-K에서 공급되는 논리 신호에 따라 출력상태가 변화된다.

계수기 설계는 계수표를 이용한 카르나도 간략화법을 소개하기로 한다.

Mod-5 계수기에는 필요한 계수표는 그림 3-4(b)와 같이되며, 계수는 0 에서 4까지 5개의 계수 단계를 통하여 시행된다.

그림 3-4(b)의 우측 그림은 현재의 계수(present count)와 클록 펄스로부터 생기는 결과의 다음 계수(next count)를 표시한 것이다.

이 계수표를 보면 A단에 대한 J-K입력으로 사용되는 논리 신호는 A단을 토글(상태변환)시키기 위하여 논리상태 1이 되어야 한다. 단 100 을 계수할 때는 제외된다.

먼저 A단에 대하여 원하는 계수과정이 이룩되게 하기 위해서는 J = $\overline{C}$, K = 1의 입력을 갖도록 배선하여야 한다. 이로써 출력 C가 상태 1(4번째의 계수단계)일 때를 제외하고 매 클록 펄스에서 토글상태가 생기도록 J와 K의 두 입력이 모두 상태 1이 되어야 한다.

J	K	출 력(Q_{t+1})
0	0	Q_t (불 변)
0	1	0 (클리어)
1	0	1(세 트)
1	1	$\overline{Q_t}$(토 글)

원하는 동작상태의 변화(transition)		JK입력	
Q_t	Q_{t+1}	J	K
0	0	0	X
0	1	1	X
1	0	X	1
1	1	X	0

그림 3-3 JK 플립플롭 동작에 대한 동작 과정표

출력 C가 상태 1일 때는 J_4 = 0, K_4 = 1이 되어 다음번 클록 펄스에 의해서 A단은 리셋되기 때문에 이것만 제외한다.

B단의 입력에 대해서는 출력 A가 1일 때 1번과 3번째 계수 단계에서 B단이 토글되어야 한다. 따라서 그 논리 입력은 J_B = K_B = A가 된다.

C단의 입력에 대해서는 4번째 계수 단계에서 C단은 상태 1이 되어 세트되고 그외 계수 단계에서는 모두 리셋상태가 된다. 따라서 입력 J_C = A · B, K_C = 1로 하여야 원하는 계수 과정이 이룩된다.

전체적인 Mod-5 동기식 계수기는 그림 3-4(c)에 보인 바와 같다. 원하는 논리 신호를 얻기 위한 각 단의 입력에 대해서 카르나도를 적용시키면 체계적인 설계를 할 수 있다.

[J-K 플립플롭에 대한 동작 과정표]

J-K 플립플롭을 사용한 때의 동작표는 그림 3-4(a)와 같은 J-K 플립플롭의 진리표로부터 구할 수 있다. 즉 플립플롭의 모든 특정한 상태 변화에 대해 취하여야 한다할 J-K입력을 표시할 수 있도록 표를 바꾸어야 한다. 이것이 그림 3-4(b)와 같은 동작 과정표이다.

이를 여기표(excitation table)라하며, 이것은 입력과 현재의 상태에서 원하는 차기 상태를 알고 있을 때 원하는 차기 상태의 변화를 여기시킬 수 있는 플립플롭의 입력 조건을 표시한 표이다.

한 단의 출력이 시간 t 에서 클록 펄스를 인가한 후 시간 t +1에서도 0 상태가 되려면 K입력이 1, 0 에는 관계없이(don't care 상태), J입력은 상태 0 이 되어야 한다.

그림 3-4(a)에서 보면 만일 Q단이 리셋되고 그 상태로 남아 있으면 무변화(J=0, K=0 또는 클리어 (J=0, K=1)의 입력 논리 상태로 되어야 한다. 즉 이 2개 상태에서는 J=0 이고 K의 1, 0 에는 무관하게(don't care 상태)된다.

동작표와 여기표의 동작 과정표(action table)를 이용한 설계과정은 다음과 같다.

[설계 과정]

이 설계 방법은 4가지 단계로 이루어진다.

1) 설계하고자 하는 계수기의 계수표(count table)을 만든다[그림 3-4(b) 참조].

2) 원하는 단수에 필요한 입력을 갖는 동기식 계수기를 그린다[그림 3-4(a) 참조].

3) 계수표와 동작 과정표를 사용하여 각 단의 J와 K입력에 대한 카르나도를 구한다.

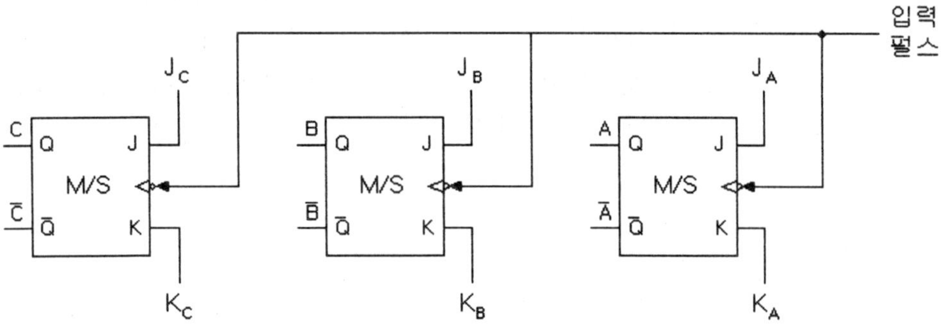

(a) 기본회로

C B A	클록
0 0 0	0
0 0 1	1
0 1 0	2
0 1 1	3
1 0 0	4
0 0 0	0

현재상태(t)	다음상태 (t+1)
C B A	C B A
0 0 0	0 0 0
0 0 1	0 0 1
0 1 0	0 1 0
0 1 1	0 1 1
1 0 0	1 0 0
0 0 0	0 0 0

(b) 계수표

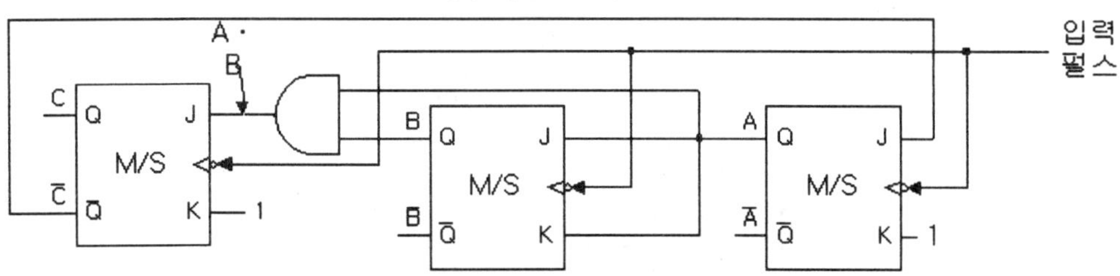

(c) 결선회로

그림 3-4 Mod-5 동기식 계수기

4) 최종적으로 완성된 동기식 계수기 회로를 결선한다[그림 3-4(c) 참조].

그림 3-5(a)는 Mod-5계수기 설계를 위한 현재의 A단에 대한 카르나도를 보인 것이다.

그림 3-4(b)의 계수표를 참조하면 A단은 0(001)의 계수 단계에서는 논리 상태 0 에서 1로 변해야 되고 1(001)의 계수 단계에서는 논리 상태 1에서 0 으로 2(010)의 계수 단

계에서는 논리 상태 0 에서 1로 변해야 한다. 3(011)의 계수 단계에서는 논리 상태 1에서 0 으로 변해야 하며, 4(100)의 계수단계에서는 논리 상태 0 에서 0 으로 되어야 한다.

0 의 계수(그림 3-5의 카르나도에서 0 으로 표시된 칸)에 대한 논리 상태 0 에서 1로의 변화는 동작 과정표[그림 3-3(b)]를 보면 J=1, K=x로서 이루어진다.

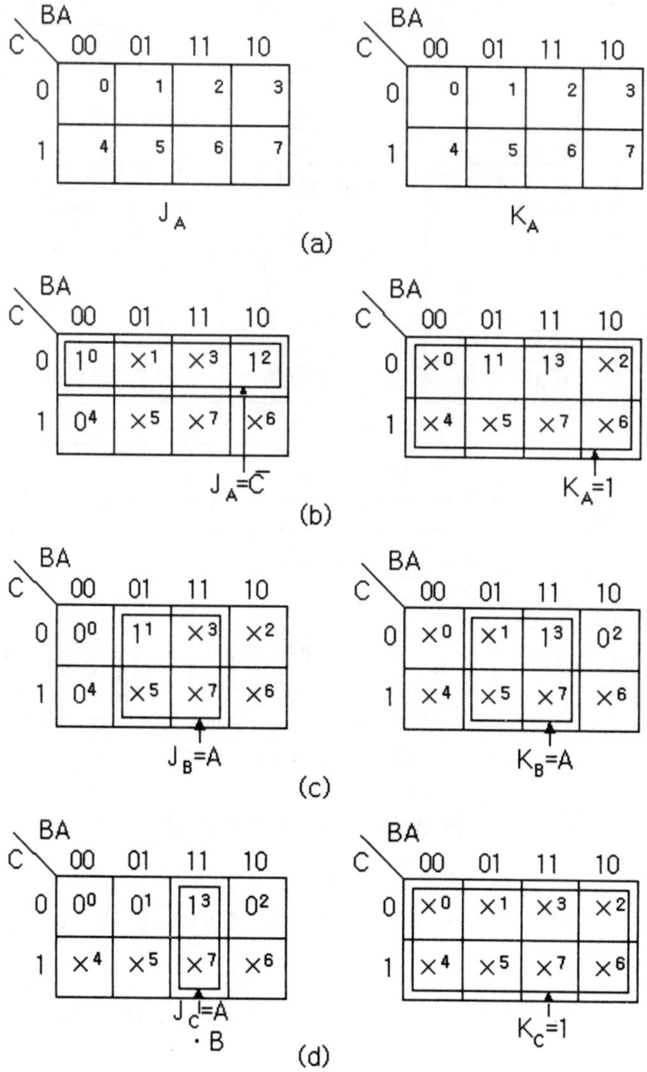

그림 3-5 Mod-5 동기식 계수기 설계를 위한 카르나도

따라서 그림 3-5(b)의 카르나도 상의 0 의 계수칸(0 번호의 칸들)에다 각각 J=1, K=x를 기입해야 한다.

다음 1의 계수 단계에 대해서는 논리 상태 1에서 0으로 변하므로 동작 과정표를 보면 J=x, K=1이어야 한다. 양쪽 J와 K의 카르나도 상의 1의 계수 칸에(CBA = 001 칸 즉 1번의 칸 내에) 그림 3-5(b)와 같이 J=x, K=1을 기입한다.

2의 계수 단계에 대해서는 상태 0 에서 1로 변하여야 하며 동작 과정표를 보면 J=1, K=x가 되므로 J와 K의 카르나도 상의 2의 계수의 칸에다(CBA = 001가 되는 곳을 찾아 그 칸내에) 그림 3-5(b)와 같이, J=1, K=x를 각각 기입한다.

또 3의 계수 단계에서는 상태 1에서 0으로 변하므로 3의 계수에 상당하는(CBA = 011) 카르나도 상의 칸내에 각각 J=x, K=1을 기입하고 4의 계수 단계에 대하여는 그에 해당하는(CBA = 011) 카르나도 상의 칸 내에 각각 J=0, K=x를 기입한다.

이상과 같은 과정을 4의 계수 단계까지 계속한다. 이 계수기에서는 5에서 7까지의 계수 단계는 없으므로 이 계수에 해당하는 카르나도 상의 칸(5~7번의 칸)에는 그림 3-5(b)와 같이 x를 기입하면 된다. 이리하여 그림 3-5(b)와 같은 완성된 카르나도를 얻는다.

그림 3-5(b)의 카르나도에서 J_A 및 K_A를 구하기 위해서 간략화 기법을 쓴다. 즉 K_A에 대한 도면에서 모든 상태의 칸을 논리 상태 1로 취하면 $K_A = 1$이 된다.

또 J_A에 대한 도면에서 1번과 3번칸을 논리 상태로 취하면 $K_A = 1$이 된다. 또 J_A에 대해서는 1번과 3번칸을 논리 상태 1로 취하고 나머지는 논리 상태 0 으로 남겨둘 수 있으므로 $J_A = \overline{C}$ 로 된다.

이와 같은 방법으로 B단 및 C단에 대해서도 카르나도를 만들면 그림 3-5(c), (d)와 같이 되며 각 단에 원하는 J_A, K_A 입력은 다음 식으로 구해진다.

$J_A = \overline{C}$ KA = 1
$J_B = A$ KB = A
$J_C = A \cdot B$ KC = 1

이상과 같은 입력을 그림 3-4(a)에 회로 연결하면 그림 3-4(c)와 같은 Mod-5 동기식 계수기가 된다.

C B A	클록
0 0 0	0
0 0 1	1
0 1 0	2
0 1 1	3
1 0 0	4
1 0 1	5
0 0 0	0

현재상태(t)	다음상태 (t+1)
C B A	C B A
0 0 0	0 0 1
0 0 1	0 1 0
0 1 0	0 1 1
0 1 1	1 0 0
1 0 0	1 0 1
1 0 1	0 0 0

(a) 계수표

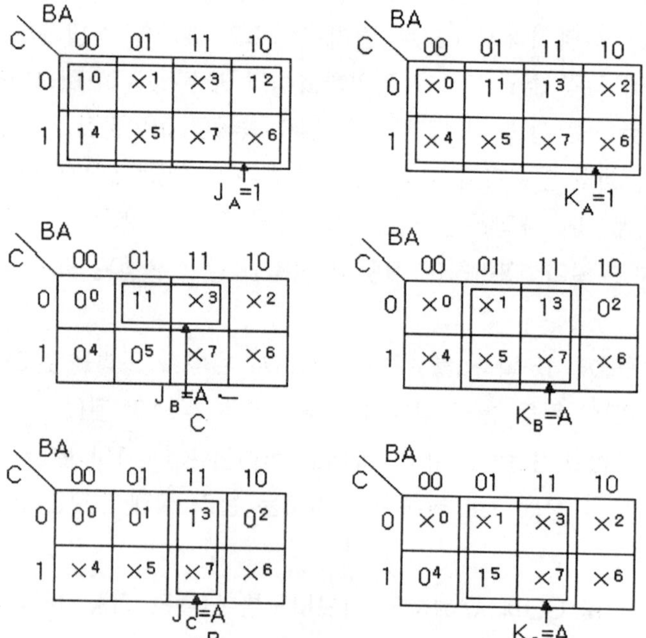

(b) 카르나도

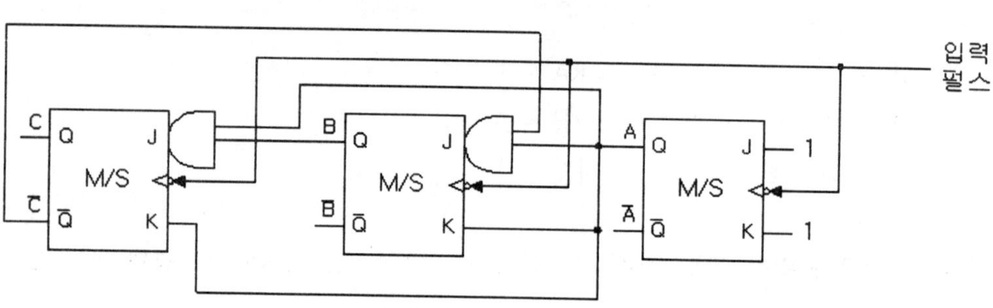

(c) 논리회로도

그림 3-6 Mod-6 동기식 계수기

1.2 Mod-6 동기식 계수기

Mod-6 계수기는 3단의 플립플롭이 필요하며, 앞서 설명한 방법을 반복하여 설계하면 그림 3-6과 같다. 원하는 계수표는 그림 3-6(a)와 같으며, 그림 3-4(b)와 같은 동작과정표를 이용하면 그림 3-6(b)와 같은 카르나도를 얻을 수 있다.

이 카르나도로부터 간략화 조치를 행하면 다음과 같은 J, K 입력에 대한 식을 얻을 수 있다.

$J_A = 1$ $K_A = 1$

$J_B = A \cdot \overline{C}$ $K_B = A$

$J_C = A \cdot B$ $K_C = A$

즉 이상의 식으로부터 Mod-6 계수기를 설계하면 그림 3-6(c)와 같은 논리회로도를 연결할 수 있다.

1.3 Mod-10 동기식 계수기

가장 잘 알려진 10진식 계수기는 4개의 플립플롭단을 사용하여 그림 3-7(a)와 같은 계수를 갖는 동기식 계수기이다. J-K 플립플롭을 사용하고 앞서 설명한 설계방법을 이용하여 각 단의 J, K 입력에 대한 카르나도를 만들면 그림 3-7(b)와 같다.

클록	현재상태(t)				다음상태 (t+1)				플립 플롭의 여기표							
	D	C	B	A	D	C	B	A	J_D	K_D	J_C	K_C	J_B	K_B	J_A	K_A
0	0	0	0	0	0	0	0	1	0	×	0	×	0	×	1	×
1	0	0	0	1	0	0	1	0	0	×	0	×	1	×	×	1
2	0	0	1	0	0	0	1	1	0	×	0	×	×	0	1	×
3	0	0	1	1	0	1	0	0	0	×	1	×	×	1	×	1
4	0	1	0	0	0	1	0	1	0	×	×	0	0	×	1	×
5	0	1	0	1	0	1	1	0	0	×	×	0	1	×	×	1
6	0	1	1	0	0	1	1	1	0	×	×	0	×	0	1	×
7	0	1	1	1	1	0	0	0	1	×	×	1	×	1	×	1
8	1	0	0	0	1	0	0	1	×	0	0	×	0	×	1	×
9	1	0	0	1	0	0	0	0	×	1	0	×	0	×	×	1

(a) 계수상대표

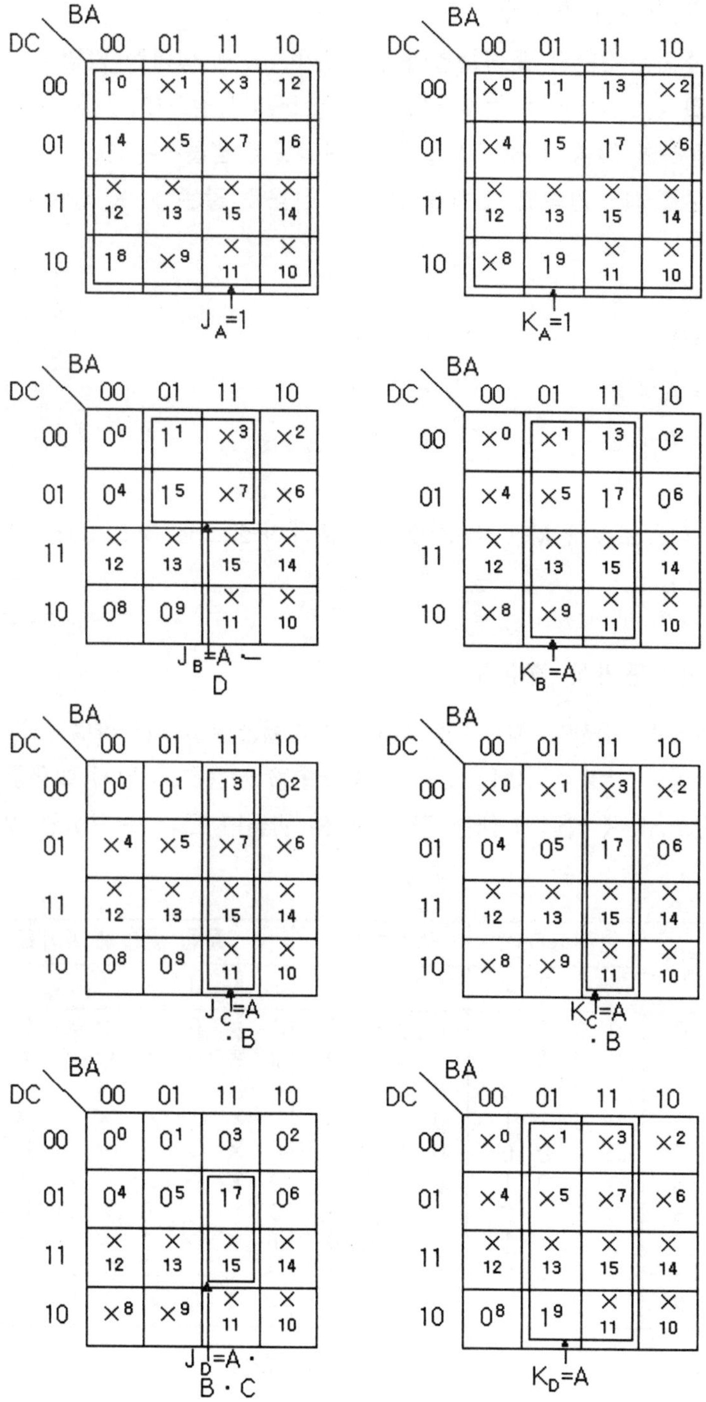

(b) 카르나도

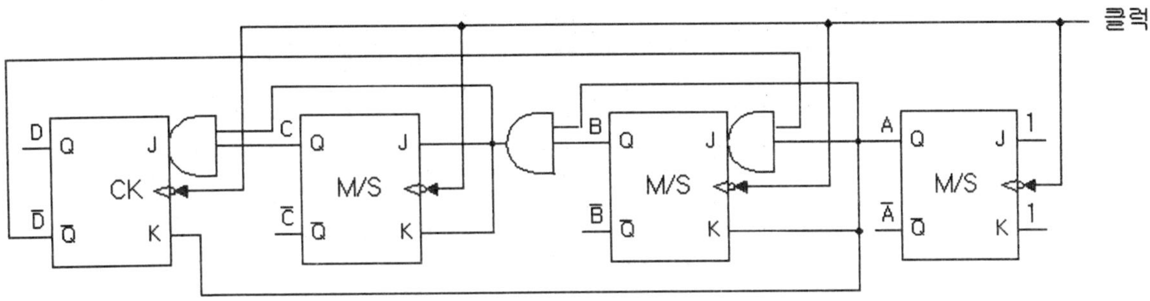

(c) 논리회로도

그림 3-7 Mod-10 동기식 계수기

A단은 2로 나누어지는 Mod-2 계수기단을 동작하며 나머지 3개단은 Mod-계수기로 동작한다. 따라서 전체적으로 10진 계수기로 동작한다. 그림 3-7(c)는 이 계수기의 논리 회로도이다.

클록	현재상태(t)				다음상태 (t+1)				플립 플롭의 여기표							
	D	C	B	A	D	C	B	A	J_D	K_D	J_C	K_C	J_B	K_B	J_A	K_A
0	0	0	0	0	0	0	0	1	0	×	0	×	0	×	1	×
1	0	0	0	1	0	0	1	0	0	×	0	×	1	×	×	1
2	0	0	1	0	0	0	1	1	0	×	0	×	×	0	1	×
3	0	0	1	1	0	1	0	0	0	×	1	×	×	1	×	1
4	0	1	0	0	1	0	1	1	1	×	×	1	1	×	1	×
5	1	0	1	1	1	1	0	0	×	0	1	×	×	1	×	1
6	1	1	0	0	1	1	0	1	×	0	×	0	0	×	1	×
7	1	1	0	1	1	1	1	0	×	0	×	0	1	×	×	1
8	1	1	1	0	1	1	1	1	×	0	×	0	×	0	1	×
9	1	1	1	1	0	0	0	0	×	1	×	1	×	1	×	1

(a) 계수상대표(2*421 코드 계수기)

그림 3-8

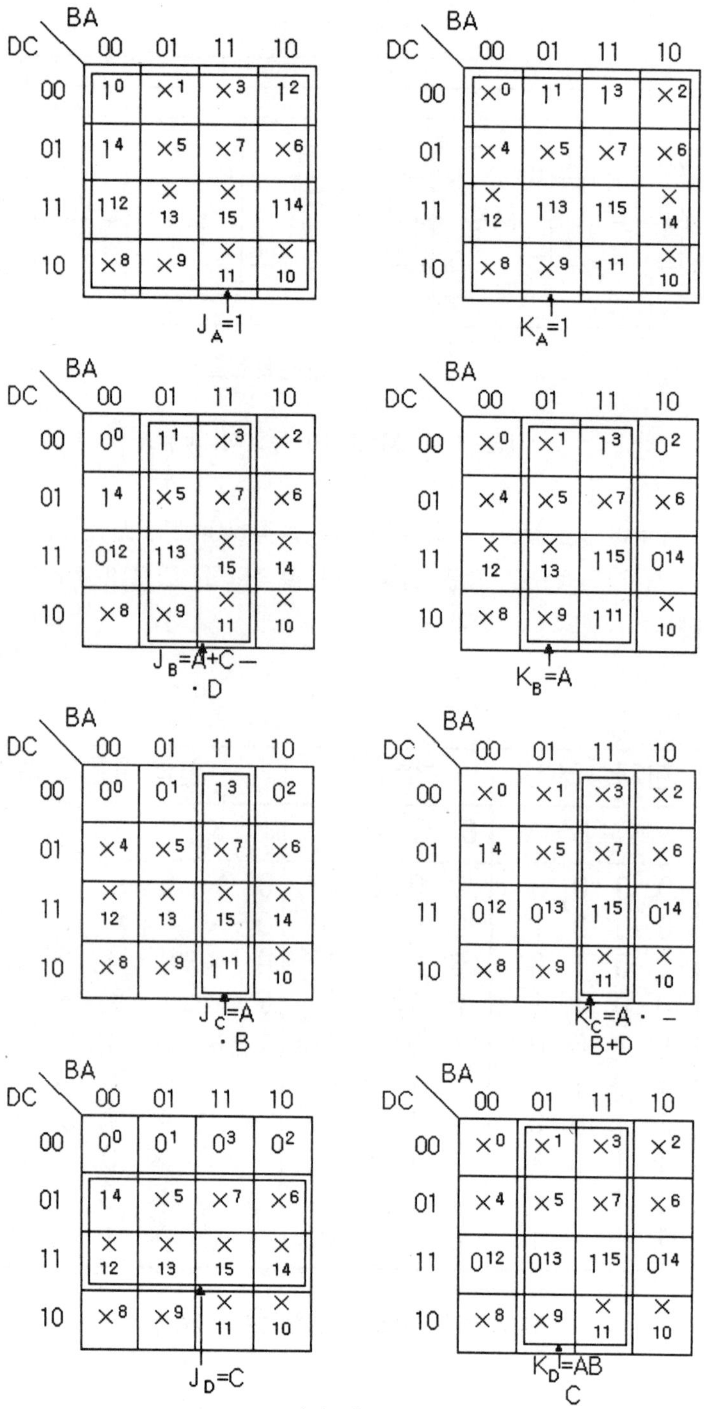

(b) 카르나도

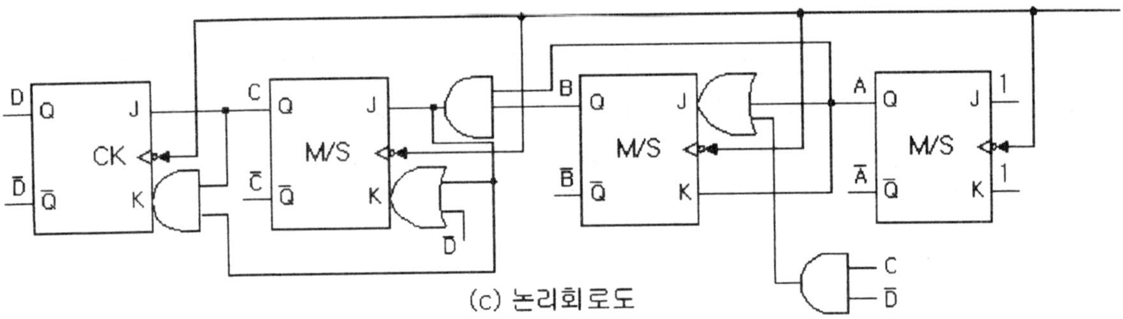

(c) 논리회로도

그림 3-8 2* 421 Mod-10 동기식 계수기

동기식 BCD 계기도 비슷한 설계방법으로 구할 수 있다. 예를 들면 2* 421 BCD 계수기의 설계에서도 우선 그림 3-8(a)와 같은 계수표가 필요하다.

2* 421 코드는 9의 보수 코드임을 상기하라(단 3에 대한 계수기 0011과 6번에 대한 계수기 1100은 9의 보수). 2* 421 코드에서 클록의 계수는 0-9에 이루고 있으나 카르나도에서 사용하여야 하므로 각 선상의 2진수값이 칸 번호 열에 열거되어 있다.

앞서의 설계 방법에 따라 4개의 단에 대한 카르나도를 구하면 그림 3-8(b)와 같다. 그림에는 B및 C단에 대한 카르나도만을 보였다.

따라서 동기식 2* 421 계수기의 논리 회로도는 그림 3-8(c)와 같이 된다. 종종 계수기가 일관된 계수 단계를 수행해 갈 때 계수기의 주어진 논리 회로도로부터 계수 순서를 알 필요가 생긴다.

이러한 계수순서를 얻기 위한 한 방법은 어떤 예상되는 계수값(0 이 될 필요는 없다.)에서 시작하여 각 플립플롭의 입력을 결정하는 것이다.

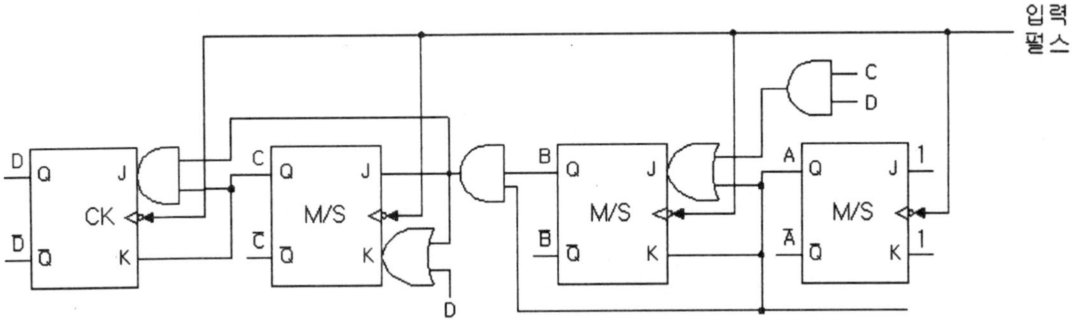

(a) 논리회로

그림 3-9

한 예로써 그림 3-9(a)와 같은 논리회로로부터 얻어지는 계수 순서를 알아내도록 해 보자. 그림 3-9(b)는 4단 계수기를 보인 것이며, 이 계수기의 동작을 해석해서 그의 논리 동작을 설명할 수 있는 계수표를 얻을 수 있다. 즉 계수기에 클록이 가해졌을 때 진행되는 순서를 알기 위해서 그림 3-9(c)와 같은 계수 상태표를 준비한다.

D	C	B	A	클록
0	0	0	0	초기상태
0	0	1	1	0
0	1	0	0	1
0	1	0	1	2
0	1	1	0	3
0	1	1	1	4
1	0	0	0	5
1	0	0	1	6
1	0	1	0	7
1	0	1	1	8
1	1	0	0	9
0	0	1	1	

(b) 계수표

클록	현재상태(t)				다음상태 (t+1)				플립 플롭의 여기표							
	D	C	B	A	D	C	B	A	J_D	K_D	J_C	K_C	J_B	K_B	J_A	K_A
초기상태	0	0	0	0	0	0	0	1	0	×	0	×	0	×	1	×
	0	0	0	1	0	0	1	0	0	×	0	×	1	×	×	1
	0	0	1	0	0	0	1	1	0	×	0	×	×	1	1	×
0	0	0	1	1	0	1	0	0	0	×	1	×	×	1	×	1
1	0	1	0	0	0	1	0	1	0	×	×	0	0	×	1	×
2	0	1	0	1	0	1	1	0	0	×	×	0	1	×	×	1
3	0	1	1	0	0	1	1	1	0	×	×	0	×	0	1	×
4	0	1	1	1	1	0	0	0	1	×	×	1	×	1	×	1
5	1	0	0	0	1	0	0	1	×	0	0	×	0	×	1	×
6	1	0	0	1	1	0	1	0	×	0	0	×	1	×	×	1
7	1	0	1	0	1	0	1	1	×	0	0	×	0	×	1	×
8	1	0	1	1	1	1	0	0	×	0	1	×	×	1	×	1
9	1	1	0	0	0	0	1	1	×	1	×	1	1	×	1	×

(c) 계수상대표

그림 3-9 3초과 코드의 Mod-10 계수기

현재의 계수 상태를 기록하며, 계수 과정이 시작되는 점을 0000의 계수부터 시작한다. 현재의 계수 상태에 대한 D, C, B, A의 입력을 사용하여 각 플립플롭의 J, K 단자에 대한 입력을 결정한다.

다음에 이들 입력들을 사용하여 각 플립플롭의 다음 상태(next couny state)는 현재 계수 상태에서 다음 줄을 따라 차례로 넘어가는 것이다.

그림 3-9(c)는 계수가 0000으로부터 시작해서 1100으로 진행되고 다음에 0011로 진행되는 3초과 코드의 Mod-10 계수기의 계수 과정을 표시하였다.

0000으로부터 0011까지의 계수는 단 한 번만 일어날 것이며, 반복 주기는 0011에서 1100으로 진행한다.

그림 3-9의 경우는 계수가 처음에는 임의로 0000으로부터 시작되는 전체 계수 과정은 그 후 0011로부터 1100까지 진행된다.

즉 2진식 과정으로 0011에서 시작해서 10개의 계수 과정을 거쳐 1100으로 끝나고 다시 0011로 돌아가는 3초과 코드의 Mod-10 BCD 계수기 회로이다.

그림 3-9의 계수기 회로에서는 각단의 J, K입력의 논리 신호는 계수표 각 단의 순서대로 되어 있다. 0000의 계수 단계에 있어서 의 계수 값을 써서 다음 클록 펄스가 인가될 때의 계수기 단을 제어하기 위한 J, K입력들을 얻고 있다.

A단의 두 입력 J, K는 논리상태 1이므로 이 단은 클록 펄스가 인가될 때마다 토글된다. J, K입력이 논리상태 0인 때는 다른 모든 계수기 단은 토글되지 않고 그대로 머문다[그림 3-9(b)참조].

예로 그림 3-9 회로에서의 0011의 계수 과정을 보면 (B의 입력 중) A+CD의 논리 신호는 출력 A와 같이 논리상태 1이며 따라서 B단의 J, K입력은 다같이 논리상태 1이 되어 다음 클록 펄스에 의하여 계수기는 토글된다.

다음 논리 신호 A•B와 AB+D가 논리상태 1이 되어 C단으로의 J, K입력은 논리상태 1이 된다.

따라서 다음 클록 펄스로 트리거되면 C단도 토글된다.

D단에 J, K 입력이 모두 논리상태 0(ABC = 0, C = 0)이므로 이 단에는 변화가 없다.

이 다음의 클록 펄스에 의하여 A, B, C단은 토글되고 D단만 변화없이 그대로 남으므로 계수는 0011로부터 0100으로 된다.

이상과 같은 계수 과정은 한 계수 단계가 반복될 때인 한 계수 주기가 이루어질 때까지 계속될 것이다.

2) 레지스터의 기능

레지스터(register)는 순차회로의 기본 소자인 플립플롭의 집합으로 구성된다. 그림 3-10은 4개의 플립플롭을 접속한 병렬 레지스터로 4비트의 디지털 정보를 기억시킬 수 있다.

우선 소거명령에 해당하는 리셋 펄스를 R단자에 가하여 모든 플립플롭을 리셋한다. 다음에 기억시키고 싶은 데이터의 신호를 입력(A1～A4)에 가함과 동시에 W단자에 써 넣는 명령 신호 `1`을 가한다.

입력(A1～A4)중 `1`의 입력이 있는 것은 기록명령 신호의 `1`과 더불어 AND가 취해지고, 그것에 대응하는 플립플롭을 세트한다. 입력 `0`의 것은 AND가 취해지지 않으므로 그것에 대응하는 플립플롭은 리셋된 체이다. 이렇게 해서 각 플립플롭에는 입력신호가 그대로 기억되게 된다.

다음 S단자에 판독명령 신호 `1`을 가하면, 각 플립플롭에 기억되어 있는 신호가 출력(X1～X4)으로 나온다. 소거명령이 없는 한 S를 `1`로 할 때마다 몇 번이라도 같은 신호를 판독할 수 있다.

직렬로 접속되어 잇는 레지스터에 기억되고 있는 데이터를 지정된 수만큼 왼쪽 또는 오른쪽으로 이동시키는 것을 시프트라 하고, 이런 동작을 하는 것을 시프트 레지스터라고 한다.

그리고 클록 펄스가 들어 올 때마다 데이터가 하나씩 왼쪽으로 이동하는 시프트 레지스터를 왼쪽 시프트 레지스터(shift-left register)라 부르고, 반대로 오른쪽으로 이동하는 시프트 레지스터를 오른쪽 시프트 레지스터(shirt-right register)라 부른다.

그러면 시프트 레지스터의 동작원리를 간단히 설명한다.

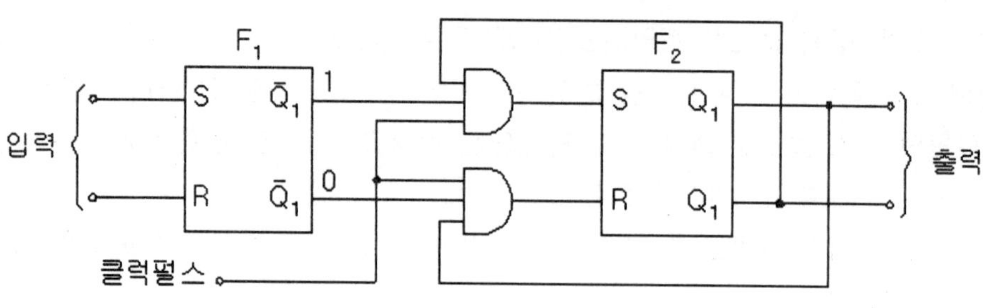

그림 3-10 시프트 레지스터의 기본회로

그림 3-10은 그 기본회로로 2개의 플립플롭으로 구성된 오른쪽 시프트 레지스터이다. F_1, F_2가 그림과 같이 `1``0`의 상태에 있을 때 클록 펄스가 들어오면 $Q_1$ 출력측의 AND회로가 작동하고, $Q_2$ 입력측에 `1`이 들어가 $F_2$는 $F_1$과 같은 상태, 즉 `1`로 세트된다.

만약 F_2가 최초부터 `1`의 상태이면 결국 AND회로도 닫혀 있으므로 F_2의 입력은 S측, R측 모두 `0`이고 F_2는 앞의 상태를 그대로 유지하게 된다.

이것으로부터 클록 펄스에 의해서 F_2는 항상 F_1의 상태와 같은 세트가 된다는 것을 알 수 있다.

그림 3-11은 레지스터를 블록도로 나타내는 4가지 방법을 보이고 있다. 레지스터의 각 세트 즉 각 비트는 0～n-1까지 또는 1～n까지의 숫자로 표시한다.

또 레지스터명은 A, AC, R3, MAR, MBR 등과 같이 대문자로 나타내거나, #1～#n인 번호로 나타낼 수 있다.

레지스터간의 데이터 전송은 레지스터간 전송(inter-register transfer)마이크로 동작에 의해 이루어지는데, 이들 마이크로 동작은 한 레지스터에서 다른 레지스터로 2진 정보의 직접적인 전송을 수행한다.

이때 정보를 받아들이는 목적지(destination) 레지스터는 소스(source) 레지스터의 값을 갖게 되며 소스 레지스터의 값은 전송으로 인해 변하지 않는다.

모든 N값에 대하여 Modulus N 카운터를 구성할 수 있으며, Moduls N_1 카운터와 Modulus N_2 카운터를 직렬로 연결하면 $N=N_1N_2$의 관계가 성립된다.

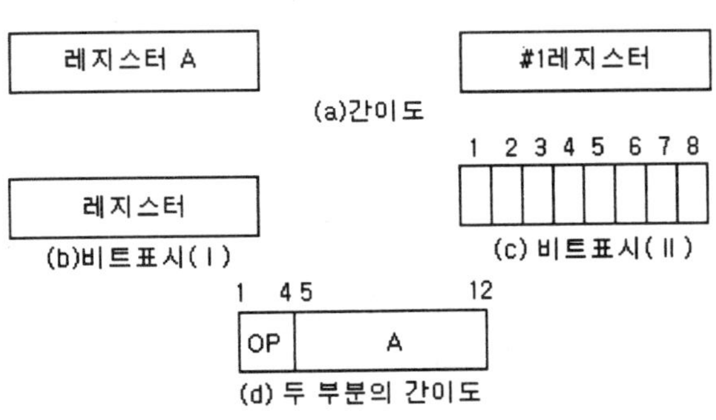

그림 3-11 레지스터 표시법

Table 3-2 Modulus 7 카운터 계수 동작표

클록 펄스 인가 수	C	B	A
0	0	0	0
1	0	0	1
2	0	1	0
3	0	1	1
4	1	0	0
5	1	0	1
6	1	1	0
7	0	0	0

6-4 결합형 카운터(Combinational Counters)

1) 귀환 펄스를 이용한 모듈러스 카운터

일반적으로 필요한 카운터의 플립플롭 수는 계수(count)하고자 하는 수(N)보다 바로 위의 수를 나타낼 수 있는 2n 값을 택하고 이 택한 값에서 수(N)를 감한 나머지 수만큼 귀환시켜 카운터 동작이 앞서도록 선택하여야 한다. 즉 3단의 2진 카운터는 8개의 펄스를 센 후 0으로 클리어(clear)되고 다시 시작하지만 모듈러스 6카운터에서는 6개의 펄스를 센 후 0으로 되돌아간다.

이것을 그림 4-1 귀환 펄스를 이용한 Mod-6 카운터에 나타내고 있다.

한편 계수 동작표와 입출력 파형을 그림 4-2와 Table 4-1과 같다.

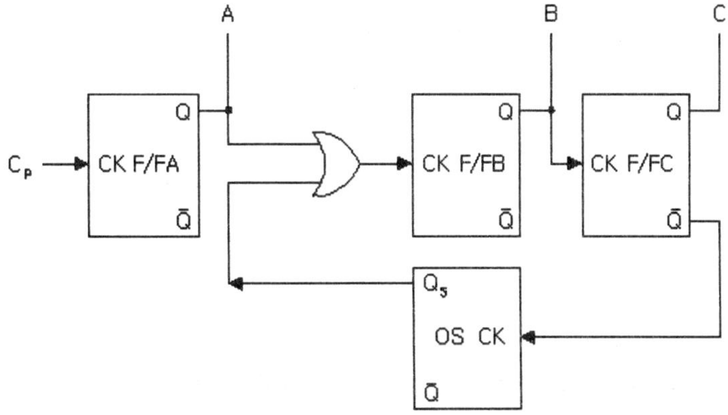

그림 4-1 귀환 펄스를 이용한 Mod-6 Counters

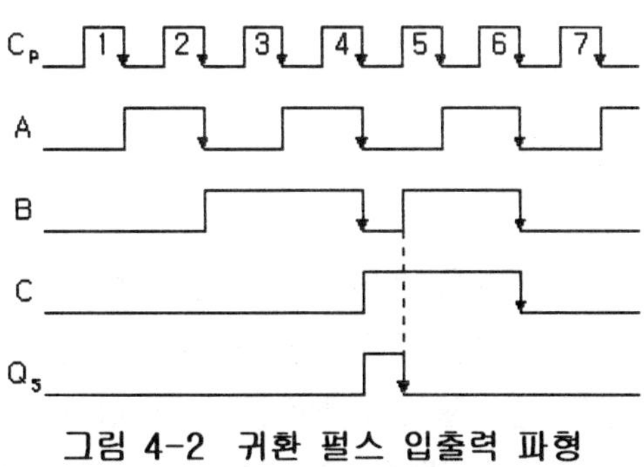

그림 4-2 귀환 펄스 입출력 파형

Table 4-1 귀환형 Mod-6 계수 동작표

C_P 인가 수	C	B	A
0	0	0	0
1	0	0	1
2	0	1	0
3	0	1	1
4	1 ↓ 1	0 ↓ 1	0 ↓ 0
5	1	1	1
6	0	0	0

그림 4-1에서 F/FB의 트리거 입력은 2개의 입력 펄스를 계수한 후의 F/FA단의 출력이므로 F/FB단의 트리거 입력은 계수를 2만큼 앞지르게 한다. 따라서 F/FB단 입력으로 펄스를 귀환시키면 원하는 만큼 계수를 앞서게 할 수 있다.

그림 4-1에서 귀환된 펄스는 F/FB단을 별도의 시각에 토글시켜 카운터를 2만큼 앞서게 하여 Mod-6 카운터의 계수과정을 이루게 한 것으로서 그림 4-2의 귀환 펄스 입출력 파형에서도 잘 나타내주고 있다.

한편 귀환형의 카운터에서는 단안정 멀티바이브레이터(Mono-Stable Multivibrator)가 가장 높은 클럭 주파수(clock rate)의 클럭 펄스(여기서는 F/FA단)의 한 펄스 간격보다 짧은 폭의 펄스를 내도록 조절하여야 한다. 예컨대 한 펄스가 시작된 후 1[㎲]지나야 귀환 펄스가 그(카운터) 회로를 트리거시킬 수 있다면, 그 카운터 단은 1[㎒]의 비율로 동작할 수 있어야 한다.

2) 리셋(Reset)형 카운터

귀환형에서는 귀환 펄스가 계수를 앞서게 하는 경우 즉 카운터의 계수과정과 입력 펄스의 수와의 대응성이 상실되는데, 이러한 단점을 제거하기 위하여 고안된 것으로서 원는 수를 계수한 후 각 단의 출력을 논리회로를 써서 디코딩(decoding)하여 카운터를 리셋(Reset)시켜 등가적인 2진 카운터를 얻는 방식이다. 이러한 방식을 취하면 입력 펄스의 수와 2진 식으로 표시된 카운터의 수가 등가적으로 일치되는 장점이 있다.

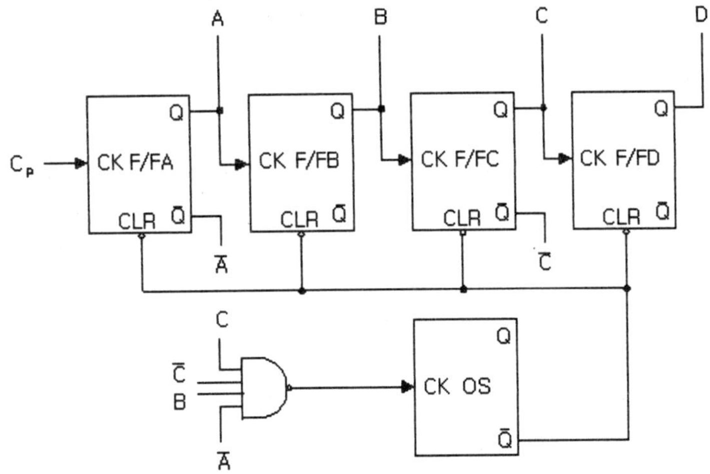

그림 4-3 리셋을 이용한 10진 카운터

그림 4-3에서 먼저 클리어(clear)시켜 D, C, B, A를 모두 0으로 하고 클럭 펄스(C_P)를 인가하여 인가 수를 9번 카운트하면 출력 D, C, B, A가 1001을 나타낸다.

다음 클럭 펄스인가 수 10번을 인가하면 D, C, B, A의 출력이 1010을 나타내어 10의 계수를 NAND 게이트로 디코딩(decoding)하여 D, $\overline{C}$, B, $\overline{A}$에는 1111이 NAND 게이트로 입력되는 순간 NAND 게이트의 평상시 출력 1에서 0으로 되므로 단안정 멀티바이브레이터(OS)로 트리거 된다. 이러한 동작에 의하여 F/F를 모두 클리어시켜, D, C, B, A를 다시 0으로 복귀시킨다.

따라서 9번을 계수한 후의 입력 펄스는 카운터의 계수를 0으로 만들어 완전히 한 계수과정이 완료된다. 이러한 클럭 펄스인가 수에 따른 계수 동작표를 Table 4-2에 보이고 있다.

Table 4-2 리셋형 Mod-10계수 동작표

C_P 인가 수	D	C	B	A
0	0	0	0	0
1	0	0	0	1
2	0	0	1	0
3	0	0	1	1
4	0	1	0	0
5	0	1	0	1
6	0	1	1	0
7	0	1	1	1
8	1	0	0	0
9	1	0	0	1
10	1 ↓ 0	0 ↓ 0	1 ↓ 0	0 ↓ 0

3) 직접 리셋형 카운터

귀환형과 리셋형의 단점을 제거하기 위한 방법으로 단안정 멀티바이브레이터를 사용하지 않고 정확히 원하는 계수를 하기 위하여 직접 리셋형이 이용되고 있다.

이러한 직접 리셋형은 집적회로소자로 많이 만들어진다.

그림 4-4는 직접 리셋형 Mod-6 카운터를 보인 것으로 Table 4-3의 Mod-6 계수 동작표로부터 직접 리셋형을 설계하는 과정을 설명하기로 한다.

출력 A는 C_P에 의한 토글(Toggle)이다. 출력 B는 A가 1에서 0으로 될 때 토글하나 $C \neq 1$일 때이므로 $Q_C=1$이면 $\overline{Q}_C$ 는 0이므로, 이 때 0을 F/FB의 J_B 단자에 결선 하면 F/FB의 $J_B=0$ 일 때는 $Q_B=0$ 이 된다.

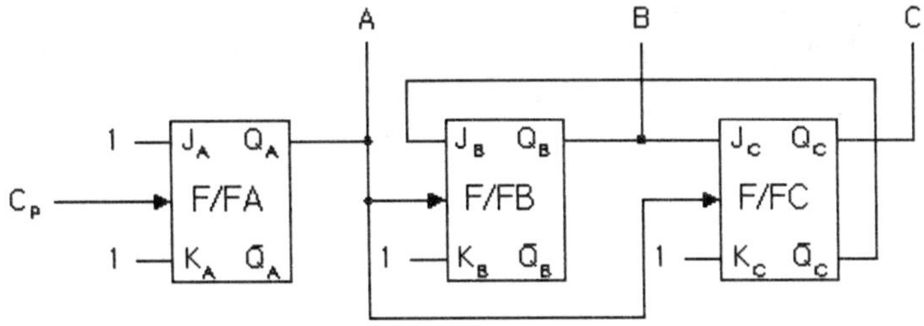

그림 4-4 직접 리셋형 Mod-6 카운터

Table 4-3 리셋형 Mod-6 계수 동작표

C_P 인가 수	C	B	A
0	0	0	0
1	0	0	1
2	0	1	0
3	0	1	1
4	1	0	0
5	1	0	1
6	0	0	0

끝으로 출력 C의 경우 A가 1에서 0이 되면 Reset되나 Q_B=1이면 Reset되지 말아야 하므로 Q_B를 F/FC의 J_C에 결하면 된다. 이렇게 하여 논리회로를 설계한 것이 그림 4-4 직접 리셋형 Mod-6 카운터가 된다. 같은 방법으로 Mod-10 카운터를 설계하기 위하여 계수 동작표 Table 4-4를 이용한다. 출력 A는 C_P에 의한 토글이다. 출력 B는 A가 1에서 0이 되면 토글하나 D≠1일 때라는 단서가 붙는다. 출력 C는 B가 1에서 0으로 될 때 토글하고 출력 D는 A가 1에서 0이 될 때 리셋(Reset)되나 B와 C가 동시에 1일 때만 제외된다. 이러한 점을 고려하여 결선하면 그림 4-5와 같은 직접 리셋형 Mod-10 카운터를 설계하게 된다.

Table 4-4 직접 리셋형 Mod-10 계수 동작표

C_P 인가 수	D	C	B	A
0	0	0	0	0
1	0	0	0	1
2	0	0	1	0
3	0	0	1	1
4	0	1	0	0
5	0	1	0	1
6	0	1	1	0
7	0	1	1	1
8	1	0	0	0
9	1	0	0	1
10	0	0	0	0

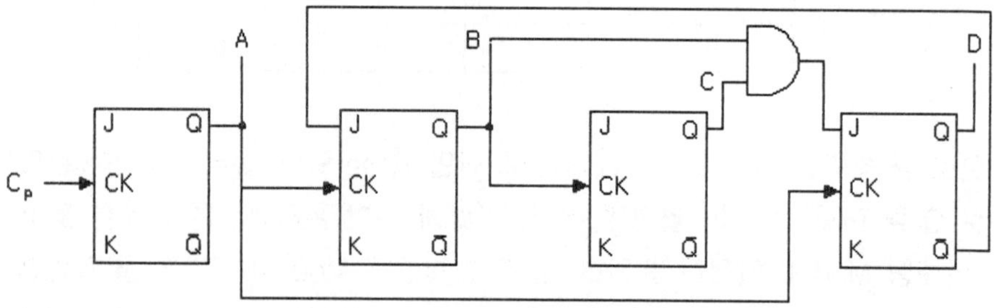

그림 4-5 직접 리셋형 Mod-10 카운터

4) 프로그램 가능 카운터(Programmable Counter)

7490 10진 카운터는 클록 입력을 2, 5 및 10으로 나눈 것 이외에 6, 7, 9로도 나눌 수 있는 회로 접속을 할 수 있다. 이와 같이 각종 TTL 및 CMOS 카운터의 출력을 디코드하여 일반적으로 기대되는 결과는 다른 모듈러스(Modulus)를 얻을 수 있다. 그러나 이들 접속은 대체로 2진 카운터를 외부에서 클리어(clear)시켜 0으로 리셋시킬 수 없다는 단점을 갖고 있다.

여기서는 특정의 용도를 위해 사용되는 각종 고정 모듈러스 카운터와 달리 프로그램이 가능한 카운터에 관해서 설명하기로 한다. 일반적으로 프로그램이 가능한 카운터는 모듈러스를 표준 4비트 BCD 또는 2진 코드를 사용하여 주어진 값으로 프로그램하는 동시에 Up 또는 Down 카운터의 선택을 할 수 있는 능력을 가지고 있다. Up/Down 카운터는 숫자가 커지는 방향이나 작아지는 방향 어느 쪽이든 카운터할 수 있다.

이 카운터는 카운터 방향을 언제든지 변경시킬 수 있다. 예를 들어 Up/Down 카운터가 0에서 6까지 Up 카운터 한 다음 3만큼 Down 카운터 한 후 다시 Up 카운터 할 경우를 가정하면 이 카운터의 카운터 시퀀스(Sequence)는 다음과 같이 된다.

```
┌───── Up ─────┐     ┌───── Up ─────┐
0, 1, 2, 3, 4, 5, 6, │5, 4, 3, │ 4, 5, 6, 7, … …
                     └─ Down ─┘
```

Up/Down 카운터는 저장되어 있는 값에 어떤 값을 가산하거나 감산할 수 있는 능력을 가지고 있으므로 흔히 가감산 카운터라고도 한다. 여기서는 전형적인 Up/Down 카운터의 로직을 분석하지 않고 프로그램이 가능한 몇 가지 TTL 및 CMOS 디바이스에 관하여 설명하고 있다.

4.1 프로그램 Up/Down 10진 카운터

데이터 입력에 표준 BCD코드를 가함으로써 모듈러스를 주어진 값으로 프로그램할 수 있다.

이러한 입력을 프리셋, 잼(Jam) 또는 로드(Load)라고도 하며, 74192는 4비트 BCD 카운터로서 그림 4-6에 핀 접속도를 나타내고 있다.

프리셋(PR) 입력이 순간적으로 0이면 데이터 입력에 존재하는 BCD코드는 병렬로 로드되어 카운터의 모듈러스를 설정한다. 예를 들어 4개의 데이터 입력에 존재하는 BCD 코드가 DCBA=1000이면 프리셋 입력이 순간적으로 0이 될 때 카운터의 모듈러스가 8에서 프리셋 된다.

74192는 Count Up 입력에 정(+) 클럭 펄스가 가해질 때마다 1카운터씩 증가하고, Count Down 입력에 정(+) 클럭 펄스가 가해질 때마다 1카운터씩 감소한다. 어느 한 카운터 입력을 사용할 때는 다른 입력은 로직(Logic) 1로 유지한다. 그림 4-7은 3개의 74192 카운터를 캐스케이드(cascade) 접속하여 전체 회로가 1에서 999까지의 모듈러

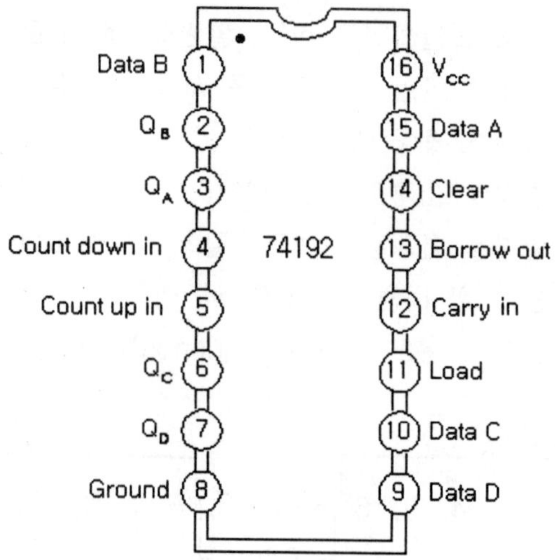

그림 4-6 TTL 74192 핀 접속도

스를 갖게 한 구성이다.

예를 들어 데이터 입력이 단 자리이면 U_1이 DCBA=0101, 십 자리이면 U_2가 DCBA=0111로, 백 자리이면 U_3가 DCBA=1001로 세트되어 카운터의 최대 카운터는 십진수로 975가 된다.

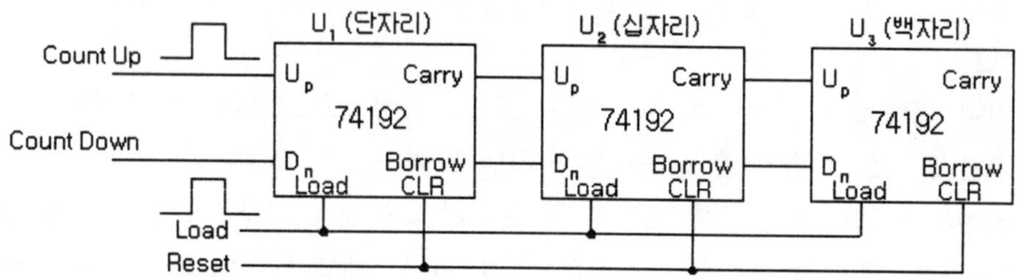

그림 4-7 3단 10진 Up-Down 카운터

4.2 프로그래밍 Up/Down 10진 카운터

프로그래밍 가능 4510 CMOS Up/Down 10진 카운터는 74192 TTL 디바이스와 유사한 동작을 하며 핀 접속도는 그림 4-8과 같다.

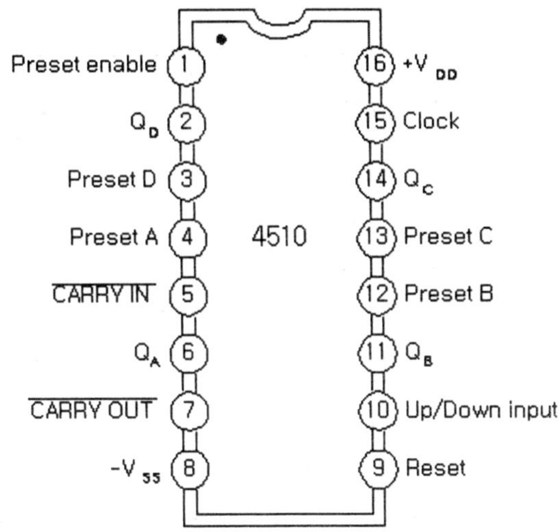

그림 4-8 프로그래밍 가능 4510 CMOS Up/Down 10진 카운터 핀 접속도

4510 CMOS는 Count Down을 위한 개별 입력을 가지고 있지 않으며, 하나의 Up/Down 입력신호에 의해 Up 카운터와 Down 카운터가 결정된다. 만일 Up/Down 입력이 1이면 카운터는 커지는 방향으로, 0이면 작아지는 방향으로 이루어진다. 한편 4510 CMOS 진리표는 Table 4-5와 같다.

그림 4-9 프로그래밍 가능 4510 카운터의 병렬 크로킹 케스게이딩 결선에서와 같이 포단 U_1의 $\overline{\text{Carry out}}$ C(O) 출력을 다음 단의 $\overline{\text{Carry In}}$ C(I) 입력에 결선하는 방법으로 2개 이상의 4510 카운터를 케스게이트(cascade) 결선 함으로써 하나의 입력신호로

Table 4-5 프로그램 가능 4510 Up/Down 10진 카운터의 진리표

Clock 입력	Carry in 입력	Up/Down 입력	Preset enalbe	Reset 입력	결 과
0 OR 1	1	0 OR 1	0	0	No Count
	0	1	0	0	Count Up
	0	0	0	0	Count Down
0 OR 1	0 OR 1	0 OR 1	1	0	BCD code를 갖는 PR
0 OR 1	0 OR 1	0 OR 1	0 OR 1	1	0으로 Reset

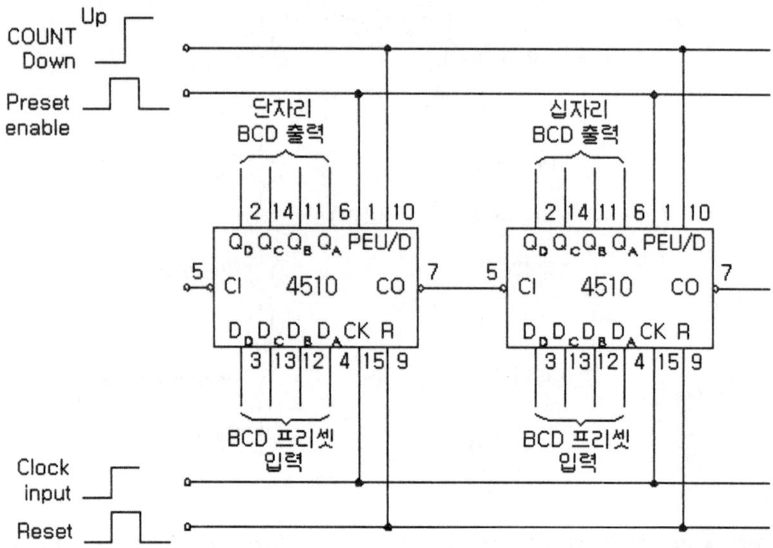

그림 4-9 프로그래밍 가능 4510 카운터의 케스게이트 병렬 클로킹 결선

모든 단의 clock 입력을 병렬로 동시에 드라이브 할 수 있다.

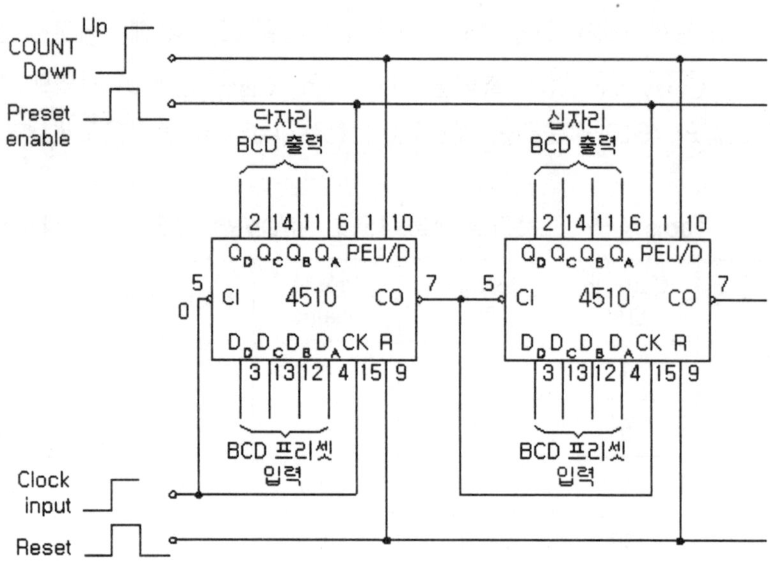

그림 4-10 프로그래밍 가능 4510 카운터의 케스게이트 병렬 클로킹 결선

반면 그림 4-10의 프로그래밍 가능 4510 카운터의 리플 클로킹 케스게이딩결선에는 각 단의 clock과 CI 입력을 함께 결선한다. BCD 코드는 preset enable 입력을 순간적으로 로직 0으로 세팅함으로써 카운터에 병렬로 걸리게 된다.

6-5 시프트 카운터(Shift Counter)

1) 링 카운터(Ring Counters)

링 카운터는 시프트 레지스터를 응용한 가장 간단한 카운터로서 그림 5-1과 같이 직렬 입력, 병렬 출력 시프트 레지스터의 최종 출력을 다시 이력에 귀환시킨 일종의 순환 시프트 레지스터이다. 링 카운터는 항상 첫 번째 플립플롭의 출력 Q_0를 1로, 나머지 플립플롭은 모두 0이 되게 preset과 Reset를 걸어 준다. 그렇게 함으로써 클럭 펄스(C_P) 인가 수에 따라 Q_1, Q_2, Q_3에 논리 1이 시프트(shift)된다.

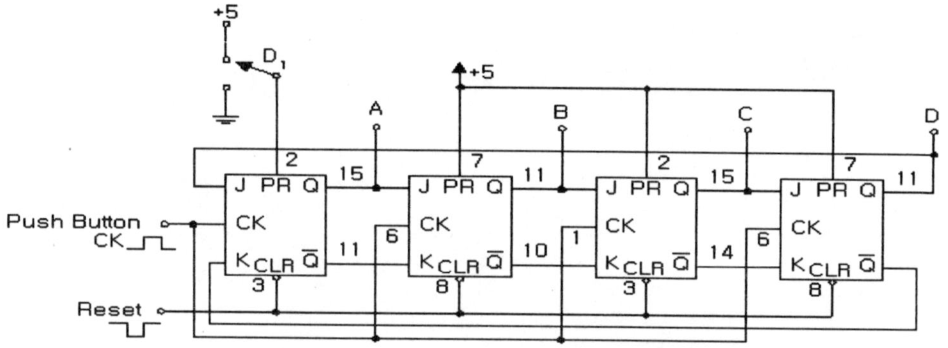

그림 5-1 링 카운터(Ring Counter)

이렇게 됨에 따라 5번째 클럭 펄스에 대해서는 다시 처음 상태로 되돌아가서 Q_0, Q_1, Q_2, Q_3가 1000으로 되므로 링 카운터는 4까지 셀 수 있는 카운터인 셈이다.

일반적으로 N개의 플립플롭으로 구성된 링 카운터는 N가지의 출력상태가 나오며 8421 2진 카운터(Binary Counter)가 2^N가지 임에 반해 링 카운터(Ring Counter)는 극히 비효율적이나 복호기(Decoder)가 별도로 필요하지 않다는 장점을 갖고 있다.

한편 C_P 인가에 따른 계수 동작표를 보면 Table 5-1과 같다.

Table 5-1 링 카운터의 계수 동작표

C_P 인가 수	Q_0	Q_1	Q_2	Q_3
0	1	0	0	0
1	0	1	0	0
2	0	0	1	0
3	0	0	0	1
4(0)	1	0	0	0

이 계수 동작표를 Time Chart로 그려보면 그래프 5-1과 같다.

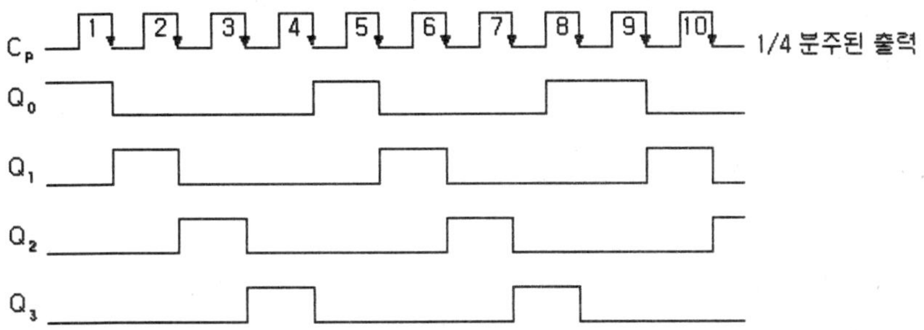

그래프 5-1 링 카운터 Time Chart

그래프 5-1의 링 카운터에서 알 수 있듯이 그림 5-1의 링 카운터는 플립플롭이 4개로 구성되어 있어 출력 주파수는 입력 클럭 주파수의 1/4이 된다. 따라서 =4카운터가 된다. 또 출력 1/4, 즉 25%의 듀티 사이클(Duty Cycle)을 가지고 있다.

일반적으로 N개의 플립플롭으로 구성된 링 카운터의 출력 주파수와 % 듀티 사이클은 식 (5-1)과 식 (5-2)로 표시할 수 있다.

출력 주파수 $$f_0 = \frac{f_i}{N} \tag{5-1}$$

% 듀티 사이클 $$D_0 = \frac{1}{N} \times 100 \tag{5-2}$$

링 카운터를 구성하는데 있어서 D형 플립플롭의 수는 제한이 없다. 그림 5-1은 JK 플립플롭을 사용한 4단 링 카운터를 나타낸 것이지만 각 단의 J와 K는 상보대칭이므로 사실상 JK 플립플롭으로 접속되어 있다.

식 (5-1)에서 보면 링 카운터는 어떤 모듈러스(Modulus)로나 구성할 수 있다는 것을 알 수 있다(모듈러스는 단순히 플립플롭의 단수가 된다).

그러나 일반적으로 링 카운터는 같은 모듈러스를 갖는 2단 카운터보다 더 많은 플립플롭 단을 필요로 한다. 예를 들면, =16 2진 카운터는 4개의 T형 플립플롭을 필요로 하지만, =16 링 카운터를 구성하는데는 16개의 D형 플립플롭이 필요하다. 앞에서 설명한 바와 같이 링 카운터는 하나의 플립플롭이 세트되도록(Q_0=1) 초기화하여야 한다.

그런데 그래프 5-1과 같이 링 카운터 회로에서 최초에 전원이 가해졌을 때 하나의 플립플롭만이 세트되는 확률은 적다. 따라서 사용되는 플립플롭은 프리셋(preset)과 클리어(CLR) 입력의 양쪽을 갖추고 있어야 한다.

그림 5-1의 링 카운터는 4단 링 카운터의 초단 플립플롭을 1로, 나머지를 0으로 세트시켜 초기화한 것이다.

2) 존슨 카운터(Johnson Counter)

존슨 카운터는 일명 트위스트 링 카운터(Twist Ring Counter), 워킹 링 카운터(Walking Ring Counter), 또는 스위치 테일 카운터(Switchtail Counter)라고도 한다.

그림 5-2에서 볼 수 있듯이 존슨 카운터가 링 카운터와 다른 점은 첫 번째 단의 입력 J와 K를 각각 네 번째 단의 $\overline{Q}$와 Q로 바꾸어 취했다는 점이다. 따라서 Table 5-2의 계수동작표와 같이 8가지의 출력 상태가 됨을 알 수 있다.

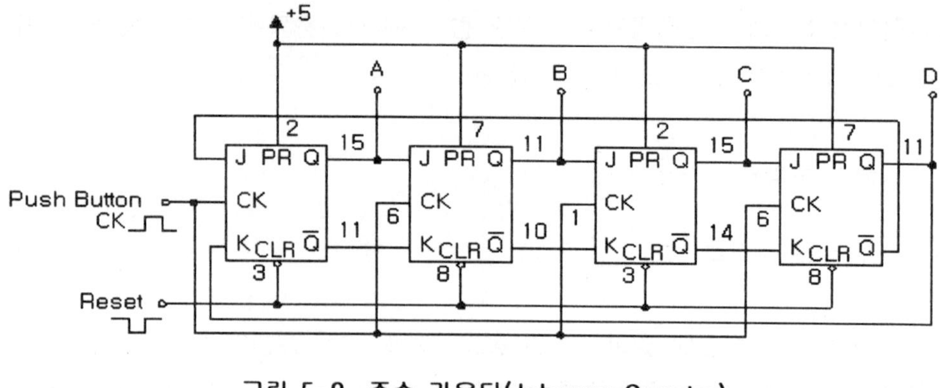

그림 5-2 존슨 카운터(Johnson Counter)

Table 5-2 존슨 카운터의 계수 동작표

C_P 인가 수	Q_4	Q_3	Q_2	Q_1
0	0	0	0	0
1	0	0	0	1
2	0	0	1	1
3	0	1	1	1
4	1	1	1	1
5	1	1	1	0
6	1	1	0	0
7	1	0	0	0
8(0)	0	0	0	0

일반적으로 N단의 플립플롭을 사용하는 경우 2N개의 출력상태가 발생함으로 링 카운터보다 효율적인 면에서 우수하나 존슨 카운터의 경우 복호기(Decoder)가 필요하다는 존슨 카운터가 구조면에서 링 카운터와 유사하지만 출력 주파수는 링 카운터의 1/2이다. 따라서 존슨 카운터가 N단으로 구성할 경우의 출력 주파수는 식 (5-3)과 같다.

$$f_0 = \frac{f_i}{2N} \text{ 출력 주파수} \tag{5-3}$$

한편 링 카운터의 듀티 사이클은 1/N인데 반해 존슨 카운터의 출력 파형은 그래프 5-2와 같이 대칭이므로 % 듀티 사이클은 50[%]가 된다.

Table 5-2의 계수 동작표를 Time Chart로 그려보면 그래프 5-3과 같다.

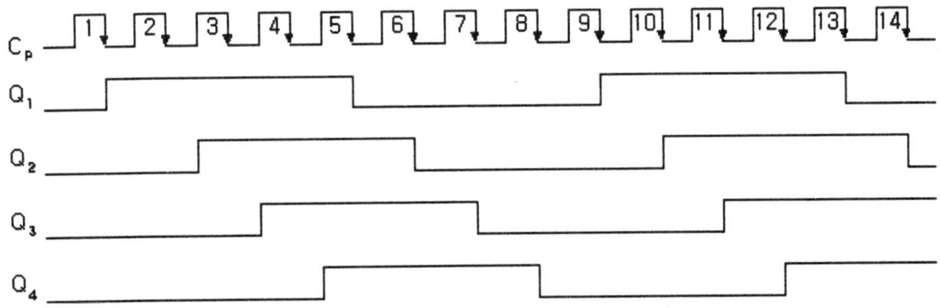

그래프 5-2 존슨 카운터 Time Chart

제 7 장 디지털 시스템

7-1 메모리(RAM과 ROM)

1) 메모리의 개요

메모리는 2진의 정보를 저장하고, 기억시킨 정보를 읽어낼 수 있는 소자이다.

메모리의 기억공간은 비트(Bit)단위로 구성되며, 메모리는 기억공간의 데이터를 일렬로 저장하기 위해 어드레스(Address)가 할당되고, 한 주소마다 데이터의 크기는 바이트(Byte) 혹은 워드(Word)단위로 할당한다. 메모리의 기억용량은 번지의 크기 × 데이터 비트 수로 결정된다.

일반적으로 데이터의 바이트 수는 8비트(1byte), 16비트(1word) 등이 대부분이고, 어드레스의 크기에 따라 메모리의 용량을 결정한다. 이 때 기억용량의 크기를 표시하고 위한 용량의 단위는 KB(kilobyte), MB(megabyte), GB(gigabyte), TB(telabyte), PB(petabyte)등이며, 1KB는 정확히 1024바이트이다.

메모리는 기억된 정보를 읽거나 기록하는 속도에 따라 성능을 평가할 수 있다. 메모리를 몇 가지로 분류하면 다음과 같다.

1) 주 기억장치 ─┬─ RAM(Random Access Memory)
　　　　　　　　└─ ROM(Read Only Memory)

2) 보조 기억장치 ── Magnetic Disk, Magnetic Tape, Optical Disk

여기서 주 기억장치는 반도체로 구성되는데 이때 구성 반도체 소자에 따라 바이폴라 메모리(Bipolar Memory)와 MOS(Metal Oxide Memory)로 분류할 수 있다.

다음은 주 기억장치인 램(RAM)과 롬(ROM)의 종류, 기본구성 및 회로동작을 설명하기로 한다.

1.1 RAM(Random Access Memory)

램은 데이터를 입력하여 저장하거나 출력이 자유롭게 할 수 있는 메모리이고, 전원이 인가되지 않으면 기억된 내용이 지워진다. RAM은 스테이틱 RAM(Static RAM)과 다이나믹 RAM(Dynamic RAM)으로 크게 분류된다.

다이나믹 램은 셀의 구조가 간단하여 고집적회로 실현이 가능하므로 메모리 용량이 큰 소자의 실현이 가능하며, 메모리 셀의 정보를 계속 유지하기 위하여 리프레시 동작을 필요로 한다. 스테이틱 램은 셀의 구조를 기억논리(플립플롭)를 이용하여 회로를 구성한 것으로 소자의 집적도는 떨어지나 리프레시 동작이 필요치 않아 디지털 시스템의 하드웨어 구현이 쉽다. 일반적으로 컴퓨터 시스템의 메모리 용량이 클 때는 다이나믹 램으로 메모리를 구성하고, 소형 시스템인 경우는 하드웨어의 부담이 적은 스테이틱 램으로 메모리 회로를 구성한다.

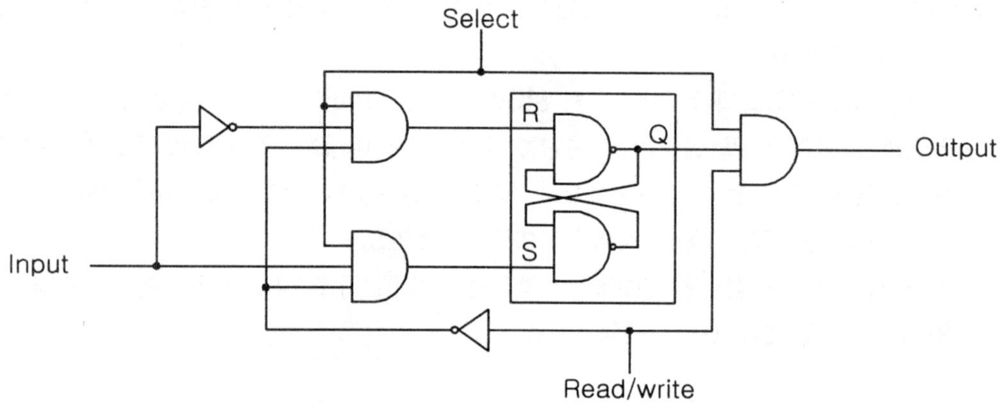

(a) 스테이틱 램의 기본 논리회로

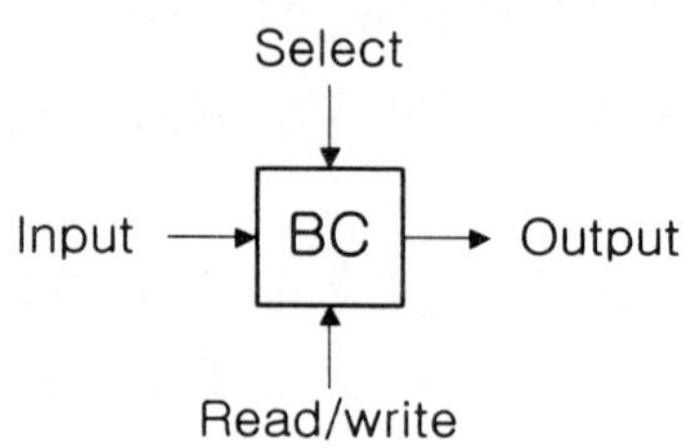

(b) 메모리 셀의 기호화

그림 1-1 스테이틱 램의 메모리 셀 구성

그림 1-1은 스테이틱 램의 메모리 셀의 회로구성으로 1비트 데이터를 처리한다. 그림 1-1(a)에서 입력(Input)은 기억시킬 2진 정보인 데이터를 입력하는 단자이고, 데이터를 저장(write)하기 위해서는 R/W 단자를 "0"으로 하며, 데이터를 읽기(read) 위해서는 R/W 단자를 "1"로 한다. 셀렉트(select) 단자는 메모리 셀의 선택 여부를 결정한다. 그림 1-1(b)는 메모리 셀을 간단하게 기호화한 것이다.

그림 1-2는 스테이틱 램의 4*3의 2진 정보의 기억용량을 갖는 기본적인 회로구성이다. 회로동작은 데이터 번지가 4개이므로 각각의 번지를 선택하기 위한 어드레스 입력단자는 2개이며, 2*4 디코더에 의하여 필요한 데이터의 번지가 선택된다.

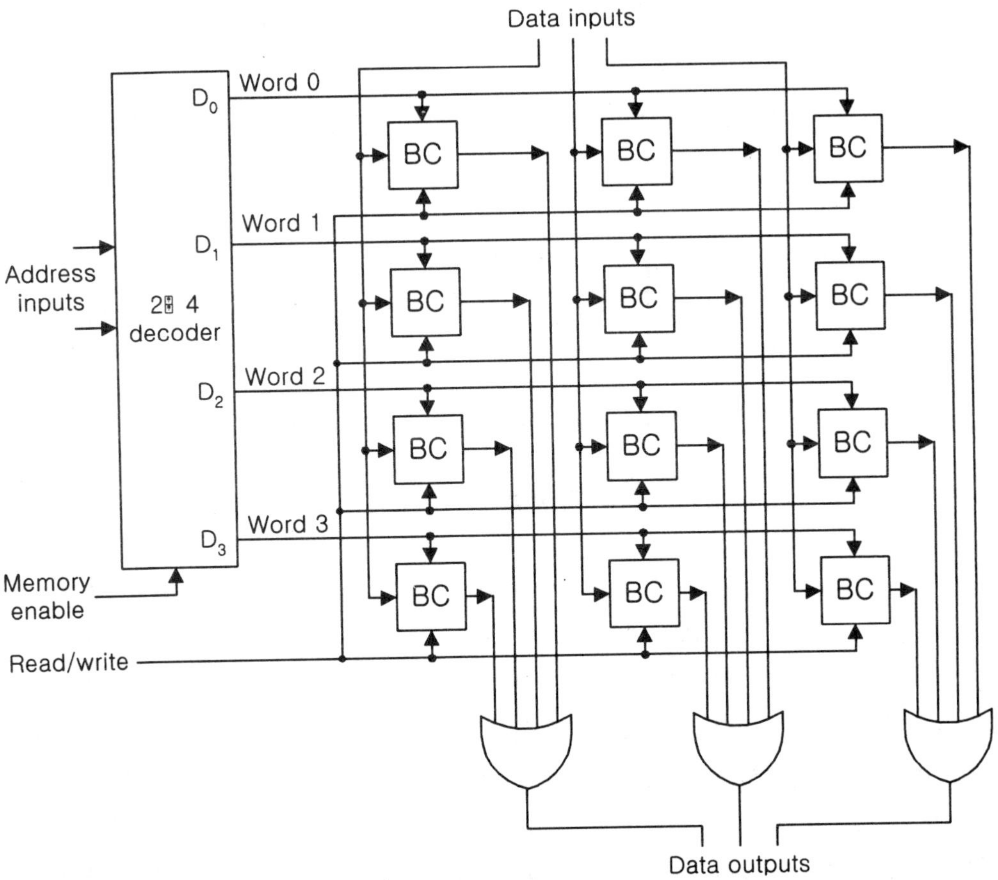

그림 1-2 기본적인 스테이틱 램의 회로구성

메모리 셀의 각각의 R/W 모두를 묶어 동시에 메모리 셀의 R/W조건을 결정한다.

데이터의 저장은 디코더에 의해 번지를 선택하고 R/W가 "0"이면, 3비트의 데이터를 입력하여 선택된 번지에 데이터를 기억시킨다. 데이터의 읽기는 디코더에 의해 어드레스를 선택되고 R/W단자가 "1"이면, 3비트의 데이터가 출력단자를 통하여 출력된다.

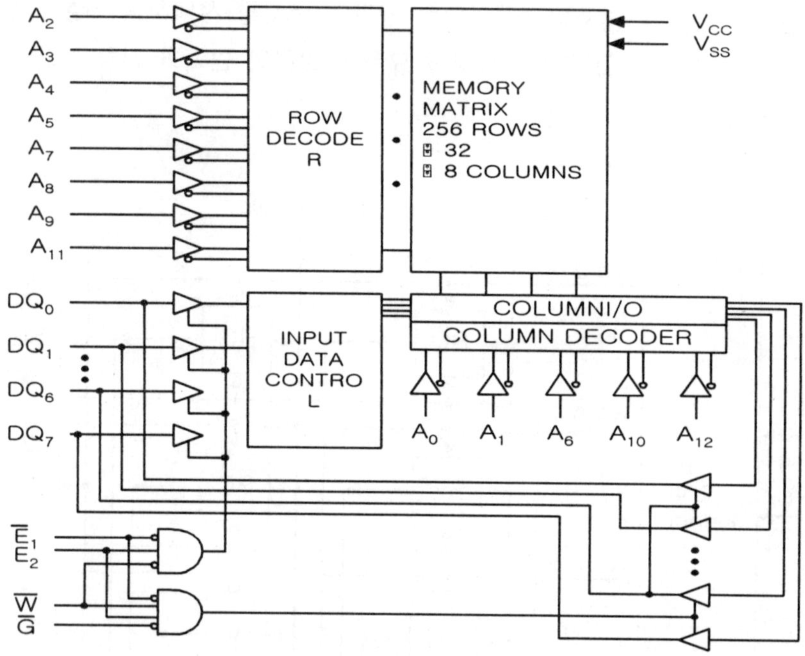

그림 1-3 스테이틱 RAM(8192*8)의 내부구조 및 상징기호

그림 1-3은 스테이틱 램 6264(8192*8)의 내부구조와 상징기호를 나타낸다. 6264는 어드레스 지정을 위해 셀렉트 회로를 내장하고 어드레스 값에 따라 메모리 어레이의 메모리 셀을 선택한다. 선택된 번지의 4비트 데이터는 /WE의 입력에 따라 데이터의 읽기와 쓰기(저장)가 결정된다. 이때 데이터는 /CS단자가 "1"이면 데이터 버스는 트라이 스테이트 상태를 유지하며, "0"인 경우에 칩이 선택되고 데이터를 입·출력 할 수 있다.

일반적으로 램 및 롬의 사용은 디지털 시스템 하드웨어가 요구하는 메모리의 크기 및 마이크로프로세서의 실행속도에 따라 결정된다. 메모 소자가 결정되면 타이밍도에 따라 외부 디지털 소자와 인터페이스시켜야 한다.

그림 1-4(a)는 6264의 메모리 데이터를 읽어낼 때 메모리 칩의 어드레스 버스, 칩 선택단자(/CS), 데이터 버스의 타이밍도이다. 데이터의 입력은 리드 사이클 타입(T_{AVAV}) 동안에 이루어져야 하며, 6264의 데이터 출력은 어드레스 값이 지정되고, /CS단자가 "0"이 된 이후에 데이터가 출력된다. 이때의 시간을 액세스 타임(Access Time)이라 하며, 칩의 응답성을 결정하는 중요한 요소가 된다.

라이트 사이클은 그림 1-4(b)와 같다. 데이터를 저장하기 위해서는 라이트 사이클 타임 동안 에 어드레스 버스의 데이터가 입력되고, /CS를 "0", /WE를 "0"으로 한 후 외부에서 데이터 값을 메모리 칩의 데이터 버스에 입력해야 한다. 일련의 이러한 동작은 라이트 타임(Write Time)의 시간요소를 만족해야 한다.

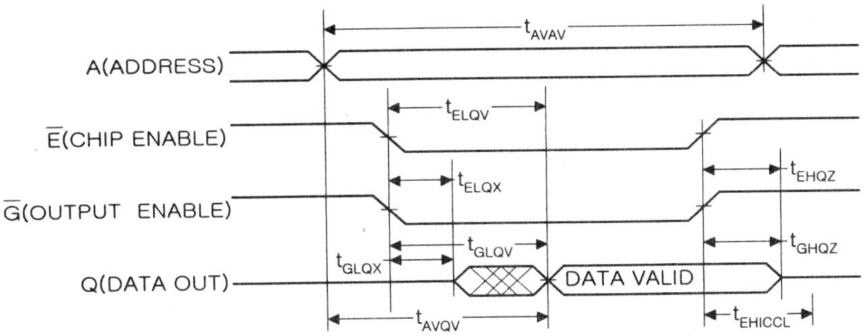

(a) 리드 사이클

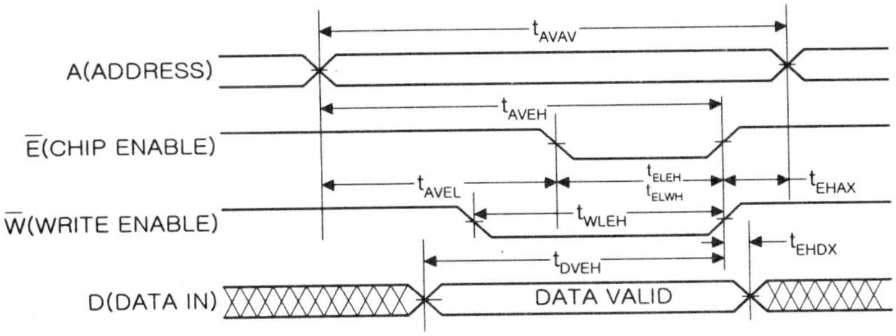

(b) 라이트 사이클

그림 1-4 리드 및 라이팅 타이밍도

1.2 ROM(Read Only Memory)

기억된 정보 데이터를 읽어내기만 할 수 있는 메모리 소자로서, 전원이 인가되지 않아도 저장된 데이터가 소멸되지 않는 기능을 갖고 있다. ROM의 기능적 분류를 보면 마스크 ROM(Mask ROM), PROM(Programmable ROM), EPROM(Erasable and Programmable ROM), EEPROM(Electrically Erasable and Programmable ROM) 등으로 구분된다.

마스크 롬은 사용자의 요구에 따라 제조 메이커에서 단 한번 데이터를 입력함으로써 다량생산에 적합한 이점을 갖는다.

PROM은 롬 라이터(ROM Writer)를 이용하여 사용자가 필요에 따라 데이터를 입력할 수 있으나, 한번 데이터를 입력하면 다시 새로운 데이터를 입력하기 위하여 기존의 데이터를 지울 수 없는 메모리이다.

EPROM은 새로운 데이터를 입력하기 위하여 메모리에 입력된 데이터를 지워 사용할 수 있는 메모리로서 기억된 데이터를 지우기 위해서는 자외선(ultra violet)을 이용한다.

EEPROM은 롬의 데이터 기억 및 소거를 전기적으로 할 수 있는 메모리이다.

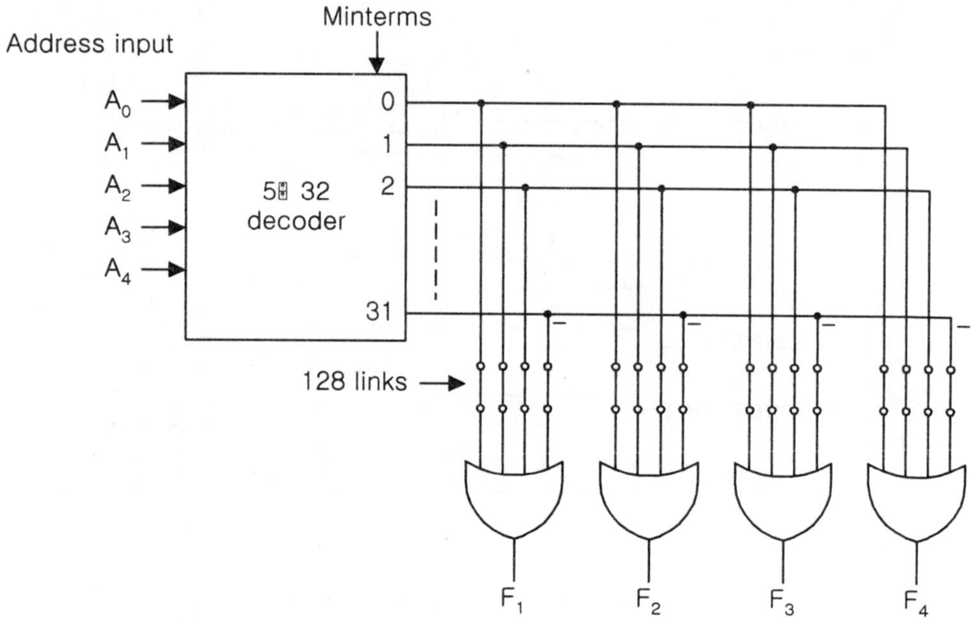

그림 1-5 ROM의 내부구조

그림 1-5는 기본적인 PROM의 내부회로 구성으로 디코더와 OR 게이트로 회로를 구성한다.

그림 1-5의 5*32에서 5는 어드레스 입력수이고, 32는 번지수를 나타낸다.

이때 OR 게이트는 번지수와 같은 입력조건으로 선택적으로 프로그램이 가능하도록 되어 있다. 데이터의 읽어내기 동작은 어드레스가 선택되면 다른 번지의 워드는 "0"이므로 OR 게이트 출력은 선택된 워드의 연결상태에 따라 각각의 출력조건이 결정된다.

그림 1-6은 EEPROM(2764A)의 내부회로 구성을 나타낸다. 데이터의 프로그램을 실행하기 위해서 /OE, /PGM, /CE의 입·출력을 제어할 수 있는 회로를 내장하며, 어드레스 디코더와 메모리 셀 매트릭스, 데이터 버퍼 등을 내장하고 있다.

칩의 데이터 저장은 전용 ROM 라이터를 이용하고, 데이터의 리드 타이밍은 RAM과 유사하다.

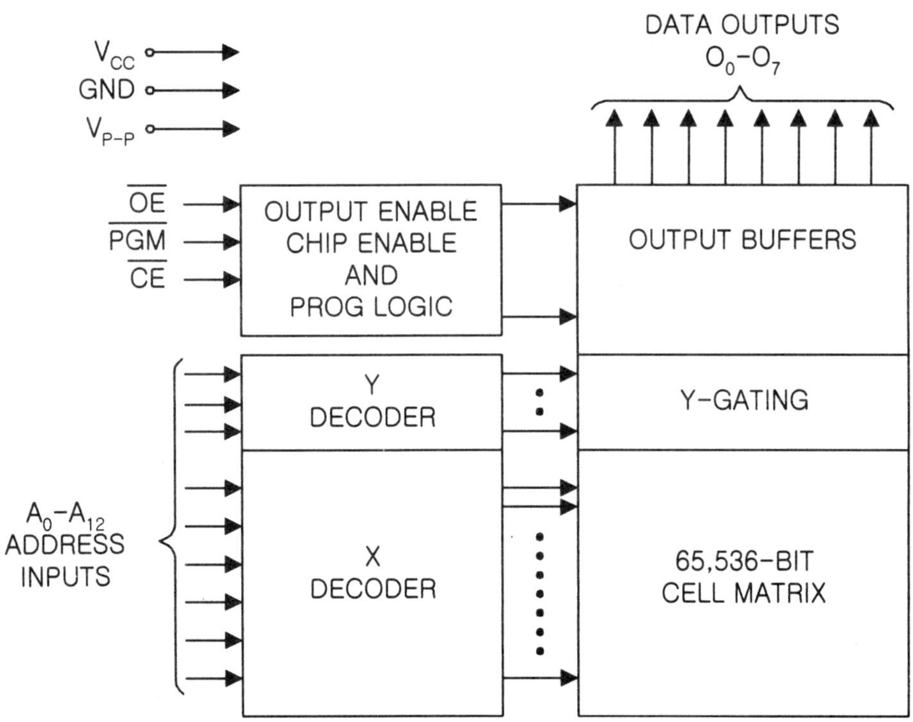

그림 1-6 EEPROM(2764)의 내부구성 및 상징기호

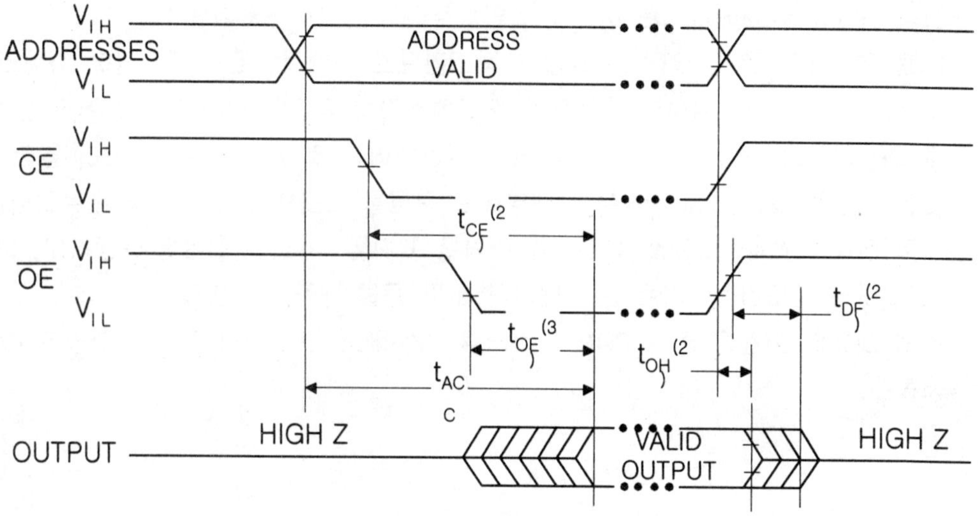

그림 1-7 EEPROM(27C64)의 리드 타이밍도

7-2 READ/WRITE Memory

Memory 소자는 크게 두 종류로 나누어 휘발성 memory와 비휘발성 memory가 있다. 휘발성 memory는 전원을 끊었을 때 기억된 데이터가 없어지며, 비휘발성 memory는 전원을 끊어도 기억된 데이터는 그대로 있다. 전자는 RAM(Random Access Memory) 또는 RWM(Read Write Memory)이라 하며, 후자는 ROM(Read Only Memory)이라 한다.

1) 64bit RAM

64bit RAM의 memory는 16word×4bit array로 되어 있다. 대표적인 IC는 7489로서 다음과 같은 특징을 가지고 있다.

① Wired-AND 할 수 있는 open collector 출력을 4개 갖고 있다.
② 입력단자가 전류 buffer로 되어 있으므로 부하효과를 최소화한다.
③ Chip내에 address해석기가 있다.
④ diode에 의해 전압 크기가 제한되므로 ringing현상을 최소화한다.
⑤ 전력소모를 최소화하기 위해 저전력 schottky type으로 설계되었다.

그림 2-1에 Logic symbol과 pin이름 특성표를 나타냈다.

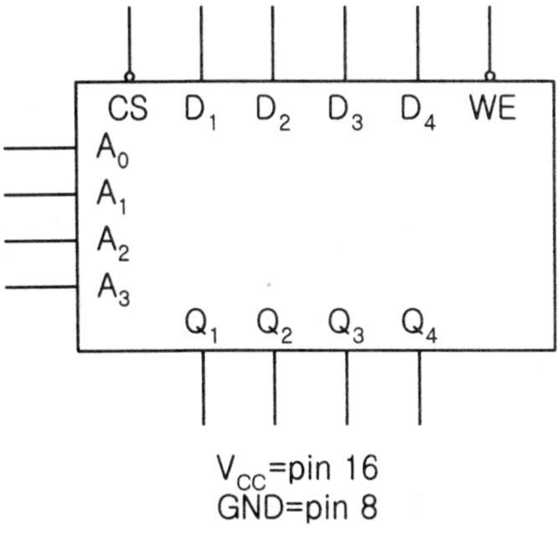

AN···Address Input
$\overline{CS}$···Chip Select(active LOW) Input
D_n···Data Input
$\overline{O_n}$···Data(Inverted) Output
$\overline{WE}$···Write Enable(active LOW) Input

그림 2-1(a)

입 력		동 작	출 력 조 건
$\overline{CS}$	$\overline{WE}$		
L	H	Write	Complement of Data Inputs
L	H	Read	Complement of Selected word
H	L	Inhibit Entry	Complement of Data Inputs
H	H	Hold	HIGH(Off)

그림 2-1(b) IC 7489의 Symbol과 특성

2) 1024×4bit Static RAM

이러한 형태의 RAM은 2114가 있는데 그 특징은 다음과 같다.

① Fast Access Time

2114 AL-1 : 100ns Max.

2114 A-4 : 200ns Max.

② 단일 +5[V] 전원 ±10%

③ 저전력 소비 : 최대전류 40~70[mA]

④ Completely static memory이고, Clock이나 timing strobe가 필요없다.

⑤ 데이터 입력과 출력을 위해 공통 line을 사용하고, 3-state 출력이다.

그림 2-2에 핀구성 및 block diagram을 나타냈다.

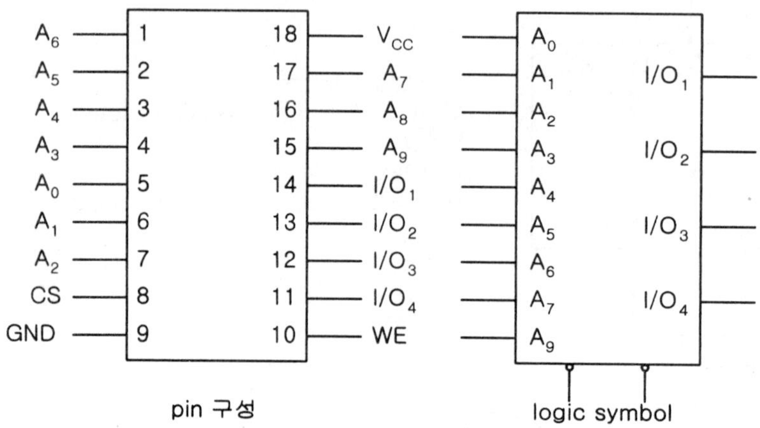

A_0~A_9 : Address 입력
WE : Write Enable
CS : Chip Select
I/O_1~I/O_4 : Data Input/Outp
V_{CC} : +5[V]
GND : Ground

(a) pin 구성 및 logic symbol

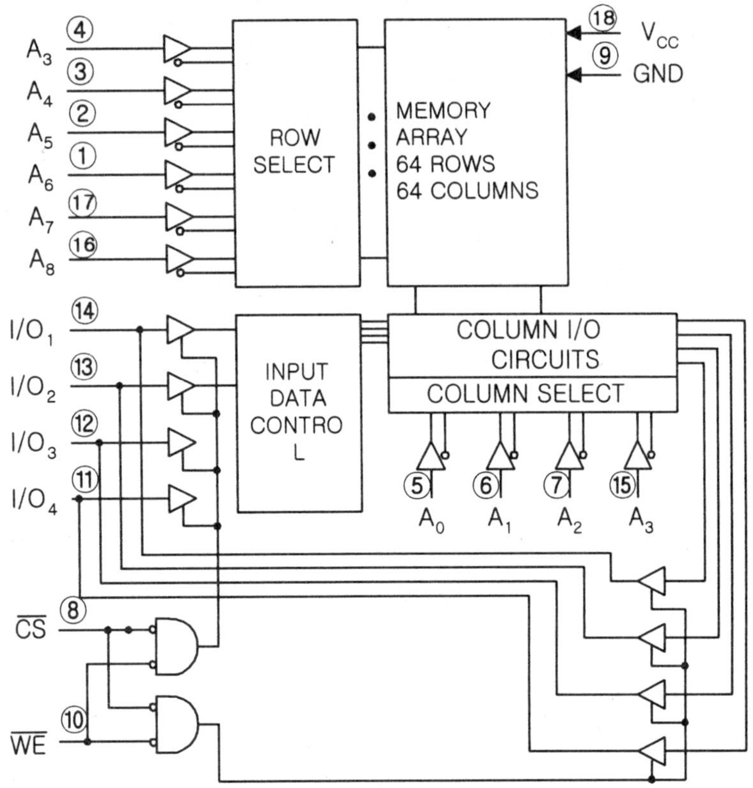

(b) block diagram

그림 2-2 2114의 pin구성 및 block diagram

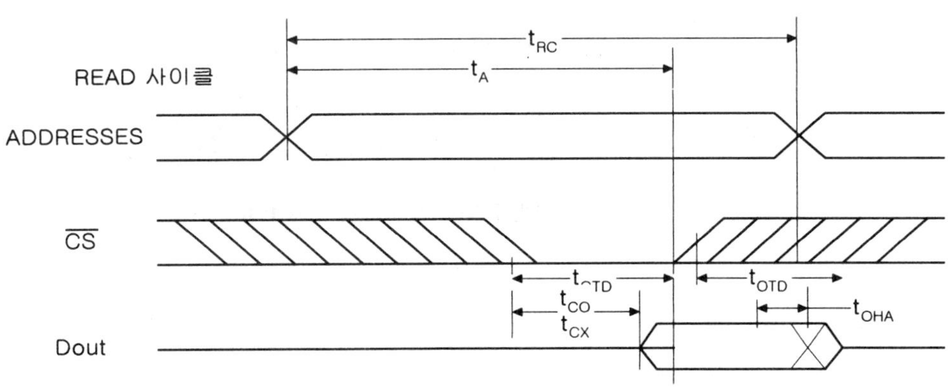

그림 2-3-1 READ 할 때의 timing diagram

A.C. 특성표(TA=0℃ to 70℃, VCC=5V±5%)

약 자	파 라 미 터
t_{RC}	Read Cycle Time
t_A	Access Time
t_{CO}	Chip Selection to Output Valid
t_{CX}	Chip Selection to Output Active
t_{OTD}	Output 3-state from Deselection
t_{OHA}	Output Hold from Address Change

참조 :

1. WE is high for a Read Cycle,
2. If the CS low transition occurs simultaneously with the $\overline{WE}$ low
3. WE must be high during all address transitions

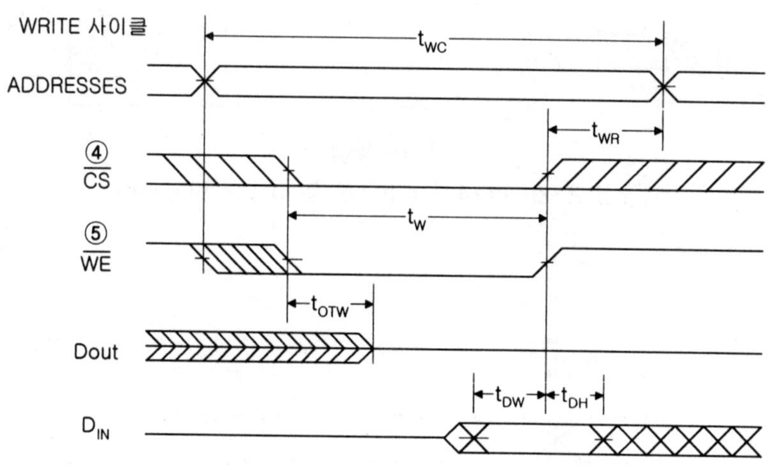

그림 2-3-2 WRITE시의 timing diagram

약 자	파 라 미 터
t_{WC}	Write Cycle Time
t_{W}	Write Time
t_{WR}	Write Release Time
t_{OTW}	Output 3-state from Write
t_{DW}	Data to Write Time Overlap
t_{DH}	Data Hold from Write Time

참조 :

1. A Read occurs during the overlap of a low $\overline{CS}$ and a high $\overline{WE}$.
2. A Write occurs during the overlap of a low $\overline{CS}$ and a low $\overline{WE}$.

3) 64(8192×8) UV ERASABLE PROM

Erasable 및 programmable ROM으로서 64K bit EPROM에는 2764가 있으며, 그 특징은 다음과 같다.

① Fast Access Time

2764 : 350ns Max.

2764 : 450ns Max.

② 단일 +5V 전원공급

③ 저전력 소비

Active power : 525mW Max.

Standby power : 132mW Max.

④ Completely Static이고, 3-state 출력이다.

그림 2-4와 2-5에 pin구성 및 block diagram을 나타냈다.

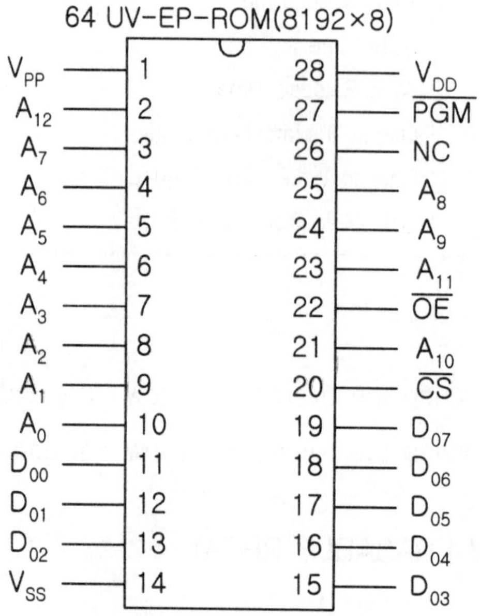

그림 2-4 2764의 pin구성

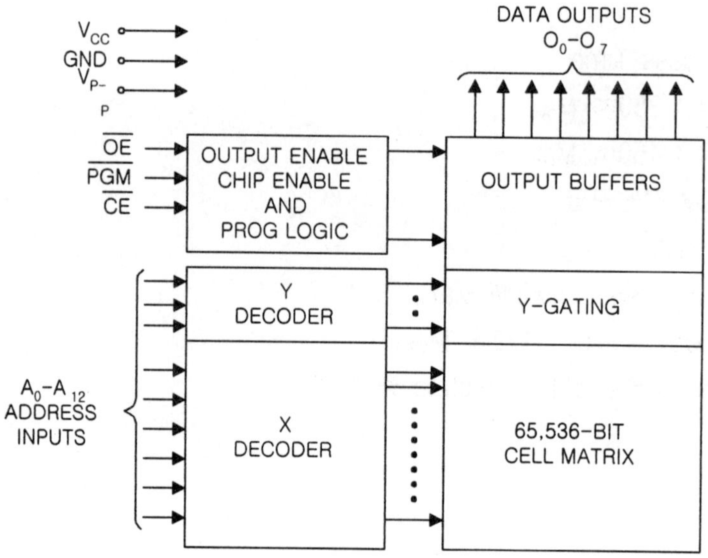

그림 2-5 2764의 block diagram

Table 2-1에 mode 선택표를 나타냈다.

Table 2-1 mode 선택표

Pins / Mode	$\overline{CE}$/PGM (20.27)	$\overline{OE}$ (22)	V_{PP} (1)	V_{DD} (28)	Outputs (11~13, 15~19)
Read	V_{IL}	V_{IL}	+5	+5	D_{OUT}
Standby	V_{IH}	don't care	+5	+5	High Z
Program	Pulsed V_{IL} to V_{IL}	V_{IH}	+25	+5	D_{IN}
Program Verify	V_{IL}	V_{IL}	+25	+5	D_{OUT}
Program Inhibit	V_{IL}	V_{IH}	+25	+5	High Z

그리고 그림 2-6에 2764의 timing diagram을 나타냈다.

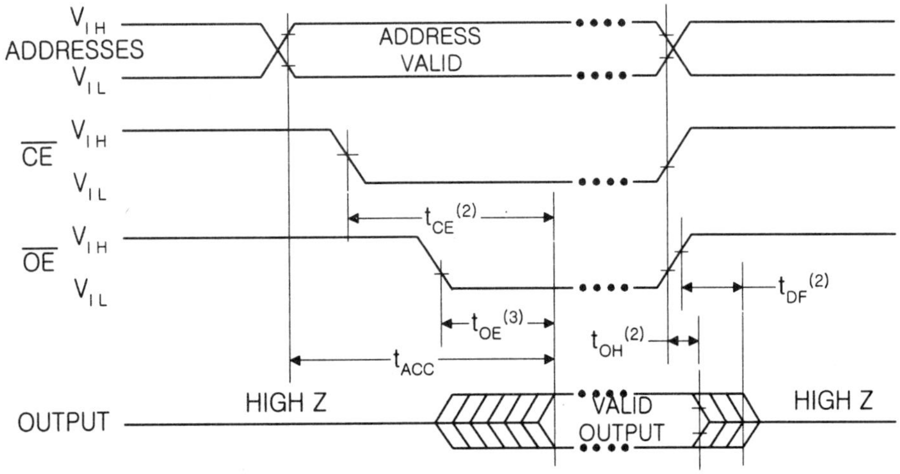

그림 2-6 2764의 timing diagram

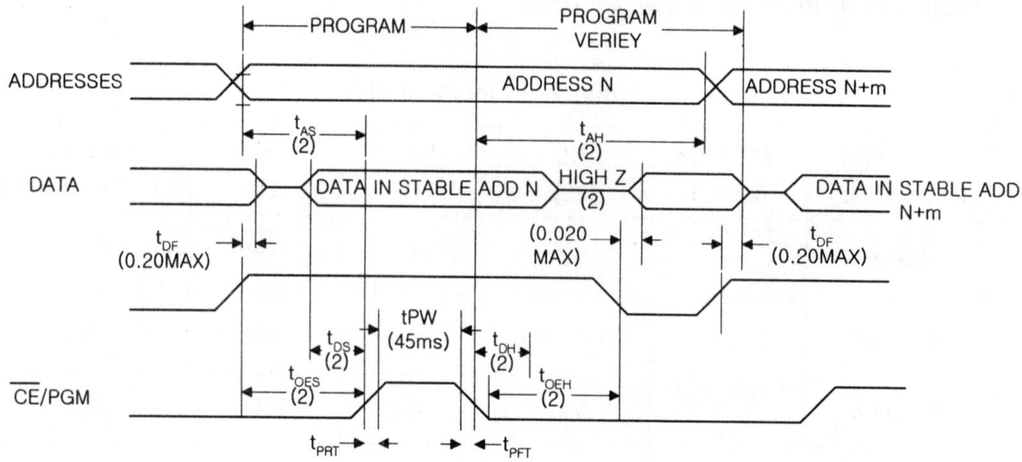

그림 2-7 Programming시의 timing diagram

7-3 ROM Writer

1) 원리

ROM에 데이터를 기억시키는 순서는 ROM에서와 마찬가지로 먼저 기억시키고자 하는 Address 및 데이터를 Dip SW로 고정시키고, 출력 Enable 단자를 +5[V]에 접속하며 V_{PP}단자에는 +24~25V의 전압을 인가한 후 $\overline{CE}$/PGM단자에 High상태 전압을 45~50ns 동안 인가한다.

이렇게 함으로써 해당 Address의 각 bit에 전하를 충전시켜 영구히 기억되어진다. 만약 기억된 데이터를 지우려고 할 때 UVEPROM형인 경우는 자외선 lamp에 30분 동안 노출시켜 방전시키므로써 지워지게 된다.

그림 3-1에 2764 ROM에 기록하는 timing diagram을 나타냈다.

실험방법

① 우선 ROM이 지워져 있는지 확인하고, 여기서는 16 address만 확인한다. address A_4~A_9까지는 접지하고, $\overline{OE}$(D_5)를 Low상태에 놓고, Table 3-2를 완성하라.

② 실험 ①에서 모든 address의 내용이 FF16이면 실험을 계속하고 그렇지 않으면 ROM을 Eraser에 넣고 지운다.

③ address sw를 0000으로 setting하고, 데이터 스위치를 0011 1110으로 setting한다.

④ D_5를 High 상태에 놓는다.

⑤ CK를 한두 번 ON, OFF하여 50ms의 pulse를 발생시켜서 ROM에 데이터를 기억시킨다.

⑥ address sw를 0001로 setting하고, 데이터 스위치를 0100 1111로 setting한다.

⑦ 실험 ④, ⑤를 반복한다.

⑧ address sw 및 데이터 스위치를 setting하는 값은 Table 3-1과 같다.

⑨ Table 3-1과 address 및 데이터 스위치를 setting하면서 실험 ④, ⑤를 반복한다.

⑩ $\overline{OE}$(D_5)를 Low로 놓고 각 address의 데이터를 확인하여 Table 3-2에 기록하라.

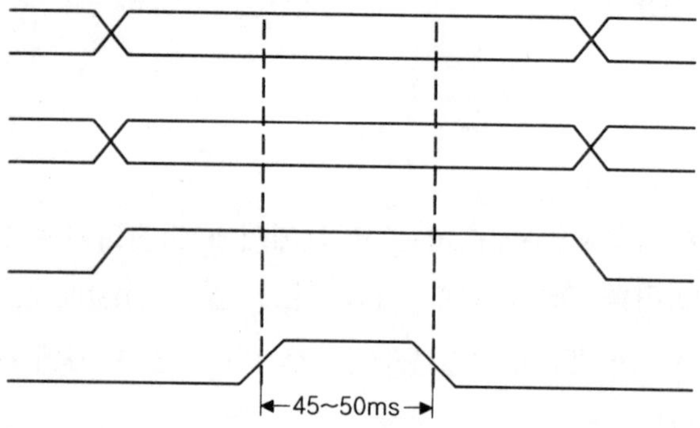

그림 3-1 PROM programming timing diagram

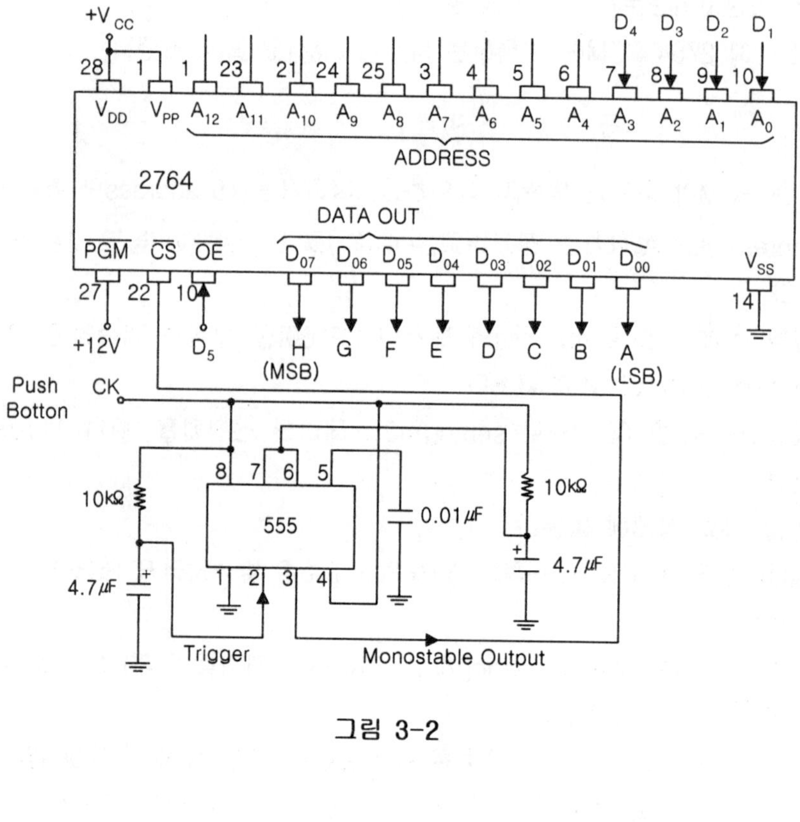

그림 3-2

Table 3-1 address 및 data switch setting표

Address				출력 데이터								
A_3	A_2	A_1	A_0	D_7	D_6	D_5	D_4	D_3	D_2	D_1	D_0	16진수값
0	0	0	0	0	0	1	1	1	1	1	0	3E
0	0	0	1	0	1	0	0	1	1	1	1	4F
0	0	1	0	1	1	0	1	0	0	1	1	D3
0	0	1	1	0	0	0	0	0	0	1	1	03
0	1	0	0	0	0	1	1	1	1	1	1	3F
0	1	0	1	0	0	0	0	1	1	1	1	0F
0	1	1	0	1	1	0	1	0	0	1	1	D3
0	1	1	1	0	0	0	0	0	0	1	0	02
1	0	0	0	1	1	0	1	1	0	1	1	DB
1	0	0	1	0	0	0	0	0	0	0	1	01
1	0	1	0	1	1	0	1	0	0	1	1	D3
1	0	1	1	0	0	0	0	0	0	0	0	00
1	1	0	0	0	0	0	1	1	0	0	0	18
1	1	0	1	1	1	1	1	1	0	1	0	FA
1	1	1	0	1	1	1	1	1	1	1	1	FF
1	1	1	1	1	1	1	1	1	1	1	1	FF

Table 3-2

Address				출력 데이터							
A_3	A_2	A_1	A_0	D_7	D_6	D_5	D_4	D_3	D_2	D_1	D_0
0	0	0	0								
0	0	0	1								
0	0	1	0								
0	0	1	1								
0	1	0	0								
0	1	0	1								
0	1	1	0								
0	1	1	1								
1	0	0	0								
1	0	0	1								
1	0	1	0								
1	0	1	1								
1	1	0	0								
1	1	0	1								
1	1	1	0								
1	1	1	1								

Table 3-3 ROM에 기억된 Data

Address				출력 데이터								
A_3	A_2	A_1	A_0	D_7	D_6	D_5	D_4	D_3	D_2	D_1	D_0	16진수값
0	0	0	0									
0	0	0	1									
0	0	1	0									
0	0	1	1									
0	1	0	0									
0	1	0	1									
0	1	1	0									
0	1	1	1									
1	0	0	0									
1	0	0	1									
1	0	1	0									
1	0	1	1									
1	1	0	0									
1	1	0	1									
1	1	1	0									
1	1	1	1									

7-4 D/A 변환기와 A/D 변환기

1) D/A 변화기와 A/D 변환기의 기본원리

디지털 시스템의 신호는 "0"과 "1"의 2진수 정보이며, 이러한 디지털 신호를 아날로그 신호로 변환하고 필요에 따라서 아날로그 신호를 디지털로 변환시킬 필요가 있다. D/A 변환기(Digital to Analog Converter)는 디지털 값을 아날로그 전압이나 전류로 변환시키며, A/D 변환기(Analog to Digital Converter)는 아날로그 전압을 디지털 값으로 변환시키는 소자이다.

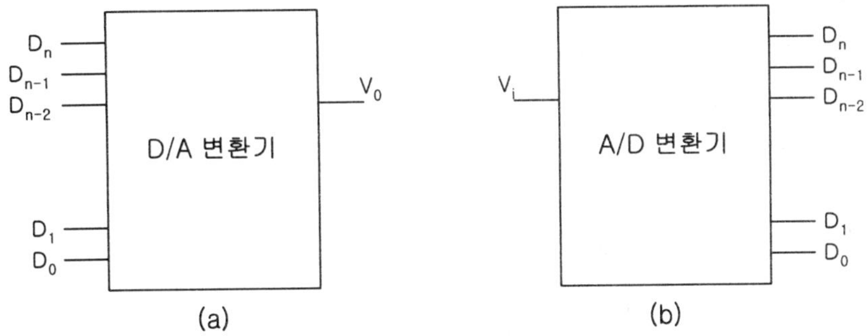

그림 4-1 D/A 변환기와 A/D 변환기의 기본구성

그림 4-1에 D/A 변환기와 A/D 변환기의 기본구성을 나타내고 있다. 그림 4-1(a)에서 2진 정보인 "1"과 "0" 상태의 디지털 값은 D/A 변환기 회로를 이용하여 아날로그 전압값으로 변환된다. 이때 D/A 변환기는 2진 정보 최하위 비트인 LSB(D_0)부터 최상위 비트 MSB(D_n)까지 입력되는 디지털 값을 아날로그 전압값으로 변환하여 출력하게 되며, MSB의 비트 값이 클수록 고정도 분해능의 아날로그 값을 얻을 수 있다. 그림 4-1(b)에서 입력된 아날로그 전압 V_i는 A/D 변환기(Analog to Digital Converter)를 통하여 "0"과 "1"의 디지털 로직 레벨로 변환되며, 이때 디지털 값 출력은 $D_0(2^0)$부터 $D_n(2^n)$의 값이 된다. A/D 변환기는 2진 정보 디지털 출력 비트수와 변환시간(Conversion Time)이 필요하다. A/D 변환기는 변환시간과 데이터의 질을 높이기 위해서 여러 가지 회로방식이 있다.

일반적으로 D/A 변환기를 회로로 구성하는 방법으로는 반전 가산형 D/A 변환기와 레더형 D/A 변환기 등이 있고, A/D 변환기는 카운팅 A/D 변환기, 트래킹 A/D 변환기,

듀얼 슬롭 A/D 변환기, 마이크로컴퓨터를 이용한 A/D 변환회로, 고속 A/D 변환기 등이 있다.

2) 반전 가산형 D/A 변환기

그림 4-2에 연산 증폭기를 이용한 반전 가산형 D/A 변환기 구성을 보이고 있다. 반전 가산기 입력에 D_0부터 D_n까지 디지털 값이 입력되었을 때 아날로그 출력전압은 다음과 같다.

$$V_{n0} = -R_f / R_n \cdot V_i \tag{4-1}$$

V_0 : D/A 변환기 출력전압

R_f : 귀환저항

R_n : D_0의 입력저항

V_i : 입력

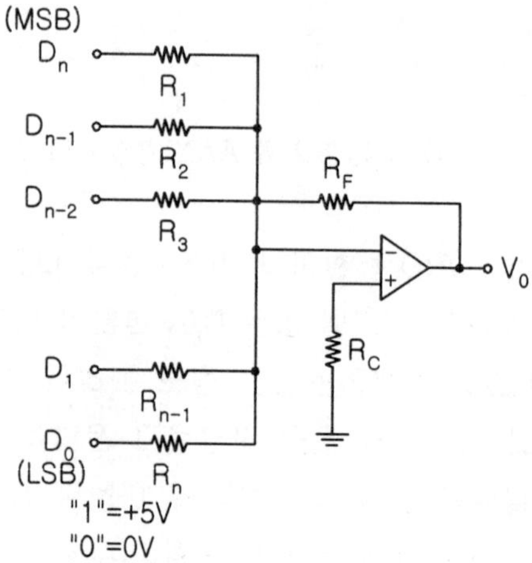

그림 4-2 반전 가산형 D/A 변환기의 구성

그림 4-1에서 디지털 2진 정보는 각각의 입력조건에 따라 식 (4-1)을 적용하면 D/A 변환기의 아날로그 출력 전압값을 얻을 수 있다.

이때 귀환저항과 각각의 입력저항은

$$R_f = K/(\frac{1}{R_n} + \frac{1}{R_{n-1}} + \cdots\cdots + \frac{1}{R_1}) \quad (4\text{-}2)$$

$$R_n = 2^{n-1} \cdot R_1 \quad (4\text{-}3)$$

K : 반전 증폭기의 중폭도

R_1 : $D_0(2^0)$의 2진 정보

입력되는 디지털 "0"과 "1"의 2진 정보가 정확하게 0[V]과 5[V]의 전압값을 유지해야 D/A 변환기 출력전압값의 선형성을 유지할 수 있다.

일반적으로 디지털 입력회로가 TTL일 때는 CMOS나 연산 증폭기를 이용한 비교기의 회로를 통하여 논리출력값을 0[V]과 5[V]로 보정하는 것이 바람직하다.

반전 가산기로 사용되는 연산 증폭기는 입력저항이 높은 것을 사용한다. 위의 반전 가산형 D/A 변환기는 회로가 간단하지만 저항값 선정과 저항소자의 오차 때문에 D/A 변환값의 선형성이 떨어지므로 8비트 이하의 간단한 회로구성에서만 사용한다.

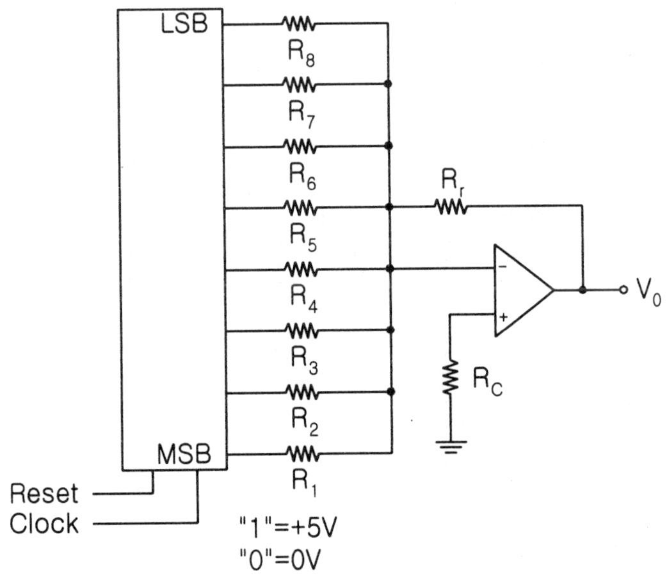

그림 4-3 반전 가산형 D/A 변환기의 응용

그림 4-3은 그림 4-2에 2진 카운터와 반전형 D/A 변환기 구성으로 펄스 수를 계수하여 아날로그 값으로 변환한다. 동작은 우선 리셋 신호로 2진 카운터를 초기화하고, 입력된 클럭 펄스 정보를 계수하며, 펄스 수에 상응하는 값을 아날로그 전압값으로 변

환한다.

이때 최대 계수 가능한 펄스 수는 다음과 같다.

$$f_n = 1/2^n \tag{4-4}$$

식 (4-4)보다 많은 펄스 정보가 입력되면 오버 플로 상태가 2진 카운터는 초기화되고 다시 계수 되어 펄스 수와 비례하는 아날로그 값을 얻을 수 없다.

3) 레더형 D/A 변환기

그림 4-4는 레더형 D/A 변환기의 기본구성으로 R과 2R의 레더형 저항회로와 연산증폭기를 이용한 비반전회로로 구성한다. 위의 회로는 저항선정이 간단하여 집적회로 설계시 유리하며, 디지털의 변환시 아날로그 값의 선형성이 양호하기 때문에 실제로 사용되는 D/A 변화기 회로이다. 그림 4-4의 레더형 저항회로의 출력전압 V_r은 입력정보의 데이터에 따라 다음 식을 만족한다

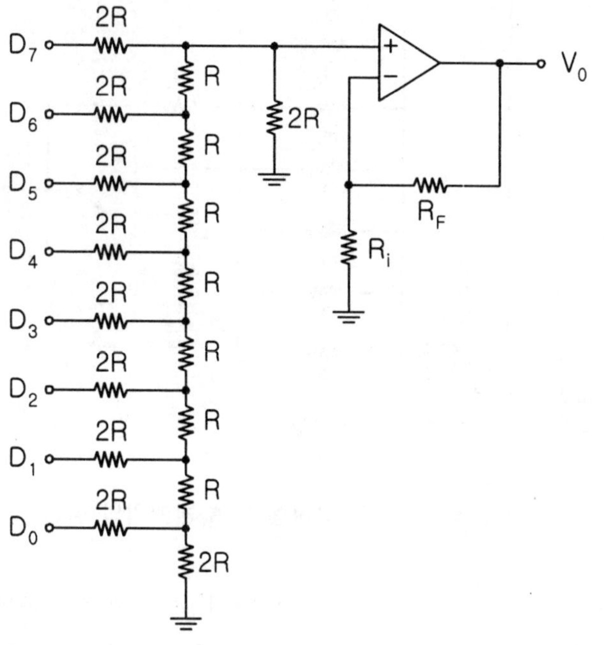

그림 4-4 레더형 D/A 변환기의 구성

$$V_r = (1/2)^{N-n} \cdot (1/3) \cdot V_n \qquad (4\text{-}5)$$

V_r : R/2R 레더회로의 출력전압

N : 2진 정보(Dn)의 비트 수

n : 2진 정보 "1"이 입력된 비트 수

V_n : 디지털 전압레벨

식 (4-5)를 이용하여 D/A 변환기에 입력되는 각각의 2진 정보 전압값을 식 (4-5)에 대입하여 정리하면 임의의 디지털 신호를 아날로그 출력전압으로 바꿀 수 있다. D/A 변환기의 출력전압은

$$V_0 = \{(R_f + R_i)/R_i\} \cdot (1/2)^{N-n} \cdot (1/3) \cdot V_n \qquad (4\text{-}6)$$

레더형 D/A 변환기는 선형성이 양호하므로 8비트 이상 고정도의 D/A 변환기가 가능하며, 실제로 레더 저항회로, 비교기, 연산 증폭기 등을 내장한 D/A 변환기를 집적화하여 사용한다.

그림 4-4 구성의 입력회로에 2진 카운터를 이용하여 그림 4-2와 같은 형태로 회로를 구성하면 보다 정확한 주파수를 계수할 수 있는 D/A 변환기를 구성할 수 있다.

4) 계수형 A/D 변환기(Counting A/D Converter)

그림 4-5는 계수형 A/D 변환기의 구성이며, D/A 변환기, 비교기, 제어로직, 12진 카운터 등으로 구성된다.

회로동작은 리셋시켜 2진 카운터 계수값을 초기화(크리어)시키면 2진 카운터의 데이터 값($D_0 - D_n$)이 모두 "0"이 되며 레더형 D/A 변환기의 리퍼런스 전압 V_a가 0[V]된다. 클럭 주파수를 AND 논리에 입력한다.

아날로그 전압 V_i가 입력되면 비교기에서 최소 0[V]와 비교하여 "1"을 출력하고, AND 논리는 클럭 주파수를 2진 카운터에 보낸다. 2진 카운터는 계수를 하여 V_a 증가시켜 $V_{in} \leq V_a$되면 계수를 비교기가 "0"으로 되고, AND 논리의 출력이 "0"이 되어 2진 카운터의 클럭의 계수가 정지된다. 그때 2진 카운터의 2진 출력값이 V_{in}의 디지털 변화값이다.

언급된 계수형 A/D 변환기는 비교적 변환속도가 느리므로 디지털 패널 미터 등 응답속도가 빠르지 않는 회로에 응용되고 있다.

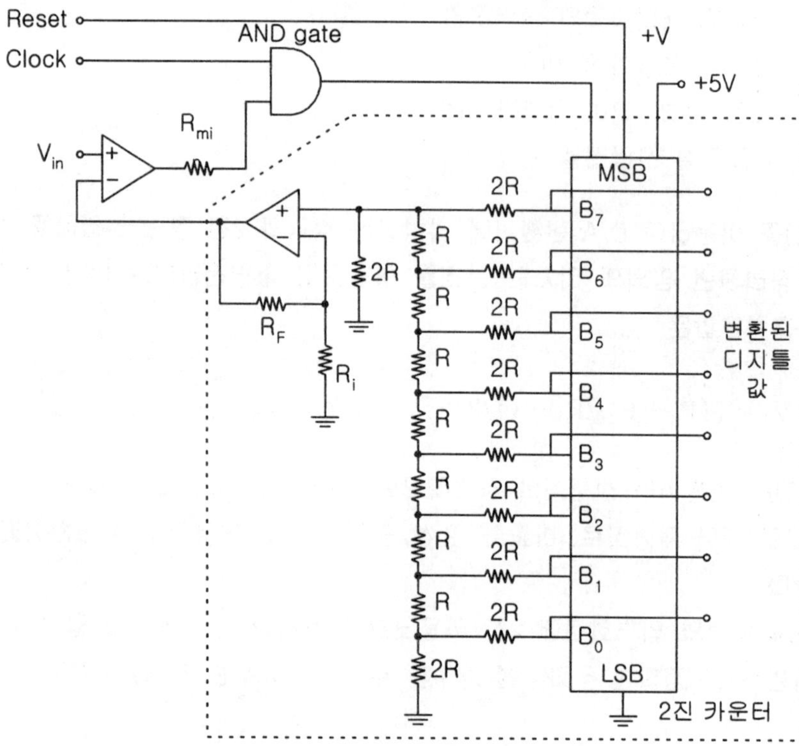

(a) 계수형 A/D 변환기의 구성

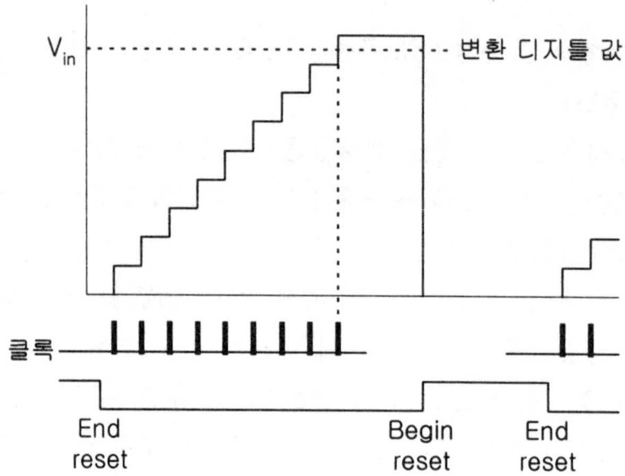

(b) 타이밍도

그림 4-5 계수형 A/D 변환기의 구성

5) 트래킹 A/D 변환기

그림 4-6은 트래킹 A/D 변환기를 나타내며 레더형 D/A 변환기, 비교기, 제어로직, 업다운 2진 카운터 등으로 구성된다.

트래킹 A/D 변환기는 아날로그 입력전압값이 변할 때 계수형 A/D 변환기보다 빠른 디지털 데이터 값을 얻어낼 수 있다. 회로구성과 동작은 계수형 A/D 변환기와 같으나 2진 카운터 대신 업다운 2진 카운터를 사용하였다. 업다운 카운터는 비교기의 출력에 따라 업 모드와 다운 모드를 바꾸어 클록값을 계수하기 때문에 입력전압 V_{in} 변동에 추종된 디지털 데이터 값을 출력이 가능하다.

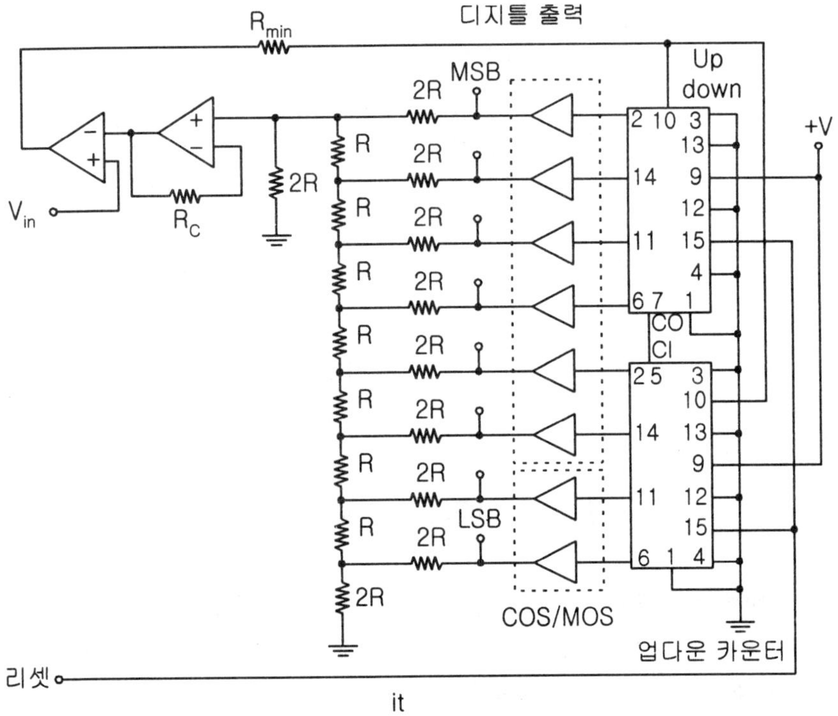

그림 4-6 트래킹 A/D 변환기의 구성

6) 병렬 데이터 처리 A/D 변환기의 구성

그림 4-7은 병렬 A/D 변환기(Parallel Analog to Digital Converter)의 구성으로 빠른 A/D 변환을 실행할 수 있다. 회로구성은 저항회로에 의한 분압회로, 연산증폭을 이용한 비교기, 인코더로 구성된다. 이때 비교기의 기준전압이 N저항의 전압 분배기의 공급전압 V_n은 $V_n = V_{in(max)}$이다.

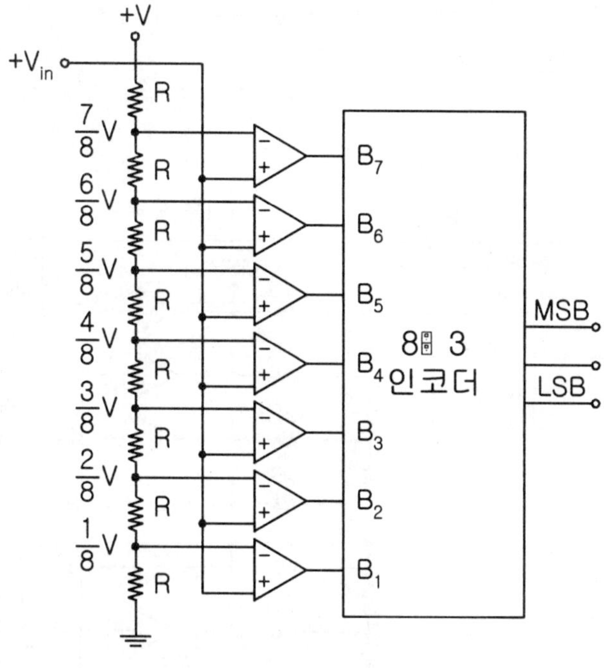

그림 4-7 병렬 데이터 처리 A/D 변환기의 구성

2진 정보 N비트를 변환하기 위해서는 2^{N-1}의 전압 비교기와 2^N의 인코더가 필요하다.

예를 들면 아날로그 전압을 3비트의 2진 정보를 A/D 변환하기 위해서는 7개의 비교기가 필요하며 8×3 인코더를 필요로 한다.

이렇게 아날로그 전압을 디지털 값으로 변환하는 과정을 빈 변환(Bin Conversion)이라 부르며, 아날로그 입력은 두 인접 비교기의 드레시홀드에 의해서 결정된 전압 레인지 내에서 분류되고, 빈 변환을 행하여 보다 정도가 높은 A/D 변환기를 실현할 수가 있다.

7) 실제 D/A 변환기와 A/D 변환기의 응용)

일반적으로 사용되고 있는 8비트 D/A 변환기와 A/D 변환기의 내부구성에 관하여 요약한다.

그림 4-8은 8비트 D/A 변환기 DAC0800의 내부 구성으로 내부 트랜지스터 스위치의 조건을 결정하기 위한 바이어스 네트웍과 정확한 2진 정보 전압값을 얻기 위한 트랜지스터 스위치, R/2R 레더저항, 연산 증폭기를 내장하고 있다.

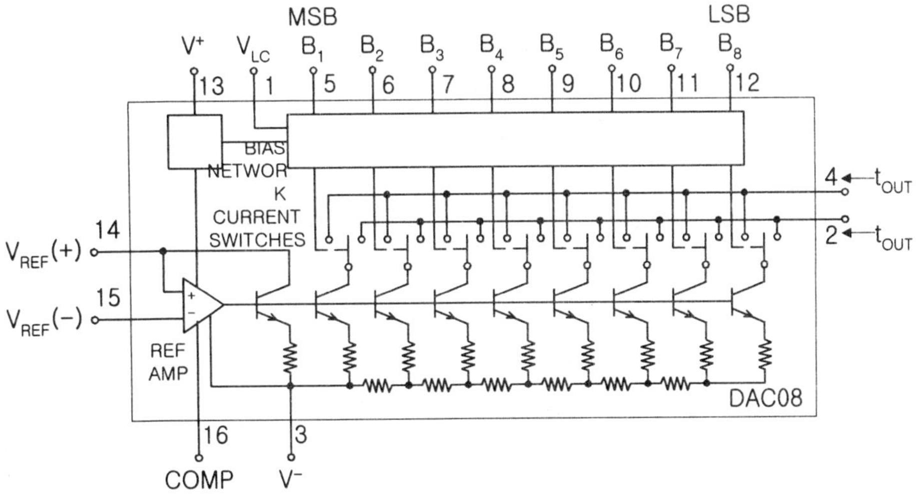

그림 4-8 8비트 D/A 변환기(DAC0800)의 내부회로 구성

그림 4-9는 8비트 A/D 변환기 ADC0800의 내부회로 구성이다. ADC0800은 기준입력전압을 위해서 R네트웍의 저항 분압회로, A/D 변환제어 입·출력과 내부 데이터 변환을 제어하는 제어회로와 비교기, 출력결과를 저장하는 래치로 구성되었다.

ADC0800의 IC를 이용한 A/D 변환은 외부에서 아날로그 입력전압이 입력되고, 스타트컴버젼 입력신호를 "0"으로 하면 40X후에 EDC가 "0"에서 "1"로 출력된다. A/D 변환값은 EDC 신호가 "1"일 때를 감지하여 외부에서 ACD0800 인에이블 단자에 "1"을 입력하면 ADC0800은 데이터를 출력한다.

이때 A/D 변환시간 T는 클럭 주파수가 X[㎑]라면 T=1/40X를 필요로 한다. 그림 4-10은 ADC0800의 A/D 변환시 타이밍도이다.

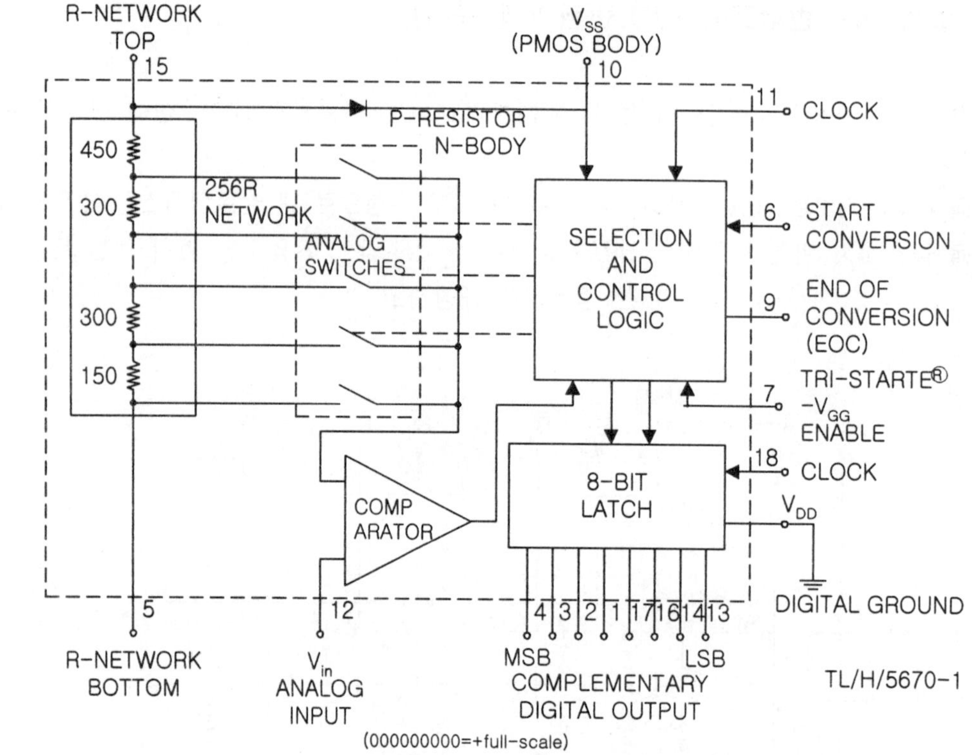

그림 4-9 8비트 A/D 변환기(ADC0800)의 내부회로 구성

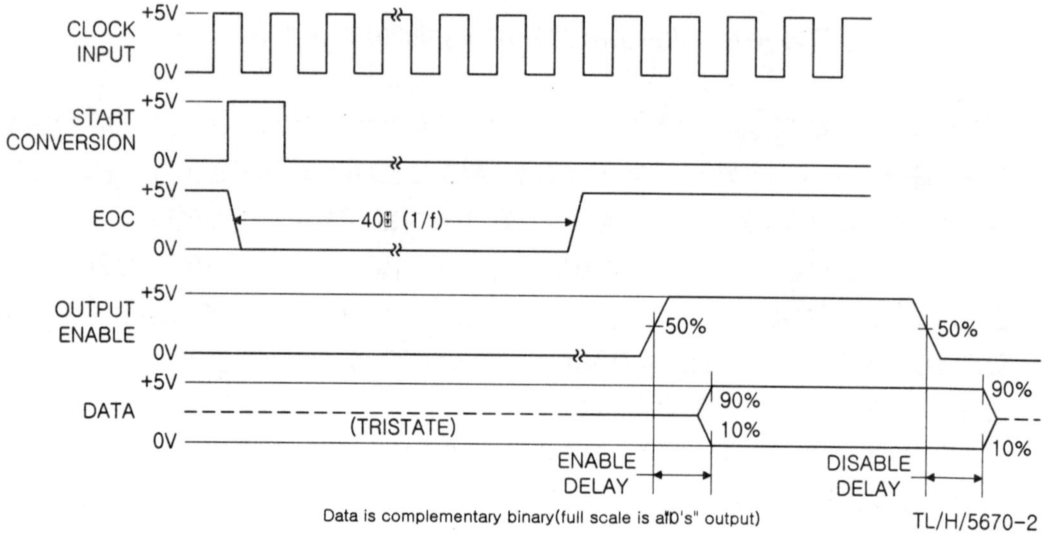

그림 4-10 8비트 A/D 변환기(ADC0800)의 타이밍도

부 록

DATA SHEET

MOTOROLA

QUAD 2-INPUT NAND GATE

- ESD > 3500 Volts

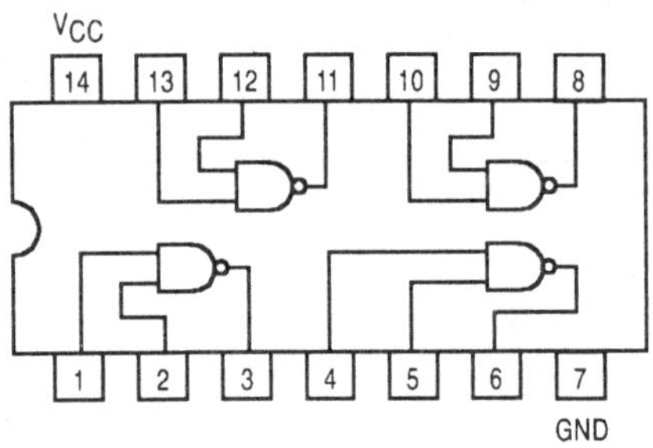

SN54/74LS00

QUAD 2-INPUT NAND GATE

LOW POWER SCHOTTKY

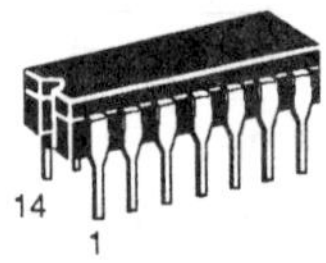

J SUFFIX
CERAMIC
CASE 632-08

N SUFFIX
PLASTIC
CASE 646-06

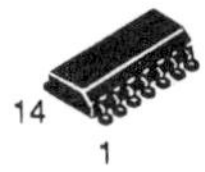

D SUFFIX
SOIC
CASE 751A-02

ORDERING INFORMATION

SN54LSXXJ	Ceramic
SN74LSXXN	Plastic
SN74LSXXD	SOIC

GUARANTEED OPERATING RANGES

Symbol	Parameter		Min	Typ	Max	Unit
V_{CC}	Supply Voltage	54 74	4.5 4.75	5.0 5.0	5.5 5.25	V
T_A	Operating Ambient Temperature Range	54 74	−55 0	25 25	125 70	°C
I_{OH}	Output Current — High	54, 74			−0.4	mA
I_{OL}	Output Current — Low	54 74			4.0 8.0	mA

DC CHARACTERISTICS OVER OPERATING TEMPERATURE RANGE (unless otherwise specified)

Symbol	Parameter		Limits Min	Limits Typ	Limits Max	Unit	Test Conditions	
V_{IH}	Input HIGH Voltage		2.0			V	Guaranteed Input HIGH Voltage for All Inputs	
V_{IL}	Input LOW Voltage	54			0.7	V	Guaranteed Input LOW Voltage for All Inputs	
		74			0.8			
V_{IK}	Input Clamp Diode Voltage			−0.65	−1.5	V	V_{CC} = MIN, I_{IN} = −18 mA	
V_{OH}	Output HIGH Voltage	54	2.5	3.5		V	V_{CC} = MIN, I_{OH} = MAX, V_{IN} = V_{IH} or V_{IL} per Truth Table	
		74	2.7	3.5		V		
V_{OL}	Output LOW Voltage	54, 74		0.25	0.4	V	I_{OL} = 4.0 mA	V_{CC} = V_{CC} MIN, V_{IN} = V_{IL} or V_{IH} per Truth Table
		74		0.35	0.5	V	I_{OL} = 8.0 mA	
I_{IH}	Input HIGH Current				20	µA	V_{CC} = MAX, V_{IN} = 2.7 V	
					0.1	mA	V_{CC} = MAX, V_{IN} = 7.0 V	
I_{IL}	Input LOW Current				−0.4	mA	V_{CC} = MAX, V_{IN} = 0.4 V	
I_{OS}	Short Circuit Current (Note 1)		−20		−100	mA	V_{CC} = MAX	
I_{CC}	Power Supply Current Total, Output HIGH				1.6	mA	V_{CC} = MAX	
	Total, Output LOW				4.4			

Note 1: Not more than one output should be shorted at a time, nor for more than 1 second.

AC CHARACTERISTICS (T_A = 25°C)

Symbol	Parameter	Limits Min	Limits Typ	Limits Max	Unit	Test Conditions
t_{PLH}	Turn-Off Delay, Input to Output		9.0	15	ns	V_{CC} = 5.0 V C_L = 15 pF
t_{PHL}	Turn-On Delay, Input to Output		10	15	ns	

MOTOROLA

QUAD 2-INPUT NOR GATE

SN54/74LS02

QUAD 2-INPUT NOR GATE

LOW POWER SCHOTTKY

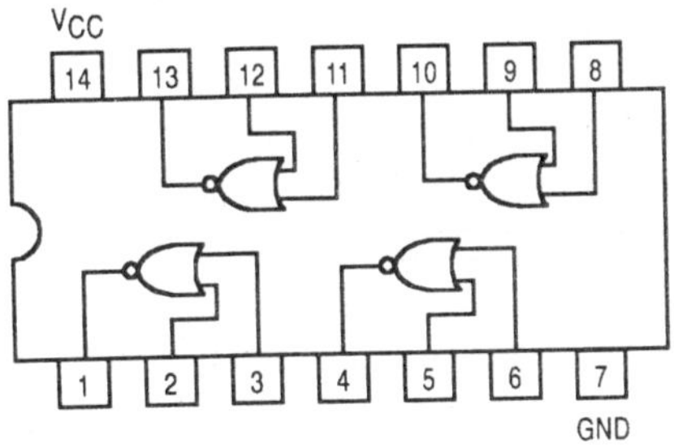

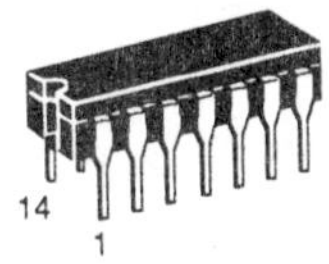

J SUFFIX
CERAMIC
CASE 632-08

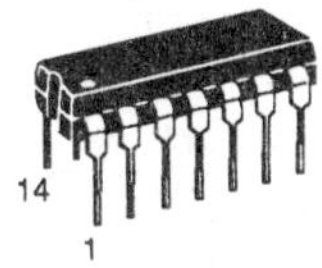

N SUFFIX
PLASTIC
CASE 646-06

D SUFFIX
SOIC
CASE 751A-02

ORDERING INFORMATION

SN54LSXXJ	Ceramic
SN74LSXXN	Plastic
SN74LSXXD	SOIC

GUARANTEED OPERATING RANGES

Symbol	Parameter		Min	Typ	Max	Unit
V_{CC}	Supply Voltage	54 74	4.5 4.75	5.0 5.0	5.5 5.25	V
T_A	Operating Ambient Temperature Range	54 74	−55 0	25 25	125 70	°C
I_{OH}	Output Current — High	54, 74			−0.4	mA
I_{OL}	Output Current — Low	54 74			4.0 8.0	mA

DC CHARACTERISTICS OVER OPERATING TEMPERATURE RANGE (unless otherwise specified)

Symbol	Parameter		Limits Min	Limits Typ	Limits Max	Unit	Test Conditions	
V_{IH}	Input HIGH Voltage		2.0			V	Guaranteed Input HIGH Voltage for All Inputs	
V_{IL}	Input LOW Voltage	54			0.7	V	Guaranteed Input LOW Voltage for All Inputs	
		74			0.8			
V_{IK}	Input Clamp Diode Voltage			−0.65	−1.5	V	V_{CC} = MIN, I_{IN} = −18 mA	
V_{OH}	Output HIGH Voltage	54	2.5	3.5		V	V_{CC} = MIN, I_{OH} = MAX, V_{IN} = V_{IH} or V_{IL} per Truth Table	
		74	2.7	3.5		V		
V_{OL}	Output LOW Voltage	54, 74		0.25	0.4	V	I_{OL} = 4.0 mA	V_{CC} = V_{CC} MIN, V_{IN} = V_{IL} or V_{IH} per Truth Table
		74		0.35	0.5	V	I_{OL} = 8.0 mA	
I_{IH}	Input HIGH Current				20	µA	V_{CC} = MAX, V_{IN} = 2.7 V	
					0.1	mA	V_{CC} = MAX, V_{IN} = 7.0 V	
I_{IL}	Input LOW Current				−0.4	mA	V_{CC} = MAX, V_{IN} = 0.4 V	
I_{OS}	Short Circuit Current (Note 1)		−20		−100	mA	V_{CC} = MAX	
I_{CC}	Power Supply Current Total, Output HIGH				3.2	mA	V_{CC} = MAX	
	Total, Output LOW				5.4			

Note 1: Not more than one output should be shorted at a time, nor for more than 1 second.

AC CHARACTERISTICS (T_A = 25°C)

Symbol	Parameter	Limits Min	Limits Typ	Limits Max	Unit	Test Conditions
t_{PLH}	Turn-Off Delay, Input to Output		10	15	ns	V_{CC} = 5.0 V C_L = 15 pF
t_{PHL}	Turn-On Delay, Input to Output		10	15	ns	

QUAD 2-INPUT NAND GATE

- ESD > 3500 Volts

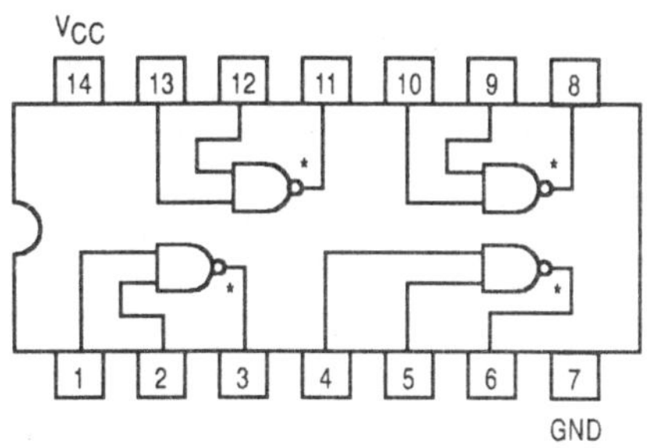

*OPEN COLLECTOR OUTPUTS

SN54/74LS03

QUAD 2-INPUT NAND GATE

LOW POWER SCHOTTKY

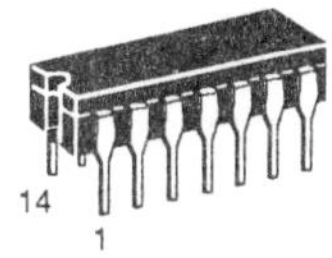

J SUFFIX
CERAMIC
CASE 632-08

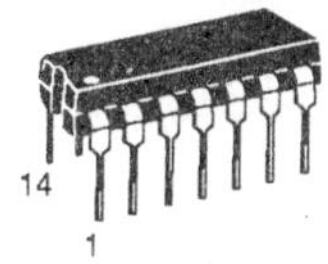

N SUFFIX
PLASTIC
CASE 646-06

D SUFFIX
SOIC
CASE 751A-02

ORDERING INFORMATION

SN54LSXXJ	Ceramic
SN74LSXXN	Plastic
SN74LSXXD	SOIC

GUARANTEED OPERATING RANGES

Symbol	Parameter		Min	Typ	Max	Unit
V_{CC}	Supply Voltage	54 74	4.5 4.75	5.0 5.0	5.5 5.25	V
T_A	Operating Ambient Temperature Range	54 74	−55 0	25 25	125 70	°C
V_{OH}	Output Voltage — High	54, 74			5.5	V
I_{OL}	Output Current — Low	54 74			4.0 8.0	mA

DC CHARACTERISTICS OVER OPERATING TEMPERATURE RANGE (unless otherwise specified)

Symbol	Parameter		Limits Min	Limits Typ	Limits Max	Unit	Test Conditions	
V_{IH}	Input HIGH Voltage		2.0			V	Guaranteed Input HIGH Voltage for All Inputs	
V_{IL}	Input LOW Voltage	54			0.7	V	Guaranteed Input LOW Voltage for All Inputs	
		74			0.8			
V_{IK}	Input Clamp Diode Voltage			−0.65	−1.5	V	V_{CC} = MIN, I_{IN} = −18 mA	
I_{OH}	Output HIGH Current	54, 74			100	µA	V_{CC} = MIN, V_{OH} = MAX	
V_{OL}	Output LOW Voltage	54, 74		0.25	0.4	V	I_{OL} = 4.0 mA	V_{CC} = V_{CC} MIN, V_{IN} = V_{IL} or V_{IH} per Truth Table
		74		0.35	0.5	V	I_{OL} = 8.0 mA	
I_{IH}	Input HIGH Current				20	µA	V_{CC} = MAX, V_{IN} = 2.7 V	
					0.1	mA	V_{CC} = MAX, V_{IN} = 7.0 V	
I_{IL}	Input LOW Current				−0.4	mA	V_{CC} = MAX, V_{IN} = 0.4 V	
I_{CC}	Power Supply Current Total, Output HIGH				1.6	mA	V_{CC} = MAX	
	Total, Output LOW				4.4			

AC CHARACTERISTICS (T_A = 25°C)

Symbol	Parameter	Limits Min	Limits Typ	Limits Max	Unit	Test Conditions
t_{PLH}	Turn-Off Delay, Input to Output		17	32	ns	V_{CC} = 5.0 V C_L = 15 pF, R_L = 2.0 kΩ
t_{PHL}	Turn-On Delay, Input to Output		15	28	ns	

MOTOROLA

HEX INVERTER

SN54/74LS04

HEX INVERTER

LOW POWER SCHOTTKY

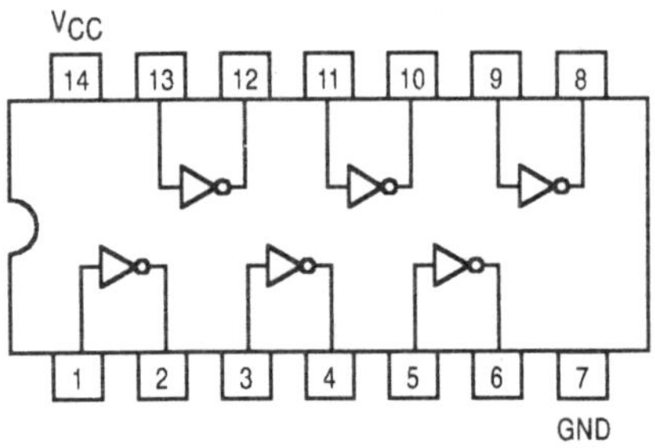

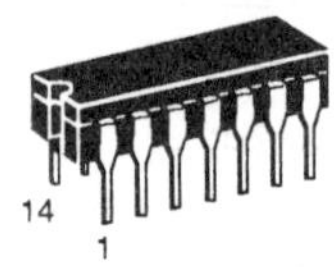

J SUFFIX
CERAMIC
CASE 632-08

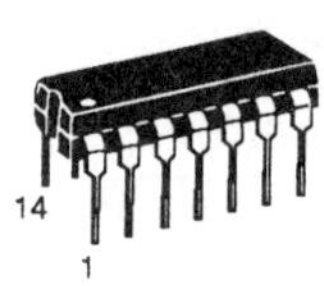

N SUFFIX
PLASTIC
CASE 646-06

D SUFFIX
SOIC
CASE 751A-02

ORDERING INFORMATION

SN54LSXXJ	Ceramic
SN74LSXXN	Plastic
SN74LSXXD	SOIC

GUARANTEED OPERATING RANGES

Symbol	Parameter		Min	Typ	Max	Unit
V_{CC}	Supply Voltage	54 74	4.5 4.75	5.0 5.0	5.5 5.25	V
T_A	Operating Ambient Temperature Range	54 74	−55 0	25 25	125 70	°C
I_{OH}	Output Current — High	54, 74			−0.4	mA
I_{OL}	Output Current — Low	54 74			4.0 8.0	mA

SN54/74LS04

DC CHARACTERISTICS OVER OPERATING TEMPERATURE RANGE (unless otherwise specified)

Symbol	Parameter		Limits Min	Typ	Max	Unit	Test Conditions	
V_{IH}	Input HIGH Voltage		2.0			V	Guaranteed Input HIGH Voltage for All Inputs	
V_{IL}	Input LOW Voltage	54			0.7	V	Guaranteed Input LOW Voltage for All Inputs	
		74			0.8			
V_{IK}	Input Clamp Diode Voltage			−0.65	−1.5	V	V_{CC} = MIN, I_{IN} = −18 mA	
V_{OH}	Output HIGH Voltage	54	2.5	3.5		V	V_{CC} = MIN, I_{OH} = MAX, V_{IN} = V_{IH} or V_{IL} per Truth Table	
		74	2.7	3.5		V		
V_{OL}	Output LOW Voltage	54, 74		0.25	0.4	V	I_{OL} = 4.0 mA	V_{CC} = V_{CC} MIN, V_{IN} = V_{IL} or V_{IH} per Truth Table
		74		0.35	0.5	V	I_{OL} = 8.0 mA	
I_{IH}	Input HIGH Current				20	µA	V_{CC} = MAX, V_{IN} = 2.7 V	
					0.1	mA	V_{CC} = MAX, V_{IN} = 7.0 V	
I_{IL}	Input LOW Current				−0.4	mA	V_{CC} = MAX, V_{IN} = 0.4 V	
I_{OS}	Short Circuit Current (Note 1)		−20		−100	mA	V_{CC} = MAX	
I_{CC}	Power Supply Current Total, Output HIGH				2.4	mA	V_{CC} = MAX	
	Total, Output LOW				6.6			

Note 1: Not more than one output should be shorted at a time, nor for more than 1 second.

AC CHARACTERISTICS (T_A = 25°C)

Symbol	Parameter	Limits Min	Typ	Max	Unit	Test Conditions
t_{PLH}	Turn-Off Delay, Input to Output		9.0	15	ns	V_{CC} = 5.0 V C_L = 15 pF
t_{PHL}	Turn-On Delay, Input to Output		10	15	ns	

MOTOROLA

QUAD 2-INPUT AND GATE

SN54/74LS08

QUAD 2-INPUT AND GATE

LOW POWER SCHOTTKY

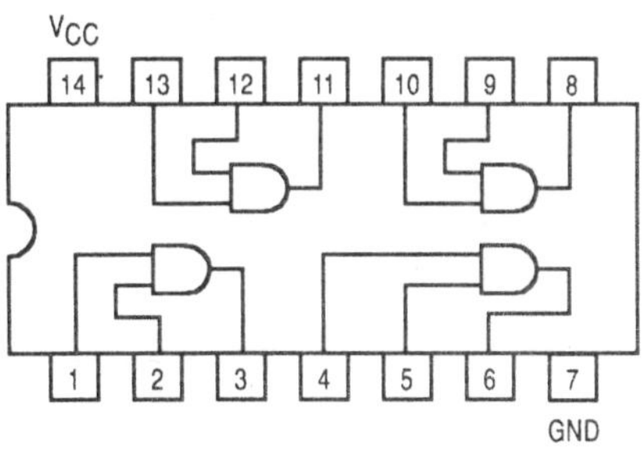

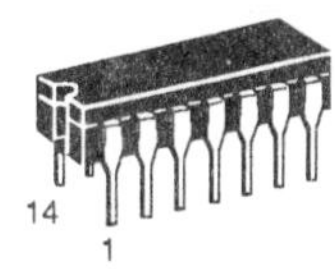

J SUFFIX
CERAMIC
CASE 632-08

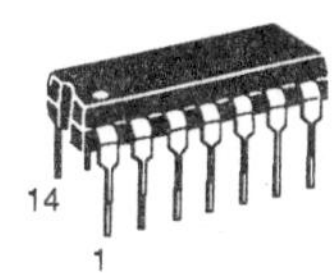

N SUFFIX
PLASTIC
CASE 646-06

D SUFFIX
SOIC
CASE 751A-02

ORDERING INFORMATION

SN54LSXXJ Ceramic
SN74LSXXN Plastic
SN74LSXXD SOIC

GUARANTEED OPERATING RANGES

Symbol	Parameter		Min	Typ	Max	Unit
V_{CC}	Supply Voltage	54 74	4.5 4.75	5.0 5.0	5.5 5.25	V
T_A	Operating Ambient Temperature Range	54 74	−55 0	25 25	125 70	°C
I_{OH}	Output Current — High	54, 74			−0.4	mA
I_{OL}	Output Current — Low	54 74			4.0 8.0	mA

DC CHARACTERISTICS OVER OPERATING TEMPERATURE RANGE (unless otherwise specified)

Symbol	Parameter		Limits			Unit	Test Conditions	
			Min	Typ	Max			
V_{IH}	Input HIGH Voltage		2.0			V	Guaranteed Input HIGH Voltage for All Inputs	
V_{IL}	Input LOW Voltage	54			0.7	V	Guaranteed Input LOW Voltage for All Inputs	
		74			0.8			
V_{IK}	Input Clamp Diode Voltage			−0.65	−1.5	V	V_{CC} = MIN, I_{IN} = −18 mA	
V_{OH}	Output HIGH Voltage	54	2.5	3.5		V	V_{CC} = MIN, I_{OH} = MAX, V_{IN} = V_{IH} or V_{IL} per Truth Table	
		74	2.7	3.5		V		
V_{OL}	Output LOW Voltage	54, 74		0.25	0.4	V	I_{OL} = 4.0 mA	V_{CC} = V_{CC} MIN, V_{IN} = V_{IL} or V_{IH} per Truth Table
		74		0.35	0.5	V	I_{OL} = 8.0 mA	
I_{IH}	Input HIGH Current				20	µA	V_{CC} = MAX, V_{IN} = 2.7 V	
					0.1	mA	V_{CC} = MAX, V_{IN} = 7.0 V	
I_{IL}	Input LOW Current				−0.4	mA	V_{CC} = MAX, V_{IN} = 0.4 V	
I_{OS}	Short Circuit Current (Note 1)		−20		−100	mA	V_{CC} = MAX	
I_{CC}	Power Supply Current Total, Output HIGH				4.8	mA	V_{CC} = MAX	
	Total, Output LOW				8.8			

Note 1: Not more than one output should be shorted at a time, nor for more than 1 second.

AC CHARACTERISTICS (T_A = 25°C)

Symbol	Parameter	Limits			Unit	Test Conditions
		Min	Typ	Max		
t_{PLH}	Turn-Off Delay, Input to Output		8.0	15	ns	V_{CC} = 5.0 V C_L = 15 pF
t_{PHL}	Turn-On Delay, Input to Output		10	20	ns	

MOTOROLA

TRIPLE 3-INPUT NAND GATE

SN54/74LS10

TRIPLE 3-INPUT NAND GATE

LOW POWER SCHOTTKY

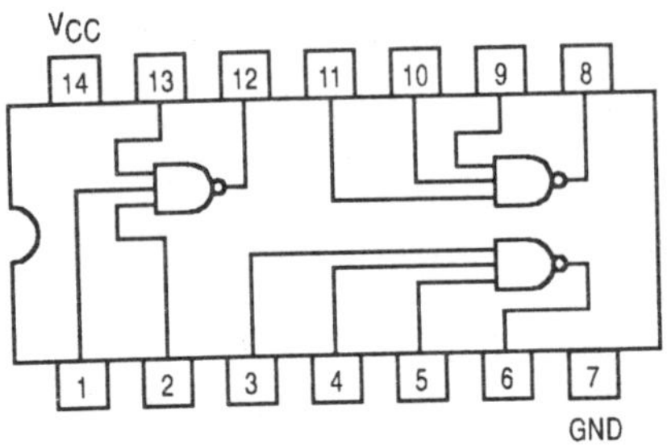

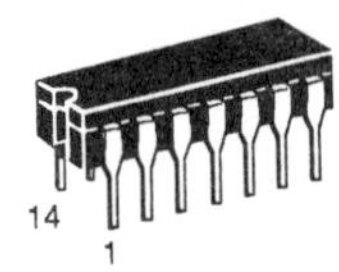

J SUFFIX
CERAMIC
CASE 632-08

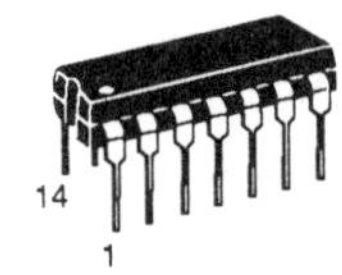

N SUFFIX
PLASTIC
CASE 646-06

D SUFFIX
SOIC
CASE 751A-02

ORDERING INFORMATION

SN54LSXXJ	Ceramic
SN74LSXXN	Plastic
SN74LSXXD	SOIC

GUARANTEED OPERATING RANGES

Symbol	Parameter		Min	Typ	Max	Unit
V_{CC}	Supply Voltage	54 74	4.5 4.75	5.0 5.0	5.5 5.25	V
T_A	Operating Ambient Temperature Range	54 74	−55 0	25 25	125 70	°C
I_{OH}	Output Current — High	54, 74			−0.4	mA
I_{OL}	Output Current — Low	54 74			4.0 8.0	mA

DC CHARACTERISTICS OVER OPERATING TEMPERATURE RANGE (unless otherwise specified)

Symbol	Parameter		Limits Min	Typ	Max	Unit	Test Conditions
V_{IH}	Input HIGH Voltage		2.0			V	Guaranteed Input HIGH Voltage for All Inputs
V_{IL}	Input LOW Voltage	54			0.7	V	Guaranteed Input LOW Voltage for All Inputs
		74			0.8		
V_{IK}	Input Clamp Diode Voltage			−0.65	−1.5	V	V_{CC} = MIN, I_{IN} = −18 mA
V_{OH}	Output HIGH Voltage	54	2.5	3.5		V	V_{CC} = MIN, I_{OH} = MAX, V_{IN} = V_{IH} or V_{IL} per Truth Table
		74	2.7	3.5		V	
V_{OL}	Output LOW Voltage	54, 74		0.25	0.4	V	I_{OL} = 4.0 mA; V_{CC} = V_{CC} MIN, V_{IN} = V_{IL} or V_{IH} per Truth Table
		74		0.35	0.5	V	I_{OL} = 8.0 mA
I_{IH}	Input HIGH Current				20	µA	V_{CC} = MAX, V_{IN} = 2.7 V
					0.1	mA	V_{CC} = MAX, V_{IN} = 7.0 V
I_{IL}	Input LOW Current				−0.4	mA	V_{CC} = MAX, V_{IN} = 0.4 V
I_{OS}	Short Circuit Current (Note 1)		−20		−100	mA	V_{CC} = MAX
I_{CC}	Power Supply Current Total, Output HIGH				1.2	mA	V_{CC} = MAX
	Total, Output LOW				3.3		

Note 1: Not more than one output should be shorted at a time, nor for more than 1 second.

AC CHARACTERISTICS (T_A = 25°C)

Symbol	Parameter	Limits Min	Typ	Max	Unit	Test Conditions
t_{PLH}	Turn-Off Delay, Input to Output		9.0	15	ns	V_{CC} = 5.0 V C_L = 15 pF
t_{PHL}	Turn-On Delay, Input to Output		10	15	ns	

MOTOROLA

TRIPLE 3-INPUT AND GATE

SN54/74LS11

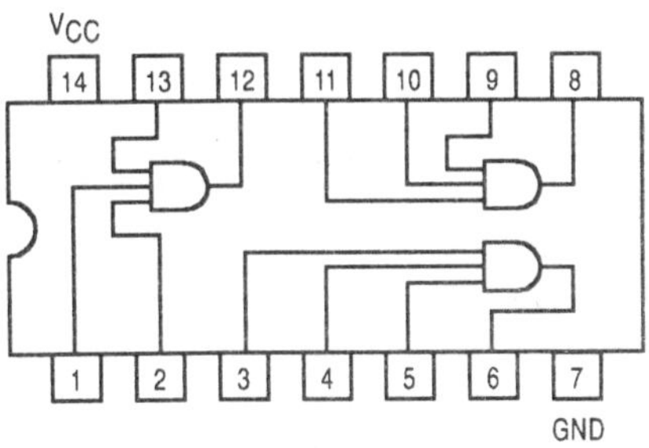

TRIPLE 3-INPUT AND GATE

LOW POWER SCHOTTKY

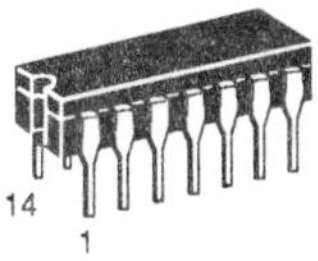

J SUFFIX
CERAMIC
CASE 632-08

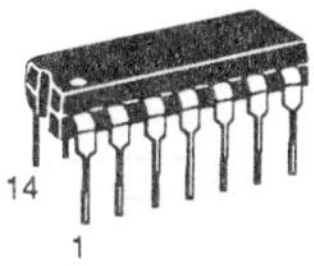

N SUFFIX
PLASTIC
CASE 646-06

D SUFFIX
SOIC
CASE 751A-02

ORDERING INFORMATION

SN54LSXXJ	Ceramic
SN74LSXXN	Plastic
SN74LSXXD	SOIC

GUARANTEED OPERATING RANGES

Symbol	Parameter		Min	Typ	Max	Unit
V_{CC}	Supply Voltage	54 74	4.5 4.75	5.0 5.0	5.5 5.25	V
T_A	Operating Ambient Temperature Range	54 74	−55 0	25 25	125 70	°C
I_{OH}	Output Current — High	54, 74			−0.4	mA
I_{OL}	Output Current — Low	54 74			4.0 8.0	mA

DC CHARACTERISTICS OVER OPERATING TEMPERATURE RANGE (unless otherwise specified)

Symbol	Parameter		Limits Min	Limits Typ	Limits Max	Unit	Test Conditions	
V_{IH}	Input HIGH Voltage		2.0			V	Guaranteed Input HIGH Voltage for All Inputs	
V_{IL}	Input LOW Voltage	54			0.7	V	Guaranteed Input LOW Voltage for All Inputs	
		74			0.8			
V_{IK}	Input Clamp Diode Voltage			−0.65	−1.5	V	V_{CC} = MIN, I_{IN} = −18 mA	
V_{OH}	Output HIGH Voltage	54	2.5	3.5		V	V_{CC} = MIN, I_{OH} = MAX, V_{IN} = V_{IH} or V_{IL} per Truth Table	
		74	2.7	3.5		V		
V_{OL}	Output LOW Voltage	54, 74		0.25	0.4	V	I_{OL} = 4.0 mA	V_{CC} = V_{CC} MIN, V_{IN} = V_{IL} or V_{IH} per Truth Table
		74		0.35	0.5	V	I_{OL} = 8.0 mA	
I_{IH}	Input HIGH Current				20	µA	V_{CC} = MAX, V_{IN} = 2.7 V	
					0.1	mA	V_{CC} = MAX, V_{IN} = 7.0 V	
I_{IL}	Input LOW Current				−0.4	mA	V_{CC} = MAX, V_{IN} = 0.4 V	
I_{OS}	Short Circuit Current (Note 1)		−20		−100	mA	V_{CC} = MAX	
I_{CC}	Power Supply Current Total, Output HIGH				3.6	mA	V_{CC} = MAX	
	Total, Output LOW				6.6			

Note 1: Not more than one output should be shorted at a time, nor for more than 1 second.

AC CHARACTERISTICS (T_A = 25°C)

Symbol	Parameter	Limits Min	Limits Typ	Limits Max	Unit	Test Conditions
t_{PLH}	Turn-Off Delay, Input to Output		8.0	15	ns	V_{CC} = 5.0 V C_L = 15 pF
t_{PHL}	Turn-On Delay, Input to Output		10	20	ns	

MOTOROLA

DUAL 4-INPUT NAND GATE

SN54/74LS20

DUAL 4-INPUT NAND GATE

LOW POWER SCHOTTKY

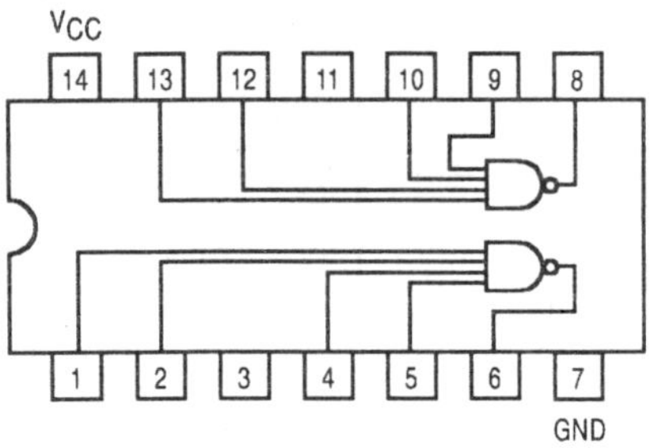

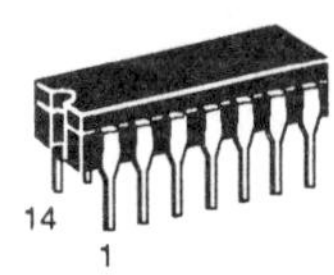

J SUFFIX
CERAMIC
CASE 632-08

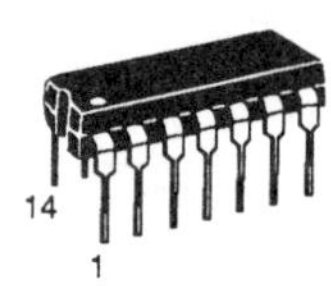

N SUFFIX
PLASTIC
CASE 646-06

D SUFFIX
SOIC
CASE 751A-02

ORDERING INFORMATION

SN54LSXXJ	Ceramic
SN74LSXXN	Plastic
SN74LSXXD	SOIC

GUARANTEED OPERATING RANGES

Symbol	Parameter		Min	Typ	Max	Unit
V_{CC}	Supply Voltage	54 74	4.5 4.75	5.0 5.0	5.5 5.25	V
T_A	Operating Ambient Temperature Range	54 74	−55 0	25 25	125 70	°C
I_{OH}	Output Current — High	54, 74			−0.4	mA
I_{OL}	Output Current — Low	54 74			4.0 8.0	mA

DC CHARACTERISTICS OVER OPERATING TEMPERATURE RANGE (unless otherwise specified)

Symbol	Parameter		Limits Min	Limits Typ	Limits Max	Unit	Test Conditions
V_{IH}	Input HIGH Voltage		2.0			V	Guaranteed Input HIGH Voltage for All Inputs
V_{IL}	Input LOW Voltage	54			0.7	V	Guaranteed Input LOW Voltage for All Inputs
		74			0.8		
V_{IK}	Input Clamp Diode Voltage			−0.65	−1.5	V	V_{CC} = MIN, I_{IN} = −18 mA
V_{OH}	Output HIGH Voltage	54	2.5	3.5		V	V_{CC} = MIN, I_{OH} = MAX, V_{IN} = V_{IH} or V_{IL} per Truth Table
		74	2.7	3.5		V	
V_{OL}	Output LOW Voltage	54, 74		0.25	0.4	V	I_{OL} = 4.0 mA; V_{CC} = V_{CC} MIN, V_{IN} = V_{IL} or V_{IH} per Truth Table
		74		0.35	0.5	V	I_{OL} = 8.0 mA; V_{CC} = V_{CC} MIN, V_{IN} = V_{IL} or V_{IH} per Truth Table
I_{IH}	Input HIGH Current				20	µA	V_{CC} = MAX, V_{IN} = 2.7 V
					0.1	mA	V_{CC} = MAX, V_{IN} = 7.0 V
I_{IL}	Input LOW Current				−0.4	mA	V_{CC} = MAX, V_{IN} = 0.4 V
I_{OS}	Short Circuit Current (Note 1)		−20		−100	mA	V_{CC} = MAX
I_{CC}	Power Supply Current Total, Output HIGH				0.8	mA	V_{CC} = MAX
	Total, Output LOW				2.2		

Note 1: Not more than one output should be shorted at a time, nor for more than 1 second.

AC CHARACTERISTICS (T_A = 25°C)

Symbol	Parameter	Limits Min	Limits Typ	Limits Max	Unit	Test Conditions
t_{PLH}	Turn-Off Delay, Input to Output		9.0	15	ns	V_{CC} = 5.0 V C_L = 15 pF
t_{PHL}	Turn-On Delay, Input to Output		10	15	ns	

![MOTOROLA]

MOTOROLA

QUAD 2-INPUT OR GATE

SN54/74LS32

QUAD 2-INPUT OR GATE

LOW POWER SCHOTTKY

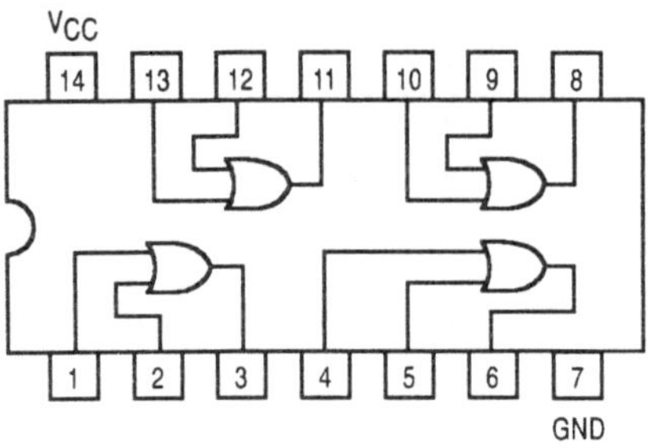

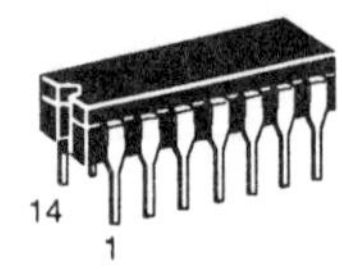

J SUFFIX
CERAMIC
CASE 632-08

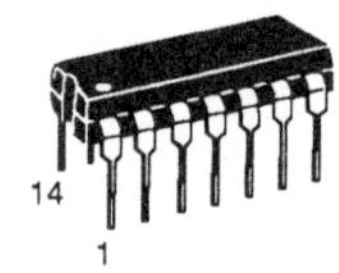

N SUFFIX
PLASTIC
CASE 646-06

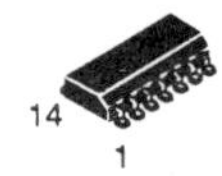

D SUFFIX
SOIC
CASE 751A-02

ORDERING INFORMATION

SN54LSXXJ	Ceramic
SN74LSXXN	Plastic
SN74LSXXD	SOIC

GUARANTEED OPERATING RANGES

Symbol	Parameter		Min	Typ	Max	Unit
V_{CC}	Supply Voltage	54 74	4.5 4.75	5.0 5.0	5.5 5.25	V
T_A	Operating Ambient Temperature Range	54 74	−55 0	25 25	125 70	°C
I_{OH}	Output Current — High	54, 74			−0.4	mA
I_{OL}	Output Current — Low	54 74			4.0 8.0	mA

DC CHARACTERISTICS OVER OPERATING TEMPERATURE RANGE (unless otherwise specified)

Symbol	Parameter		Limits Min	Limits Typ	Limits Max	Unit	Test Conditions	
V_{IH}	Input HIGH Voltage		2.0			V	Guaranteed Input HIGH Voltage for All Inputs	
V_{IL}	Input LOW Voltage	54			0.7	V	Guaranteed Input LOW Voltage for All Inputs	
		74			0.8			
V_{IK}	Input Clamp Diode Voltage			−0.65	−1.5	V	V_{CC} = MIN, I_{IN} = −18 mA	
V_{OH}	Output HIGH Voltage	54	2.5	3.5		V	V_{CC} = MIN, I_{OH} = MAX, V_{IN} = V_{IH} or V_{IL} per Truth Table	
		74	2.7	3.5		V		
V_{OL}	Output LOW Voltage	54, 74		0.25	0.4	V	I_{OL} = 4.0 mA	V_{CC} = V_{CC} MIN, V_{IN} = V_{IL} or V_{IH} per Truth Table
		74		0.35	0.5	V	I_{OL} = 8.0 mA	
I_{IH}	Input HIGH Current				20	µA	V_{CC} = MAX, V_{IN} = 2.7 V	
					0.1	mA	V_{CC} = MAX, V_{IN} = 7.0 V	
I_{IL}	Input LOW Current				−0.4	mA	V_{CC} = MAX, V_{IN} = 0.4 V	
I_{OS}	Short Circuit Current (Note 1)		−20		−100	mA	V_{CC} = MAX	
I_{CC}	Power Supply Current Total, Output HIGH				6.2	mA	V_{CC} = MAX	
	Total, Output LOW				9.8			

Note 1: Not more than one output should be shorted at a time, nor for more than 1 second.

AC CHARACTERISTICS (T_A = 25°C)

Symbol	Parameter	Limits Min	Limits Typ	Limits Max	Unit	Test Conditions
t_{PLH}	Turn-Off Delay, Input to Output		14	22	ns	V_{CC} = 5.0 V C_L = 15 pF
t_{PHL}	Turn-On Delay, Input to Output		14	22	ns	

MOTOROLA

BCD TO 7-SEGMENT DECODER/DRIVER

The SN54/74LS47 are Low Power Schottky BCD to 7-Segment Decoder/Drivers consisting of NAND gates, input buffers and seven AND-OR-INVERT gates. They offer active LOW, high sink current outputs for driving indicators directly. Seven NAND gates and one driver are connected in pairs to make BCD data and its complement available to the seven decoding AND-OR-INVERT gates. The remaining NAND gate and three input buffers provide lamp test, blanking input/ripple-blanking output and ripple-blanking input.

The circuits accept 4-bit binary-coded-decimal (BCD) and, depending on the state of the auxiliary inputs, decodes this data to drive a 7-segment display indicator. The relative positive-logic output levels, as well as conditions required at the auxiliary inputs, are shown in the truth tables. Output configurations of the SN54/74LS47 are designed to withstand the relatively high voltages required for 7-segment indicators.

These outputs will withstand 15 V with a maximum reverse current of 250 μA. Indicator segments requiring up to 24 mA of current may be driven directly from the SN74LS47 high performance output transistors. Display patterns for BCD input counts above nine are unique symbols to authenticate input conditions.

The SN54/74LS47 incorporates automatic leading and/or trailing-edge zero-blanking control (RBI and RBO). Lamp test (LT) may be performed at any time which the BI/RBO node is a HIGH level. This device also contains an overriding blanking input (BI) which can be used to control the lamp intensity by varying the frequency and duty cycle of the BI input signal or to inhibit the outputs.

- Lamp Intensity Modulation Capability (BI/RBO)
- Open Collector Outputs
- Lamp Test Provision
- Leading/Trailing Zero Suppression
- Input Clamp Diodes Limit High-Speed Termination Effects

CONNECTION DIAGRAM DIP (TOP VIEW)

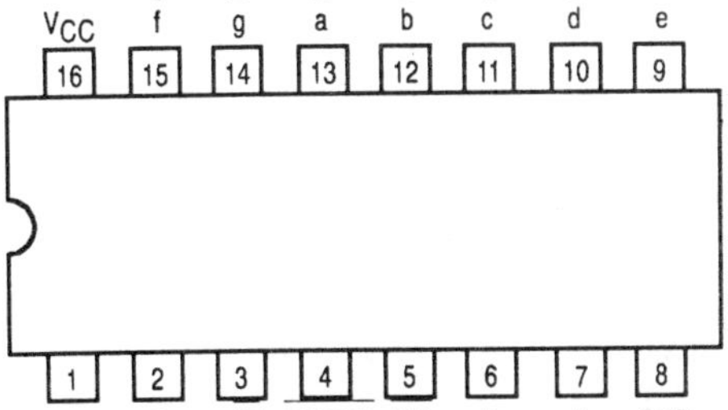

PIN NAMES | **LOADING** (Note a)

		HIGH	LOW
A, B, C, D	BCD Inputs	0.5 U.L.	0.25 U.L.
RBI	Ripple-Blanking Input	0.5 U.L.	0.25 U.L.
LT	Lamp-Test Input	0.5 U.L.	0.25 U.L.
BI/RBO	Blanking Input or	0.5 U.L.	0.75 U.L.
	Ripple-Blanking Output	1.2 U.L.	2.0 U.L.
a, to g	Outputs	Open-Collector	15 (7.5) U.L.

NOTES:
a) 1 Unit Load (U.L.) = 40 μA HIGH, 1.6 mA LOW.
b) Output current measured at V_{OUT} = 0.5 V
The Output LOW drive factor is 7.5 U.L. for Military (54) and 15 U.L. for Commercial (74) Temperature Ranges.

SN54/74LS47

BCD TO 7-SEGMENT DECODER/DRIVER

LOW POWER SCHOTTKY

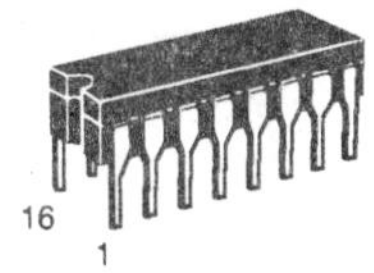

J SUFFIX
CERAMIC
CASE 620-09

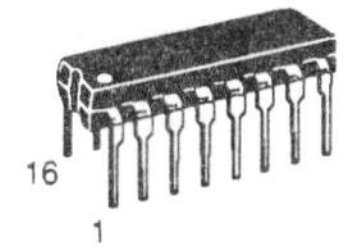

N SUFFIX
PLASTIC
CASE 648-08

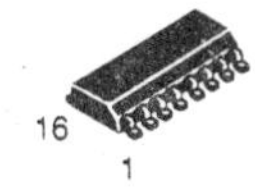

D SUFFIX
SOIC
CASE 751B-03

ORDERING INFORMATION

SN54LSXXJ	Ceramic
SN74LSXXN	Plastic
SN74LSXXD	SOIC

LOGIC SYMBOL

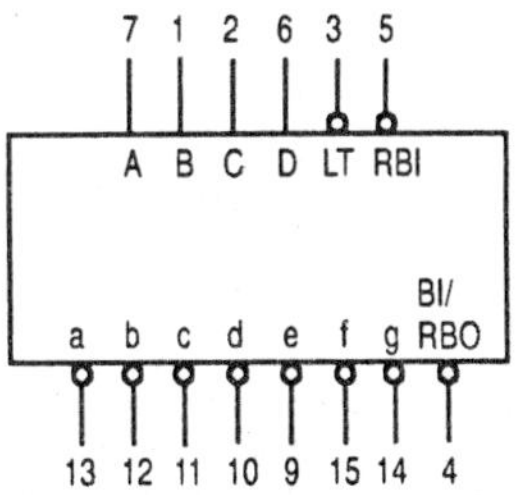

LOGIC DIAGRAM

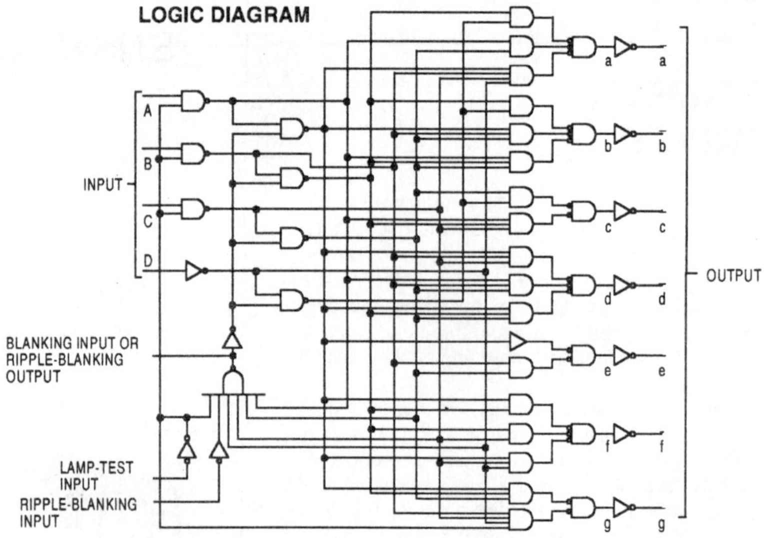

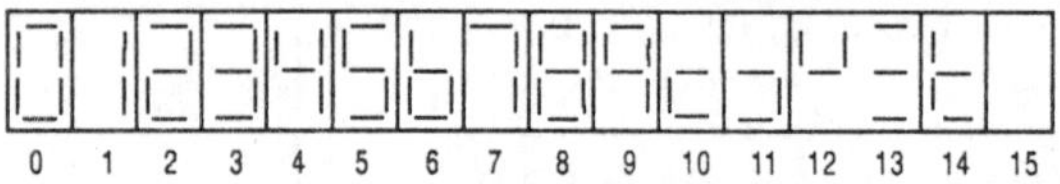

NUMERICAL DESIGNATIONS — RESULTANT DISPLAYS

TRUTH TABLE

DECIMAL OR FUNCTION	INPUTS $\overline{LT}$	$\overline{RBI}$	D	C	B	A	$\overline{BI/RBO}$	OUTPUTS $\overline{a}$	$\overline{b}$	$\overline{c}$	$\overline{d}$	$\overline{e}$	$\overline{f}$	$\overline{g}$	NOTE
0	H	H	L	L	L	L	H	L	L	L	L	L	L	H	A
1	H	X	L	L	L	H	H	H	L	L	H	H	H	H	A
2	H	X	L	L	H	L	H	L	L	H	L	L	H	L	
3	H	X	L	L	H	H	H	L	L	L	L	H	H	L	
4	H	X	L	H	L	L	H	H	L	L	H	H	L	L	
5	H	X	L	H	L	H	H	L	H	L	L	H	L	L	
6	H	X	L	H	H	L	H	H	H	L	L	L	L	L	
7	H	X	L	H	H	H	H	L	L	L	H	H	H	H	
8	H	X	H	L	L	L	H	L	L	L	L	L	L	L	
9	H	X	H	L	L	H	H	L	L	L	H	H	L	L	
10	H	X	H	L	H	L	H	H	H	H	L	L	H	L	
11	H	X	H	L	H	H	H	H	H	L	L	H	H	L	
12	H	X	H	H	L	L	H	H	L	H	H	H	L	L	
13	H	X	H	H	L	H	H	L	H	H	L	H	L	L	
14	H	X	H	H	H	L	H	H	H	H	L	L	L	L	
15	H	X	H	H	H	H	H	H	H	H	H	H	H	H	
$\overline{BI}$	X	X	X	X	X	X	L	H	H	H	H	H	H	H	B
$\overline{RBI}$	H	L	L	L	L	L	L	H	H	H	H	H	H	H	C
$\overline{LT}$	L	X	X	X	X	X	H	L	L	L	L	L	L	L	D

H = HIGH Voltage Level
L = LOW Voltage Level
X = Immaterial

NOTES:

(A) $\overline{BI/RBO}$ is wire-AND logic serving as blanking Input ($\overline{BI}$) and/or ripple-blanking output ($\overline{RBO}$). The blanking out ($\overline{BI}$) must be open or held at a HIGH level when output functions 0 through 15 are desired, and ripple-blanking input ($\overline{RBI}$) must be open or at a HIGH level if blanking of a decimal 0 is not desired. X = input may be HIGH or LOW.

(B) When a LOW level is applied to the blanking input (forced condition) all segment outputs go to a LOW level regardless of the state of any other input condition.

(C) When ripple-blanking input ($\overline{RBI}$) and inputs A, B, C, and D are at LOW level, with the lamp test input at HIGH level, all segment outputs go to a HIGH level and the ripple-blanking output ($\overline{RBO}$) goes to a LOW level (response condition).

(D) When the blanking input/ripple-blanking output ($\overline{BI/RBO}$) is open or held at a HIGH level, and a LOW level is applied to lamp test input, all segment outputs go to a LOW level.

GUARANTEED OPERATING RANGES

Symbol	Parameter		Min	Typ	Max	Unit
V_{CC}	Supply Voltage	54 74	4.5 4.75	5.0 5.0	5.5 5.25	V
T_A	Operating Ambient Temperature Range	54 74	−55 0	25 25	125 70	°C
I_{OH}	Output Current — High $\overline{\text{BI}}/\overline{\text{RBO}}$	54, 74			−50	µA
I_{OL}	Output Current — Low $\overline{\text{BI}}/\overline{\text{RBO}}$ $\overline{\text{BI}}/\overline{\text{RBO}}$	54 74			1.6 3.2	mA
$V_{O\ (off)}$	Off-State Output Voltage $\bar{a}$ to $\bar{g}$	54, 74			15	V
$I_{O\ (on)}$	On-State Output Current $\bar{a}$ to $\bar{g}$ $\bar{a}$ to $\bar{g}$	54 74			12 24	mA

DC CHARACTERISTICS OVER OPERATING TEMPERATURE RANGE (unless otherwise specified)

Symbol	Parameter		Limits Min	Typ	Max	Unit	Test Conditions	
V_{IH}	Input HIGH Voltage		2.0			V	Guaranteed Input HIGH Theshold Voltage for All Inputs	
V_{IL}	Input LOW Voltage	54			0.7	V	Guaranteed Input LOW Threshold Voltage for All Inputs	
		74			0.8			
V_{IK}	Input Clamp Diode Voltage			−0.65	−1.5	V	V_{CC} = MIN, I_{IN} = −18 mA	
V_{OH}	Output HIGH Voltage, $\overline{\text{BI}}/\overline{\text{RBO}}$		2.4	4.2		V	V_{CC} = MIN, I_{OH} = −50 µA, V_{IN} = V_{IN} or V_{IL} per Truth Table	
V_{OL}	Output LOW Voltage $\overline{\text{BI}}/\overline{\text{RBO}}$	54, 74		0.25	0.4	V	I_{OL} = 1.6 mA	V_{CC} = MIN, V_{IN} = V_{IN} or V_{IL} per Truth Table
		74		0.35	0.5	V	I_{OL} = 3.2 mA	
$I_{O\ (off)}$	Off-State Output Current $\bar{a}$ thru $\bar{g}$				250	µA	V_{CC} = MAX, V_{IN} = V_{IN} or V_{IL} per Truth Table, $V_{O\ (off)}$ = 15 V	
$V_{O\ (on)}$	On-State Output Voltage $\bar{a}$ thru $\bar{g}$	54, 74		0.25	0.4	V	$I_{O\ (on)}$ = 12 mA	V_{CC} = MAX, V_{IN} = V_{IH} or V_{IL} per Truth Table
		74		0.35	0.5	V	$I_{O\ (on)}$ = 24 mA	
I_{IH}	Input HIGH Current				20	µA	V_{CC} = MAX, V_{IN} = 2.7 V	
					0.1	mA	V_{CC} = MAX, V_{IN} = 7.0 V	
I_{IL}	Input LOW Current $\overline{\text{BI}}/\overline{\text{RBO}}$ Any Input except $\overline{\text{BI}}/\overline{\text{RBO}}$				−1.2 −0.4	mA	V_{CC} = MAX, V_{IN} = 0.4 V	
I_{OS} $\overline{\text{BI}}/\overline{\text{RBO}}$	Output Short Circuit Current (Note 1)		−0.3		−2.0	mA	V_{CC} = MAX, V_{OUT} = 0 V	
I_{CC}	Power Supply Current			7.0	13	mA	V_{CC} = MAX	

Note 1: Not more than one output should be shorted at a time, nor for more than 1 second.

AC CHARACTERISTICS (T_A = 25°C)

Symbol	Parameter	Limits Min	Typ	Max	Unit	Test Conditions
t_{PHL} t_{PLH}	Propagation Delay, Address Input to Segment Output			100 100	ns ns	V_{CC} = 5.0 V C_L = 15 pF
t_{PHL} t_{PLH}	Propagation Delay, $\overline{\text{RBI}}$ Input To Segment Output			100 100	ns ns	

AC WAVEFORMS

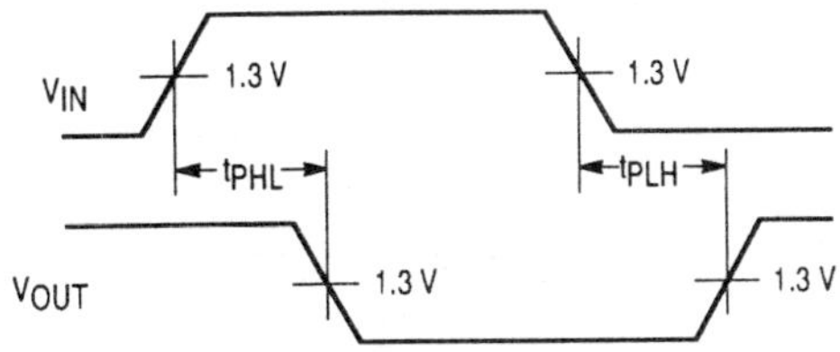

Figure 1

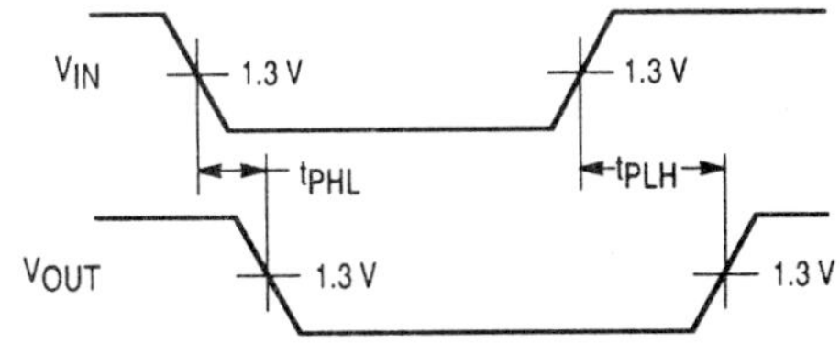

Figure 2

MOTOROLA

SN54/74LS74A

DUAL D-TYPE POSITIVE EDGE-TRIGGERED FLIP-FLOP

The SN54/74LS74A dual edge-triggered flip-flop utilizes Schottky TTL circuitry to produce high speed D-type flip-flops. Each flip-flop has individual clear and set inputs, and also complementary Q and Q outputs.

Information at input D is transferred to the Q output on the positive-going edge of the clock pulse. Clock triggering occurs at a voltage level of the clock pulse and is not directly related to the transition time of the positive-going pulse. When the clock input is at either the HIGH or the LOW level, the D input signal has no effect.

DUAL D-TYPE POSITIVE EDGE-TRIGGERED FLIP-FLOP

LOW POWER SCHOTTKY

LOGIC DIAGRAM (Each Flip-Flop)

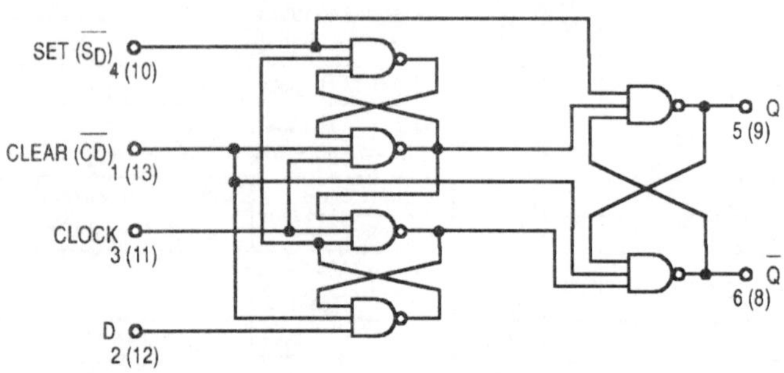

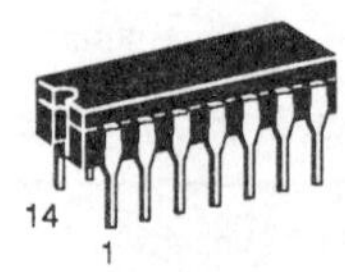

J SUFFIX
CERAMIC
CASE 632-08

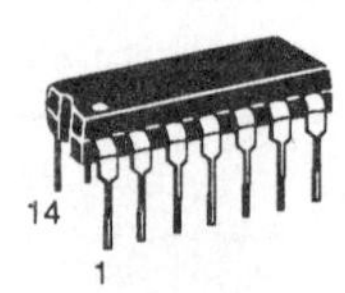

N SUFFIX
PLASTIC
CASE 646-06

D SUFFIX
SOIC
CASE 751A-02

ORDERING INFORMATION

SN54LSXXJ	Ceramic
SN74LSXXN	Plastic
SN74LSXXD	SOIC

MODE SELECT — TRUTH TABLE

OPERATING MODE	INPUTS			OUTPUTS	
	S_D	S_D	D	Q	Q
Set	L	H	X	H	L
Reset (Clear)	H	L	X	L	H
*Undetermined	L	L	X	H	H
Load "1" (Set)	H	H	h	H	L
Load "0" (Reset)	H	H	l	L	H

* Both outputs will be HIGH while both S_D and C_D are LOW, but the output states are unpredictable if S_D and C_D go HIGH simultaneously. If the levels at the set and clear are near V_{IL} maximum then we cannot guarantee to meet the minimum level for V_{OH}.

H, h = HIGH Voltage Level
L, l = LOW Voltage Level
X = Don't Care
i, h (q) = Lower case letters indicate the state of the referenced input (or output) one set-up time prior to the HIGH to LOW clock transition.

LOGIC SYMBOL

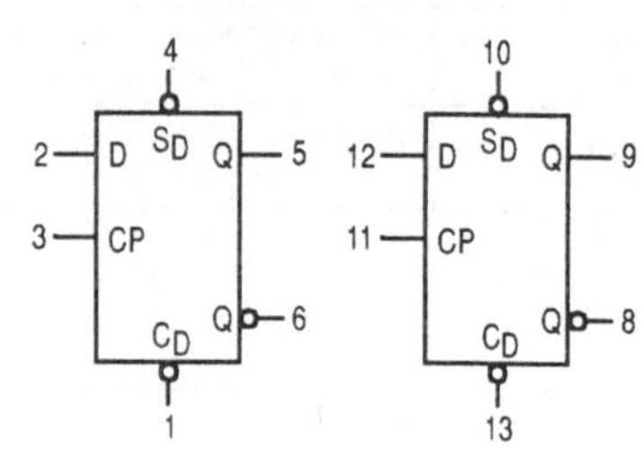

V_{CC} = PIN 14
GND = PIN 7

SN54/74LS74A

GUARANTEED OPERATING RANGES

Symbol	Parameter		Min	Typ	Max	Unit
V_{CC}	Supply Voltage	54 74	4.5 4.75	5.0 5.0	5.5 5.25	V
T_A	Operating Ambient Temperature Range	54 74	−55 0	25 25	125 70	°C
I_{OH}	Output Current — High	54, 74			−0.4	mA
I_{OL}	Output Current — Low	54 74			4.0 8.0	mA

DC CHARACTERISTICS OVER OPERATING TEMPERATURE RANGE (unless otherwise specified)

Symbol	Parameter		Limits Min	Limits Typ	Limits Max	Unit	Test Conditions
V_{IH}	Input HIGH Voltage		2.0			V	Guaranteed Input HIGH Voltage for All Inputs
V_{IL}	Input LOW Voltage	54			0.7	V	Guaranteed Input LOW Voltage for All Inputs
		74			0.8		
V_{IK}	Input Clamp Diode Voltage			−0.65	−1.5	V	V_{CC} = MIN, I_{IN} = −18 mA
V_{OH}	Output HIGH Voltage	54	2.5	3.5		V	V_{CC} = MIN, I_{OH} = MAX, V_{IN} = V_{IH} or V_{IL} per Truth Table
		74	2.7	3.5		V	
V_{OL}	Output LOW Voltage	54, 74		0.25	0.4	V	I_{OL} = 4.0 mA; V_{CC} = V_{CC} MIN, V_{IN} = V_{IL} or V_{IH} per Truth Table
		74		0.35	0.5	V	I_{OL} = 8.0 mA
I_{IH}	Input High Current Data, Clock Set, Clear				20 40	µA	V_{CC} = MAX, V_{IN} = 2.7 V
	Data, Clock Set, Clear				0.1 0.2	mA	V_{CC} = MAX, V_{IN} = 7.0 V
I_{IL}	Input LOW Current Data, Clock Set, Clear				−0.4 −0.8	mA	V_{CC} = MAX, V_{IN} = 0.4 V
I_{OS}	Output Short Circuit Current (Note 1)		−20		−100	mA	V_{CC} = MAX
I_{CC}	Power Supply Current				8.0	mA	V_{CC} = MAX

Note 1: Not more than one output should be shorted at a time, nor for more than 1 second.

AC CHARACTERISTICS (T_A = 25°C, V_{CC} = 5.0 V)

Symbol	Parameter	Limits Min	Limits Typ	Limits Max	Unit	Test Conditions	
f_{MAX}	Maximum Clock Frequency	25	33		MHz	Figure 1	V_{CC} = 5.0 V C_L = 15 pF
t_{PLH} t_{PHL}	Clock, Clear, Set to Output		13 25	25 40	ns ns	Figure 1	

AC SETUP REQUIREMENTS (T_A = 25°C)

Symbol	Parameter	Limits Min	Limits Typ	Limits Max	Unit	Test Conditions	
$t_{W(H)}$	Clock	25			ns	Figure 1	V_{CC} = 5.0 V
$t_{W(L)}$	Clear, Set	25			ns	Figure 2	
t_s	Data Setup Time — HIGH LOW	20 20			ns ns	Figure 1	
t_h	Hold Time	5.0			ns	Figure 1	

MOTOROLA

SN54/74LS76A

DUAL JK FLIP-FLOP WITH SET AND CLEAR

The SN54/74LS76A offers individual J, K, Clock Pulse, Direct Set and Direct Clear inputs. These dual flip-flops are designed so that when the clock goes HIGH, the inputs are enabled and data will be accepted. The Logic Level of the J and K inputs will perform according to the Truth Table as long as minimum set-up times are observed. Input data is transferred to the outputs on the HIGH-to-LOW clock transitions.

DUAL JK FLIP-FLOP WITH SET AND CLEAR

LOW POWER SCHOTTKY

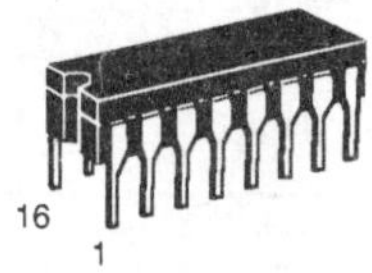

J SUFFIX
CERAMIC
CASE 620-09

N SUFFIX
PLASTIC
CASE 648-08

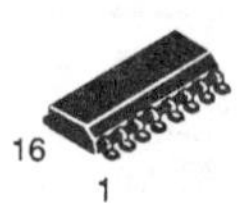

D SUFFIX
SOIC
CASE 751B-03

ORDERING INFORMATION

SN54LSXXJ	Ceramic
SN74LSXXN	Plastic
SN74LSXXD	SOIC

MODE SELECT — TRUTH TABLE

OPERATING MODE	INPUTS				OUTPUTS	
	$\overline{S}_D$	$\overline{C}_D$	J	K	Q	$\overline{Q}$
Set	L	H	X	X	H	L
Reset (Clear)	H	L	X	X	L	H
*Undetermined	L	L	X	X	H	H
Toggle	H	H	h	h	$\overline{q}$	q
Load "0" (Reset)	H	H	l	h	L	H
Load "1" (Set)	H	H	h	l	H	L
Hold	H	H	l	l	q	$\overline{q}$

*Both outputs will be HIGH while both $\overline{S}_D$ and $\overline{C}_D$ are LOW, but the output states are unpredictable if $\overline{S}_D$ and $\overline{C}_D$ go HIGH simultaneously.

H,h = HIGH Voltage Level
L,l = LOW Voltage Level
X = Immaterial
l, h (q) = Lower case letters indicate the state of the referenced input (or output) one setup time prior to the HIGH-to-LOW clock transition

LOGIC DIAGRAM

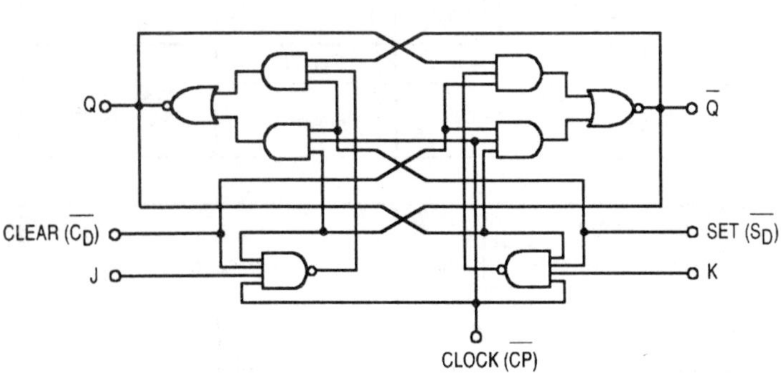

LOGIC SYMBOL

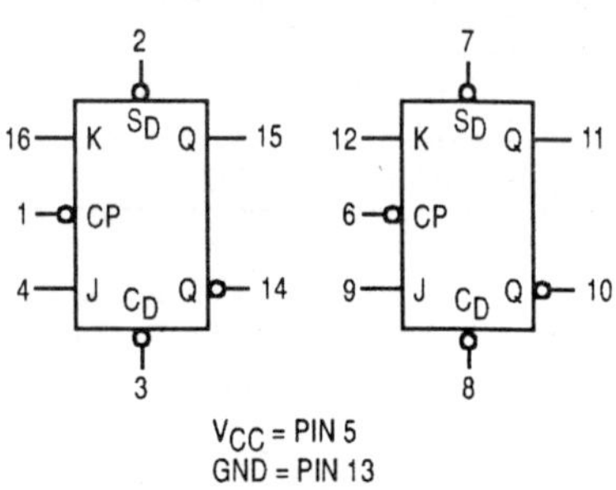

V_{CC} = PIN 5
GND = PIN 13

GUARANTEED OPERATING RANGES

Symbol	Parameter		Min	Typ	Max	Unit
V_{CC}	Supply Voltage	54 74	4.5 4.75	5.0 5.0	5.5 5.25	V
T_A	Operating Ambient Temperature Range	54 74	−55 0	25 25	125 70	°C
I_{OH}	Output Current — High	54, 74			−0.4	mA
I_{OL}	Output Current — Low	54 74			4.0 8.0	mA

DC CHARACTERISTICS OVER OPERATING TEMPERATURE RANGE (unless otherwise specified)

Symbol	Parameter		Limits Min	Limits Typ	Limits Max	Unit	Test Conditions	
V_{IH}	Input HIGH Voltage		2.0			V	Guaranteed Input HIGH Voltage for All Inputs	
V_{IL}	Input LOW Voltage	54			0.7	V	Guaranteed Input LOW Voltage for All Inputs	
		74			0.8			
V_{IK}	Input Clamp Diode Voltage			−0.65	−1.5	V	V_{CC} = MIN, I_{IN} = −18 mA	
V_{OH}	Output HIGH Voltage	54	2.5	3.5		V	V_{CC} = MIN, I_{OH} = MAX, V_{IN} = V_{IH} or V_{IL} per Truth Table	
		74	2.7	3.5		V		
V_{OL}	Output LOW Voltage	54, 74		0.25	0.4	V	I_{OL} = 4.0 mA	V_{CC} = V_{CC} MIN, V_{IN} = V_{IL} or V_{IH} per Truth Table
		74		0.35	0.5	V	I_{OL} = 8.0 mA	
I_{IH}	Input HIGH Current	J, K Clear Clock			20 60 80	µA	V_{CC} = MAX, V_{IN} = 2.7 V	
		J, K Clear Clock			0.1 0.3 0.4	mA	V_{CC} = MAX, V_{IN} = 7.0 V	
I_{IL}	Input LOW Current	J, K Clear, Clock			−0.4 −0.8	mA	V_{CC} = MAX, V_{IN} = 0.4 V	
I_{OS}	Short Circuit Current (Note 1)		−20		−100	mA	V_{CC} = MAX	
I_{CC}	Power Supply Current				6.0	mA	V_{CC} = MAX	

Note 1: Not more than one output should be shorted at a time, nor for more than 1 second.

AC CHARACTERISTICS (T_A = 25°C, V_{CC} = 5.0 V)

Symbol	Parameter	Limits Min	Limits Typ	Limits Max	Unit	Test Conditions
f_{MAX}	Maximum Clock Frequency	30	45		MHz	V_{CC} = 5.0 V C_L = 15 pF
t_{PLH}	Clock, Clear, Set to Output		15	20	ns	
t_{PHL}			15	20	ns	

AC SETUP REQUIREMENTS (T_A = 25°C)

Symbol	Parameter	Limits Min	Limits Typ	Limits Max	Unit	Test Conditions
t_W	Clock Pulse Width High	20			ns	V_{CC} = 5.0 V
t_W	Clear Set Pulse Width	25			ns	
t_s	Setup Time	20			ns	
t_h	Hold Time	0			ns	

MOTOROLA

SN54/74LS83A

4-BIT BINARY FULL ADDER WITH FAST CARRY

The SN54/74LS83A is a high-speed 4-Bit binary Full Adder with internal carry lookahead. It accepts two 4-bit binary words (A_1-A_4, B_1-B_4) and a Carry Input (C_0). It generates the binary Sum outputs $\Sigma_1-\Sigma_4$) and the Carry Output (C_4) from the most significant bit. The LS83A operates with either active HIGH or active LOW operands (positive or negative logic). The SN54/74LS283 is recommended for new designs since it is identical in function with this device and features standard corner power pins.

4-BIT BINARY FULL ADDER WITH FAST CARRY

LOW POWER SCHOTTKY

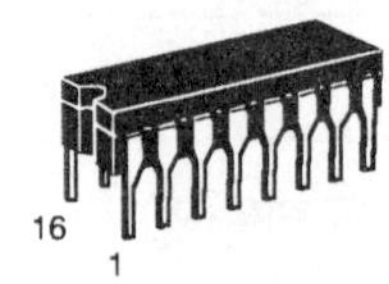

J SUFFIX
CERAMIC
CASE 620-09

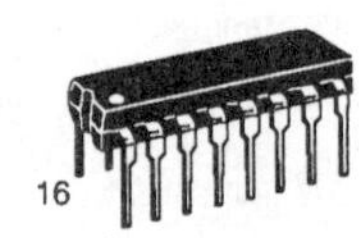

N SUFFIX
PLASTIC
CASE 648-08

D SUFFIX
SOIC
CASE 751B-03

ORDERING INFORMATION

SN54LSXXJ	Ceramic
SN74LSXXN	Plastic
SN74LSXXD	SOIC

CONNECTION DIAGRAM DIP (TOP VIEW)

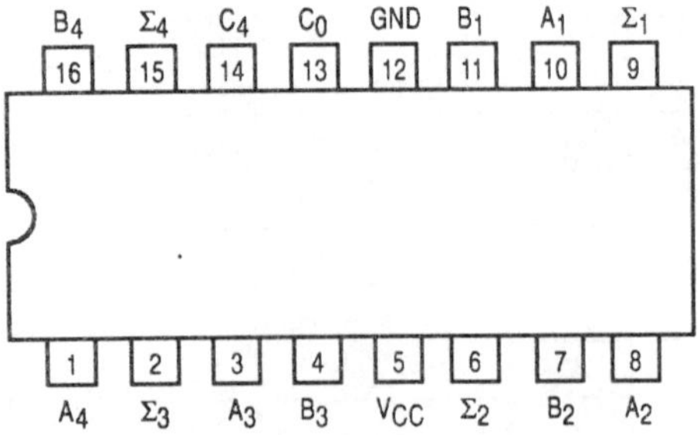

NOTE:
The Flatpak version has the same pinouts (Connection Diagram) as the Dual In-Line Package.

PIN NAMES

		LOADING (Note a) HIGH	LOW
A_1-A_4	Operand A Inputs	1.0 U.L.	0.5 U.L.
B_1-B_4	Operand B Inputs	1.0 U.L.	0.5 U.L.
C_0	Carry Input	0.5 U.L.	0.25 U.L.
$\Sigma_1-\Sigma_4$	Sum Outputs (Note b)	10 U.L.	5 (2.5) U.L.
C_4	Carry Output (Note b)	10 U.L.	5 (2.5) U.L.

NOTES:
a) 1 TTL Unit Load (U.L.) = 40 μA HIGH/1.6 mA LOW.
b) The Output LOW drive factor is 2.5 U.L. for Military (54) and 5 U.L. for Commercial (74) Temperature Ranges.

LOGIC DIAGRAM

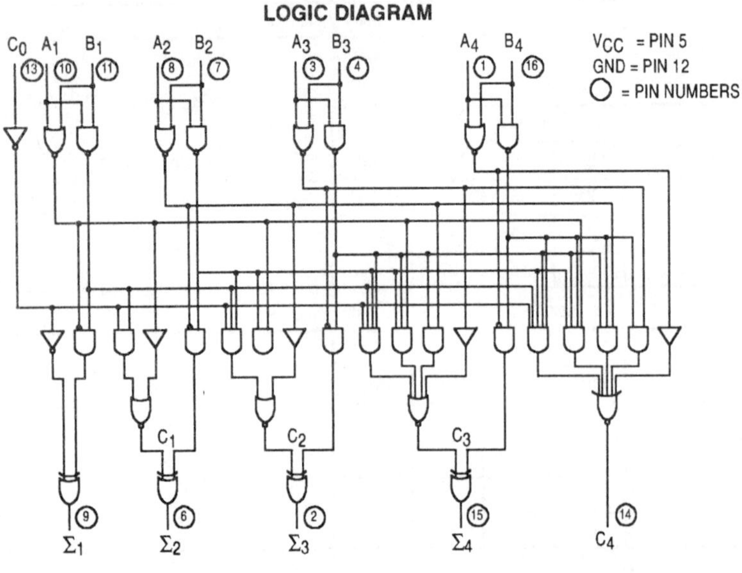

LOGIC SYMBOL

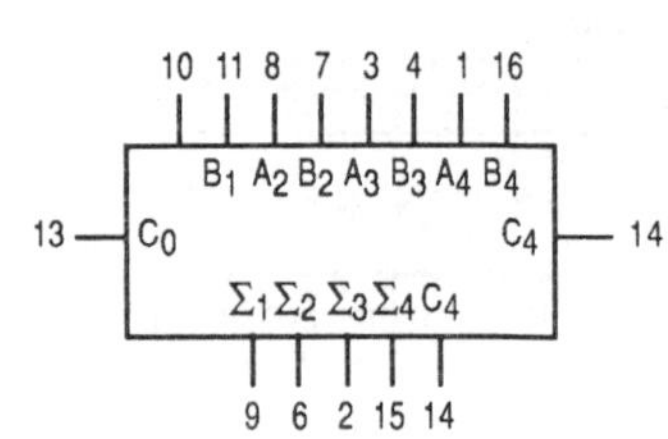

FUNCTIONAL DESCRIPTION

The LS83A adds two 4-bit binary words (A plus B) plus the incoming carry. The binary sum appears on the sum outputs ($\Sigma_1 - \Sigma_4$) and outgoing carry (C_4) outputs.

$$C_0 + (A_1+B_1)+2(A_2+B_2)+4(A_3+B_3)+8(A_4+B_4) = \Sigma_1+2\Sigma_2+4\Sigma_3+8\Sigma_4+16C_4$$

Where: (+) = plus

Due to the symmetry of the binary add function the LS83A can be used with either all inputs and outputs active HIGH (positive logic) or with all inputs and outputs active LOW (negative logic). Note that with active HIGH Inputs, Carry Input can not be left open, but must be held LOW when no carry in is intended.

Example:

	C_0	A_1	A_2	A_3	A_4	B_1	B_2	B_3	B_4	Σ_1	Σ_2	Σ_3	Σ_4	C_4	
Logic Levels	L	L	H	L	H	H	L	L	H	H	H	L	L	H	
Active HIGH	0	0	1	0	1	1	0	0	1	1	1	0	0	1	(10+9 = 19)
Active LOW	1	1	0	1	0	0	1	1	0	0	0	1	1	0	(carry+5+6 = 12)

Interchanging inputs of equal weight does not affect the operation, thus C_0, A_1, B_1, can be arbitrarily assigned to pins 10, 11, 13, etc.

FUNCTIONAL TRUTH TABLE

C (n–1)	A_n	B_n	Σ_n	C_n
L	L	L	L	L
L	L	H	H	L
L	H	L	H	L
L	H	H	L	H
H	L	L	H	L
H	L	H	L	H
H	H	L	L	H
H	H	H	H	H

$C_1 - C_3$ are generated internally
C_0 — is an external input
C_4 — is an output generated internally

GUARANTEED OPERATING RANGES

Symbol	Parameter		Min	Typ	Max	Unit
V_{CC}	Supply Voltage	54 74	4.5 4.75	5.0 5.0	5.5 5.25	V
T_A	Operating Ambient Temperature Range	54 74	–55 0	25 25	125 70	°C
I_{OH}	Output Current — High	54, 74			–0.4	mA
I_{OL}	Output Current — Low	54 74			4.0 8.0	mA

DC CHARACTERISTICS OVER OPERATING TEMPERATURE RANGE (unless otherwise specified)

Symbol	Parameter		Limits Min	Typ	Max	Unit	Test Conditions
V_{IH}	Input HIGH Voltage		2.0			V	Guaranteed Input HIGH Voltage for All Inputs
V_{IL}	Input LOW Voltage	54			0.7	V	Guaranteed Input LOW Voltage for All Inputs
		74			0.8		
V_{IK}	Input Clamp Diode Voltage			−0.65	−1.5	V	V_{CC} = MIN, I_{IN} = −18 mA
V_{OH}	Output HIGH Voltage	54	2.5	3.5		V	V_{CC} = MIN, I_{OH} = MAX, V_{IN} = V_{IH} per Truth Table
		74	2.7	3.5		V	
V_{OL}	Output LOW Voltage	54, 74		0.25	0.4	V	I_{OL} = 4.0 mA; V_{CC} = V_{CC} MIN, V_{IN} = V_{IL} or V_{IH} per Truth Table
		74		0.35	0.5	V	I_{OL} = 8.0 mA; V_{CC} = V_{CC} MIN, V_{IN} = V_{IL} or V_{IH} per Truth Table
I_{IH}	Input HIGH Current C_0 A or B				20 40	µA	V_{CC} = MAX, V_{IN} = 2.7 V
	C_0 A or B				0.1 0.2	mA	V_{CC} = MAX, V_{IN} = 7.0 V
I_{IL}	Input LOW Current C_0 A or B				−0.4 −0.8	mA	V_{CC} = MAX, V_{IN} = 0.4 V
I_{OS}	Output Short Circuit Current (Note 1)		−20		−100	mA	V_{CC} = MAX
I_{CC}	Power Supply Current All Inputs Grounded All Inputs at 4.5 V, Except B All Inputs at 4.5 V				39 34 34	mA	V_{CC} = MAX

Note 1: Not more than one output should be shorted at a time, nor for more than 1 second.

AC CHARACTERISTICS (T_A = 25°C)

Symbol	Parameter	Limits Min	Typ	Max	Unit	Test Conditions
t_{PLH} t_{PHL}	Propagation Delay, C_0 Input to any Σ Output		16 15	24 24	ns	V_{CC} = 5.0 V C_L = 15 pF Figures 1 and 2
t_{PLH} t_{PHL}	Propagation Delay, Any A or B Input to Σ Outputs		15 15	24 24	ns	
t_{PLH} t_{PHL}	Propagation Delay, C_0 Input to C_4 Output		11 15	17 22	ns	
t_{PLH} t_{PHL}	Propagation Delay, Any A or B Input to C_4 Output		11 12	17 17	ns	

AC WAVEFORMS

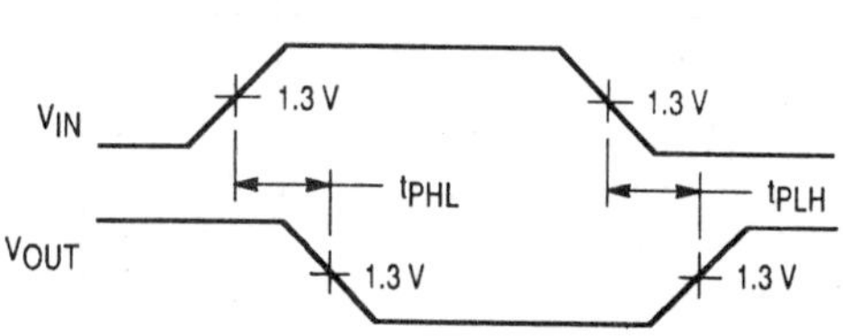

Figure 1

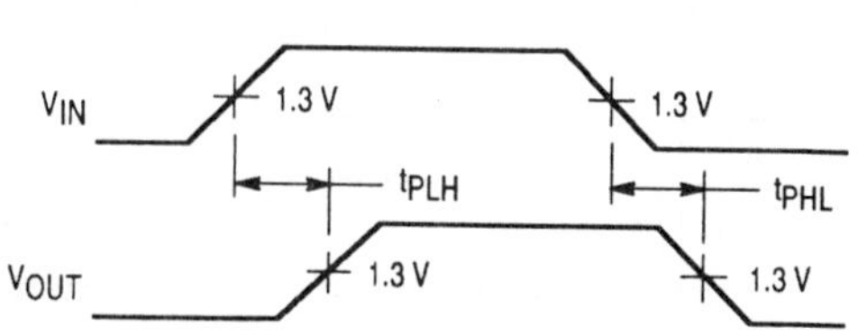

Figure 2

MOTOROLA

QUAD 2-INPUT EXCLUSIVE OR GATE

SN54/74LS86

QUAD 2-INPUT EXCLUSIVE OR GATE

LOW POWER SCHOTTKY

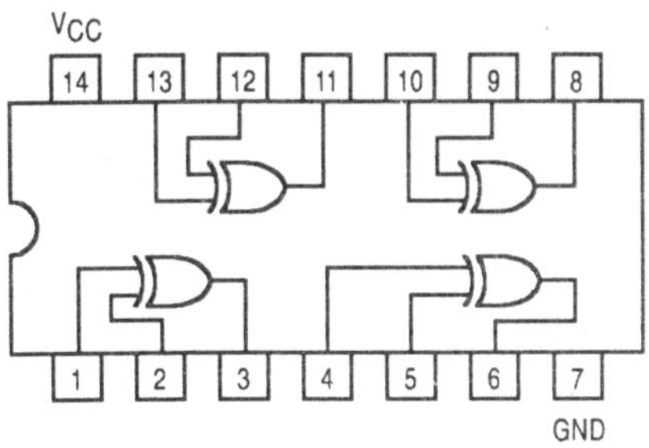

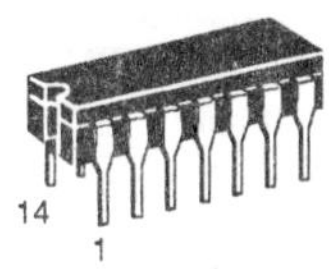

J SUFFIX
CERAMIC
CASE 632-08

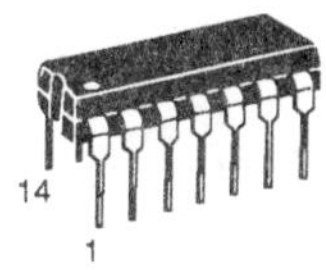

N SUFFIX
PLASTIC
CASE 646-06

D SUFFIX
SOIC
CASE 751A-02

ORDERING INFORMATION

SN54LSXXJ Ceramic
SN74LSXXN Plastic
SN74LSXXD SOIC

TRUTH TABLE

IN		OUT
A	**B**	**Z**
L	L	L
L	H	H
H	L	H
H	H	L

GUARANTEED OPERATING RANGES

Symbol	Parameter		Min	Typ	Max	Unit
V_{CC}	Supply Voltage	54 74	4.5 4.75	5.0 5.0	5.5 5.25	V
T_A	Operating Ambient Temperature Range	54 74	−55 0	25 25	125 70	°C
I_{OH}	Output Current — High	54, 74			−0.4	mA
I_{OL}	Output Current — Low	54 74			4.0 8.0	mA

DC CHARACTERISTICS OVER OPERATING TEMPERATURE RANGE (unless otherwise specified)

Symbol	Parameter		Limits Min	Limits Typ	Limits Max	Unit	Test Conditions	
V_{IH}	Input HIGH Voltage		2.0			V	Guaranteed Input HIGH Voltage for All Inputs	
V_{IL}	Input LOW Voltage	54			0.7	V	Guaranteed Input LOW Voltage for All Inputs	
		74			0.8			
V_{IK}	Input Clamp Diode Voltage			−0.65	−1.5	V	V_{CC} = MIN, I_{IN} = −18 mA	
V_{OH}	Output HIGH Voltage	54	2.5	3.5		V	V_{CC} = MIN, I_{OH} = MAX, V_{IN} = V_{IH} or V_{IL} per Truth Table	
		74	2.7	3.5		V		
V_{OL}	Output LOW Voltage	54, 74		0.25	0.4	V	I_{OL} = 4.0 mA	V_{CC} = V_{CC} MIN, V_{IN} = V_{IL} or V_{IH} per Truth Table
		74		0.35	0.5	V	I_{OL} = 8.0 mA	
I_{IH}	Input HIGH Current				40	µA	V_{CC} = MAX, V_{IN} = 2.7 V	
					0.2	mA	V_{CC} = MAX, V_{IN} = 7.0 V	
I_{IL}	Input LOW Current				−0.8	mA	V_{CC} = MAX, V_{IN} = 0.4 V	
I_{OS}	Short Circuit Current (Note 1)		−20		−100	mA	V_{CC} = MAX	
I_{CC}	Power Supply Current				10	mA	V_{CC} = MAX	

Note 1: Not more than one output should be shorted at a time, nor for more than 1 second.

AC CHARACTERISTICS (T_A = 25°C)

Symbol	Parameter	Limits Min	Limits Typ	Limits Max	Unit	Test Conditions
t_{PLH} t_{PHL}	Propagation Delay, Other Input LOW		12 10	23 17	ns	V_{CC} = 5.0 V C_L = 15 pF
t_{PLH} t_{PHL}	Propagation Delay, Other Input HIGH		20 13	30 22	ns	

MOTOROLA

SN54/74LS90
SN54/74LS92
SN54/74LS93

DECADE COUNTER; DIVIDE-BY-TWELVE COUNTER; 4-BIT BINARY COUNTER

The SN54/74LS90, SN54/74LS92 and SN54/74LS93 are high-speed 4-bit ripple type counters partitioned into two sections. Each counter has a divide-by-two section and either a divide-by-five (LS90), divide-by-six (LS92) or divide-by-eight (LS93) section which are triggered by a HIGH-to-LOW transition on the clock inputs. Each section can be used separately or tied together (Q to CP) to form BCD, bi-quinary, modulo-12, or modulo-16 counters. All of the counters have a 2-input gated Master Reset (Clear), and the LS90 also has a 2-input gated Master Set (Preset 9).

- Low Power Consumption . . . Typically 45 mW
- High Count Rates . . . Typically 42 MHz
- Choice of Counting Modes . . . BCD, Bi-Quinary, Divide-by-Twelve, Binary
- Input Clamp Diodes Limit High Speed Termination Effects

DECADE COUNTER; DIVIDE-BY-TWELVE COUNTER; 4-BIT BINARY COUNTER

LOW POWER SCHOTTKY

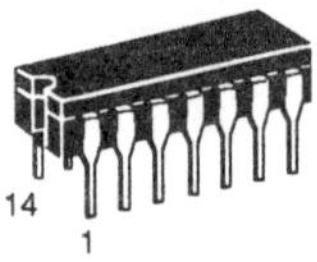

J SUFFIX
CERAMIC
CASE 632-08

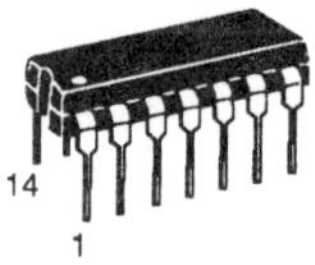

N SUFFIX
PLASTIC
CASE 646-06

D SUFFIX
SOIC
CASE 751A-02

ORDERING INFORMATION

SN54LSXXJ	Ceramic
SN74LSXXN	Plastic
SN74LSXXD	SOIC

PIN NAMES

		LOADING (Note a)	
		HIGH	LOW
$\overline{CP_0}$	Clock (Active LOW going edge) Input to ÷2 Section	0.5 U.L.	1.5 U.L.
$\overline{CP_1}$	Clock (Active LOW going edge) Input to ÷5 Section (LS90), ÷6 Section (LS92)	0.5 U.L.	2.0 U.L.
$\overline{CP_1}$	Clock (Active LOW going edge) Input to ÷8 Section (LS93)	0.5 U.L.	1.0 U.L.
MR_1, MR_2	Master Reset (Clear) Inputs	0.5 U.L.	0.25 U.L.
MS_1, MS_2	Master Set (Preset-9, LS90) Inputs	0.5 U.L.	0.25 U.L.
Q_0	Output from ÷2 Section (Notes b & c)	10 U.L.	5 (2.5) U.L.
Q_1, Q_2, Q_3	Outputs from ÷5 (LS90), ÷6 (LS92), ÷8 (LS93) Sections (Note b)	10 U.L.	5 (2.5) U.L.

NOTES:
a. 1 TTL Unit Load (U.L.) = 40 μA HIGH/1.6 mA LOW.
b. The Output LOW drive factor is 2.5 U.L. for Military, (54) and 5 U.L. for commercial (74) Temperature Ranges.
c. The Q_0 Outputs are guaranteed to drive the full fan-out plus the $\overline{CP_1}$ input of the device.
d. To insure proper operation the rise (t_r) and fall time (t_f) of the clock must be less than 100 ns.

LOGIC SYMBOL

LS90

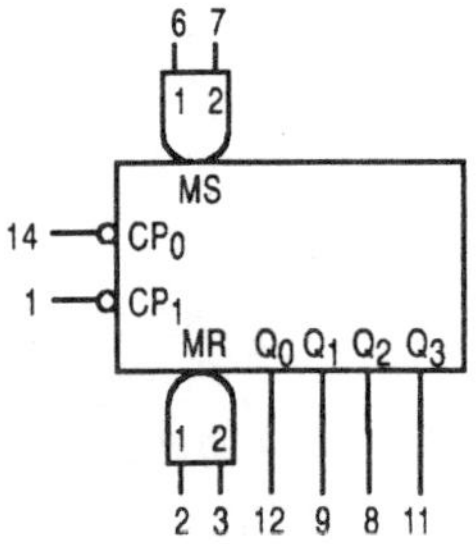

V_{CC} = PIN 5
GND = PIN 10
NC = PINS 4, 13

LS92

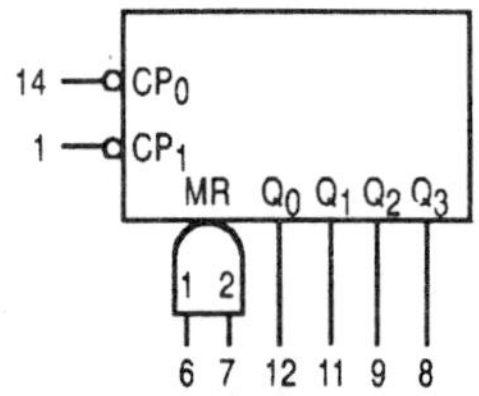

V_{CC} = PIN 5
GND = PIN 10
NC = PINS 2, 3, 4, 13

LS93

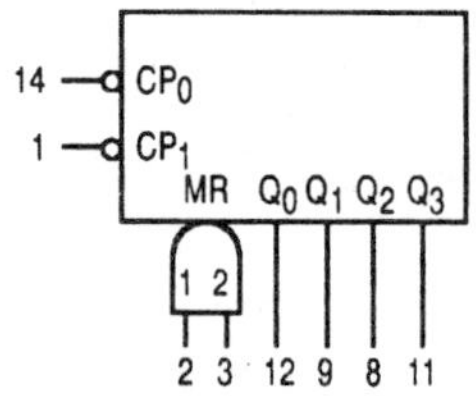

V_{CC} = PIN 5
GND = PIN 10
NC = PIN 4, 6, 7, 13

SN54/74LS90 • SN54/74LS92 • SN54/74LS93

LOGIC DIAGRAM

LS90

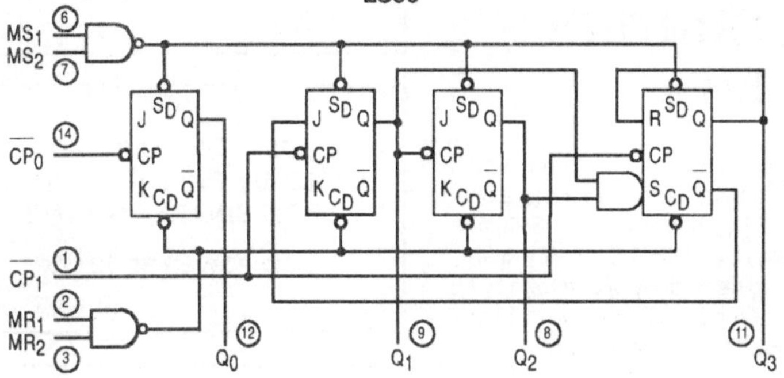

○ = PIN NUMBERS
V_{CC} = PIN 5
GND = PIN 10

CONNECTION DIAGRAM
DIP (TOP VIEW)

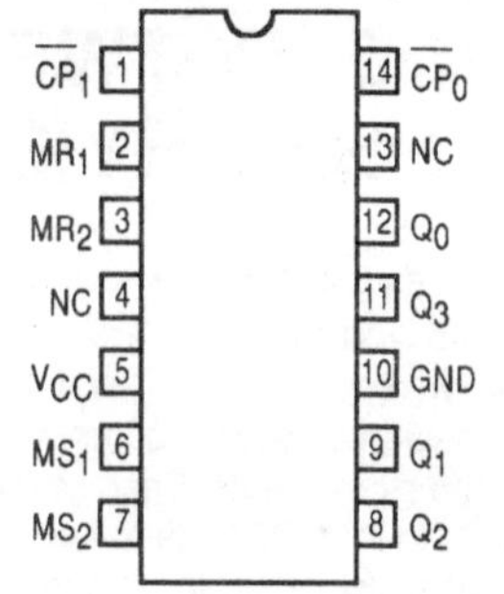

NC = NO INTERNAL CONNECTION

NOTE:
The Flatpak version has the same pinouts (Connection Diagram) as the Dual In-Line Package.

LOGIC DIAGRAM

LS92

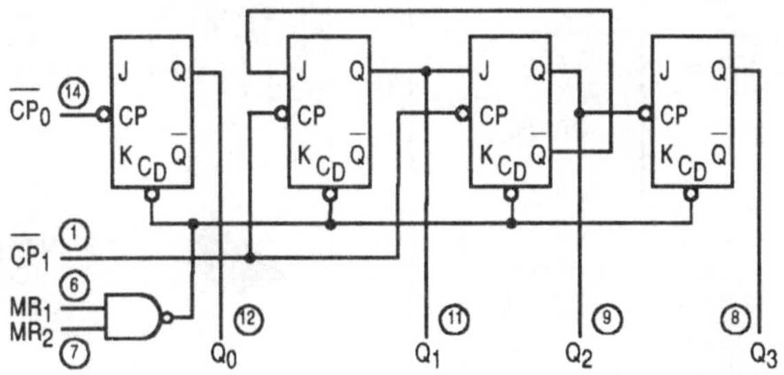

○ = PIN NUMBERS
V_{CC} = PIN 5
GND = PIN 10

CONNECTION DIAGRAM
DIP (TOP VIEW)

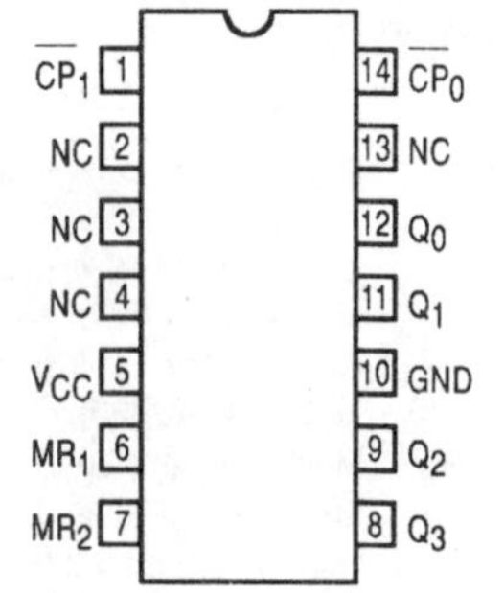

NC = NO INTERNAL CONNECTION

NOTE:
The Flatpak version has the same pinouts (Connection Diagram) as the Dual In-Line Package.

LOGIC DIAGRAM

LS93

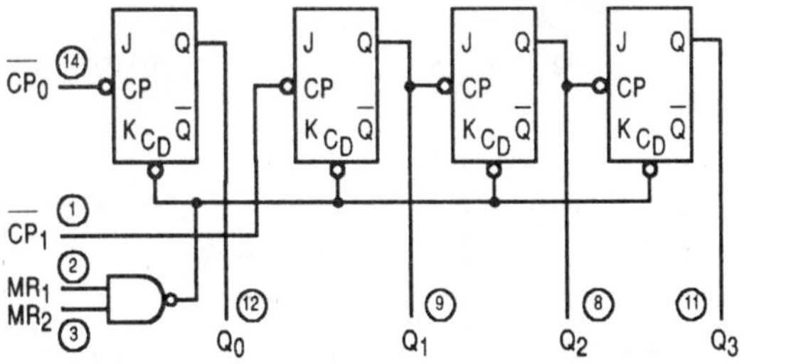

○ = PIN NUMBERS
V_{CC} = PIN 5
GND = PIN 10

CONNECTION DIAGRAM
DIP (TOP VIEW)

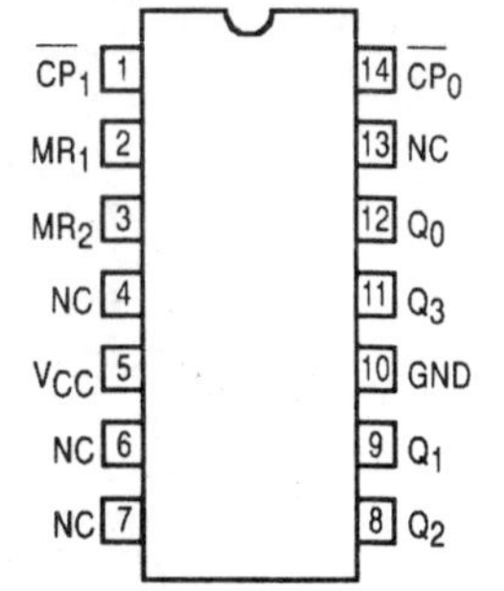

NC = NO INTERNAL CONNECTION

NOTE:
The Flatpak version has the same pinouts (Connection Diagram) as the Dual In-Line Package.

FUNCTIONAL DESCRIPTION

The LS90, LS92, and LS93 are 4-bit ripple type Decade, Divide-By-Twelve, and Binary Counters respectively. Each device consists of four master/slave flip-flops which are internally connected to provide a divide-by-two section and a divide-by-five (LS90), divide-by-six (LS92), or divide-by-eight (LS93) section. Each section has a separate clock input which initiates state changes of the counter on the HIGH-to-LOW clock transition. State changes of the Q outputs do not occur simultaneously because of internal ripple delays. Therefore, decoded output signals are subject to decoding spikes and should not be used for clocks or strobes. The Q_0 output of each device is designed and specified to drive the rated fan-out plus the CP_1 input of the device.

A gated AND asynchronous Master Reset (MR_1 • MR_2) is provided on all counters which overrides and clocks and resets (clears) all the flip-flops. A gated AND asynchronous Master Set (MS_1 • MS_2) is provided on the LS90 which overrides the clocks and the MR inputs and sets the outputs to nine (HLLH).

Since the output from the divide-by-two section is not internally connected to the succeeding stages, the devices may be operated in various counting modes.

LS90

A. BCD Decade (8421) Counter — The $\overline{CP_1}$ input must be externally connected to the Q_0 output. The CP_0 input receives the incoming count and a BCD count sequence is produced.

B. Symmetrical Bi-quinary Divide-By-Ten Counter — The Q_3 output must be externally connected to the CP_0 input. The input count is then applied to the CP_1 input and a divide-by-ten square wave is obtained at output Q_0.

C. Divide-By-Two and Divide-By-Five Counter — No external interconnections are required. The first flip-flop is used as a binary element for the divide-by-two function (CP_0 as the input and Q_0 as the output). The CP_1 input is used to obtain binary divide-by-five operation at the Q_3 output.

LS92

A. Modulo 12, Divide-By-Twelve Counter — The $\overline{CP_1}$ input must be externally connected to the Q_0 output. The CP_0 input receives the incoming count and Q_3 produces a symmetrical divide-by-twelve square wave output.

B. Divide-By-Two and Divide-By-Six Counter —No external interconnections are required. The first flip-flop is used as a binary element for the divide-by-two function. The CP_1 input is used to obtain divide-by-three operation at the Q_1 and Q_2 outputs and divide-by-six operation at the Q_3 output.

LS93

A. 4-Bit Ripple Counter — The output Q_0 must be externally connected to input CP_1. The input count pulses are applied to input CP_0. Simultaneous divisions of 2, 4, 8, and 16 are performed at the Q_0, Q_1, Q_2, and Q_3 outputs as shown in the truth table.

B. 3-Bit Ripple Counter— The input count pulses are applied to input CP_1. Simultaneous frequency divisions of 2, 4, and 8 are available at the Q_1, Q_2, and Q_3 outputs. Independent use of the first flip-flop is available if the reset function coincides with reset of the 3-bit ripple-through counter.

**LS90
MODE SELECTION**

RESET/SET INPUTS				OUTPUTS			
MR_1	MR_2	MS_1	MS_2	Q_0	Q_1	Q_2	Q_3
H	H	L	X	L	L	L	L
H	H	X	L	L	L	L	L
X	X	H	H	H	L	L	H
L	X	L	X	Count			
X	L	X	L	Count			
L	X	X	L	Count			
X	L	L	X	Count			

H = HIGH Voltage Level
L = LOW Voltage Level
X = Don't Care

**LS92 AND LS93
MODE SELECTION**

RESET INPUTS		OUTPUTS			
MR_1	MR_2	Q_0	Q_1	Q_2	Q_3
H	H	L	L	L	L
L	H	Count			
H	L	Count			
L	L	Count			

H = HIGH Voltage Level
L = LOW Voltage Level
X = Don't Care

**LS90
BCD COUNT SEQUENCE**

COUNT	OUTPUT			
	Q_0	Q_1	Q_2	Q_3
0	L	L	L	L
1	H	L	L	L
2	L	H	L	L
3	H	H	L	L
4	L	L	H	L
5	H	L	H	L
6	L	H	H	L
7	H	H	H	L
8	L	L	L	H
9	H	L	L	H

NOTE: Output Q_0 is connected to Input CP_1 for BCD count.

**LS92
TRUTH TABLE**

COUNT	OUTPUT			
	Q_0	Q_1	Q_2	Q_3
0	L	L	L	L
1	H	L	L	L
2	L	H	L	L
3	H	H	L	L
4	L	L	H	L
5	H	L	H	L
6	L	L	L	H
7	H	L	L	H
8	L	H	L	H
9	H	H	L	H
10	L	L	H	H
11	H	L	H	H

NOTE: Output Q_0 is connected to Input CP_1.

**LS93
TRUTH TABLE**

COUNT	OUTPUT			
	Q_0	Q_1	Q_2	Q_3
0	L	L	L	L
1	H	L	L	L
2	L	H	L	L
3	H	H	L	L
4	L	L	H	L
5	H	L	H	L
6	L	H	H	L
7	H	H	H	L
8	L	L	L	H
9	H	L	L	H
10	L	H	L	H
11	H	H	L	H
12	L	L	H	H
13	H	L	H	H
14	L	H	H	H
15	H	H	H	H

NOTE: Output Q_0 is connected to Input CP_1.

MOTOROLA

SN54/74LS151

8-INPUT MULTIPLEXER

8-INPUT MULTIPLEXER

LOW POWER SCHOTTKY

The TTL/MSI SN54/74LS151 is a high speed 8-input Digital Multiplexer. It provides, in one package, the ability to select one bit of data from up to eight sources. The LS151 can be used as a universal function generator to generate any logic function of four variables. Both assertion and negation outputs are provided.

- Schottky Process for High Speed
- Multifunction Capability
- On-Chip Select Logic Decoding
- Fully Buffered Complementary Outputs
- Input Clamp Diodes Limit High Speed Termination Effects

CONNECTION DIAGRAM DIP (TOP VIEW)

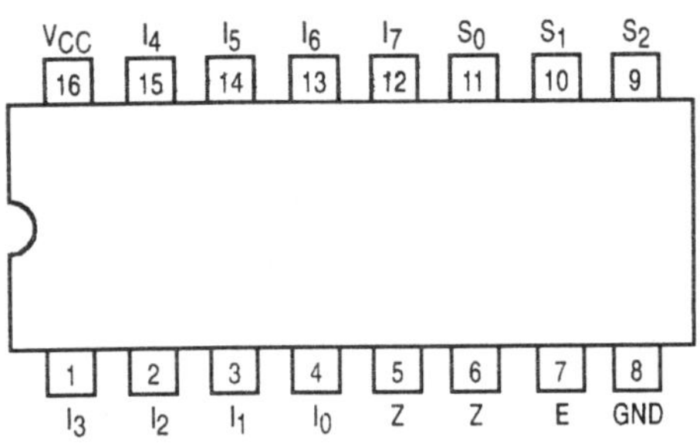

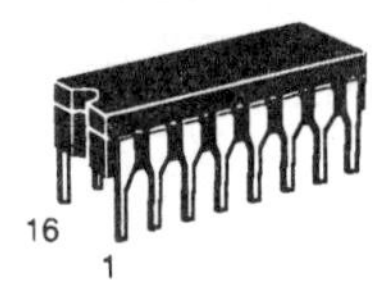

J SUFFIX
CERAMIC
CASE 620-09

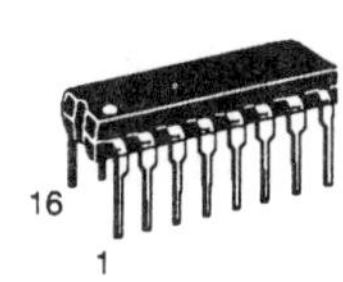

N SUFFIX
PLASTIC
CASE 648-08

D SUFFIX
SOIC
CASE 751B-03

ORDERING INFORMATION

SN54LSXXXJ Ceramic
SN74LSXXXN Plastic
SN74LSXXXD SOIC

PIN NAMES

		LOADING (Note a)	
		HIGH	LOW
S_0-S_2	Select Inputs	0.5 U.L.	0.25 U.L.
$\overline{E}$	Enable (Active LOW) Input	0.5 U.L.	0.25 U.L.
I_0-I_7	Multiplexer Inputs	0.5 U.L.	0.25 U.L.
$\overline{Z}$	Multiplexer Output (Note b)	10 U.L.	5 (2.5) U.L.
Z	Complementary Multiplexer Output (Note b)	10 U.L.	5 (2.5) U.L.

NOTES:
a) 1 TTL Unit Load (U.L.) = 40 μA HIGH/1.6 mA LOW.
b) The Output LOW drive factor is 2.5 U.L. for Military (54) and 5 U.L. for Commercial (74) Temperature Ranges.

LOGIC SYMBOL

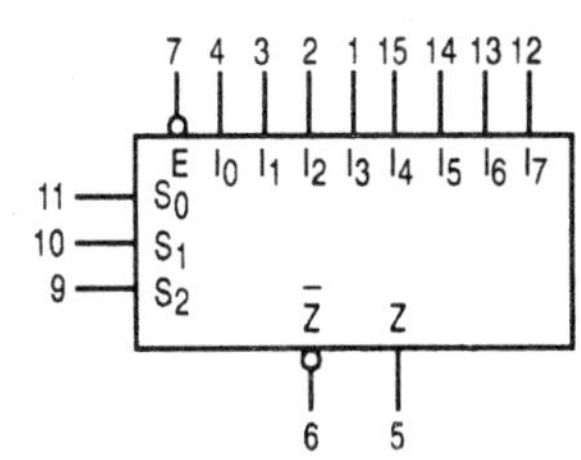

V_{CC} = PIN 16
GND = PIN 8

LOGIC DIAGRAM

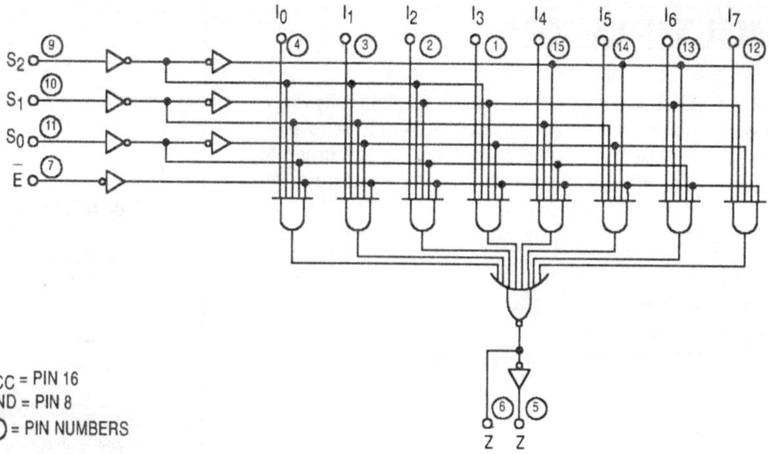

V_{CC} = PIN 16
GND = PIN 8
◯ = PIN NUMBERS

FUNCTIONAL DESCRIPTION

The LS151 is a logical implementation of a single pole, 8-position switch with the switch position controlled by the state of three Select inputs, S_0, S_1, S_2. Both assertion and negation outputs are provided. The Enable input ($\overline{E}$) is active LOW. When it is not activated, the negation output is HIGH and the assertion output is LOW regardless of all other inputs. The logic function provided at the output is:

$$Z = \overline{E} \cdot (I_0 \cdot \overline{S_0} \cdot \overline{S_1} \cdot \overline{S_2} + I_1 \cdot S_0 \cdot \overline{S_1} \cdot \overline{S_2} + I_2 \cdot \overline{S_0} \cdot S_1 \cdot \overline{S_2} + I_3 \cdot S_0 \cdot S_1 \cdot \overline{S_2} + I_4 \cdot \overline{S_0} \cdot \overline{S_1} \cdot S_2 + I_5 \cdot S_0 \cdot \overline{S_1} \cdot S_2 + I_6 \cdot \overline{S_0} \cdot S_1 \cdot S_2 + I_7 \cdot S_0 \cdot S_1 \cdot S_2).$$

The LS151 provides the ability, in one package, to select from eight sources of data or control information. By proper manipulation of the inputs, the LS151 can provide any logic function of four variables and its negation.

TRUTH TABLE

$\overline{E}$	S_2	S_1	S_0	I_0	I_1	I_2	I_3	I_4	I_5	I_6	I_7	$\overline{Z}$	Z
H	X	X	X	X	X	X	X	X	X	X	X	H	L
L	L	L	L	L	X	X	X	X	X	X	X	H	L
L	L	L	L	H	X	X	X	X	X	X	X	L	H
L	L	L	H	X	L	X	X	X	X	X	X	H	L
L	L	L	H	X	H	X	X	X	X	X	X	L	H
L	L	H	L	X	X	L	X	X	X	X	X	H	L
L	L	H	L	X	X	H	X	X	X	X	X	L	H
L	L	H	H	X	X	X	L	X	X	X	X	H	L
L	L	H	H	X	X	X	H	X	X	X	X	L	H
L	H	L	L	X	X	X	X	L	X	X	X	H	L
L	H	L	L	X	X	X	X	H	X	X	X	L	H
L	H	L	H	X	X	X	X	X	L	X	X	H	L
L	H	L	H	X	X	X	X	X	H	X	X	L	H
L	H	H	L	X	X	X	X	X	X	L	X	H	L
L	H	H	L	X	X	X	X	X	X	H	X	L	H
L	H	H	H	X	X	X	X	X	X	X	L	H	L
L	H	H	H	X	X	X	X	X	X	X	H	L	H

H = HIGH Voltage Level
L = LOW Voltage Level
X = Don't Care

GUARANTEED OPERATING RANGES

Symbol	Parameter		Min	Typ	Max	Unit
V_{CC}	Supply Voltage	54 74	4.5 4.75	5.0 5.0	5.5 5.25	V
T_A	Operating Ambient Temperature Range	54 74	−55 0	25 25	125 70	°C
I_{OH}	Output Current — High	54, 74			−0.4	mA
I_{OL}	Output Current — Low	54 74			4.0 8.0	mA

DC CHARACTERISTICS OVER OPERATING TEMPERATURE RANGE (unless otherwise specified)

Symbol	Parameter		Limits Min	Limits Typ	Limits Max	Unit	Test Conditions
V_{IH}	Input HIGH Voltage		2.0			V	Guaranteed Input HIGH Voltage for All Inputs
V_{IL}	Input LOW Voltage	54			0.7	V	Guaranteed Input LOW Voltage for All Inputs
		74			0.8		
V_{IK}	Input Clamp Diode Voltage			−0.65	−1.5	V	V_{CC} = MIN, I_{IN} = −18 mA
V_{OH}	Output HIGH Voltage	54	2.5	3.5		V	V_{CC} = MIN, I_{OH} = MAX, V_{IN} = V_{IH} or V_{IL} per Truth Table
		74	2.7	3.5		V	
V_{OL}	Output LOW Voltage	54, 74		0.25	0.4	V	I_{OL} = 4.0 mA; V_{CC} = V_{CC} MIN, V_{IN} = V_{IL} or V_{IH} per Truth Table
		74		0.35	0.5	V	I_{OL} = 8.0 mA
I_{IH}	Input HIGH Current				20	µA	V_{CC} = MAX, V_{IN} = 2.7 V
					0.1	mA	V_{CC} = MAX, V_{IN} = 7.0 V
I_{IL}	Input LOW Current				−0.4	mA	V_{CC} = MAX, V_{IN} = 0.4 V
I_{OS}	Short Circuit Current (Note 1)		−20		−100	mA	V_{CC} = MAX
I_{CC}	Power Supply Current				10	mA	V_{CC} = MAX

Note 1: Not more than one output should be shorted at a time, nor for more than 1 second.

AC CHARACTERISTICS (T_A = 25°C)

Symbol	Parameter	Limits Min	Limits Typ	Limits Max	Unit	Test Conditions
t_{PLH} t_{PHL}	Propagation Delay Select to Output Z		27 18	43 30	ns	V_{CC} = 5.0 V C_L = 15 pF
t_{PLH} t_{PHL}	Propagation Delay Select to Output Z		14 20	23 32	ns	
t_{PLH} t_{PHL}	Propagation Delay Enable to Output Z		26 20	42 32	ns	
t_{PLH} t_{PHL}	Propagation Delay Enable to Output Z		15 18	24 30	ns	
t_{PLH} t_{PHL}	Propagation Delay Data to Output Z		20 16	32 26	ns	
t_{PLH} t_{PHL}	Propagation Delay Data to Output Z		13 12	21 20	ns	

AC WAVEFORMS

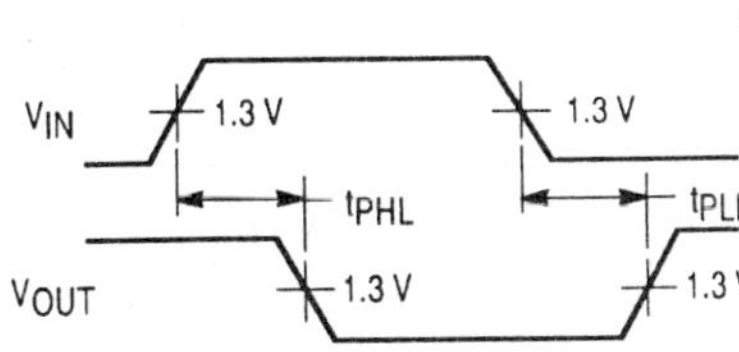

Figure 1

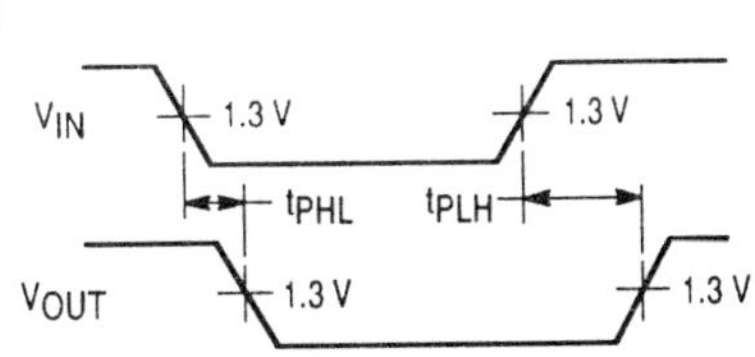

Figure 2

MOTOROLA

SERIAL-IN PARALLEL-OUT SHIFT REGISTER

The SN54/74LS164 is a high speed 8-Bit Serial-In Parallel-Out Shift Register. Serial data is entered through a 2-Input AND gate synchronous with the LOW to HIGH transition of the clock. The device features an asynchronous Master Reset which clears the register setting all outputs LOW independent of the clock. It utilizes the Schottky diode clamped process to achieve high speeds and is fully compatible with all Motorola TTL products.

- Typical Shift Frequency of 35 MHz
- Asynchronous Master Reset
- Gated Serial Data Input
- Fully Synchronous Data Transfers
- Input Clamp Diodes Limit High Speed Termination Effects
- ESD > 3500 Volts

CONNECTION DIAGRAM DIP (TOP VIEW)

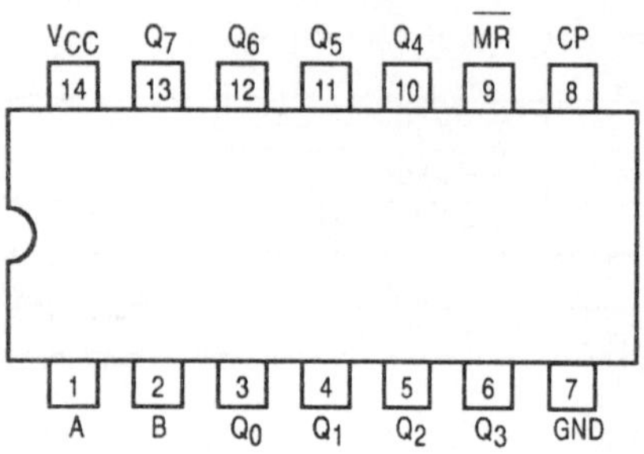

NOTE:
The Flatpak version has the same pinouts (Connection Diagram) as the Dual In-Line Package.

PIN NAMES

		LOADING (Note a) HIGH	LOW
A, B	Data Inputs	0.5 U.L.	0.25 U.L.
CP	Clock (Active HIGH Going Edge) Input	0.5 U.L.	0.25 U.L.
MR	Master Reset (Active LOW) Input	0.5 U.L.	0.25 U.L.
Q_0-Q_7	Outputs (Note b)	10 U.L.	5 (2.5) U.L.

NOTES:
a) 1 TTL Unit Load (U.L.) = 40 μA HIGH/1.6 mA LOW.
b) The Output LOW drive factor is 2.5 U.L. for Military (54) and 5 U.L. for Commercial (74) Temperature Ranges.

SN54/74LS164

SERIAL-IN PARALLEL-OUT SHIFT REGISTER

LOW POWER SCHOTTKY

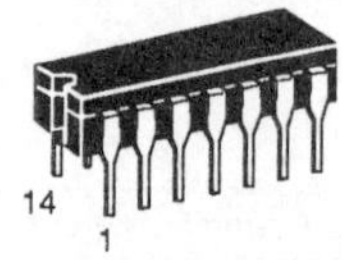

J SUFFIX
CERAMIC
CASE 632-08

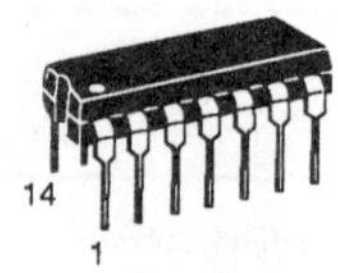

N SUFFIX
PLASTIC
CASE 646-06

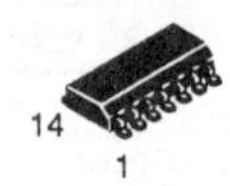

D SUFFIX
SOIC
CASE 751A-02

ORDERING INFORMATION

SN54LSXXXJ	Ceramic
SN74LSXXXN	Plastic
SN74LSXXXD	SOIC

LOGIC SYMBOL

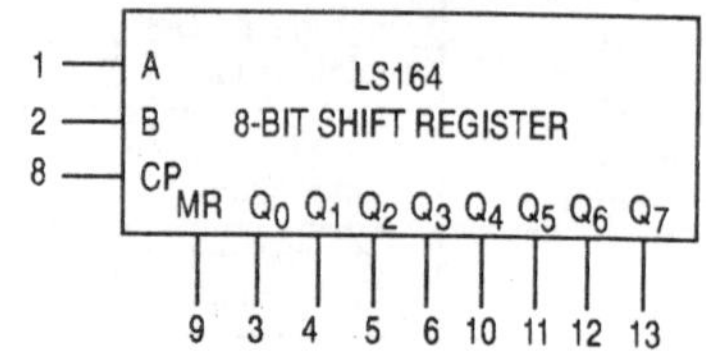

V_{CC} = PIN 14
GND = PIN 7

LOGIC DIAGRAM

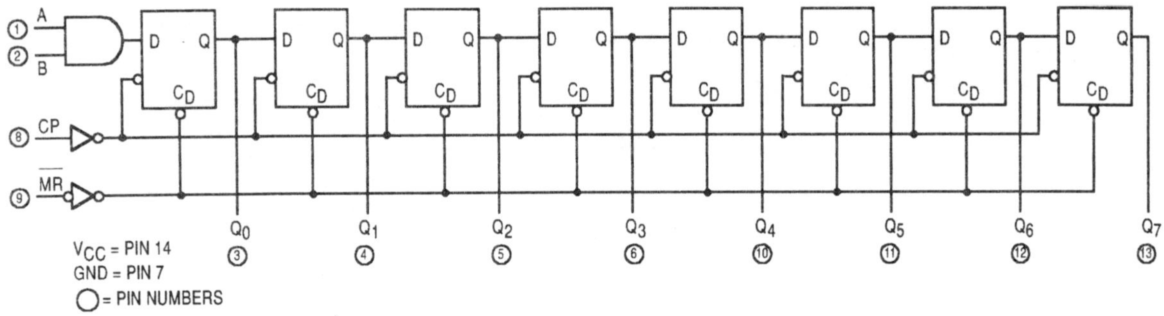

FUNCTIONAL DESCRIPTION

The LS164 is an edge-triggered 8-bit shift register with serial data entry and an output from each of the eight stages. Data is entered serially through one of two inputs (A or B); either of these inputs can be used as an active HIGH Enable for data entry through the other input. An unused input must be tied HIGH, or both inputs connected together.

Each LOW-to-HIGH transition on the Clock (CP) input shifts data one place to the right and enters into Q_0 the logical AND of the two data inputs (A•B) that existed before the rising clock edge. A LOW level on the Master Reset ($\overline{MR}$) input overrides all other inputs and clears the register asynchronously, forcing all Q outputs LOW.

MODE SELECT — TRUTH TABLE

OPERATING MODE	INPUTS			OUTPUTS	
	$\overline{MR}$	A	B	Q_0	Q_1–Q_7
Reset (Clear)	L	X	X	L	L – L
Shift	H	l	l	L	$q_0 - q_6$
	H	l	h	L	$q_0 - q_6$
	H	h	l	L	$q_0 - q_6$
	H	h	h	H	$q_0 - q_6$

L (l) = LOW Voltage Levels
H (h) = HIGH Voltage Levels
X = Don't Care
q_n = Lower case letters indicate the state of the referenced input or output one set-up time prior to the LOW to HIGH clock transition.

GUARANTEED OPERATING RANGES

Symbol	Parameter		Min	Typ	Max	Unit
V_{CC}	Supply Voltage	54 74	4.5 4.75	5.0 5.0	5.5 5.25	V
T_A	Operating Ambient Temperature Range	54 74	−55 0	25 25	125 70	°C
I_{OH}	Output Current — High	54, 74			−0.4	mA
I_{OL}	Output Current — Low	54 74			4.0 8.0	mA

MOTOROLA

PRESETTABLE BCD/DECADE UP/DOWN COUNTER
PRESETTABLE 4-BIT BINARY UP/DOWN COUNTER

The SN54/74LS192 is an UP/DOWN BCD Decade (8421) Counter and the SN54/74LS193 is an UP/DOWN MODULO-16 Binary Counter. Separate Count Up and Count Down Clocks are used and in either counting mode the circuits operate synchronously. The outputs change state synchronous with the LOW-to-HIGH transitions on the clock inputs.

Separate Terminal Count Up and Terminal Count Down outputs are provided which are used as the clocks for a subsequent stages without extra logic, thus simplifying multistage counter designs. Individual preset inputs allow the circuits to be used as programmable counters. Both the Parallel Load (PL) and the Master Reset (MR) inputs asynchronously override the clocks.

- Low Power . . . 95 mW Typical Dissipation
- High Speed . . . 40 MHz Typical Count Frequency
- Synchronous Counting
- Asynchronous Master Reset and Parallel Load
- Individual Preset Inputs
- Cascading Circuitry Internally Provided
- Input Clamp Diodes Limit High Speed Termination Effects

CONNECTION DIAGRAM DIP (TOP VIEW)

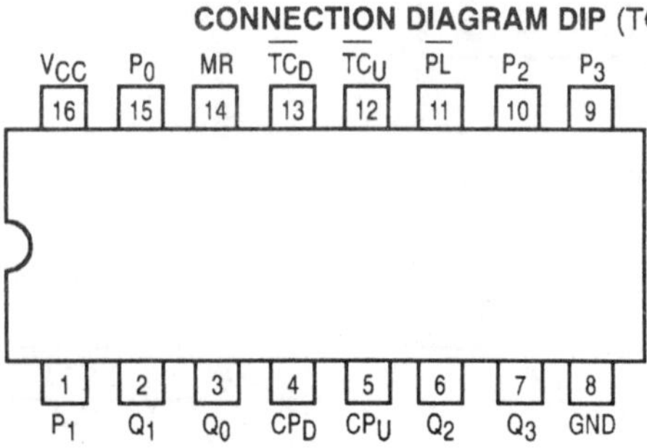

NOTE:
The Flatpak version has the same pinouts (Connection Diagram) as the Dual In-Line Package.

PIN NAMES / **LOADING** (Note a)

		HIGH	LOW
CP_U	Count Up Clock Pulse Input	0.5 U.L.	0.25 U.L.
CP_D	Count Down Clock Pulse Input	0.5 U.L.	0.25 U.L.
MR	Asynchronous Master Reset (Clear) Input	0.5 U.L.	0.25 U.L.
$\overline{PL}$	Asynchronous Parallel Load (Active LOW) Input	0.5 U.L.	0.25 U.L.
P_n	Parallel Data Inputs	0.5 U.L.	0.25 U.L.
Q_n	Flip-Flop Outputs (Note b)	10 U.L.	5 (2.5) U.L.
$\overline{TC}_D$	Terminal Count Down (Borrow) Output (Note b)	10 U.L.	5 (2.5) U.L.
$\overline{TC}_U$	Terminal Count Up (Carry) Output (Note b)	10 U.L.	5 (2.5) U.L.

NOTES:
a. 1 TTL Unit Load (U.L.) = 40 μA HIGH/1.6 mA LOW.
b. The Output LOW drive factor is 2.5 U.L. for Military (54) and 5 U.L. for Commercial (74) Temperature Ranges.

SN54/74LS192
SN54/74LS193

PRESETTABLE BCD/DECADE UP/DOWN COUNTER
PRESETTABLE 4-BIT BINARY UP/DOWN COUNTER
LOW POWER SCHOTTKY

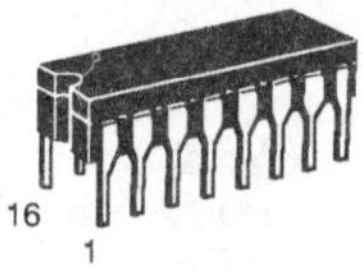

J SUFFIX
CERAMIC
CASE 620-09

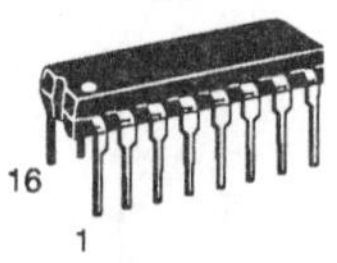

N SUFFIX
PLASTIC
CASE 648-08

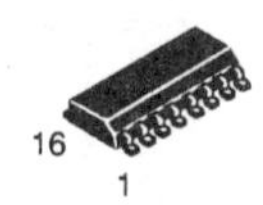

D SUFFIX
SOIC
CASE 751B-03

ORDERING INFORMATION

SN54LSXXXJ	Ceramic
SN74LSXXXN	Plastic
SN74LSXXXD	SOIC

LOGIC SYMBOL

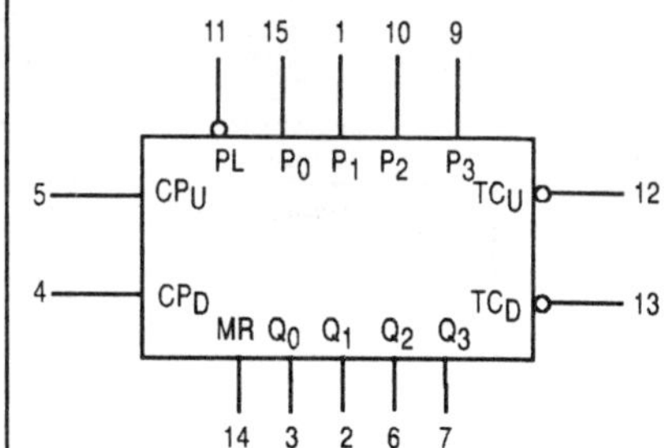

V_{CC} = PIN 16
GND = PIN 8

FUNCTIONAL DESCRIPTION

The LS192 and LS193 are Asynchronously Presettable Decade and 4-Bit Binary Synchronous UP/DOWN (Reversable) Counters. The operating modes of the LS192 decade counter and the LS193 binary counter are identical, with the only difference being the count sequences as noted in the State Diagrams. Each circuit contains four master/slave flip-flops, with internal gating and steering logic to provide master reset, individual preset, count up and count down operations.

Each flip-flop contains JK feedback from slave to master such that a LOW-to-HIGH transition on its T input causes the slave, and thus the Q output to change state. Synchronous switching, as opposed to ripple counting, is achieved by driving the steering gates of all stages from a common Count Up line and a common Count Down line, thereby causing all state changes to be initiated simultaneously. A LOW-to-HIGH transition on the Count Up input will advance the count by one; a similar transition on the Count Down input will decrease the count by one. While counting with one clock input, the other should be held HIGH. Otherwise, the circuit will either count by twos or not at all, depending on the state of the first flip-flop, which cannot toggle as long as either Clock input is LOW.

The Terminal Count Up ($\overline{TC}_U$) and Terminal Count Down (TC_D) outputs are normally HIGH. When a circuit has reached the maximum count state (9 for the LS192, 15 for the LS193), the next HIGH-to-LOW transition of the Count Up Clock will cause TC_U to go LOW. TC_U will stay LOW until CP_U goes HIGH again, thus effectively repeating the Count Up Clock, but delayed by two gate delays. Similarly, the TC_D output will go LOW when the circuit is in the zero state and the Count Down Clock goes LOW. Since the TC outputs repeat the clock waveforms, they can be used as the clock input signals to the next higher order circuit in a multistage counter.

Each circuit has an asynchronous parallel load capability permitting the counter to be preset. When the Parallel Load (PL) and the Master Reset (MR) inputs are LOW, information present on the Parallel Data inputs (P_0, P_3) is loaded into the counter and appears on the outputs regardless of the conditions of the clock inputs. A HIGH signal on the Master Reset input will disable the preset gates, override both Clock inputs, and latch each Q output in the LOW state. If one of the Clock inputs is LOW during and after a reset or load operation, the next LOW-to-HIGH transition of that Clock will be interpreted as a legitimate signal and will be counted.

MODE SELECT TABLE

MR	PL	CP_U	CP_D	MODE
H	X	X	X	Reset (Asyn.)
L	L	X	X	Preset (Asyn.)
L	H	H	H	No Change
L	H	↑	H	Count Up
L	H	H	↑	Count Down

L = LOW Voltage Level
H = HIGH Voltage Level
X = Don't Care
↑ = LOW-to-HIGH Clock Transition

GUARANTEED OPERATING RANGES

Symbol	Parameter		Min	Typ	Max	Unit
V_{CC}	Supply Voltage	54 74	4.5 4.75	5.0 5.0	5.5 5.25	V
T_A	Operating Ambient Temperature Range	54 74	−55 0	25 25	125 70	°C
I_{OH}	Output Current — High	54, 74			−0.4	mA
I_{OL}	Output Current — Low	54 74			4.0 8.0	mA

DC CHARACTERISTICS OVER OPERATING TEMPERATURE RANGE (unless otherwise specified)

Symbol	Parameter		Limits Min	Limits Typ	Limits Max	Unit	Test Conditions
V_{IH}	Input HIGH Voltage		2.0			V	Guaranteed Input HIGH Voltage for All Inputs
V_{IL}	Input LOW Voltage	54			0.7	V	Guaranteed Input LOW Voltage for All Inputs
		74			0.8		
V_{IK}	Input Clamp Diode Voltage			−0.65	−1.5	V	V_{CC} = MIN, I_{IN} = −18 mA
V_{OH}	Output HIGH Voltage	54	2.5	3.5		V	V_{CC} = MIN, I_{OH} = MAX, V_{IN} = V_{IH} or V_{IL} per Truth Table
		74	2.7	3.5		V	
V_{OL}	Output LOW Voltage	54, 74		0.25	0.4	V	I_{OL} = 4.0 mA; V_{CC} = V_{CC} MIN, V_{IN} = V_{IL} or V_{IH} per Truth Table
		74		0.35	0.5	V	I_{OL} = 8.0 mA; V_{CC} = V_{CC} MIN, V_{IN} = V_{IL} or V_{IH} per Truth Table
I_{IH}	Input HIGH Current				20	µA	V_{CC} = MAX, V_{IN} = 2.7 V
					0.1	mA	V_{CC} = MAX, V_{IN} = 7.0 V
I_{IL}	Input LOW Current				−0.4	mA	V_{CC} = MAX, V_{IN} = 0.4 V
I_{OS}	Short Circuit Current (Note 1)		−20		−100	mA	V_{CC} = MAX
I_{CC}	Power Supply Current				34	mA	V_{CC} = MAX

Note 1: Not more than one output should be shorted at a time, nor for more than 1 second.

AC CHARACTERISTICS (T_A = 25°C)

Symbol	Parameter	Limits Min	Limits Typ	Limits Max	Unit	Test Conditions
f_{MAX}	Maximum Clock Frequency	25	32		MHz	V_{CC} = 5.0 V C_L = 15 pF
t_{PLH} t_{PHL}	$\overline{CP}_U$ Input to TC_U Output		17 18	26 24	ns	
t_{PLH} t_{PHL}	$\overline{CP}_D$ Input to TC_D Output		16 15	24 24	ns	
t_{PLH} t_{PHL}	Clock to Q		27 30	38 47	ns	
t_{PLH} t_{PHL}	$\overline{PL}$ to Q		24 25	40 40	ns	
t_{PHL}	MR Input to Any Output		23	35	ns	

MOTOROLA

4-BIT BIDIRECTIONAL UNIVERSAL SHIFT REGISTER

The SN54/74LS194A is a High Speed 4-Bit Bidirectional Universal Shift Register. As a high speed multifunctional sequential building block, it is useful in a wide variety of applications. It may be used in serial-serial, shift left, shift right, serial-parallel, parallel-serial, and parallel-parallel data register transfers. The LS194A is similar in operation to the LS195A Universal Shift Register, with added features of shift left without external connections and hold (do nothing) modes of operation. It utilizes the Schottky diode clamped process to achieve high speeds and is fully compatible with all Motorola TTL families.

- Typical Shift Frequency of 36 MHz
- Asynchronous Master Reset
- Hold (Do Nothing) Mode
- Fully Synchronous Serial or Parallel Data Transfers
- Input Clamp Diodes Limit High Speed Termination Effects

CONNECTION DIAGRAM DIP (TOP VIEW)

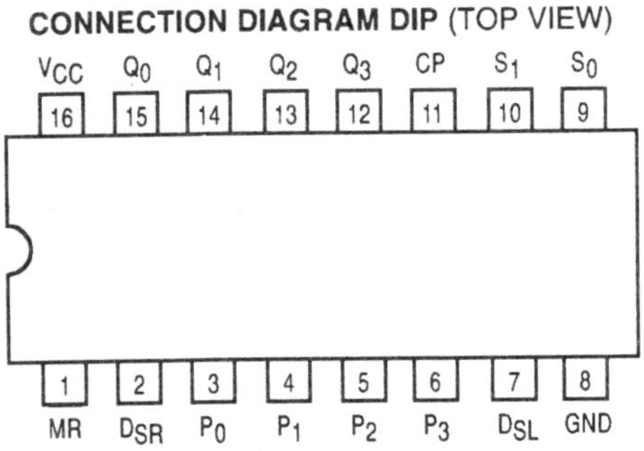

PIN NAMES

PIN NAMES		LOADING (Note a) HIGH	LOW
S_0, S_1	Mode Control Inputs	0.5 U.L.	0.25 U.L.
P_0-P_3	Parallel Data Inputs	0.5 U.L.	0.25 U.L.
D_{SR}	Serial (Shift Right) Data Input	0.5 U.L.	0.25 U.L.
D_{SL}	Serial (Shift Left) Data Input	0.5 U.L.	0.25 U.L.
CP	Clock (Active HIGH Going Edge) Input	0.5 U.L.	0.25 U.L.
$\overline{MR}$	Master Reset (Active LOW) Input	0.5 U.L.	0.25 U.L.
Q_0-Q_3	Parallel Outputs (Note b)	10 U.L.	5 (2.5) U.L.

NOTES:
a. 1 TTL Unit Load (U.L.) = 40 µA HIGH/1.6 mA LOW.
b. The Output LOW drive factor is 2.5 U.L. for Military (54) and 5 U.L. for Commercial (74) Temperature Ranges.

SN54/74LS194A

4-BIT BIDIRECTIONAL UNIVERSAL SHIFT REGISTER

LOW POWER SCHOTTKY

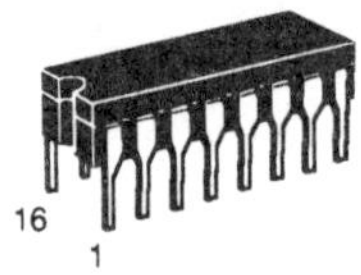

J SUFFIX
CERAMIC
CASE 620-09

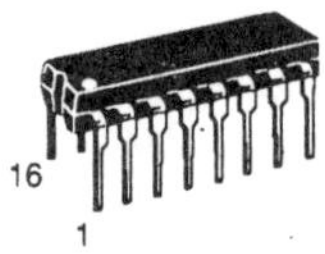

N SUFFIX
PLASTIC
CASE 648-08

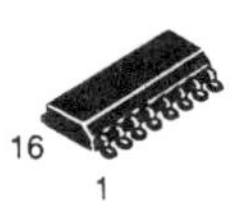

D SUFFIX
SOIC
CASE 751B-03

ORDERING INFORMATION

SN54LSXXXJ	Ceramic
SN74LSXXXN	Plastic
SN74LSXXXD	SOIC

LOGIC DIAGRAM

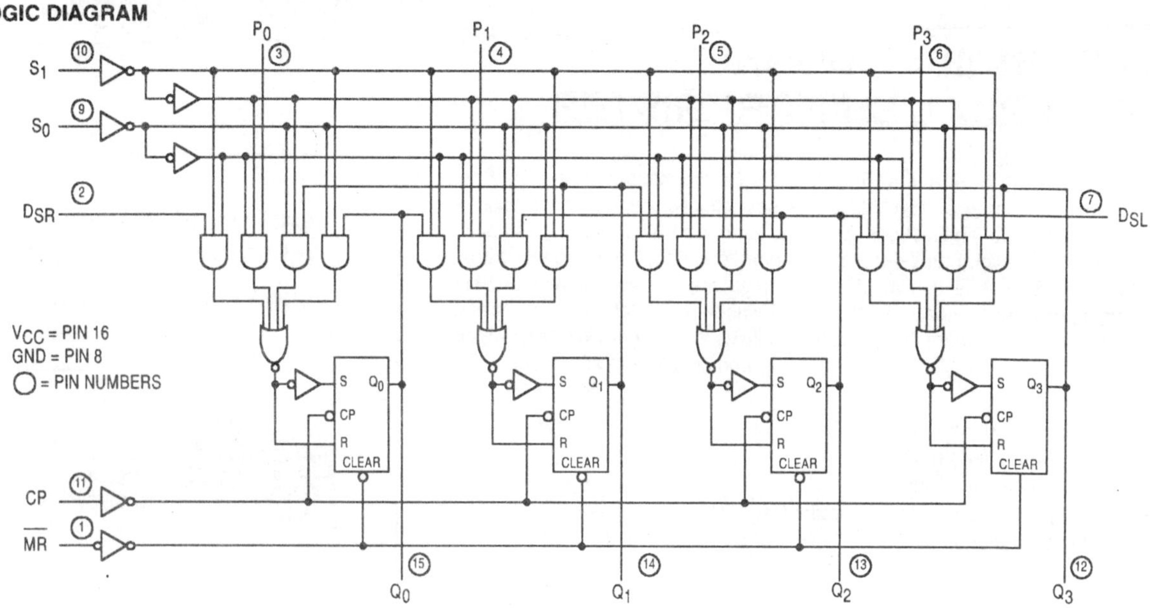

FUNCTIONAL DESCRIPTION

The Logic Diagram and Truth Table indicate the functional characteristics of the LS194A 4-Bit Bidirectional Shift Register. The LS194A is similar in operation to the Motorola LS195A Universal Shift Register when used in serial or parallel data register transfers. Some of the common features of the two devices are described below:

All data and mode control inputs are edge-triggered, responding only to the LOW to HIGH transition of the Clock (CP). The only timing restriction, therefore, is that the mode control and selected data inputs must be stable one set-up time prior to the positive transition of the clock pulse.

The register is fully synchronous, with all operations taking place in less than 15 ns (typical) making the device especially useful for implementing very high speed CPUs, or the memory buffer registers.

The four parallel data inputs (P_0, P_1, P_2, P_3) are D-type inputs. When both S_0 and S_1 are HIGH, the data appearing on P_0, P_1, P_2, and P_3 inputs is transferred to the Q_0, Q_1, Q_2, and Q_3 outputs respectively following the next LOW to HIGH transition of the clock.

The asynchronous Master Reset ($\overline{MR}$), when LOW, overrides all other input conditions and forces the Q outputs LOW.

Special logic features of the LS194A design which increase the range of application are described below:

Two mode control inputs (S_0, S_1) determine the synchronous operation of the device. As shown in the Mode Selection Table, data can be entered and shifted from left to right (shift right, $Q_0 \rightarrow Q_1$, etc.) or right to left (shift left, $Q_3 \rightarrow Q_2$, etc.), or parallel data can be entered loading all four bits of the register simultaneously. When both S_0 and S_1, are LOW, the existing data is retained in a "do nothing" mode without restricting the HIGH to LOW clock transition.

D-type serial data inputs (D_{SR}, D_{SL}) are provided on both the first and last stages to allow multistage shift right or shift left data transfers without interfering with parallel load operation.

MODE SELECT — TRUTH TABLE

OPERATING MODE	INPUTS						OUTPUTS			
	$\overline{MR}$	S_1	S_0	D_{SR}	D_{SL}	P_n	Q_0	Q_1	Q_2	Q_3
Reset	L	X	X	X	X	X	L	L	L	L
Hold	H	I	I	X	X	X	q_0	q_1	q_2	q_3
Shift Left	H	h	I	X	I	X	q_1	q_2	q_3	L
	H	h	I	X	h	X	q_1	q_2	q_3	H
Shift Right	H	I	h	I	X	X	L	q_0	q_1	q_2
	H	I	h	h	X	X	H	q_0	q_1	q_2
Parallel Load	H	h	h	X	X	P_n	P_0	P_1	P_2	P_3

L = LOW Voltage Level
H = HIGH Voltage Level
X = Don't Care
I = LOW voltage level one set-up time prior to the LOW to HIGH clock transition
h = HIGH voltage level one set-up time prior to the LOW to HIGH clock transition
p_n (q_n) = Lower case letters indicate the state of the referenced input (or output) one set-up time prior to the LOW to HIGH clock transition.

GUARANTEED OPERATING RANGES

Symbol	Parameter		Min	Typ	Max	Unit
V_{CC}	Supply Voltage	54 74	4.5 4.75	5.0 5.0	5.5 5.25	V
T_A	Operating Ambient Temperature Range	54 74	−55 0	25 25	125 70	°C
I_{OH}	Output Current — High	54, 74			−0.4	mA
I_{OL}	Output Current — Low	54 74			4.0 8.0	mA

DC CHARACTERISTICS OVER OPERATING TEMPERATURE RANGE (unless otherwise specified)

Symbol	Parameter		Limits Min	Typ	Max	Unit	Test Conditions
V_{IH}	Input HIGH Voltage		2.0			V	Guaranteed Input HIGH Voltage for All Inputs
V_{IL}	Input LOW Voltage	54			0.7	V	Guaranteed Input LOW Voltage for All Inputs
		74			0.8		
V_{IK}	Input Clamp Diode Voltage			−0.65	−1.5	V	V_{CC} = MIN, I_{IN} = −18 mA
V_{OH}	Output HIGH Voltage	54	2.5	3.5		V	V_{CC} = MIN, I_{OH} = MAX, V_{IN} = V_{IH} or V_{IL} per Truth Table
		74	2.7	3.5		V	
V_{OL}	Output LOW Voltage	54, 74		0.25	0.4	V	I_{OL} = 4.0 mA; V_{CC} = V_{CC} MIN, V_{IN} = V_{IL} or V_{IH} per Truth Table
		74		0.35	0.5	V	I_{OL} = 8.0 mA
I_{IH}	Input HIGH Current				20	µA	V_{CC} = MAX, V_{IN} = 2.7 V
					0.1	mA	V_{CC} = MAX, V_{IN} = 7.0 V
I_{IL}	Input LOW Current				−0.4	mA	V_{CC} = MAX, V_{IN} = 0.4 V
I_{OS}	Short Circuit Current (Note 1)		−20		−100	mA	V_{CC} = MAX
I_{CC}	Power Supply Current				23	mA	V_{CC} = MAX

Note 1: Not more than one output should be shorted at a time, nor for more than 1 second.

AC CHARACTERISTICS (T_A = 25°C)

Symbol	Parameter	Limits Min	Typ	Max	Unit	Test Conditions
f_{MAX}	Maximum Clock Frequency	25	36		MHz	V_{CC} = 5.0 V C_L = 15 pF
t_{PLH} t_{PHL}	Propagation Delay, Clock to Output		14 17	22 26	ns	
t_{PHL}	Propagation Delay, $\overline{MR}$ to Output		19	30	ns	

May 1997

National Semiconductor

LMC555
CMOS Timer

General Description

The LMC555 is a CMOS version of the industry standard 555 series general purpose timers. It offers the same capability of generating accurate time delays and frequencies but with much lower power dissipation and supply current spikes. When operated as a one-shot, the time delay is precisely controlled by a single external resistor and capacitor. In the astable mode the oscillation frequency and duty cycle are accurately set by two external resistors and one capacitor. The use of National Semiconductor's LMCMOS™ process extends both the frequency range and low supply capability.

Features

- Less than 1 mW typical power dissipation at 5V supply
- 3 MHz astable frequency capability
- 1.5V supply operating voltage guaranteed
- Output fully compatible with TTL and CMOS logic at 5V supply
- Tested to −10 mA, +50 mA output current levels
- Reduced supply current spikes during output transitions
- Extremely low reset, trigger, and threshold currents
- Excellent temperature stability
- Pin-for-pin compatible with 555 series of timers
- Available in 8 pin MSOP Package

Block and Connection Diagrams

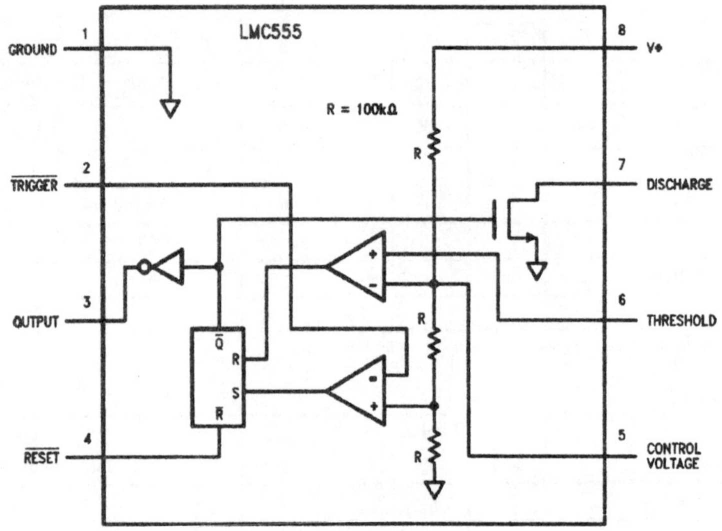

(Pinouts for Molded and Metal Can Packages are identical)

Order Number LMC555CH, LMC555CM, LMC555CMM or LMC555CN
See NS Package Number H08C, M08A, MUA08A, or N08E

LMCMOS™ is a trademark of National Semiconductor Corp.

Absolute Maximum Ratings (Note 2)

If Military/Aerospace specified devices are required, please contact the National Semiconductor Sales Office/ Distributors for availability and specifications.

Supply Voltage, V8	15V
Input Voltages, V2, V4, V5, V6	−0.3V to V_S + 0.3V
Output Voltages, V3, V7	15V
Output Current I3, I7	100 mA
Operating Temperature Range (Note 4)	−40°C to +85°C
Storage Temperature Range	−65°C to +150°C

Soldering Information

Dual-In-Line Package

Soldering (10 seconds) 260°C

Small Outline Package (SOIC and MSOP)

Vapor Phase (60 seconds) 215°C

Infrared (15 seconds) 220°C

See AN-450 "Surface Mounting Methods and Their Effect on Product Reliability" for other methods of soldering surface mount devices.

Electrical Characteristics (Notes 1, 2)

Test Circuit, T = 25°C, all switches open, $\overline{RESET}$ to V_S unless otherwise noted

Symbol	Parameter	Conditions	Min	Typ	Max	Units (Limits)
I8	Supply Current	V_S = 1.5V		50	150	μA
		V_S = 5V		100	250	
		V_S = 12V		150	400	
V5	Control Voltage	V_S = 1.5V	0.8	1.0	1.2	V
		V_S = 5V	2.9	3.3	3.8	
		V_S = 12V	7.4	8.0	8.6	
V7	Discharge Saturation Voltage	V_S = 1.5V, I_7 = 1 mA		75	150	mV
		V_S = 5V, I_7 = 10 mA		150	300	
$V3_L$	Output Voltage (Low)	V_S = 1.5V, I_3 =1 mA		0.2	0.4	V
		V_S = 5V, I_3 = 8 mA		0.3	0.6	
		V_S = 12V, I_3 = 50 mA		1.0	2.0	
$V3_H$	Output Voltage (High)	V_S = 1.5V, I_3 =−0.25 mA	1.0	1.25		V
		V_S = 5V, I_3 = −2 mA	4.4	4.7		
		V_S = 12V, I_3 = −10 mA	10.5	11.3		
V2	Trigger Voltage	V_S = 1.5V	0.4	0.5	0.6	V
		V_S = 12V	3.7	4.0	4.3	
I2	Trigger Current	V_S = 5V		10		pA
V4	Reset Voltage	V_S = 1.5V (Note 5)	0.4	0.7	1.0	V
		V_S = 12V	0.4	0.75	1.1	
I4	Reset Current	V_S = 5V		10		pA
I6	Threshold Current	V_S = 5V		10		pA
I7	Discharge Leakage	V_S = 12V		1.0	100	nA
t	Timing Accuracy	SW 2, 4 Closed				
		V_S = 1.5V	0.9	1.1	1.25	ms
		V_S = 5V	1.0	1.1	1.20	
		V_S = 12V	1.0	1.1	1.25	
Δt/ΔVs	Timing Shift with Supply	V_S = 5V ±1V		0.3		%/V
Δt/ΔT	Timing Shift with Temperature	V_S = 5V −40°C ≤ T ≤ +85°C		75		ppm/°C
f_A	Astable Frequency	SW 1, 3 Closed V_S = 12V	4.0	4.8	5.6	kHz
f_{MAX}	Maximum Frequency	Max. Freq. Test Circuit, V_S = 5V		3.0		MHz
t_R, t_F	Output Rise and Fall Times	Max. Freq. Test Circuit V_S = 5V, C_L = 10 pF		15		ns

Electrical Characteristics (Notes 1, 2)

Test Circuit, T = 25˚C, all switches open, $\overline{RESET}$ to V_S unless otherwise noted (Continued)

Symbol	Parameter	Conditions	Min	Typ	Max	Units (Limits)
t_{PD}	Trigger Propagation Delay	V_S = 5V, Measure Delay from Trigger to Output		100		ns

Note 1: All voltages are measured with respect to the ground pin, unless otherwise specified.

Note 2: Absolute Maximum Ratings indicate limits beyond which damage to the device may occur. Operating Ratings indicate conditions for which the device is functional, but do not guarantee specific performance limits. Electrical Characteristics state DC and AC electrical specifications under particular test conditions which guarantee specific performance limits. This assumes that the device is within the Operating Ratings. Specifications are not guaranteed for parameters where no limit is given, however, the typical value is a good indication of device performance.

Note 3: Refer to RETSC555X drawing for specifications of military LMC555H version.

Note 4: For operation at elevated temperatures, the device must be derated based on a 150˚C maximum junction temperature and a thermal resistance of 111˚C/W for the LMC555CN, 167˚C/W for the LMC555CH, 169˚C/W for the LMC555CM, and 225˚C/W for the LMC555MM. Maximum allowable dissipation at 25˚C is 1126 mW for the LMC555CN, 755 mW for the LMC555CH, 740 mW for the LMC555CM and 555 mW for the LMC555MM.

Note 5: If the $\overline{RESET}$ pin is to be used at temperatures of −20˚C and below V_S is required to be 2.0V or greater.

Test Circuit

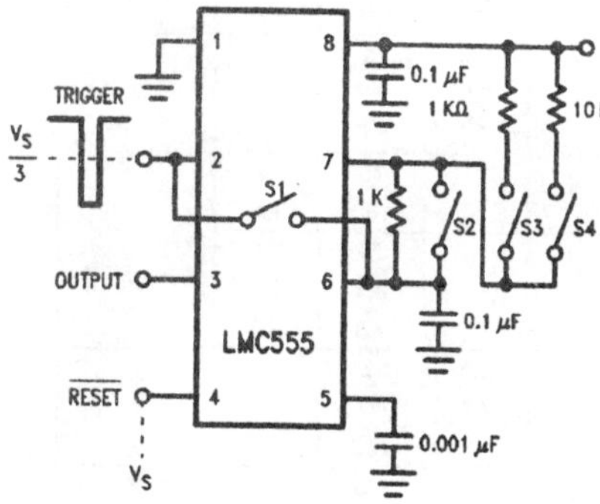

DS008669-2

Maximum Frequency Test Circuit

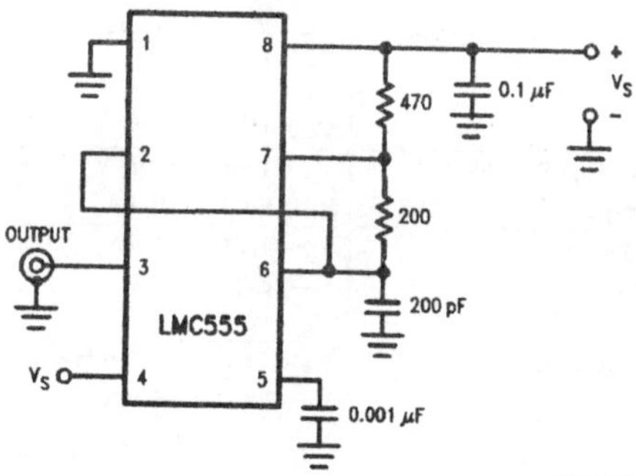

DS008669-3

Typical Applications

Monostable (One-Shot)

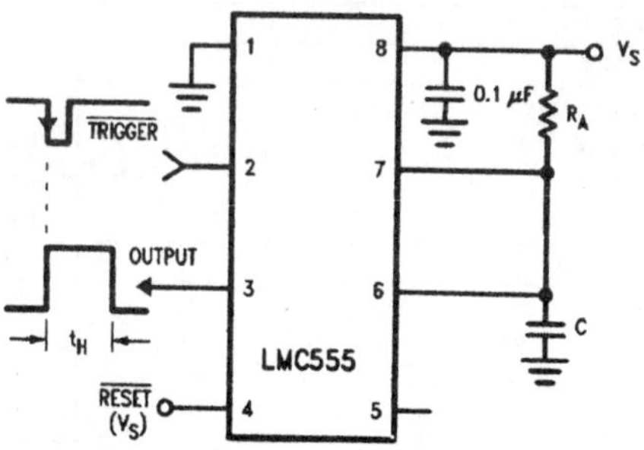

DS008669-4

t_H = 1.1 R_AC (Gives time that output is high following trigger)

$\overline{RESET}$ overrides $\overline{TRIGGER}$, which can override THRESHOLD. Therefore, the trigger pulse must be shorter than the desired t_H.

The minimum trigger pulse width is 20 ns.

The minimum reset pulse width is 400 ns.

Typical Applications (Continued)

Variable Duty Cycle Oscillator

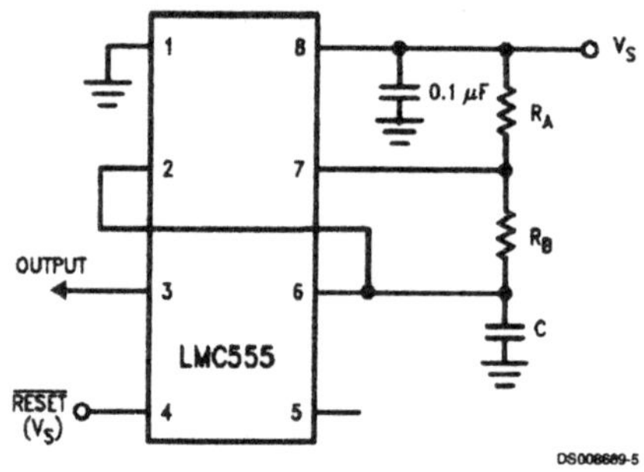

DS008669-5

(Gives fraction of total period that output is low)

$$f_{OSC.} = \frac{1.44}{(R_A + 2R_B)C}$$

$$\text{Duty Cycle} = \frac{R_B}{R_A + 2R_B}$$

50% Duty Cycle Oscillator

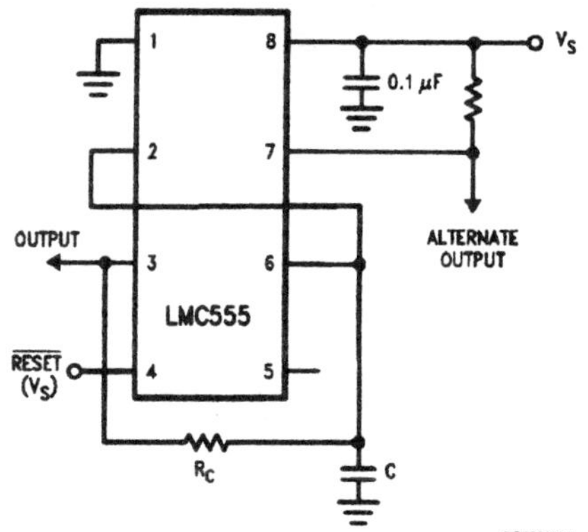

DS008669-6

$$f_{OSC} = \frac{1}{1.4R_CC}$$